现代水声工程系列教材

环境振动噪声控制

高南沙　编著

U0382098

西北工业大学出版社

西　安

【内容简介】 本书论述了工程振动噪声的基本概念、基本理论和控制方法,系统、全面地介绍了针对不同类型的振动噪声的控制技术、测量手段以及评价方式,并力求反映国内外振动噪声研究最新发展趋势。本书共 8 章,主要内容为绪论、声与振动传播规律、吸声技术、隔声技术、消声技术、隔振与阻尼减振技术、噪声与振动测量,以及声环境评价等。

本书适合作为高等学校振动噪声、环境科学与工程、声学,以及机械类等专业本科生、研究生的教材,也可供振动噪声专业科技工作者以及相关领域工程技术人员阅读、参考。

图书在版编目(CIP)数据

环境振动噪声控制 / 高南沙编著. — 西安 : 西北工业大学出版社,2022.9

西北工业大学水声工程系列教材

ISBN 978 - 7 - 5612 - 8371 - 4

Ⅰ. ①环… Ⅱ. ①高… Ⅲ. ①环境振动-噪声控制-高等学校-教材 Ⅳ. ①TB535

中国版本图书馆 CIP 数据核字(2022)第 163468 号

HUANJING ZHENDONG ZAOSHENG KONGZHI

环 境 振 动 噪 声 控 制

高南沙 编著

责任编辑:胡莉巾	**策划编辑**:杨 军	
责任校对:王玉玲	**装帧设计**:赵 烨	

出版发行:西北工业大学出版社

通信地址:西安市友谊西路 127 号　　　邮编:710072

电　　话:(029)88491757,88493844

网　　址:www.nwpup.com

印 刷 者:陕西天意印务有限责任公司

开　　本:787 mm×1 092 mm　　1/16

印　　张:20.625

字　　数:541 千字

版　　次:2022 年 9 月第 1 版　　2022 年 9 月第 1 次印刷

书　　号:ISBN 978 - 7 - 5612 - 8371 - 4

定　　价:69.00 元

现代水声工程系列教材
现代水中兵器系列教材
编 委 会

（按姓氏笔画排序）

前　言

随着现代工业和交通运输的高速发展、城市建设的不断推进,环境振动噪声的危害愈发严重。为了适应环境保护事业的发展,我国许多高等学校有针对性地设置了环境振动噪声控制相关专业,并且已经有许多教材、专著用于教学。为了满足广大师生的讲授和学习要求,笔者结合本单位多年教学需求,历经两年撰写,最终完成本书终稿。

环境振动噪声控制涉及物理声学、力学、振动学、材料学、控制学、建筑学等诸多学科,笔者在编写本书时,力求体现综合知识,以技术手段为支撑,注重物理分析和解读,并结合实际应用场景。本书在内容上做到了完整性、深入性和实用性,能够有效培养学生发现问题、分析问题、解决问题的能力。另外,本书还力求体现国内外振动噪声控制技术的最新发展趋势。

本书共 8 章。第 1 章主要介绍噪声的产生、影响和控制方法。第 2 章主要讲述声学和振动的基本概念、定义和原理,是后续学习的基础。第 3 章至第 5 章分别对吸声、隔声和消声的原理、分类、影响规律和控制手段进行概述,并给出一定的工程经验。第 6 章重点介绍阻尼减振的理论方法和工程应用。第 7 章首先介绍声信号的有关概念、基本理论和处理方法,然后针对声学和振动测试,介绍仪器使用、测量原理和方法。第 8 章介绍声环境评价的分类、程序和要求。本书各个章节存在逻辑上的连续性,但又保持相对独立,可以根据具体教学安排进行取舍。各章后面安排习题,可以根据教学需求选用。

本书由西北工业大学高南沙编著。

在资料调研、文字写作以及图片排版过程中,笔者得到了西北工业大学航海学院研究生程宝柱、郭鑫羽、张瑞浩、张智成的协助,在以往的教学工作中,很多师生也提出了许多宝贵建议,在此一并深表谢意。

在编写本书过程中笔者参考了国内外诸多教材和论著,在此向其作者致以诚挚的感谢。

限于水平,书中难免存在疏漏和不妥之处,敬请读者批评、指正。

编著者
2022 年 4 月

目　　录

第1章 绪 论

环境振动噪声控制涉及物理声学、力学、振动学等一系列学科,在学习如何对振动噪声进行控制前,有必要对噪声污染的特点和危害、环境噪声的控制手段以及最新研究进展和应用做全面的了解。

1.1 噪声污染源及噪声污染特点

人们在生活、学习和工作中都离不开声音,声音是人们交流思想、传递信息的媒介。和谐的声音是一种美的享受,和谐的声环境是保障人类生存质量的一个基本条件。从生理学观点看,很多声音是人们不需要的,而这些声音往往会干扰人们正常生活、学习和工作,这一类声音统称为噪声。当噪声对人及周围环境造成不良影响时,就形成噪声污染。物理学上,噪声指一切不规则的信号(不一定是声音),比如电磁噪声、热噪声、无线电传输时的噪声、激光器噪声、光纤通信噪声、照相机拍摄图片时的画面噪声等。

1.1.1 噪声污染源

从噪声产生的源头划分,噪声污染源可以分为工业噪声污染源、交通运输噪声污染源、建筑施工噪声污染源和社会生活噪声污染源。

1. 工业噪声污染源

工厂中各种产生噪声的机械设备,例如水泵、空气压缩机、发动机、机床等,都会产生 75～105 dB 的噪声,其中一些噪声甚至会达到 120 dB 以上。工业噪声主要包括机械噪声、气流噪声和电磁噪声等。通过噪声级别可以衡量工业设备的技术水平和质量标准。

2. 交通运输噪声污染源

交通运输噪声污染源包括启动或者运行中的飞机、汽车、轨道交通工具、轮船等。其强度往往与行车的速度、车流量、交通工具类别有关。交通噪声主要有发动机产生的噪声、喇叭声、轮胎与地面作用产生的噪声以及排气声。

3. 建筑施工噪声污染源

建筑施工噪声包括工地上运行的推土机、吊车、打桩机、空气压缩机、打夯机等发出的以及敲打、爆破等产生的声音,在距声源 15 m 外,噪声甚至可以达到 80～105 dB。建筑施工噪声具有多变性、突发性、冲击性、不连续性的特点,对周围居民影响非常大。

4. 社会生活噪声污染源

社会生活噪声污染源包括生活中用到的空调、抽油烟机、办公电子产品以及商业和娱乐活动等。虽然社会生活噪声户外平均声级不是很高,但给居民造成的干扰极大,是城市中影响环境质量的主要污染源之一。

1.1.2　噪声污染的特点

噪声污染的基本特点如下:①物理性。噪声源发出的噪声以波的形式传播,体现出物理性的波动行为。②难避免性。噪声传播速度快、穿透性强,它几乎"无孔不入"。人耳不能像眼睛、嘴巴一样可以选择性地张开、闭合,所以即使在睡眠中,人耳也会受到噪声的干扰。③局限性。噪声源很多都是固定的,只能影响它周边的区域,所以噪声危害具有局限性。④能量性。噪声源产生的声能会很快转换为热能散发掉,它不具有积累性,没有后续和残留。噪声能量很小,但是它产生的声污染却很大。⑤危害潜伏性。噪声污染不存在累积现象,但是心理承受上具有一定的延续效应,长期接触或者短期的高强度接触都会损害健康,具有危害潜伏性。

1.2　噪声的危害

1.2.1　噪声对人听力的影响

经过研究发现,人长时间暴露在强噪声环境中,人耳的听力功能会下降,离开噪声环境一段时间后,听觉功能会恢复。这是一种听觉疲劳现象。但是如果噪声太大,或在噪声环境中暴露时间太长,会造成永久性的听力损伤,它是不可恢复的,即噪声性耳聋或噪声听力损失。

国际标准化组织(ISO)规定用 500 Hz、1 000 Hz、2 000 Hz 这 3 个频率上听力损伤量的算术平均值来衡量耳聋的程度。听力损失 10～25 dB 可以完全恢复。听力损失 25 dB 以上,经过一段时间可以恢复,为暂时性耳聋;不能完全恢复,则为永久性耳聋。听力损失 15～25 dB 属于接近正常;听力损失 25～40 dB 属于轻度耳聋;听力损失 40～60 dB 属于中度耳聋;听力损失 65 dB 以上属于重度耳聋。据统计,世界上有 7 000 多万耳聋患者,其中很大一部分是由噪声导致的。

1.2.2　噪声对人生理和心理的影响

在噪声中暴露导致的人体的生理变化称为噪声的生理效应。噪声的生理影响包括对神经系统、心血管系统、消化系统、内分泌系统等的影响。

噪声对神经系统造成的影响最为明显,会引起失眠、头痛、头晕、记忆力衰退等症状。强烈的噪声会刺激人的神经系统,使休息中的人产生恼怒感,甚至会通过伤人来宣泄自己的情绪。有研究表明,噪声会使交感神经紧张兴奋,导致心律不齐、血压升高。在 90 dB 以上高噪声环境中长期工作,可以使心肌受损,使高血压、冠心病发病率明显增高。噪声也会影响人的消化系统,导致胃功能紊乱,引起消化道疾病。噪声产生的心理影响,主要是让人烦恼、激动、易怒。另外,由噪声引起的邻里纠纷非常常见。

1.2.3　噪声干扰人的正常生活

1. 噪声对睡眠的影响

噪声对人睡眠的影响十分明显,它直接妨碍人们正常休息,即便是 40～50 dB 较轻的噪声干扰,也会使人从熟睡状态转变成半熟睡状态。人在熟睡状态时,大脑活动是缓慢而有规律的,能够得到充分的休息;而在半熟睡状态时,大脑仍处于紧张、活跃的阶段,这就会使人得不到充分的休息和体力的恢复。所以要求休息睡眠时噪声不超过 50 dB。噪声的恶性刺激,严重影响人们的睡眠质量。

2.噪声对语言交流的影响

噪声能够影响并且降低语言传递中的信噪比,从而降低人们语言交流时的清晰度,尤其对那些强度较弱的辅音影响更明显。一般情况下,人们交谈相距 1 m 时,平均声压级约为 65 dB,如果噪声声压级比语言声级低很多,噪声对语言交谈几乎没有影响;当噪声声压级与语言声级相当时,交谈就会受到干扰;当噪声声压级比语言声级高 10 dB 时,谈话的声音就会被淹没。

噪声会使人烦恼,引起疲劳,甚至会导致人精力不集中,工作、学习效率低下。在嘈杂的环境下,还容易造成工程事故。在连续的高噪声环境里工作的人员,会出现精力分散、反应迟钝以及判断失误等,可能造成严重的后果。

1.2.4 噪声对建筑物的影响

一般程度的噪声对建筑物几乎没有影响,但是火箭发射等产生的强噪声会对建筑物产生一定影响。研究表明,噪声为 140 dB 时,可以使门窗玻璃破裂,尤其是在低频范围内对建筑物危害比较严重。强噪声也会对建筑物造成破坏,如墙壁裂缝、门窗变形、抹灰开缝等。此外,激烈振动的空气锤、冲床等,会使振源周围的建筑物受到伤害,也会产生二次辐射噪声而影响居民。

1.2.5 噪声对仪器设备的影响

实验研究表明,特强噪声会损伤仪器设备,甚至会使仪器设备失效。噪声对仪器设备的影响与噪声强度、频率以及仪器设备本身的结构与安装方式等因素有关。当噪声超过 150 dB 时,会严重损坏电阻、电容、晶体管等元件。当特强噪声作用于火箭、宇航器、舰船、飞机等机械结构时,由于受声频交变负载的反复作用,材料会产生疲劳现象而断裂,这种现象称为声疲劳。

1.3 环境噪声控制

1.3.1 噪声控制

噪声控制是研究如何获得和谐的声学环境的技术科学。噪声控制不是要求噪声降得越低越好,而是要求在经济、技术和客户使用要求上构建一个合理的声学环境和标准,最终建立一个适当的声学环境。

噪声控制不等同于降低噪声,它旨在降低噪声对人的干扰。有时,增加一些噪声却可以减少干扰。例如,在大面积开放式办公室里工作往往会相互干扰,但是若在室内各个合适的点上发散白噪声,建立起 50 dB 左右比较均匀的噪声场,那么邻近组里的声音就会被白噪声所掩盖,但是本组谈话因距离近而不受影响。

实验表明,人不能在一个寂静无声的环境中生活,只有创造一个和谐的声环境,人们才能正常生活。

1.3.2 噪声控制方法

环境噪声控制方法有两大方面:一是通过政府制定的相关法律、法规来解决噪声问题,二是通过工程技术手段控制噪声源的声输出、声传播和声接收来实现所要求的声环境。后者是本书所要介绍的内容。

声学系统一般由声源、传播途径和接收者三个环节组成。每个环节的噪声问题不完全相同,因此做好噪声问题的调查分析和研究评估十分重要。控制噪声污染要根据实际情况从上述三个环节分别采取技术措施。

(1)从声源处控制。对于机械设备和运输工具,从声源处(能量源)控制是最有效的措施。例如,对于冲压加工过程中的冲击,任何减小最大冲击力的措施都会显著地减小最大冲压过程中所产生的噪声,从降低噪声的角度看,最好的选择就是将推力或者拉力的时间变化率降到最低。这是因为无论一个加工过程是机械驱动的还是流体动力驱动的,最小的作用力时间变化率都对应着最低的噪声。

从声源处控制噪声的措施主要有:维护、替换机械材料,替换设施或者设施的零部件,设计安静型的设备,替换机械功率的传输过程,减小结构件的振动,以及减小流体流动产生的噪声,等等。维护、替换机械材料方法包括尽可能采取尼龙或者塑料替代金属,使用聚酰胺塑料齿轮的传送带。替换设施或者设施的零部件包括使用液压而不是机械压力,使用电动工具而不是气动工具,使用多级模具而不是单极模具,使用斜齿轮而不是正齿轮。设计安静型的设备是指在设计阶段考虑控制振动噪声的代价,当然噪声控制设计使得整体设备具备更好的整体性能,也会产生额外的增值效应。替换机械功率的传输过程包括使用带式或者液压传动代替齿轮传动,使用电动马达代替燃气涡轮机。减小结构件的振动包括两种方法:一是改进机器的结构,降低声源的噪声辐射功率;二是利用声波的反射、折射的特性,通过吸声、隔声、减振、隔振等技术来控制传播路径中的噪声辐射。减小流体流动产生的噪声包括在液压系统中选择低噪声泵,在压缩空气系统中选择低噪声喷嘴,在低压通风管路中使用柔软的纤维结构,对风机叶片产生的气动噪声进行计算,从而通过设计使湍流最小化。

(2)从传播途径控制。从传播途径进行控制的方法如下:

1)声在传播中的能量随距离的增加而衰减,因此可以使噪声源远离需要安静的地方。

2)声辐射具有指向性,在距声源相同距离的地方,不同方向上接收到的声强度不同。所以,可以使噪声向安静要求不高的方向传播,避开安静要求高的方向。大多数低频噪声指向性很差,不同方向差别不明显。随着频率的增加,指向性逐渐加强。因此可以通过控制噪声的传播方向来降低高频噪声。

3)加装隔声屏障,可利用树林、山坡等充当天然隔声屏障,或者利用其他隔声的材料、结构来阻挡噪声的传播。采用绿化的方式降噪,降噪效果与绿化带的宽度和绿化密度均有关系。绿化带对高频噪声具有明显的降噪效果,对 1 000 Hz 以下的噪声降噪效果并不明显。

4)如果以上方法均不满足要求,那么就要采取合理的声学措施了。可以在要求安静的地方铺设吸声材料,降低反射声的影响;在气流通道安装消声器,阻挡空气声的传播;等等。

(3)从接收者处控制。对人,可以采用佩戴耳塞、耳罩、防声罩等方法;对精密仪器,可以将其放置在隔声罩内或隔振台上,来降低噪声的影响。一般耳塞等对中高频噪声具有较高的隔声效果,但是对低频噪声隔声效果差。

1.3.3 噪声控制的程序与方案选择

1.调查噪声现场

对于噪声控制首先要进行的是现场调查,了解噪声源及其产生的原因,以便确定噪声的控制措施。为了进一步了解噪声的强度、传播方式等,要画出噪声分布图并测量现场的噪声声压级和噪声频谱。绘制噪声分布图的步骤为:一是将测量现场的总图画出来;二是对现场的各个点进行噪声测量;三是给出噪声在现场的分布图。如此就可以确定噪声敏感点等重要降噪因素,这对降低噪声具有决定性作用。

2. 确定降噪量

在进行现场测量时,可以测到现场的噪声声压级等数据,然后查阅相应噪声标准;将测量值与噪声标准值进行比较,就可以得到需要降低的噪声数值,该数值越大,表明需要进行的噪声治理问题越严重。

3. 选择控制方法

噪声控制方法要根据噪声控制的费用、噪声容许的标准和劳动生产效率等因素来综合确定。如果噪声源较少而人员较多,可以采用隔声罩,它的降噪效果一般可以达到 10～30 dB;如果接收者相对较少,可以采用佩戴耳塞、耳罩等措施来控制噪声;如果噪声源多且分散,现场工人也多,那么可以采用吸声措施,一般可以降噪 3～15 dB;如果现场工人不多,可以佩戴耳塞、耳罩等或者设置供工人工作的隔声间。机器运行产生的噪声,一般采取减振或隔振的措施,降噪的效果很好,可以达到 5～25 dB。噪声控制不是一个简单的、一蹴而就的过程,需要多方面考虑,具体问题具体分析。例如,使汽车噪声降低 5 dB 似乎很简单,但是要将噪声能量减少 2/3,这是很难做到的,要付出比较大的成本代价。

4. 鉴定与评价降噪效果

降噪工作结束以后要进行降噪效果的鉴定,看是否达到预期效果。如果没有达到就要分析原因,进行进一步的降噪工作,直到达到预期效果。然后对整个降噪工作进行总结,包括降噪效果、成本等都要考虑在内,以确定最佳方案。在进行工程设计时,要考虑多方面因素,在进行工程建设时就应该考虑到噪声控制工作,要尽量避免在工程完成时,才考虑降噪工作。例如,对于一个实验室的减振工作,在设计阶段就应该考虑受振动影响的问题,而不是等建成了才去解决振动问题,在设计初期安装隔振设施是很容易达到减振效果的。图 1-1 所示为降噪工程的工作流程图。

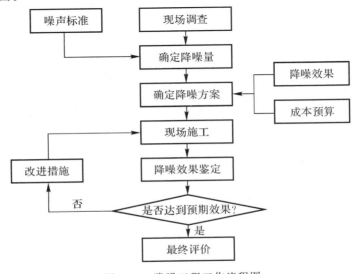

图 1-1　降噪工程工作流程图

1.4 噪声控制进展与应用

1.4.1 噪声控制新手段

传统的噪声控制技术以研究噪声的声学控制方法为主,主要技术途径包括吸声处理、隔声处理、使用消声器、振动隔离、阻尼减振等。这些噪声控制方法的机理在于,通过噪声声波与声学材料或声学结构的相互作用消耗声能,属于无源或被动式的控制方法,可称为"无源"噪声控制。一般说来,无源噪声控制方法对控制中高频噪声较为有效,而对低频噪声的控制效果不大。鉴于此,人们致力于研究有源降噪和声学超材料,以达到低频降噪的效果。

开发有源噪声控制技术的尝试始于 20 世纪 70 年代初。在管道中,如果声源频率低于管道截止频率,则可产生均匀平面波,对其进行有源噪声控制,不管是理论研究还是技术实现都相对容易,因而人们寄希望于管道有源消声器的开发和研制。然而,管道有源消声中通常不易获得参考信号,因此系统不得不成为反馈系统,从而导致系统稳定性差,管道有源消声器的结构相对复杂。此外,由于在管道有源消声系统中误差传感器下游会再次产生噪声(称为再生噪声),因此长管道中需要多个有源消声器,使得整个系统的价格相对昂贵,维修和维护较麻烦,这些使得管道有源噪声控制技术的发展受到阻碍。不过在同一时期,有源护耳器的研究逐渐取得成果。刚开始利用模拟器件构造的有源控制器被证明可应用于有源耳罩,之后由于数字技术及自适应信号处理技术的发展,有源送话器或受话器的实现成为可能。至今,有源耳机(包括有源耳罩、有源送话器或受话器)已形成商品,这成为有源噪声控制技术应用的标志性案例。

随着研究力量的不断投入,更大规模地应用有源噪声控制技术的努力也取得了成效,典型的例子就是螺旋桨飞机航室内噪声有源控制。据报道,至今已有 1 200 多架螺旋桨飞机安装了有源噪声控制系统,其成为降低舱内低频噪声的有效手段。与此同时,有源噪声控制技术在高档轿车车厢内成功应用的例子也有报道 。

近几十年来,声学超材料的发展日新月异。声学超材料具有人为设计的由两种或两种以上材料构成的周期性/非周期性几何结构,其结构单元尺寸远小于波长,可以在长波极限下反演得到相应的有效参数。声学超材料展现了许多奇异的物理现象和超常规声学效应,如声波低频带隙、声负折射、声聚焦、声隐身、声定向传输等。在非线性领域,非谐振声传输线超材料可呈现双负本构参数,并且不依赖于谐振微单元,具有宽频带和低损耗等优势。结合变换声学和线性坐标变换,可以设计出各向异性的材料参数,以获得声波的隐身效果。这种调节材料有效参数的方法可以应用到其他变换声学的领域,比如设计声波全向吸收体、声全向偶极辐射、声波幻象或者在声波中实现类似光学的一些新奇效应等。

1.4.2 噪声控制的应用

从技术成熟度和商业推广价值的角度看,最成熟的有源控制技术有三种:① 有源护耳器;② 螺旋桨飞机舱内噪声有源控制;③ 轿车车厢内噪声有源控制。

按系统的实现形式和功能,有源护耳器可以分为三种类型:有源耳罩、有源受话器和有源头靠。有源耳罩和有源受话器是采用有源控制技术的头戴式耳罩,前者纯粹是为了隔声,后者在隔声的同时还需保持语音的不失真传输,两者可统称为有源头戴式耳机(active headset,简称有源耳机);有源头靠是指在座位上方人耳位置处安装次级声源的有源噪声控制系统,目的在于降低进入人耳的噪声。有源耳机是有源噪声控制技术发展中最早进入市场的产品,应用了当前最成熟的技术。有源耳机已成为常见的电声产品,在互联网上可以搜索到 10 余家知名的有源耳机生产厂家,如美国的博士(Bose)公司、NCT 公司、森海塞尔公司等。采用有源控制技术的头戴式耳机已成为高端耳机的标志。有源头靠由于对人的坐姿有严格要求,不太受欢迎,研究进展有限。

　　螺旋桨飞机舱内噪声有源控制技术也已发展成熟。据报道,已有 1 200 多架装有有源控制系统的军用和民用飞机投入运营。至于轿车车厢内噪声有源控制,主要是由于成本的限制,仅有极少数品牌的高端轿车安装此类系统,市场对该系统的接受程度仍然较低。

　　声学超材料可应用于人工声子带隙材料和吸声材料。人工声子带隙材料可以与仿生学结合,如用于人耳识别系统、果蝇定向系统、蝙蝠定位系统等。吸声材料在音频声学、水下低频宽带消声瓦等水声学研究领域,能实现薄层、低频、宽带的吸声效应。此外,吸声材料还可用于实现亚波长声学信息处理的超高分辨率声透镜、声学器件集成和声场微尺度调控,在分子医学超声成像、微纳结构无损检测等方面也有很强的应用前景。

习　题　1

1. 简述噪声污染的定义、特点以及危害。
2. 举例并思考在学习和生活中的一些常见噪声。
3. 比较噪声危害与其他污染(水污染、大气污染等)的相似点和不同点。
4. 简述噪声控制的方法和手段,以及其各自的优缺点。
5. 比较日常生活中处理噪声污染问题的各种方法。
6. 思考噪声污染以及治理过程中涉及哪些学科知识。
7. 简述噪声控制的流程及方案。

第2章　声与振动传播规律

本章主要介绍声与振动的基础知识,包括基本概念、基本原理、基本定义、基本物理量、基本方法、基本声学与振动现象。这些基本内容在本书的学习中占有重要地位,因此,在学习环境振动噪声控制前,必须对本章的学习内容进行深入了解。本章首先介绍声传播的基本规律,包括声波与振动的关系、声波的基本物理量和三种典型声场,然后介绍声源的指向性、声源的衰减、声波的反射/透射/折射、声波干涉及在管中声波的基本特性。

2.1　声的传播规律

2.1.1　声与振动的关系

简言之,振动产生声波。声波的发生源于物体的振动,并引起介质的振动,振动在介质中传播并被接收器接收,从而声波也就被感知。这里的介质可以是气体、液体或者固体。例如,讲话的声音来自人体喉咙内声带的振动,扬声器的发声来自纸盆的振动,机械噪声来自机械设备本体的振动,等等。除了声源本身要产生振动以外,由于介质是声波传递的承载体,根据介质的不同物态,声学的研究也可以分为空气声、水声和固体(结构)声研究领域。在这里需要明确的是,声波在介质中的传递仅仅是机械振动状态的传递,微观物质本身并不会随着声波传递,而只是在原来的位置附近来回振动,所以这种波动方式本质上是一种机械振动,因此声波又可以被视作一种机械波。声波的波动方式是以纵波(疏密波)形式传播,即质点的振动方向与波的传播方向相互平行,如图2-1所示。

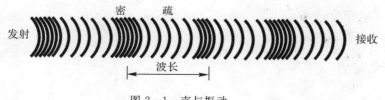

图 2-1　声与振动

2.1.2　声波的基本物理量

(1)周期。声波运动一周所需要的时间,即声波传过一个波长的时间,称为周期,记作 T,单位是 s。

（2）波长。声波在一个完整的周期中传播的距离，称为波长，记作 λ，单位是 m。

（3）波数。波数 $k = 2\pi/\lambda$，波数在物理上表示波矢的大小，即波动传播过程中在单位长度上的相位延迟。

（4）频率。在单位时间（1 s）内，波动传递距离所包含的完整波长的数量，称为频率（f），记作 $1/T$，单位是 Hz。

（5）基频。基频是波动周期中的最低频率分量。

（6）谐频。谐频是基频整数倍的频率分量。

（7）乐音。乐音是基频和各种谐频组成的复合声音。

（8）音频声。一般将人耳可以听到的频率范围称为音频声，$f = 20 \sim 20\,000$ Hz，$\lambda = 17 \sim 0.017$ m，如图 2-2 所示。

（9）纯音。纯音指单一频率的声音。实际声源发出的声波一般都是多个频率叠加的声振动，这个复合振动也可以视作由若干个单一频率的纯音组成。因此，声学中的纯音就成了基本研究对象。

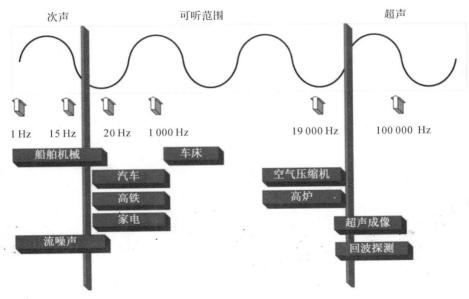

图 2-2　各种声音的频率分布

　　（10）声压。大气静止时存在着一个压力，称为大气压强，简称大气压。当有声波存在时，局部空间产生压缩或膨胀，在压缩的地方压力增强，在膨胀的地方压力减弱，于是就在原来的气压上附加了一个压力的起伏变化。这个由声波引起的交变压强称为声压 p。声压 p 代表了声波的强弱。声场中某一瞬间的声压值，称为瞬时声压。在一定时间内，最大的瞬时声压值称为峰值声压，声压随时间的变化是按谐振规律变化的，峰值声压也就是声压的幅值。在一定时间间隔内，瞬时声压对时间取均方根值，称为有效声压 p_e，表达式为

$$p_e = \sqrt{\frac{1}{T}\int_0^T p^2 \,\mathrm{d}t} \tag{2-1}$$

式中：下标 e 代表有效值；T 代表取平均的时间间隔，可以是一个周期或者更大的时间间隔。

一般电子仪表测量的就是有效声压,因而人们习惯上指的声压,往往指的就是有效声压。声压的国际单位为帕(Pa),1 Pa＝1 N/m²,一标准大气压约为 10^5 Pa。声压与大气压相比是微弱的,正常人能听到的最弱声音(可听阈)约为 2×10^{-5} Pa,称之为基准声压。

(11)声压级。在声学研究中,还普遍使用对数值来度量声压的大小,称为声压级,用 SPL(L_p)表示,单位是 dB。有

$$SPL = 20\lg\frac{p_e}{p_{ref}}(dB) \tag{2-2}$$

式中:p_e 是待测声压的有效值;p_{ref} 为参考声压,其值为 2×10^{-5} Pa。低于该声压时,人耳通常察觉不出声音的存在。另外,人耳对声压级的平均分辨率为 0.5 dB,因此,在声压级的计算中,只需要精确到小数点后一位即可。声压和声压级数值比较如表 2-1 所示,可见声压级在可听阈范围内的度量数值较为合理、清晰。

表 2-1 声压和声压级的数值比较

1 kHz 纯音	声压 p/Pa	声压级 L_p/dB
听阈	2×10^{-5}	0
说话	2×10^{-2}	60
公共交通内	2×10^{-1}	80
痛阈	20	120

(12)声速。从本质上讲,声速是介质中微弱压强扰动的传播速度,计算公式为

$$c=\sqrt{\frac{K}{\rho}} \tag{2-3}$$

式中:ρ 为介质的密度;$K=\mathrm{d}p/(\mathrm{d}\rho/\rho)$,称为体积弹性模量,$\mathrm{d}p$、$\mathrm{d}\rho$ 分别为压强和密度的微小变化。对于液体和固体,K、ρ 随温度和压强的变化很小,主要是随介质不同而异,所以在同一介质中,声速基本上是一个常数。对于气体,K 和 ρ 随压强和温度的变化很大,故按体积弹性模量的定义,声速用下式计算更为方便:

$$c=\sqrt{\left(\frac{\partial p}{\partial \rho}\right)_s} \tag{2-4}$$

式中:下标 s 表示过程是等熵的。这是因为当压强受到微弱扰动时,气体中引起的温度梯度和速度梯度都很小,而过程进行得很快,热交换和摩擦力都可以略去不计。表 2-2 所示是常见物理介质中的声速数值。

表 2-2 声速在几种常见物理介质中的数值

介质	温度/℃	声速/(m·s⁻¹)
空气	0	331.6
氢气	0	1 286
氧气	0	317.2
水	15	1 450
冰	0	3 988

续表

介质	温度/℃	声速/(m·s^{-1})
银	20	3 607
铁	20	5 130
不锈钢	20	5 664
铅	20	1 230
铝	20	5 100
铜	20	3 560
聚四氟乙烯	20	1 422

一般来说,空气声中的声速是温度的函数,表达式如下:

$$c(t) \approx 331.6 + 0.6t \ (\text{m/s}) \tag{2-5}$$

式中:t 为温度,单位为℃。水中的压强和密度间的物态关系比较复杂,从理论上计算声速值与温度的关系比较复杂,往往根据实验测定再总结经验公式,通常水温升高 1℃,声速约增加 4.5 m/s。

(13)声功率和声强。声波的传递过程实际上就是声振动能量的传播过程。单位时间内通过垂直于声传播方向的面积 S 的平均声能量就称为平均声能量流或者平均声功率,而声强 I 是单位面积上的平均声功率。对于沿着一个单一方向传播的平面波,声强表达式为

$$I = \frac{p_e^2}{\rho_0 c_0} = p_e v_e \tag{2-6}$$

式中,v_e 是有效质点振速;ρ_0 和 c_0 分别是介质的密度和声速。声强是有方向的,是矢量,这一点与声压不同。如果前行波与反射波相等,则声强 $I=0$。

(14)声强级。声强级使用符号 SIL 表示,其定义为

$$\text{SIL} = 10\lg(I/I_{ref}) \tag{2-7}$$

式中:I 为待测声强;I_{ref} 为参考声强,其数值取 10^{-12} W/m²。声压级与声强级在数值上接近,如下所示:

$$\text{SIL} = \text{SPL} + 10\lg\frac{400}{\rho_0 c_0} \tag{2-8}$$

(15)声功率级。声功率级使用符号 L_w 表示,定义如下:

$$L_w = 10\lg(W/W_{ref}) \tag{2-9}$$

式中:W_{ref} 为基准声功率,即参考声功率,$W_{ref} = 10^{-12}$ W。结合声功率级和声强级的定义和表达式,可知

$$\text{SIL} = 10\lg(I/I_{ref}) = 10\lg[W/(SI_{ref})] = 10\lg\{(W/W_{ref})[W_{ref}/(S \cdot I_{ref})]\} = L_w - 10\lg S \tag{2-10}$$

工程中,经常使用式(2-10)测定声功率 W。

(16)声阻抗率。声阻抗率即单位面积上的声阻抗。它表示声波在介质中波阵面上的声压与该面上质点的振动速度之比。在一般情况下,声阻抗率是一个复数。其实数部分称为声阻率,表示声能的传输。其虚数部分称为声抗率,表示有一部分声能是以动能与位能的形式不断

地相互交换,而并不向外传播。声阻抗率 Z_s 为声场中某位置的声压 p 和该位置的质点振速 v 的比值,即

$$Z_s = \frac{p}{v} \tag{2-11}$$

对于平面声波的情况,前行波的声阻抗率为

$$Z_s = \rho_0 c_0 \tag{2-12}$$

对于反射波,声阻抗率为

$$Z_s = -\rho_0 c_0 \tag{2-13}$$

由此可见,只要背景介质不变,声阻抗率的绝对值就是一个常数,且是一个实数。它反映了在平面声场中各位置上都无能量的贮存,因此 $\rho_0 c_0$ 为介质的特性阻抗,具有声阻抗率的量纲,在声学研究中具有特殊的地位,单位是 N·s/m³ 或者 Pa·s/m。

例 2 - 1 在 20℃的空气中,有一平面波,已知其声压级为 74 dB,试求其有效声压和声强。

解: 有效声压为

$$p_e = 10^{\frac{SPL}{20}} \times p_{ref} \approx 0.100 \text{ Pa}$$

声强为

$$I = \frac{p_e^2}{\rho_0 c_0} = 2.421 \times 10^{-5} \text{ W/m}^2$$

(17)响度和响度级。人耳感受到的声音强弱,是人对声音大小的一个主观感觉量。响度的大小取决于声音接收处的波幅,就同一声源来说,波幅传播得愈远,响度愈小;当传播距离一定时,声源振幅愈大,响度愈大。响度的大小与声强密切相关,但响度随声强的变化不是简单的线性关系,而是接近于对数关系。当声音的频率、声波的波形改变时,人对响度大小的感觉也将发生变化。响度描述的是声音的响亮程度,表示人耳对声音的主观感受,其计量单位是宋,定义 1 kHz、声压级为 40 dB 纯音的响度为 1 宋。当信号声级突变在 3 dB 以下时大多数人是感觉不出来的,因此对音响系统常以 3 dB 作为允许的频率响应曲线变化范围。人耳对声音的感觉,不仅和声压有关,还和频率有关。声压级相同、频率不同的声音,听起来响亮程度也不同。如空压机与电锯,同是 100 dB 声压级的噪声,听起来电锯声要响得多。按人耳对声音的感觉特性,依据声压和频率定出人对声音的主观音响感觉量,称为响度级,单位为方。以频率为 1 000 Hz 的纯音作为基准音,其他频率的声音听起来与基准音一样响,该声音的响度级就等于基准音的声压级,即响度级与声压级是一个概念。例如,某噪声的频率为 100 Hz,强度为 50 dB,其响度与频率为 1 000 Hz、强度为 20 dB 的声音响度相同,则该噪声的响度级为 20 方。对于高频噪声,人耳对频率为 1 000～5 000 Hz 的声音敏感,对低频声音不敏感。例如,同是 40 方的响度级,对 1 000 Hz 声音来说,声压级是 40 dB;对于 4 000 Hz 的声音,声压级是 37 dB;对于 100 Hz 的声音,声压级是 52 dB;对于 30 Hz 的声音,声压级是 78 dB。也就是说,低频的 80 dB 的声音,听起来和高频的 37 dB 的声音感觉是一样的。但是当声压级在 80 dB 以上时,各个频率的声压级与响度级的数值就比较接近了,这表明,当声压级较高时,人耳对各个频率的声音的感觉基本是一样的。不同频率具有同等响度的能量水平曲线,称之为等响曲线,它反映了人耳的听力特性。

通常响度变化一倍时,对应的响度级相差 10 方。取 40 方(或 40 dB 的 1 000 Hz 纯音)所产生的响度为 1 宋,用另一个纯音和它比较,如果纯音听起来比它响一倍,则这个纯音的响度

就是 2 宋。稳态声音的响度级(L_S)与响度(S)的关系记为

$$L_S = 40 + 33.3 \lg S \tag{2-14}$$

$$S = 2^{(L_S - 40)/10} \tag{2-15}$$

由于实际中大多数噪声产生的频率范围较宽,为了计算宽带噪声的响度,有学者提出了响度指数的计算方法。首先根据噪声在倍频程或 1/3 倍频程中心频率的声压级,由图 2-3 确定各个频带的响度指数。在各指数中找出一个最大指数 S_m,然后将除 S_m 外的各指数求和,乘以计权数 F,最后与 S_m 相加,即

$$S_t = S_m + F\left(\sum_{i=1}^{n} S_i - S_m\right) \tag{2-16}$$

式中:S_t 为总响度;S_i 为各个倍频带对应的响度指数;F 为带宽因子,倍频程时 $F=0.30$,1/3 倍频程时 $F=0.15$。带宽因子表示最响的频带对其他频带的掩蔽效应。

由式(2-16)计算得到总响度,再通过式(2-14)得到响度级。

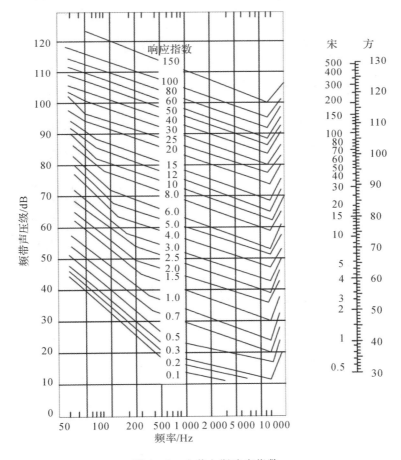

图 2-3　史蒂文斯响度指数

2. 噪度与感觉噪声级

噪声带给人的吵闹和烦恼感受不仅和响度有关,还和噪声本身的频谱特性和时间变化特性有关。一般来说,高频噪声会比低频噪声更令人觉得吵闹,强度随时间变化的噪声比相对稳

定的噪声更吵,含有纯音或窄带的噪声比宽带噪声更吵。通过对噪声一系列主观评价的研究,克瑞特(K. D. Kryter)提出了感觉噪度的概念以评价噪声的吵闹程度。感觉噪度的单位为呐(noy)。若某噪声听起来与一个声压级为 40 dB、中心频率为 1 000 Hz 的倍频程(1/3 倍频程)的无规噪声一样吵,则该噪声的感觉噪度为 1 呐。

与响度类似,感觉噪度的计算通过一组等感觉噪度曲线进行,如图 2-4 所示。

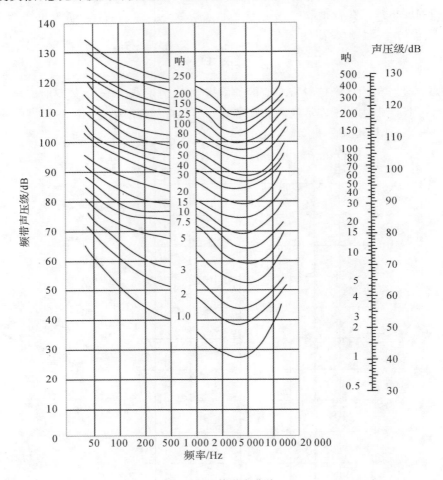

图 2-4　等噪度曲线

要各个计算总感觉噪度,首先需要根据噪声在倍频程或 1/3 倍频程中心频率的声压级,再由图 2-4 确定各个频带的噪度指数。在各噪度指数中找出一个最大指数 N_m,然后对除 N_m 外的各指数求和,乘以计权数 F,最后与 N_m 相加,即

$$N_t = N_m + F\left(\sum_{i=1}^{n} N_i - N_m\right) \qquad (2-17)$$

式中:N_t 为总感觉噪度;N_i 为各个倍频带对应的噪度指数;F 为带宽因子。

将总感觉噪度转变为用 dB 表示的参量,记为感觉噪声级。感觉噪声级和噪度之间的关系式为

$$L_{PN} = 40 + 33.3\lg N_t \qquad (2-18)$$

相较于响度指数,这种评价方法对高频的计权更大,一般更适用于对航空或高速风机噪声的

评价。

2.1.3　声级的计算

声压级、声强级和声功率级,统称为声级,它们表达了噪声的强度特性。声级的计算遵循能量叠加法则,即叠加后的噪声总能量相当于各个声波的能量直接叠加。

1. 声级的相加

级是一种相对值的对数表达,在求解几个声源对某个接收点的共同效果时,采用的基本原理是能量叠加。

对于不相干的声波 $p_T^2 = p_1^2 + p_2^2 + p_3^2 + p_4^2 + \cdots + p_n^2$,接收点上的总声压级为

$$L_{pT} = 10\lg(p_T^2/p_0^2) \qquad (2-19)$$

假设有两个声源在接收点处产生的声压级分别为

$$L_{p1} = 10\lg(p_1^2/p_0^2), \quad L_{p2} = 10\lg(p_2^2/p_0^2) \qquad (2-20)$$

则

$$p_T^2/p_0^2 = (p_1^2 + p_2^2)/p_0^2 = 10^{0.1L_{p1}} + 10^{0.1L_{p2}} \qquad (2-21)$$

此外,还有一种工程中使用的方法,即图标计算,总声压级 L_{pT} 的表达如下:

$$
\begin{aligned}
L_{pT} &= 10\lg(p_T^2/p_0^2) = 10\lg(p_1^2 + p_2^2/p_0^2) = 10\lg\{(p_1^2/p_0^2)(p_1^2 + p_2^2)/[p_0^2(p_1^2/p_0^2)]\} = \\
&10\lg(p_1^2/p_0^2) + 10\lg[(p_1^2 + p_2^2)/p_1^2] = 10\lg(p_1^2/p_0^2) + 10\lg(1 + p_2^2/p_1^2) = \\
&L_{p1} + 10\lg[1 + (p_2^2/p_0^2)/(p_1^2/p_0^2)] = L_{p1} + 10\lg[1 + 10^{-(L_{p1}-L_{p2})/10}] = \\
&L_{p1} + 10\lg(1 + 10^{-0.1\Delta L_p}) = L_{p1} + \Delta L_+ \qquad (2-22)
\end{aligned}
$$

先计算两个声源的声压级差 ΔL_p,再查表 2-3,找出增值 ΔL_+,最后求出总声压级 L_{pT}。

表 2-3　声压级增值表

级差 ΔL_p	0	1	2	3	4	5	6	7
增值 ΔL_+	3.0	2.5	2.1	1.8	1.5	1.2	1.0	0.8
级差 ΔL_p	8	9	10	11	12	13	14	15
增值 ΔL_+	0.6	0.5	0.4	0.3	0.3	0.2	0.2	0.1

人耳的分辨率是 0.5 dB,如果 ΔL_p 大于 10 dB,则 ΔL_+ 是小于 0.5 dB 的,可以认为 ΔL_+ 等于零,即两个声压级的级差超过 10 dB,则增值可以忽略不计。如果级差是零,根据表 2-3,增值等于 3 dB,即两个声压级相同的噪声叠加,总声压级比原来只有一个时高 3 dB。总声压级在很大程度上取决于最大的分声压级。如果 n 个声压级相等,同为声强级 (L_I) 的声音叠加,那么它的总声压级为

$$L_T = L_I + 10\lg n \qquad (2-23)$$

例 2-2　有四台机器,它们各自在接收点的声压级分别是:$L_{p1} = 102$ dB,$L_{p2} = 94$ dB,$L_{p3} = 96$ dB,$L_{p4} = 91$ dB。问,若四台机器同时开动,在接受点的总声压级 L_{pT} 是多少?

解: 从大到小,两两叠加,有

$$\Delta L_{p(1-3)} = 6 \text{ dB}, \quad \Delta L_+ = 1.0 \text{ dB}, \quad L_{p(1-3)} = 103 \text{ dB}$$

$$\Delta L_{p(1-3-2)} = 9 \text{ dB}, \quad \Delta L_+ = 0.5 \text{ dB}, \quad L_{p(1-3-2)} = 103.5 \text{ dB}$$

$$\Delta L_{p(1-3-2-4)} = 12.5 \text{ dB}, \quad \Delta L_+ \approx 0 \text{ dB}, \quad L_{p(1-3-2-4)} = 103.5 \text{ dB}$$

2. 声级的相减

当测试环境存在背景(本底)噪声(与测量内容无关的声源产生的噪声)时,使用仪器测量的是某设备运行时的包含背景噪声在内的总声压级 L_{pT},要求出设备自身的真实声压级 L_{pS},就必须从总声压级中扣除设备停止运行时的背景噪声声压级 L_{pB},本质上是能量的相减。同样可以经过公式推导得出

$$L_{pS} = L_{pT} - [-10\lg(1 - 10^{-0.1\Delta L_p})] = L_{pT} - \Delta L_- \qquad (2-24)$$

可以通过查表 2-3 来确定减值 ΔL_-。当级差 $\Delta L_p < 3$ dB 时,测试是不准确的,因此必须在降低背景噪声的环境下重新测试。声压级的叠加和相减运算,同样适合于声强级和声功率级的运算。

表 2-3 声压级减值表

级差 ΔL_p	< 3	3	4	5	6	7	8
减值 ΔL_-	不准	3.0	2.3	1.6	1.3	1.0	0.8
级差 ΔL_p	9	10	11	12	13	14	15
减值 ΔL_-	0.6	0.5	0.4	0.3	0.2	0.2	0.1

例 2-3 A、B 两台机器都停开时,所测量的接收点的声压级是 73 dB(背景噪声),单独开 B 机器,接收点的声压级为 80 dB(B+背景噪声),A、B 机器同时开,接收点的声压级为 87 dB(A+B+背景噪声)。求 A、B 机器各自在接受点的实际声压级 L_A 和 L_B。

解: 对于 B 机器

$$\Delta L_{pB} = 80 - 73 = 7 \text{ dB}, \quad \Delta L_- = 1.0 \text{ dB}, \quad L_B = 80 - 1 = 79 \text{ dB}$$

对于 A 机器

$$\Delta L_{pA} = 87 - 80 = 7 \text{ dB}, \quad \Delta L_- = 1.0 \text{ dB}, \quad L_A = 87 - 1 = 86 \text{ dB}$$

2.1.4 噪声频谱与频程

频谱指声音的频率成分与能量分布的关系,体现出声音的频率特性。频谱图是以中心频率为横坐标、以各个频率成分对应的强度(声级、声强级、声功率级)为纵坐标作出的曲线关系图。因此,频谱分析可以理解为分析噪声能量在各个频率上的分布特性和各个谐频的组成。另外,频谱分析是一个将时变信号转化为其频率成分的过程,可以用于量化噪声问题,在一个单频分量通过频谱分析被辨识出以后,将它与其他噪声分量区别处理可能会较方便。几种典型的噪声频谱图如图 2-5 所示。线状谱是由一些离散频率的声音组成的,连续谱是指在一定频率范围内含有连续频率成分的谱,复合谱是指同时含有离散频率和连续频率的谱。

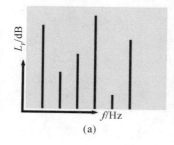
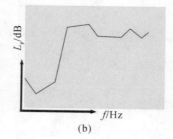
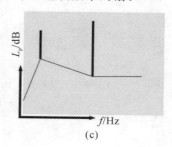

图 2-5 典型的噪声频谱图

(a) 线状谱; (b) 连续谱; (c) 复合谱

频程的提出源于频率测量。例如,人耳的听阈范围是 $20\sim20\,000$ Hz,如果按照间隔 1 Hz 来描述频谱,则需要测定 19 981 个整数频率及其对应的声级,在实际操作中难以实现。因此,将人耳听阈范围分为若干个有代表性的频带,带宽由频带的上限频率和下限频率决定。在符合人耳听觉特性的基础上,选择带宽有两种模式。第一种是恒定带宽,即带宽等于常数,这种分法较细密,数量很多,常用于振动测量。第二种是恒定相对带宽,即两个相邻带宽的比值是常数,这种模式带数少,符合人耳的听觉特性,这是因为人对于不同声音的直观感觉是音调的高低,而音调的高低取决于频率的比值。假定 f_2 和 f_1 是一个频带内的上限频率和下限频率,中心频率 f_0 为

$$f_0=\sqrt{f_2-f_1} \tag{2-25}$$

带宽 Δf 为

$$\Delta f=f_2-f_1 \tag{2-26}$$

按照等比法划分,若 $f_2/f_1=2^n$,则 $n=1$,称为倍频程;若 $n=1/2$,称为 1/2 倍频程;$n=1/3$,称为 1/3 倍频程。在人耳听阈范围内,如果按照倍频程划分,频带数是 8 个,如果按照1/3倍频程划分,频带数为 24 个。它们的范围如表 2-4 所示。

表 2-4　倍频程和 1/3 倍频程频率范围表　　　　单位:Hz

倍频程频率范围			1/3 倍频程频率范围		
下线频率 f_1	中心频率 f_0	上限频率 f_2	下线频率 f_1	中心频率 f_0	上限频率 f_2
			14.1	16	17.8
11	16	22	17.8	20	22.4
			22.4	25	28.2
22	31.5	44	28.2	31.5	35.5
			35.5	40	44.7
			44.7	50	56.2
44	63	88	56.2	63	70.8
			70.8	80	89.1
			89.1	100	112
88	125	177	112	125	141
			141	160	178
			178	200	224
177	250	354	224	250	282
			282	315	355
			355	400	447
354	500	707	447	500	562
			562	630	708

续表

倍频程频率范围			1/3 倍频程频率范围		
下线频率 f_1	中心频率 f_0	上限频率 f_2	下线频率 f_1	中心频率 f_0	上限频率 f_2
			708	800	891
707	1 000	1 414	891	1 000	1 122
			1 122	1 250	1 413
			1 413	1 600	1 778
1 414	2 000	2 828	1 778	2 000	2 239
			2 239	2 500	2 818
			2 818	3 150	3 548
2 828	4 000	5 656	3 548	4 000	4 467
			4 467	5 000	5 623
			5 623	6 300	7 079
5 656	8 000	11 312	7 079	8 000	8 913
			8 913	10 000	11 220
			11 220	12 500	14 130
11 312	16 000	22 624	14 130	16 000	17 780
			17 780	20 000	22 390

注意每个中心频率 f_0 的频带所包含的频率范围,例如,$f_0 = 250$ Hz 的倍频程频带,其频率范围是 $177 \sim 354$ Hz,所以这个频带属于低频范围。值得注意的是,测量时的频程不同,频带宽度也不同,所以测试的声压级也不同。为了对不同的噪声进行比较,有时需要进行频带声压级的换算。

例 2 - 4 将 1/3 倍频程的声压级 $L_{pf1/3}$ 换算成倍频程声压级 $L_{pf1/1}$。

解: $\qquad L_{pf1/1} = L_{pf1/3} - 10\lg(\Delta f_{1/3}/\Delta f_{1/1}) = L_{pf1/3} - 10\lg(1/3) = L_{pf1/3} + 4.8$

2.1.5 计权声级

60 Hz、60 dB 的纯音的响度级是 40 方,而 4 000 Hz、52 dB 的纯音响度级也是 60 方,但是人主观感觉 60 Hz、60 dB 的纯音更响一些。这就带来了一个问题,即主客观的评价不一致,因此应该使用等向曲线计权修正。国际标准采用国际电工委员会(IEC)规定的电子计权网络,按照以下方式进行计权。

(1)A 计权网络:计权后的声压级称为 A 声级,记作 L_A 或者 L_{pA},单位是 dB(A)。其频率响应曲线为 40 方等响曲线经过规整后倒置,特点是低声级响应,低频衰减大。

(2)B 计权网络:计权后的声压级称为 B 声级,记作 L_B 或者 L_{pB},单位是 dB(B)。其频率响应曲线为 70 方等响曲线经过规整后倒置,特点是中声级响应,低频有一定的衰减。

(3)C 计权网络:计权后的声压级称为 C 声级,记作 L_C 或者 L_{pC},单位是 dB(C)。其频率响应曲线为 100 方等响曲线经过规整后倒置,特点是高声级响应,超低频有一定的衰减。

(4)D 计权网络:计权后的声压级称为 D 声级,记作 L_D 或者 L_{pD},单位是 dB(D)。其频率响应曲线为 40 方等响曲线经过规整后倒置,主要用于航空噪声的测量与评价。

(5)L 计权网络,即未计权的声级 L_p,单位是 dB,平直线性响应,用于客观度量。

A 声级 L_A 是国内外应用最广泛的一个噪声评价量,可以直接测量,简单实用,一般在不加说明的情况下,都认为是使用 A 计权网络,而 B 声级和 C 声级现在很少被直接采用。在工业噪声测试与控制设计过程中,经常会遇到将频带声压级转化为 A 声级的问题,则应该在中心频率处进行 A 计权修正(见表 2-5)。

表 2-5 A 计权响应与中心频率处的修正(1/3 倍频程)

中心频率/Hz	A 计权修正值/dB	中心频率/Hz	A 计权修正值/dB
20	−50.5	630	−1.9
25	−44.7	800	−0.8
31.5	−39.4	1 000	0
40	−34.6	1 250	+0.6
50	−30.2	1 600	+1.0
63	−26.2	2 000	+1.2
80	−22.5	2 500	+1.3
100	−19.1	3 150	+1.2
125	−16.1	4 000	+1.0
160	−13.4	5 000	+0.5
200	−10.9	6 300	−0.1
250	−8.6	8 000	−1.1
315	−6.6	10 000	−2.5
400	−4.8	12 500	−4.3
500	−3.2	16 000	−6.6

A 声级的缺点是,仅适合时间上连续、频谱均匀、没有显著纯音成分的稳态宽频噪声。对于非稳态、随时间变化较大或者不连续的噪声,A 声级就无法描述,因此引入等效连续 A 声级的概念。等效连续 A 声级 L_{eqA} 等效于同一个时间段内的非稳态噪声,计算表达式如下:

对于连续变化的噪声:

$$L_{eqA} = 10 \lg \left[\frac{1}{T} \int_0^T 10^{0.1 L_A(t)} \, dt \right] \tag{2-27}$$

式中:T 为测量的时间段;$L_A(t)$ 为瞬时 A 声级。

对于非连续的离散噪声:

$$L_{eqA} = 10 \lg \left(\sum_{i=1}^n P_i \, 10^{0.1 L_{Ai}} \right) \tag{2-28}$$

式中:P_i 是第 i 个声级区间内持续的时间在总时间间隔中所占的比例;L_{Ai} 为第 i 个区间的中心

A 声级。

对于等时间间隔采样:

$$L_{eqA}=10\lg\left(\frac{1}{n}\sum_{i=1}^{n}10^{0.1L_{Ai}}\right) \tag{2-29}$$

式中:n 是采样数,ISO 建议 $n=100$;L_{Ai} 为 n 个 A 声级中的第 i 个测试值。

例 2-5 甲、乙两个师傅一个班工作 8 h,噪声暴露情况如表 2-6 所示。请问哪个师傅受到的有害噪声($\geqslant80$ dB)能量多?

表 2-6 例 2-5 表

L_A/dB	90	95	100	80 以下
甲暴露时间/h	8	0	0	0
乙暴露时间/h	2	3	1	2

解:当工作时间为 8 h 时,L_{eq}(甲)$=90$ dB,L_{eq}(乙)$=10\lg[(1/8)(2\times10^9+3\times10^{9.5}+10^{10})]=94.3$ dB。所以乙师傅受到的有害噪声能量多。

1. 昼夜等效声级

在昼间和夜间的规定时间内测得的等效连续 A 声级分别被称为昼间等效声级 L_d 和夜间等效声级 L_n。对昼间等效声级和夜间等效声级做能量平均,得到的即为昼夜等效声级,记为 L_{dn},单位为 dB(A)。

需要注意的是,由于夜间噪声对人的影响程度大于昼间噪声,所以计算昼夜等效声级时需要先在夜间等效声级上加 10 dB,再进行计权计算。若昼间时间应为 16 h,夜间应为 8 h,则昼夜等效声级为

$$L_{dn}=10\lg\{[16\times10^{0.1L_d}+8\times10^{0.1(L_n+10)}]\div24\} \tag{2-30}$$

2. 统计声级(累积百分声级)L_N

对于起伏较大的非稳态噪声,还可以用统计声级 L_N 来表示不同的噪声级出现的概率或累积概率。统计声级又称累积百分声级,表示在测量期间,测得的百分之 N 的噪声声级值超过 L_N,或者说在 M 次测量中有($M\times N\%$)次测得的值超过 L_N。

一般认为,L_{10} 相当于被测噪声的平均峰值,L_{50} 相当于被测噪声的平均值,L_{90} 相当于本底噪声(背景噪声)。若噪声的统计特性符合正态分布,记 $d=L_{10}-L_{90}$ 为标准差。标准差值的大小表示噪声分布的程度,差值越大,分布越不集中。被测噪声的等效连续声级为

$$L_{eq}=L_{50}+\frac{d^2}{60} \tag{2-31}$$

3. 交通噪声指数 TNI

通常,起伏的噪声比稳定的噪声更易让人觉得烦恼。交通噪声就是考虑到噪声起伏这一因素对人的影响,继而加权得到的,记为 TNI。以统计声级 L_{10} 和 L_{90} 作为计权组合,则 TNI 的表达式为

$$TNI=L_{90}+4d-30 \tag{2-32}$$

式中,$d=L_{10}-L_{90}$。

由式(2-32)可以看出:背景噪声越大,对人的干扰程度越大;噪声起伏的程度越大,对人

的干扰也越大。

4. 噪声污染级

噪声污染级是用噪声能量平均值和标准偏差来评价噪声对人影响程度的一种方法。标准偏差的大小反映了噪声起伏的大小,标准偏差越大,则噪声分布越分散,噪声的起伏越大。噪声污染级 L_{NP} 可用下式表示:

$$L_{NP} = L_{eqA} + 2.56\sigma \qquad (2-33)$$

式中,σ 表示标准偏差,且

$$\sigma = \sqrt{\frac{1}{n-1} \sum_{i=1}^{n} (L_i - \overline{L})^2} \qquad (2-34)$$

式中:L_i 为测得的第 i 个声压级;$\overline{L}$ 为测得的 n 个声压级的算术平均值;L_{eqA} 为测量时间内被测噪声的等效连续 A 声级。

若噪声呈正态分布,噪声污染级可用统计声级表示为

$$L_{NP} = L_{50} + d + d^2/60 \qquad (2-35)$$

式中,$d = L_{10} - L_{90}$。

5. 语言干扰级

由于噪声的掩蔽效应,噪声对人日常生活的一个重要影响就是干扰了正常的交谈。为了评价噪声对语言的干扰,早在 1947 年就有学者提出了语言干扰级的评价方法。

语言干扰级记为 SIL,单位为 dB,表示一噪声在中心频率为 500 Hz、1 000 Hz 和 2 000 Hz 倍频带声压级的算术平均值,即

$$SIL = \frac{1}{3}(L_{500} + L_{1\,000} + L_{2\,000}) \qquad (2-36)$$

影响语言交谈的因素还有相隔的距离,因此对最初提出的语言干扰级做出补充,将新的语言干扰级称为最佳语言干扰级(PSIL)。语言干扰级与最佳语言干扰级间的关系为

$$PSIL = SIL + 3$$

若两人面对面交谈时有噪声干扰,在不同的距离和说话强度下,保证有效交谈的最佳语言干扰级如表 2-7 所示。

表 2-7　不同说话距离、说话强度的最佳语言干扰级

距离/m	最佳语言干扰级/dB			
	声音正常	声音提高	很响	极响
0.15	74	80	86	92
0.30	68	74	80	86
0.60	62	68	74	80
1.20	56	62	68	74
1.80	52	58	64	70
3.60	46	52	58	64

6. 噪声评价标准

在语言干扰级和响度级的基础上,白瑞奈克提出了噪声评价标准 NC,用来评价室内背景

噪声,并用一组 NC 曲线来表示。由于 NC 曲线对单调低频噪声和高频噪声的评价结果不太符合人们的要求,因此在 NC 曲线的基础上做了一些修改,提出了最佳噪声评价曲线,称之为PNC 曲线,如图 2-6 所示。

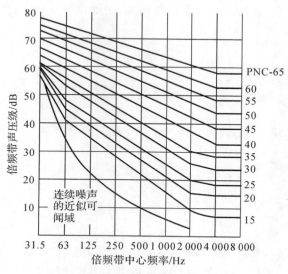

图 2-6 最佳噪声评价标准 PNC 曲线

PNC 曲线不仅可用于室内稳态环境噪声的评价,也可用于室内声场的噪声控制设计。首先对噪声进行倍频程分析,一般选用中心频率为 63 Hz、125 Hz、250 Hz、500 Hz、1 000 Hz、2 000 Hz、4 000 Hz 和 8 000 Hz 的倍频带,继而在 PNC 曲线图上画出频谱图,其 PNC 值就等于该噪声 8 个倍频带声压级中接触到的最高的那条 PNC 曲线的值。例如,若一噪声中心频率为 500 Hz 的倍频带声压级接触到的最高 PNC 曲线值为 PNC - 45,那么该噪声评价标准为PNC - 45。确定了噪声的最佳噪声评价标准值之后,就可以通过 PNC 曲线获得每个倍频带中心频率的控制限值。

7. 噪声评价数

噪声评价数(NR)是 1961 年由国际标准化组织推荐的评价方法,也适用于室内背景噪声的评价。确定噪声 NR 值的方法与 PNC 曲线方法类似,即先对噪声进行倍频程分析,在 NR曲线(见图 2-7)上画出每个倍频带的频谱图,其中倍频带声压接触到的最高的那条 NR 曲线的数值即为该噪声的噪声评价数 NR 值,然后确定室内背景噪声各个倍频带中心频率的噪声评价数限值。例如,若某办公场所室内背景噪声用 NR30 进行控制,则背景噪声的倍频带声压级需符合 NR 曲线,即 63 Hz 处声压级不得大于 59 dB,125 Hz 处声压级不得大于 48 dB,250Hz 处声压级不得大于 40 dB,500 Hz 处声压级不得大于 34 dB,1 000 Hz 处声压级不得大于30 dB,2 000 Hz 处声压级不得大于 27 dB,4 000 Hz 处声压级不得大于 25 dB。

2.1.6 声场和声波方程

噪声源发出声波,声波会向各个方向传播,声波传播的方向就是声线。声波传播的范围广泛,主要受到声波影响和涉及的范围就成为声场,即声场就是传播声波的空间,其中声场分为自由声场、扩散声场和半自由声场。在声场中某一时刻,将相位相同的各声点连接起来就得到了波前,在各向同性的均匀介质中,波线和波前是相互垂直的。根据波前的形状可以将声波定义为平面波和球面波,平面波的波前是平面,球面波的波前是球面。图 2-8 为平面波和球面波的波前、波面和波线的示意图。

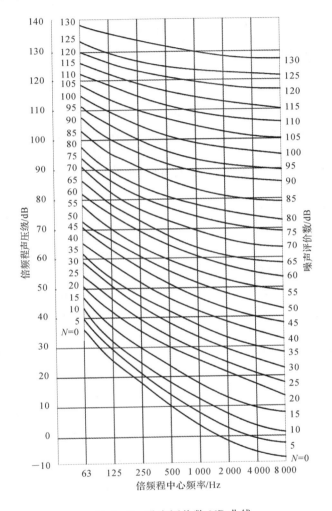

图 2-7　噪声评价数 NR 曲线

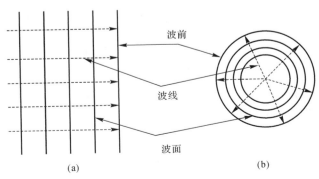

图 2-8　波前、波面和波线

（a）平面波；　（b）球面波

1. 自由声场

声波在介质中传播时，在各个方向上都没有反射，介质中任何一点接收的声音，都只是来自声源的直达声，这种可以忽略边界影响，由各向同性均匀介质形成的声场称为自由声场。自由声场是一种理想化声场，严格来说自然界并不存在这种声场，但是可以近似地将空旷的野外看作自由声场。在声学研究中，为了克服反射声和防止外来环境噪声的干扰，学者专门建造出一种自由声场的环境，即消声室。它可以用来进行听力实验、测量声源的声级、检测某些设备的噪声指标等。

2. 扩散声场

扩散声场中，声波是接近全反射的，这一点与自由声场完全相反。例如，一个人在室内说话，其他人听到的声音除了来自声源的直达声外，还有来自室内各部分的反射声。如果室内各表面十分光滑，声波传播到壁面就会完全反射回来。如果室内各点的声压几乎相等，则声能密度也处处均匀、相等，这样的声场就称为扩散声场（也称混响声场），它同样也是一种理想的声场。

相比自由声场，扩散声场也对应于一种专门的研究环境，它就是混响室。它可以用来测量各种吸声材料的吸声系数和不同声源的声功率等。

3. 半自由声场

在实际物理环境中，遇到最多的情况，既不是完全的自由声场，也不是完全的扩散声场，而是介于两者之间，这种声场就称为半自由声场。例如，在房间里有一些壁面是由普通砖石材料建造的，具有一定的吸声能力，但又不是完全吸收，这就是半自由声场。半自由声场其实就是自由声场和扩散声场的组合。根据环境吸声能力的不同，有些半自由声场接近自由声场，有些半自由声场接近扩散声场。其中还有半自由空间声场的情况，它是一半辐射空间受到限制的自由声场。图 2-9 为全空间和半空间球面对称辐射噪声源。

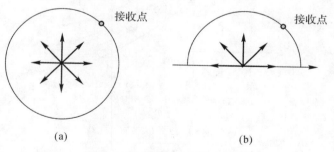

图 2-9　球面对称辐射声源
(a)全空间；　(b)半空间

描述声场随时间、空间变化的规律和相互关系的数学方程称为声波方程。声波方程是研究和了解声波特性、传播规律以及各种声学现象的基础。为了使研究的问题得到简化，这里仅介绍理想流体介质中小振幅声波的情况，相应的波动方程称为线性声波方程。

在声波传播的过程中，必然要满足以下三个基本的物理定律：

(1)牛顿第二定律，描述声压与质点振速的运动方程：

$$\frac{-\partial p}{\partial x}=\rho\frac{\partial v}{\partial t}$$ (2-37)

（2）质量守恒定律，描述可压缩介质中的压强变化与质点振速变化的连续性方程：

$$-\frac{\partial(v\rho)}{\partial x}=\frac{\partial\rho}{\partial t}\qquad(2-38)$$

（3）描述压强、密度随温度变化的物态方程：

$$P=c^2\rho\qquad(2-39)$$

式中：p、v、ρ 分别为声场中某一点由声扰动引起的声压、质点振速和介质密度；P 是介质中的总声压，$P=P_0+p$，P_0 是没有声扰动的平衡静态压强（静态压强）；c 是声波传播速度。

在建立小振幅声波方程前，必须做如下假设：

（1）声波在空气中传播没有能量损耗，也就是空气微小质点之间没有黏滞性。

（2）没有声扰动时，空气在宏观上是静止的（初速度为 0），同时又是均匀的，因此在空气中的静态压强 P_0、静态密度 ρ_0 都是常数。

（3）声波在传播过程中引起的介质压缩和膨胀的过程没有热交换，即声传播的过程是绝热的。

（4）在空气中传播的是小振幅声波，各个声学参量都是一级微量，并且都是线性的。

根据以上假设条件，可以求解出声压 p 和质点振速 v 之间的运动方程：

$$-\frac{\partial p}{\partial x}=\rho_0\frac{\partial v}{\partial t}\qquad(2-40)$$

质点振速 v 和密度变化 $\Delta\rho$ 之间的连续性方程为

$$-\rho_0\frac{\partial v}{\partial x}=\frac{\partial\Delta\rho}{\partial t}\qquad(2-41)$$

声压 p 和密度变化 $\Delta\rho$ 之间的物态方程为

$$p=c_0^2\Delta\rho\qquad(2-42)$$

联立上述三个方程［式（2-40）~式（2-42）］，消去 v 和 $\Delta\rho$，能够得到只有一个参量 p 的方程，即一维均匀理想流体介质中小振幅声波方程：

$$\frac{\partial^2 p}{\partial x^2}=\frac{1}{c_0^2}\frac{\partial^2 p}{\partial t^2}\qquad(2-43)$$

将一维空间推广到三维空间，可以得出三维线性声波方程，即

$$\nabla^2 p=\frac{1}{c_0^2}\frac{\partial^2 p}{\partial t^2}\qquad(2-44)$$

对于直角坐标

$$\nabla^2=\frac{\partial^2}{\partial x^2}+\frac{\partial^2}{\partial y^2}+\frac{\partial^2}{\partial z^2}\qquad(2-45)$$

对于柱面坐标

$$\nabla^2=\frac{1}{r}\frac{\partial}{\partial r}\left(r\frac{\partial}{\partial r}\right)+\frac{1}{r^2}\frac{\partial^2}{\partial\theta^2}+\frac{\partial^2}{\partial z^2}\qquad(2-46)$$

对于球面坐标

$$\nabla^2=\frac{1}{r^2}\frac{\partial}{\partial r}\left(r^2\frac{\partial}{\partial r}\right)+\frac{1}{r^2\sin\theta}\frac{\partial^2}{\partial\theta^2}\left(\sin\theta\frac{\partial}{\partial\theta}\right)+\frac{1}{r^2\sin\theta}\frac{\partial^2}{\partial\phi^2}\qquad(2-47)$$

前述内容讲到平面声波是波阵面具有与传播方向垂直的平行平面的声波，大多数声学研究问题也基于平面波传播问题。假设平面波沿着 x 方向传播，平面声波的波动方程可以使用一维波动方程。对于简谐振动，其解的形式为

$$p(x,t) = Ae^{j(\omega t - kx)} + Be^{j(\omega t + kx)} \tag{2-48}$$

式中：k 是声波波数；c_0 是声速。

式（2-48）中的第一项表示沿着 x 正方向向前传播的行波，第二项表示沿着 x 负方向传播的反射波。如果研究问题是声波在介质中传播没有阻隔，即不存在反射波，则 $B=0$。所以声波方程的解可以写成

$$p(x,t) = Ae^{j(\omega t - kx)} \tag{2-49}$$

进一步假设 $x=0$，声源在原点处振动并对毗邻介质产生了 $p_a e^{j\omega t}$ 的声压，就可以求出 $A=p_a$。质点振速是介质中的质点由声波通过而引起的相对于平衡位置的位移，质点振速与声压的关系如下：

$$v = -\frac{1}{\rho_0}\int \frac{\partial p}{\partial x} dt = v_a e^{j(\omega t - kx)} \tag{2-50}$$

所以平面声波的质点振速为

$$v(x,t) = v_a e^{j(\omega t - kx)} \tag{2-51}$$

式中，$v_a = p_a/(\rho_0 c_0)$。加入平面波的声场中，介质没有黏滞损耗，所以特性阻抗是常数，并且只有实部，另外，平面声场在传播过程中的各个位置上都没有能量储存，在前一个位置上的能量可以毫无保留地传播到后一个位置上。

对于球面声波的传播（这里所说的球面声波是指波阵面为同心球面的声波），声场中的声压 p 仅与球面坐标 r 有关，则波动方程为

$$\frac{\partial^2}{\partial r^2}(pr) = \frac{1}{c^2}\frac{\partial^2}{\partial t^2}(pr) \tag{2-52}$$

球面波的解是

$$p(r,t) = \frac{A}{r}e^{j(\omega t - kr)} + \frac{B}{r}e^{j(\omega t + kr)} \tag{2-53}$$

式中：第一项代表向外场辐射的球面波；第二项代表向球心反射的球面波。假设在无限空间下没有反射波，$B=0$，则球面波的解为

$$p(r,t) = \frac{A}{r}e^{j(\omega t - kr)} \tag{2-54}$$

根据质点振速和声压的关系，球面波的径向质点振速为

$$v = \frac{A}{r\rho_0 c_0}\left(1 + \frac{1}{jkr}\right)e^{j(\omega t - kr)} \tag{2-55}$$

可以看出，在理想介质中，球面波的声压与球面波的半径成反比。声压与质点振速之间的相位差与 r/λ 成反比。

由声强的定义可知，球面波的声强表达式中的 p_a 为

$$p_a = \frac{|A|}{r} = \frac{\rho_0 c_0 kr_0^2 u_a}{r\sqrt{1 + (kr_0)^2}} \tag{2-56}$$

式中：r_0 是球源的半径；u_a 是球源表面的质点振速。

因为声强仅与径向距离 r 有关，因此声强与半径为 r 的球面面积的乘积就是球面波的平均声功率。此处需要注意的是介质的特性阻抗不再只是实数，而是一个复数，表达式如下：

$$Z_s = \frac{p}{v} = \rho_0 c_0 \frac{jkr}{1 + jkr} \tag{2-57}$$

当球面波的半径很大时,即球面波传播到很远的距离时,可以认为声阻抗率与平面波相同,即

$$Z_s = \rho_0 c_0 \tag{2-58}$$

对于柱面波,其波阵面是同轴的圆柱面,其波动方程为

$$\frac{\partial^2 p}{\partial r^2} + \frac{1}{r}\frac{\partial p}{\partial r} = \frac{1}{c^2}\frac{\partial^2 p}{\partial t^2} \tag{2-59}$$

柱面波的解为

$$p(r,t) = A e^{j\omega t}[J_0(kr) \pm jN_0(kr)] \tag{2-60}$$

式中:J_0,N_0 分别为零阶柱贝塞尔函数和零阶柱诺依曼函数;"+"和"−"分别表示向外传播和向内传播的柱面波。当 kr 非常大时,可以求出近似解,为

$$p = \frac{A}{\sqrt{\pi kr/2}} e^{j(\omega t - kr)} \tag{2-61}$$

$$v = \frac{p}{\rho_0 c_0}\left(\frac{1}{2jkr} + 1\right) \tag{2-62}$$

因此,当 $kr \gg 1$ 时,声阻抗率的表达式和平面波相同。

在距离声源较远的地方,柱面波的声强为

$$I = \frac{1}{\pi kr}\frac{A}{\rho_0 c_0} \tag{2-63}$$

每单位长度辐射的声功率为

$$W = 2\pi r I = \frac{2A}{k\rho_0 c_0} \tag{2-64}$$

由于平面波各种物理量之间的关系比较简单,可以反映声学的基本特性,因此是声学研究中的主要研究对象。但是,平面波只有在满足条件下才可以在管道中产生(具体条件后面会详细介绍)。但是从前面的介绍中可以看出,在远场区域,即距离声源非常远的地方,各种类型的声波实际上可以等效成平面波。当声源与波长相比尺寸非常小时,声波就可以当作是球面波均匀地在自由空间中传播。但是在一些情况下,声源的尺寸与波长相当,这样,声源激发的声波在向外传播时就会带有一定的指向性。

2.1.7　声源的指向性

声源在自由空间中辐射声波时,其向周围辐射的声能是不均匀的,有的方向强,有的方向弱,其强度分布的一个主要特征是指向性,可以用指向性因数 R_θ 来描述声源的指向性特性。指向性因数 R_θ 表征声源的指向性,在离声源中心相同距离处,测量球面上各点的声强,求得所有方向上的平均声强,将在同一距离上某一方向上的声强与其相比就是该方向的指向性因数,即

$$R_\theta = \frac{I_\theta}{I_{ave}} = \frac{p_\theta^2}{p_{ave}^2} \tag{2-65}$$

式中:p_θ 是指定方向和距离的声压;p_{ave} 是同一距离的各方向平均声压;I_{ave} 是所有方向上的平均声强;I_θ 是同一距离处测量面上各点的声强。

描述声源指向性的另一个参量是指向性指数 D_I,即

$$D_I = L_{p\theta} - L_p \tag{2-66}$$

式中：$L_{p\theta}$ 是距声源一定距离的某一方向的声压级，L_p 是在同样距离上发出与本声源相等功率的假想点声源的声压级。对于无指向性的声源，$D_I=0$ 或 $R_\theta=1$。D_I 可以视为由于声源具有指向性，而在某一方向传播声波时声压级比平均值增、减的数值。考虑到声源辐射的指向性，需要对声压级的计算公式进行修正。指向性因数一般与频谱相关，频率越高，指向性越强。声源的指向性也与自身几何尺寸有密切关系，当声源的几何尺寸大到与波长可以相比拟时，指向性就比较明显。

指向性因数与指向性指数虽然表达方式不一样，但是本质上都反映了声源的指向性，两者关系是

$$D_I=10\lg(R_\theta) \tag{2-67}$$

利用声源的指向性可以有效地控制噪声。对于某些高强度噪声，如果在传播方向上有良好的控制措施，就会取得显著的降噪效果。指向性声源具有广泛的实际应用，一个声源如果具有很强的指向性，那么就可以利用它来产生针对某些人的声音，而不会影响他人。例如，在饭店吃饭的时候，客人可以根据自己的喜好点喜欢的音乐，而不会影响到其他用餐的客人。又如一些工厂中的高压锅炉、压力容器以及空气分离车间等，经常会辐射出非常强的高频噪声，如果将出口朝向天空或者朝向野外，可能会比朝向生活区排放减噪 10 dB；工厂车间中各类风机的进排气噪声大多有很明显的指向性，合理改善出口管理通道可以减少噪声对人员操作区的影响。指向性声源还具有一定的军事价值。利用声源的指向性，可以发展一种新型的声学武器，如果发出的声压级足够高，它就会对敌方造成身体伤害或在心理上形成畏惧。

2.1.8　声波的衰减

声波在任何介质中的传播都会发生衰减。有两个原因造成声波的衰减：一是声源辐射的声波在传播过程中，随距离的增加波面面积增大，声能量发生扩散损失，导致单位面积上通过的声能量相应减少，因而声强会随距离的增加而衰减，这种衰减称为发散衰减；二是声波在传播过程中，可能存在空气的吸收、地面的吸收、介质的黏滞性、介质的导热性等特性使声能不断被吸收、转换为其他形式能量，声强逐渐衰减，这种衰减称为吸收衰减。

声源的形状和大小也会影响衰减的快慢。根据声源的形状和大小，可以将声源分为三类：点声源、线声源和面声源。

点声源是指声源的尺寸相比于声波的波长、传播距离特别小，可以忽略点声源尺寸大小的影响。点声源的波阵面是球面。例如，人在屋里唱歌，通过房屋对外辐射的声能均等，那么在较远处就可以将房屋的中心处当作一个点声源。线声源是在一个方向上的尺寸远远大于与其垂直的其他两个方向尺寸的声源，它发出的声波是柱面波。例如火车噪声、公路上大量机动车辆行驶的噪声，或者输送管道辐射的噪声等，远场分析时可将其看作由许多点声源组成的线状声源。这些线声源以近似柱面波的形式向外辐射噪声。人在屋里唱歌，在窗前 1 m 处测试时，它就是一个面声源，可视为一个长方形的声源。

1. 发散衰减

声源发出的声波在传播过程中，其声能会发生扩散，而声强代表声能量的强弱，因此声强会随距离的增加而衰减，这就是发散衰减。

（1）点声源声波的发散衰减。理想的点声源，声源表面各点的振动具有相同的振幅和相位，它辐射的声波是球面波。实际声源永远达不到理想点声源的标准，因此只要实际声源的几

何尺寸与声源辐射的声波波长相比很小时,或者在远场条件下,可近似看作点声源。

在自由空间中,距离点声源距离为 r 的球面波的声压级为

$$L_p = L_1 = L_w - 10\lg(4\pi r^2) + D_1 = L_w - 20\lg r + D_1 - 11 \qquad (2-68)$$

式中:L_w 是点声源的声功率级。

在半自由空间中时

$$L_p = L_1 = L_w - 10\lg(2\pi r^2) + D_1 = L_w - 20\lg r + D_1 - 8 \qquad (2-69)$$

若要计算从距离 r_1 传播到距离 r_2,可以设距点声源 r_1 处的声强为 I_1,距点声源 r_2 处的声强为 I_2,则有

$$I_1 = \frac{W}{4\pi r_1^2} \qquad (2-70)$$

$$I_2 = \frac{W}{4\pi r_2^2} \qquad (2-71)$$

$$\Delta L = L_1 - L_2 = 10\lg\frac{I_1}{I_2} = 10\lg\left(\frac{r_2}{r_1}\right)^2 = 20\lg\frac{r_2}{r_1} \qquad (2-72)$$

由式(2-72)可以看出,如果 $r_2 = 2r_1$,则 $\Delta L = 6$ dB。因此发散衰减规律为:传播距离 r 增加 1 倍,声强级(或声压级)降低 6 dB。这是用来检验声源是否可作为点声源处理的简便方法。

(2) 线声源声波的发散衰减。对于离散声源组成的线声源,例如行驶在平直公路上的车队,就是一个离散声源组成的线声源,如果两车间距为 d,每辆车的声功率相同,而且每辆车都可以看作一个点声源,那么距离这个线声源 r_0 处的 O 点声压级为各个声源在该点的声压级的和。图 2-10 所示为声源分布示意图。

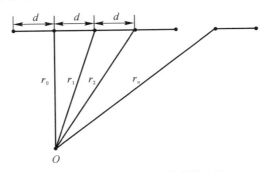

图 2-10　离散声源组成的线声源

根据测点 O 距离声源的距离可以将 O 点的声压级分为两种情况。

如果 $r_0 > d/\pi$,则可以得到

$$L_p = L_w - 10\lg r_0 - 10\lg d - 6 \qquad (2-73)$$

如果 $r_0 \leqslant d/\pi$,则可以得到

$$L_p = L_w - 20\lg r_0 - 11 \qquad (2-74)$$

式中:L_w 是每个点声源的声功率级;d 是两个点声源之间的间距;r_0 是测点距线声源的直线距离。

由式(2-73)和式(2-74)可以看出,当 $r_0 \leqslant d/\pi$ 时,O 点的声压级受靠近它的声源影响最为显著,这时和点声源的发散衰减最为相似;而当 $r_0 > d/\pi$ 时,才会考虑其他声源的影响。

由式(2-73)可以看出,对于线声源,当传播距离由 r_1 增加到 r_2 时,声压级或声强级的衰减量为

$$\Delta L = 10\lg \frac{r_2}{r_1} \qquad (2-75)$$

由式(2-75)可以看出,当 $r_2 = 2r_1$ 时,$\Delta L = 3$ dB,所以其发散规律为:传播距离 r 增加1倍,声压级降低3 dB。如果已知线声源场中距点声源 r_1 处的声压级,那么就可以求得距点声源 r_2 处的声压级。

(3)有限长连续线声源的发散衰减。例如,火车在运行时,每节车厢都相距很近,可以视为一个由很多离散声源(每节车厢都可以视为一个点声源)组成的线声源。设该线声源的总功率 W 均匀地分布在有限长 l 上,所以单位长度的声功率为 W/l。

根据测点 O 距离声源的距离,可以将 O 点的声压级分为以下两种情况。

如果 $r_0 > l/\pi$,则可以得到

$$L_p = L_w - 20\lg r_0 - 11 \qquad (2-76)$$

如果 $r_0 \leqslant l/\pi$,则可以得到

$$L_p = L_w - 10\lg r_0 - 10\lg l - 6 \qquad (2-77)$$

综上所述,对于线声源,当传播距离由 r_1 增加到 r_2 时,声压级或声强级的衰减量 ΔL 服从式(2-75),它适用于 $r \gg d$ 的连续分布线声源和离散分布线声源,发散衰减的规律为:如果传播距离增加一倍,声压级降低3 dB。

(4)面声源声波的发散衰减。例如,人们在房间里大声唱歌或者讲话时,产生的噪声就会通过房间的墙壁(墙壁表面辐射的声能是均匀的)向外辐射声能,那么这时候墙体就可以视为一个面声源。假设房间高为 a,长(宽)为 b,测点距离面声源中心的距离为 r,如图2-11所示。

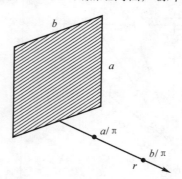

图2-11　面声源声波衰减示意图

根据测点与面声源距离的变化,可以将其声压级随距离衰减分为如下三种情况。

如果 $r \leqslant a/\pi$,那么其衰减量为 0 dB。由此可见,距离面声源较近时,声源发射的是平面波,在该距离范围内,随着距离的变化,声压级无变化。

如果 $a/\pi \leqslant r \leqslant b/\pi$,那么就可以视其为线声源,可以按照式(2-75)来计算其衰减量,即距离每增加一倍,声压级衰减 3 dB。

如果 $r \geqslant b/\pi$,那么就可以视其为点声源,可以按照式(2-73)来计算其衰减量,即距离每增加一倍,声压级衰减 6 dB。

2. 空气吸收衰减

只要声波在空气中传播,就有声能被介质吸收、转化为其他能量,总的来说,被空气吸收的声能,可以分为两部分。一部分是经典吸收,由于空气的黏滞性和热传导作用,在压缩和膨胀的过程中,会有一部分声能转化为热能,这是空气的经典吸收。理论上可以证明经典吸收的大小与声波频率的二次方成正比。另一部分是分子的弛豫吸收,它是指空气分子转动或者振动时,有其固有的频率,声波在接近这些频率时会产生声能转换,把声能转化为振动能,而分子振动能又可以转化为声能。这个能量的转换过程,有一定的滞后现象,因此称为分子的弛豫效应。

吸收衰减与空气的成分、温度、湿度等都密切相关,其中湿度的影响是最大的。在 20℃时,根据噪声控制工程的经验,可以用如下公式来估计空气的吸收衰减:

$$A_a = 7.4 \frac{f^2 r}{\Phi} 10^{-8} \tag{2-78}$$

式中:A_a 是每 100 m 空气的吸收衰减量;f 是频率;r 是传播距离;Φ 是相对湿度。由此可见,空气吸收衰减受湿度影响较大,此外其还与声波的频率有关,频率越高,衰减越快。表 2-8 给出了空气对声波的衰减值。

表 2-8　标准大气压下空气中的声衰减值

温度/℃	相对湿度/(%)	各个倍频程中心频率的声衰减 A_a/(dB/100 m)			
		125 Hz	250 Hz	500 Hz	1 000 Hz
30	10	0.09	0.19	0.35	0.82
	20	0.06	0.18	0.37	0.64
	30	0.04	0.15	0.38	0.68
	50	0.03	0.10	0.33	0.75
	70	0.02	0.08	0.27	0.74
	90	0.02	0.06	0.24	0.70
20	10	0.08	0.15	0.38	1.21
	20	0.07	0.15	0.27	0.62
	30	0.05	0.14	0.27	0.51
	50	0.04	0.12	0.28	0.50
	70	0.03	0.10	0.27	0.54
	90	0.02	0.08	0.26	0.56
10	10	0.07	0.19	0.61	1.9
	20	0.06	0.11	0.29	0.94
	30	0.05	0.11	0.22	0.61
	50	0.04	0.11	0.20	0.41
	70	0.04	0.10	0.20	0.38
	90	0.03	0.10	0.21	0.38

续表

温度/℃	相对湿度/(%)	各个倍频程中心频率的声衰减 A_a/(dB/100 m)			
		125 Hz	250 Hz	500 Hz	1 000 Hz
0	10	0.10	0.30	0.89	1.81
	20	0.05	0.15	0.50	1.48
	30	0.04	0.10	0.31	1.08
	50	0.04	0.08	0.19	0.60
	70	0.04	0.08	0.16	0.42
	90	0.03	0.08	0.15	0.36

3.地面吸收衰减

当地面为非刚性时,会对声波传播有附加的衰减影响,因此就会产生地面吸收作用。一般来说,地面对声音的衰减发生在声波沿地面传播距离较长时,当距离较短时,衰减量就很小了,可以忽略不计。

当声波在绿化带上传播时,可以用以下公式来估算地面衰减量 A_{gr}:

$$A_{gr} = 0.01 f^{1/3} r \qquad (2-79)$$

上述公式不包括声波进入或穿出树林的"边缘效应",它是由阻抗失配引起的。如果绿化带不是很宽,那么对噪声的吸收作用是不明显的。在城市中,不可能在道路两侧建立很宽的绿化带,这是不现实的。噪声对人的影响不仅仅是物理上的影响,心理上的影响也很关键。建设一定的绿化带能够给人一定的心理暗示,对人的心理健康有重要作用。利用绿化防护等生态保护措施来降低公路噪声是有效、环保的措施之一,在实际的道路建设中,绿化带的种植和噪声的防护具有很强的相关性。根据道路建设的情况优化设置绿化带,能够有效降低噪声污染,为居民的生活提供保障。英国的声屏障检测实验室(NBTF)研究出不同绿化带对交通噪声的降低效果不同,其中,15 m 宽和 3 m 高的柳树绿化带可以比不用绿化带时降噪 7 dB。

4.气象条件对声传播的影响

气象条件对声传播的影响,主要是由温度梯度和风速的作用产生的。

(1)温度梯度对声波的折射。空气中温度的不均匀会造成空气中密度的不均匀,很明显,温度高的地方空气密度小,温度低的地方空气密度大。根据声学基础理论可以知道,声波经过不同密度的介质时,在界面处会发生偏折。温度梯度对声波的折射:在地表附近,白天空气的温度随着高度增加而减小,所以低处的空气密度较小,声波由下向上传播时,相当于从波疏介质向波密介质传播,黑夜刚好和白天相反。

(2)风速对声波传播的影响。顺风时会感到声音传得较远,逆风时会感到声音传得较近。这是因为在地面附近的风速是向上递增的,高处风速大,低处风速小。因此,声音顺风传播时,声速从地面向上增大,这样会形成向地面的声波折射,而地面会反射声波,这种声波在地面、空气间来回折射、反射的现象,使声波集中在地面附近传播,可以传得很远;声音逆风传播时,声速减去风速后形成下大上小的声速变化,结果形成向空中的声波折射,即声音向斜上方传播、扩散,在地面附近的声音就很弱,乃至听不到了。

2.1.9 声波的反射、透射和折射

声波在实际传播过程中,会遇到各种障碍物、不均匀介质,这时声波就会发生反射、透射和折射。

1. 正入射时声波的反射和透射

噪声声波在传播过程中往往会遇到障碍物,这时声波就会从一种介质入射到另一种介质。两种介质的特性阻抗不一样,即声学特性不一样,所以一部分声波会发生反射,而另一部分声波会发生透射。

假设界面距离声源比较远,那么传播到界面的声波就可以看作平面波。如图 2-12 所示,入射声波垂直入射到介质 1 和介质 2 的分界面,设介质 1 的特性阻抗为 $\rho_1 c_1$,介质 2 的特性阻抗为 $\rho_2 c_2$,分界面位于 $x=0$ 处。

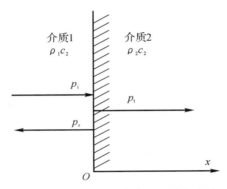

图 2-12 正入射时声波的反射和透射

研究正入射时的声波反射和透射时,要满足两个前提条件:一是分界面两边的声压是连续相等的,二是界面两边介质质点的法向振动速度是连续相等的。

若满足上述两个条件,进一步研究入射时声波的反射和透射,就要用到波动声学的相关内容。当平面声波由介质 1 垂直入射到两种介质的界面,设此时的入射声波声压为 p_i,反射声波的声压为 p_r,通过界面透射到介质 2 中的透射声波声压为 p_t。

(1)声波方程与质点振动速度方程。介质 1 沿 x 正方向传播的入射声波的表达式和质点振动的表达式分别为

$$p_i = P_i \cos(\omega t - k_1 x) \tag{2-80}$$

$$u_i = p_i / (\rho_1 c_1) \tag{2-81}$$

入射声压 p_i 入射到两种介质分界面时,会发生反射,反射波沿 x 轴负半轴方向传播,反射波的表达式和质点振动的表达式分别为

$$p_r = P_r \cos(\omega t + k_1 x) \tag{2-82}$$

$$u_r = p_r / (\rho_1 c_1) \tag{2-83}$$

入射声波入射到介质 1 和介质 2 的分界面时,会在介质 2 中产生向 x 轴正方向传播的透射声波,其声波方程和质点振动方程分别为

$$p_t = P_t \cos(\omega t - k_2 x) \tag{2-84}$$

$$u_t = p_t / (\rho_2 c_2) \tag{2-85}$$

由入射波和反射波叠加可以得到介质 1 中的声压和相应质点振速：

$$p_1 = p_i + p_r = P_i \cos(\omega t - k_2 x) + P_r \cos(\omega t + k_1 x) \tag{2-86}$$

$$u_1 = u_t + u_r = \frac{P_i}{\rho_1 c_1} \cos(\omega t - k_1 x) - \frac{P_r}{\rho_1 c_1} \cos(\omega t + k_1 x) \tag{2-87}$$

同理，可以知道介质 2 中的声压为

$$p_2 = p_t = P_t \cos(\omega t - k_2 x) \tag{2-88}$$

$$u_2 = u_t = \frac{P_t}{\rho_2 c_2} \cos(\omega t - k_2 x) \tag{2-89}$$

又由两个起始条件可知，在 $x = 0$ 界面处

$$P_i + P_r = P_t \tag{2-90}$$

$$(P_i - P_r)/(\rho_1 c_1) = P_t/(\rho_2 c_2) \tag{2-91}$$

（2）反射系数和透射系数。反射声强 I_r 与入射声强 I_i 的比值称为声强反射系数 r_1，有

$$r_1 = I_r/I_i = (P_r/P_i)^2 \tag{2-92}$$

透射声强 I_t 与入射声强 I_i 的比值称为声强透射系数 t_1，有

$$t_1 = I_t/I_i = (P_t/P_i)^2 \tag{2-93}$$

同理，声压的反射系数 r_p 和透射系数 t_p 为

$$r_p = \frac{P_r}{P_i} = \frac{\rho_2 c_2 - \rho_1 c_1}{\rho_2 c_2 + \rho_1 c_1} \tag{2-94}$$

$$t_p = \frac{P_t}{P_i} = \frac{2\rho_2 c_2}{\rho_2 c_2 + \rho_1 c_1} \tag{2-95}$$

由式（2-92）～式（2-95）可得

$$r_1 + t_1 = 1 \tag{2-96}$$

由上述一系列公式可知，反射系数和透射系数只与介质的特性阻抗 $\rho_1 c_1$、$\rho_2 c_2$ 有关，当两种介质的特性阻抗接近（$\rho_1 c_1 \approx \rho_2 c_2$）时，$r_1 \approx 0$，此时声波没有反射，全部透射到第二种介质中。

当介质 2 的特性阻抗远远大于介质 1 的特性阻抗时，$r_1 \approx 1$，此时两种介质的特性阻抗相差非常大，声波将从分界面全部反射，几乎没有透射。在界面上，入射声压与反射声压大小相等，且相位相同，因此入射声压达到极大值，但质点振速等于零，这样可以在入射场中产生驻波，在透射场中只有压强的静态传递，并不能产生透射声场。

当介质 2 的特性阻抗远远小于介质 1 的特性阻抗时，$r_1 \approx -1$，此时声波几乎全反射。在界面处，入射波与反射波大小相等，但相位相反，因此总声压达到极小值，近似为零，但质点振速为极大值，所以在入射场中依然会产生驻波，不同的是，在透射场中存在透射声波。

综上，可以得出以下结论：

1）反射系数和透射系数把入射声压、反射声压、透射声压与介质的特性阻抗联系起来，基本的研究出发点是界面，通过物理分析建立方程。

2）反射系数和透射系数与声压的大小没有任何关系，仅取决于两个介质的特性阻抗，这表明介质的特性阻抗对声波的传播有着决定性的影响。

3）即使是同样类型的声学材料，只要它们的阻抗不同，在界面上也会形成反射和透射。

4）在硬边界处，即当介质 2 的特性阻抗远远大于介质 1 的特性阻抗时，声波的反射是非常大的。室内硬边界的反射可以使得室内的声压级比室外露天高 10～15 dB。

5）通常将反射系数 r_p 小的材料称为吸声材料，而把透射系数 t_p 小的材料称为隔声材料。

由以上结论可知,介质的特性阻抗对声波的传播有着决定性作用,利用此性质可以达到降噪的目的。例如,室内家用电器所发出的噪声会从墙面、地面、天花板及不同家具上多次反射,这种反射声使得噪声源在室内的声压级比露天中同等距离上的声压级要高很多,为了降低室内反射噪声,可以在房间内表面覆盖一层吸声性能较好的材料。

例 2-6　20℃ 时空气和水的特性阻抗分别为 $\rho_1 c_1 = 415$ Pa·s/m 及 $\rho_2 c_2 = 1.480 \times 10^6$ Pa·s/m,计算平面波由空气垂直入射于水面上时的反射声压及声强透射系数。

解:平面波垂直入射时声压反射系数为

$$r_p = \frac{p_r}{p_i} = \frac{\rho_2 c_2 - \rho_1 c_1}{\rho_2 c_2 + \rho_1 c_1} \approx 1$$

设入射声压幅值为 p_a,则反射声压幅值为

$$p_{ra} = |r_p| p_a \approx p_a$$

声强透射系数为

$$t_I = \frac{I_t}{I_I} = \frac{\frac{1}{2} p_{ta}^2 / \rho_2 c_2}{\frac{1}{2} p_{ia}^2 / \rho_1 c_1} = \frac{\rho_1 c_1}{\rho_2 c_2} t_p^2 = 1.12 \times 10^{-3}$$

2. 斜入射时声波的反射和折射

声波在传播途中以斜入射方式遇到不同介质的分界面时,除了发生反射,还会发生折射,如图 2-13 所示。声波发生折射时,传播方向发生改变。设入射声波 p_i 与分界面法向成 θ_i 角(入射角)入射到界面上,这时的反射波 p_r 与分界面法向成 θ_r 角(反射角),透射波 p_t 与法向成 θ_t 角(透射角),此时透射声波与入射声波不再保持同一传播方向,形成了声波的折射。此时,声波入射的反射遵循斯涅尔(Snell)定理,即

$$\frac{\sin\theta_i}{c_1} = \frac{\sin\theta_r}{c_1} = \frac{\sin\theta_r}{c_2} \tag{2-97}$$

此外,入射角等于反射角,即 $\theta_i = \theta_r$。

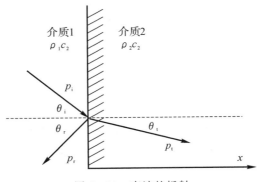

介质1　$\rho_1 c_2$　介质2　$\rho_2 c_2$

p_i　θ_i　θ_r　θ_t　p_t　p_r　x

图 2-13　声波的折射

波的折射定律如下:

$$\frac{\sin\theta_i}{\sin\theta_t} = \frac{c_1}{c_2} = n_{21} \tag{2-98}$$

式中:n_{21} 是介质 2 对介质 1 的折射率。由上述公式可知,声波从声速大的介质折射入声速小的介质时,声波的传播方向偏向分界面的法线;声波从声速小的介质折射入声速大的介质时,

声波的传播方向远离法线。所以,声波的折射角度由声速决定,即使在同一介质中也存在速度梯度造成的各处声速不同,同样会发生折射。需要注意的是,当从声速小的介质折射入声速大的介质时,$\theta_t=90°$时的入射角 θ_i 就是 θ_{ic},且

$$\theta_{ic}=\arcsin(c_1/c_2) \tag{2-99}$$

如果声波在介质 1 中以大于 θ_{ic} 的入射角入射时,则声波无法进入介质 2,从而形成全反射。

因此,由上述内容可知,声压的斜入射反射系数 r_p 为

$$r_p=\frac{p_r}{p_i}=\frac{\rho_2 c_2 \cos\theta_i-\rho_1 c_1 \cos\theta_t}{\rho_2 c_2 \cos\theta_i+\rho_1 c_1 \cos\theta_t} \tag{2-100}$$

继而,声压的斜入射透射系数 t_p 为

$$t_p=\frac{p_t}{p_i}=\frac{2\rho_2 c_2 \cos\theta_i}{\rho_2 c_2 \cos\theta_i+\rho_1 c_1 \cos\theta_t} \tag{2-101}$$

入射波在界面上损失的声能量能量(包括通过界面透射到另一介质中的声能量)与入射波的声能量的比值称为吸声系数 α。因此可得

$$\alpha=1-|r_p|^2 \tag{2-102}$$

由式(2-102)可知,r_p 的取值与入射的方向有关,因此,吸声系数 α 也与入射方向有关。

例 2-7 声波由空气中以入射角 $\theta_i=30°$ 斜入射于水中,试问折射角为多大?平均声能量流透射系数为多少?

解: 根据 Snell 定律,有

$$\frac{\sin\theta_i}{\sin\theta_t}=\frac{c_i}{c_t}$$

查表知,20℃时空气与水的声速分别为

$$c_i=c_{air}=344 \text{ m/s}$$
$$c_t=c_{water}=1483 \text{ m/s}$$

故有

$$\frac{\sin\theta_i}{\sin\theta_t}=\frac{344}{1483}$$

解得

$$\sin\theta_t=\frac{1483\times0.5}{344}\approx2.156>1$$

由此知发生了全反射,平均声能量流透射系数为零。

3. 声波在 3 种不同相邻介质中的反射和透射

前面讨论的都是声波在两种介质中的反射和透射,但是很多情况下,声波会通过 3 种不同的介质。图 2-14 所示为声波在 3 种不同介质中的反射和透射。

由图 2-14 可以看到,有一部分声能在中间介质 2 中来回反射和透射,所以由介质 1 传播的入射声波透射到介质 3 的总声能,不仅与 3 种介质的特性阻抗有关,而且受到声波频率和中间层介质厚度 L 的影响。如果中间层在前、后两个介质中起到耦合作用,由界面的连续条件可知,与频率为 f 的声波阻抗匹配的条件是中间介质阻抗的二次方等于两边介质阻抗的积 $(Z_2)^2=Z_1 \cdot Z_3$,且中间层厚度 $L=\lambda/4$。满足这种条件,该频率的声波在介质 3 中的透射声能等于介质 1 中的入射声能,即声能全部透射,这就是超声技术常用的 $\lambda/4$ 波片匹配全透射技术。

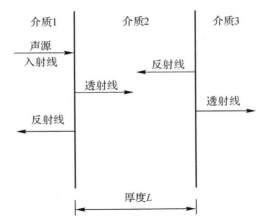

图 2-14　声波在 3 种不同相邻介质中的反射和透射

2.1.10　声波的干涉

前面介绍的反射、透射和折射内容只是研究一列自由波,没有涉及声波的叠加。本节对声波的叠加做一介绍。

1. 声波干涉的概念

两个或数个声波在同一介质中传播并在某处相遇,在相遇区内任一点上的振动将是两个波或数个波所引起的振动的合成。声波在传输过程中具有相互干涉作用。两个频率相同、振动方向相同且相位一致的声源发出的声波相互叠加时就会出现干涉现象。如果它们的相位相同,则两波叠加后幅度增加、声压加强;反之,如果它们的相位相反,则两波叠加后幅度减小、声压减弱,如果两波幅度一样,将完全抵消。例如在管中传播的平面行波及其反射波会在管中形成驻波,即有固定的波腹和波节,波腹处为声压的极大值,波节处为声压的极小值。能产生干涉现象的声音叫作相干声源,由相干声源发射的声波就是相干波。一般来说,噪声不属于相干声源,所以它们可以进行能量叠加。

2. 声波的叠加原理

设有两列波,它们的声压分别是 p_1 和 p_2,它们合成的声场声压设为 p。由声学基本方程的推导可知,合成声场的声压 p 满足波动方程,即

$$\nabla^2 p = \frac{1}{c_0^2} \frac{\partial^2 p}{\partial t^2} \qquad (2-103)$$

同时,声压 p_1 和 p_2 也满足波动方程,即

$$\nabla^2 p_1 = \frac{1}{c_0^2} \frac{\partial^2 p_1}{\partial t^2} \qquad (2-104)$$

$$\nabla^2 p_2 = \frac{1}{c_0^2} \frac{\partial^2 p_2}{\partial t^2} \qquad (2-105)$$

上述三个方程都是线性的,满足线性叠加原理,所以可以得到其叠加后的方程为

$$\nabla^2 (p_1 + p_2) = \frac{1}{c_0^2} \frac{\partial^2 (p_1 + p_2)}{\partial t^2} \qquad (2-106)$$

由声压的波动方程式(2-103)与两个声波叠加后的叠加方程式(2-104)、式(2-105)对

比可知

$$p = p_1 + p_2 \qquad (2-107)$$

由此可知,两列声波叠加后的声场的声压等于每列声波声压的和,这就是声波的叠加原理。以此类推,可以知道多列声波的叠加满足叠加原理。

3. 驻波的形成

驻波是指频率相同、传输方向相反的两种波沿传输线形成的一种分布状态,入射波(推进波)与反射波相互干扰而形成的波形不再推进(仅波腹上、下振动,波节不移动)。选取两列频率相同、行进方向相反的平面波叠加,形成合成声场。所以可以写出两列波的表达式:

$$p_{\mathrm{i}} = p_{\mathrm{ia}} \mathrm{e}^{\mathrm{j}(\omega t - kx)} \qquad (2-108)$$

$$p_{\mathrm{r}} = p_{\mathrm{ra}} \mathrm{e}^{\mathrm{j}(\omega t + kx)} \qquad (2-109)$$

式中,p_{ia} 和 p_{ra} 是入射波和反射波的声压幅值。

可得叠加后的声场声压为

$$p = p_{\mathrm{i}} + p_{\mathrm{r}} = 2 p_{\mathrm{ra}} \cos kx \cdot \mathrm{e}^{\mathrm{j}\omega t} + (p_{\mathrm{ia}} - p_{\mathrm{ra}}) \mathrm{e}^{\mathrm{j}(\omega t - kx)} \qquad (2-110)$$

由式(2-110)可以分析得到,第一项代表驻波场,第二项代表向 x 方向行进的平面波,其振幅为开始两平面波的振幅差。当 $kx = n\pi$（$n=1,2,\cdots$）时,声压的振幅最大,这时对应声波的波腹。当 $kx = (2n-1) \cdot (\pi/2)$（$n=1,2,\cdots$）时,声压的振幅为零,这时对应声波的波节。由此可以看出,如果存在沿相反方向行进的波的叠加,则合成声压的振幅将随位置的变化而变化,会出现极大极小的变化,这就破坏了平面自由声场的性质。如果反射波较强,那么第一项产生的影响将比第二项大(即第一项占主导地位)。如果反射波的振幅等于入射波的振幅,那么可以看出第二项为零,只剩下第一项,此时的合成声场称为驻波。

4. 声波的相干性

设两列具有相同频率、固定相位差的声波叠加,发生干涉现象,到达某位置处两列声波分别为

$$p_1 = p_{1\mathrm{a}} \cos(\omega t - \varphi_1) \qquad (2-111)$$

$$p_2 = p_{2\mathrm{a}} \cos(\omega t - \varphi_2) \qquad (2-112)$$

式中,$p_{1\mathrm{a}}$ 和 $p_{2\mathrm{a}}$ 是两列声波的声压幅值。

设两列波到达该位置的相位差不发生变化,叠加后的合成声场的声压为

$$p = p_1 + p_2 = p_{1\mathrm{a}} \cos(\omega t - \varphi_1) + p_{2\mathrm{a}} \cos(\omega t - \varphi_2) = p_{\mathrm{a}} \cos(\omega t - \varphi) \qquad (2-113)$$

经计算可得

$$p_{\mathrm{a}}^2 = p_{1\mathrm{a}}^2 + p_{2\mathrm{a}}^2 + 2 p_{1\mathrm{a}} p_{2\mathrm{a}} \cos(\varphi_2 - \varphi_1) \qquad (2-114)$$

$$\varphi = \arctan \frac{p_{1\mathrm{a}} \sin\varphi_1 + p_{2\mathrm{a}} \sin\varphi_2}{p_{1\mathrm{a}} \cos\varphi_1 + p_{2\mathrm{a}} \cos\varphi_2} \qquad (2-115)$$

可以发现合成声压的振幅是与两列声波的相位差有关的,而且声压振幅的二次方值可以反映出声场平均能量密度的大小,所以可以得到合成声波的平均能量密度为

$$\bar{\varepsilon} = \bar{\varepsilon}_1 + \bar{\varepsilon}_2 + \frac{p_{1\mathrm{a}} p_{2\mathrm{a}}}{\rho_0 c_0^2} \cos \Psi \qquad (2-116)$$

式中:$\bar{\varepsilon}_1$ 和 $\bar{\varepsilon}_2$ 分别是 p_1 和 p_2 的平均能量密度,从式(2-116)中可以看到,声场中各位置的平均能量密度与两列声波到达该位置时的相位差有关。当 $\Psi = 2n\pi$ 时,说明两列声波到达指定位置时相位相同,如此就可以由式(2-114)式(2-115)得到

$$p_a = p_{1a} + p_{2a} \tag{2-117}$$

$$\bar{\varepsilon} = \bar{\varepsilon}_1 + \bar{\varepsilon}_2 + \frac{p_{1a}p_{2a}}{\rho_0 c_0^2} \tag{2-118}$$

当 $\Psi = (2n+1)\pi$ 时，意味着两列波一直以相反的相位到达指定位置，同理可以得到

$$p_a = p_{1a} - p_{2a} \tag{2-119}$$

$$\bar{\varepsilon} = \bar{\varepsilon}_1 + \bar{\varepsilon}_2 - \frac{p_{1a}p_{2a}}{\rho_0 c_0^2} \tag{2-120}$$

由上述公式可以发现，在两列同频率、恒定相位差的声波叠加以后的合成声场中，任一位置上的平均能量密度并不等于两列声波的平均能量密度的和，而是与两列声波到达指定位置的相位差有关。在某些位置，声波加强，合成声压幅值为两列声波到达指定位置幅值的和，平均声能密度为两列声波平均声能密度的和还要加一个增量 $\frac{p_{1a}p_{2a}}{\rho_0 c_0^2}$。而在另一些位置，两列声波相互抵消，合成声压的幅值为两列声波幅值的差，平均声能密度为两列声波平均声能密度的和减去一个差值 $\frac{p_{1a}p_{2a}}{\rho_0 c_0^2}$。这就是声波的干涉现象，这种具有相同频率且有固定相位差的声波称为干涉。

经过与上面相同的分析过程可以得到，两列具有不同频率、固定相位差的声波叠加后，合成声场的平均声能密度为

$$\bar{\varepsilon} = \bar{\varepsilon}_1 + \bar{\varepsilon}_2 + \frac{2p_{1a}p_{2a}}{\rho_0 c_0^2}\overline{\cos(\omega_1 t - \varphi_1)\cos(\omega_2 t - \varphi_2)} \tag{2-121}$$

两列具有相同频率且有无规相位变化的声波叠加后，合成声场的平均声能密度为

$$\bar{\varepsilon} = \bar{\varepsilon}_1 + \bar{\varepsilon}_2 + \frac{p_{1a}p_{2a}}{\rho_0 c_0^2}\overline{\cos(\varphi_2 - \varphi_1)} \tag{2-122}$$

其中，式(2-121)和式(2-122)的第三项横线代表对时间取平均值，通过一定的数学方法可以求得两式中的第三项均为 0。即

$$\bar{\varepsilon} = \bar{\varepsilon}_1 + \bar{\varepsilon}_2 \tag{2-123}$$

式(2-123)说明，合成声场的平均声能密度等于每列声波平均声能密度之和。所以，具有不同频率的声波和具有相同频率且有无规相位变化的声波都是不相干波。

以上关于两列声波叠加的推导可以推广到多列声波叠加的情况，通常由各种杂乱的声源发出的声音形成的噪声场，即合成声场的平均声能密度等于各列声波的平均声能密度之和，即

$$p_e^2 = p_{1e}^2 + p_{2e}^2 + \cdots + p_{ne}^2 \tag{2-124}$$

式中：p_e 是合成声场的有效声压；p_{ne} 是各列声波有效声压。

2.1.11　声波的衍射和散射

1. 衍射

当声波在传播过程中遇到障碍物或者遇到带有小孔的障板时，若障碍物的尺寸或者小孔的尺寸与声波波长相比很小，则声波能够绕过障碍物或小孔边缘前进，并引起声波传播方向的改变，这种现象称为声波的衍射或绕射。因此，声波的频率、波长、障碍物和小孔的大小都是影响声波衍射的重要因素。

(1)当小孔的尺寸远小于声波波长时，如图 2-15 所示，通过小孔的声波呈现以空洞为点

声源所发射的半球面波。

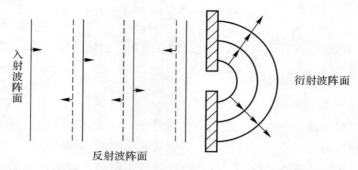

图 2-15　当小孔尺寸远小于声波波长时，平面波通过小孔的衍射

（2）当小孔尺寸远大于声波波长时，衍射现象不明显，如图 2-16 所示。

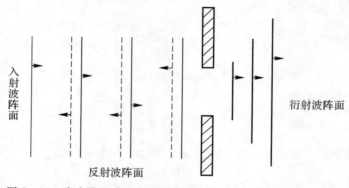

图 2-16　当小孔尺寸远大于声波波长时，平面波通过小孔的衍射

在本节中障碍物和小孔的尺寸都是相对波长而言的，而且衍射的程度与波长和小孔尺寸密切相关。低频噪声的波长长，衍射现象明显，穿透性好；高频噪声的波长短，反射现象明显，集束性强，方向性好。因此采用隔声屏障对高频噪声有较好的降噪效果，而低频噪声可以绕过屏障传到较远的地方，降噪效果差。

2．散射

声散射是指声波在传播中遇到障碍物时，部分声波偏离原始传播路径，从障碍物四周散播开来的现象。当声波向障碍物入射时，障碍物受入射声的激励而成为一个次级声源，并将部分入射声能转换为散射声能而向其四周辐射。从障碍物四周散布开来的那部分声波称为散射声波。

如果障碍物表面比较粗糙（即表面起伏程度与波长相当）或者障碍物大小与波长相差不多，那么入射波就会向各个方向散射。散射波十分复杂，它既与障碍物形状有关，又与入射波频率有关。低频噪声波长长，绕射现象显著，发散性好。因此，一般来说，对于低频噪声，在障碍物背面散射波很弱，总声场基本和入射波相同，也就是说，入射声波能够绕过障碍物传到其背面形成声波的衍射。但是对于高频噪声，波长短，方向性好，反射现象显著，因此障碍物背面散射波较强。

2.1.12　声波在管中的传播

前面讲述的声波的反射、折射和透射等,绝大多数都是以平面波为研究对象的,这是因为平面波的振幅不随距离的变化而变化,平面波各声学量之间的关系较为简单,研究方便。但是在实际的自由空间中,往往很难通过一般的声源获得平面波。而管道是平面波传播的一种良好环境。本节将分别介绍均匀有限长声管、突变截面管、有旁支的管、管中输入阻抗的声波传播情况。

1. 均匀有限长声管

设有一个平面波在一根有限长、截面积均匀的管子中传播,如图 2-17 所示,管的截面积为 S。管的末端有一个声学负载,它的法向声阻抗为 Z_a,并且为了方便研究,把坐标原点 $x=0$ 取在管的末端负载处。

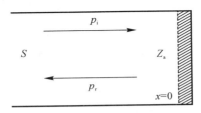

图 2-17　均匀有限长声管中声的传播

设入射波与反射波的表达式分别为

$$p_i = p_{ia} e^{j(\omega t - kx)} \tag{2-125}$$

$$p_r = p_{ra} e^{j(\omega t + kx)} \tag{2-126}$$

入射波到达管道末端的负载产生反射波,该反射波与入射波的振幅不同而且还存在一定相位差,所以可得声压反射系数 r_p 为

$$r_p = \frac{p_{ra}}{p_{ta}} = |r_p| e^{j\sigma\pi} \tag{2-127}$$

式中,$\sigma\pi$ 是反射波与入射波在界面处的相位差。将式(2-125)和(2-126)相加可得管中的总声压为

$$p = p_i + p_r = p_{ia}\left[e^{-jkx} + |r_p| e^{j(kx + \sigma\pi)} \right] = |p_a| e^{j(\omega t + \varphi)} \tag{2-128}$$

$$|p_a| = p_{ia}\left| \sqrt{1 + |r_p|^2 + 2|r_p| \cos 2k\left(x + \sigma\frac{\lambda}{4} \right)} \right| \tag{2-129}$$

式中:$|p_a|$ 是管中总声压的振幅;φ 是固定相位。

由式(2-129)可以得到总声压的极大值和极小值,而极大值与极小值的比值 G,称为驻波比,有

$$G = \frac{|p_a|_{max}}{|p_a|_{min}} = \sqrt{\frac{1 + |r_p|^2 + 2|r_p|}{1 + |r_p|^2 - 2|r_p|}} = \frac{1 + |r_p|}{1 - |r_p|} \tag{2-130}$$

由此可以看出,如果管道末端的声负载是全吸声体,则 $|r_p|=0$,这时管中只有入射的平面波,驻波比 $G=1$。如果该声负载是一个刚性反射面,则 $|r_p|=1$,此时管中是纯粹的驻波,即驻波比 G 无穷大。所以一般的负载驻波比 G 介于 1 和正无穷大之间。由式(2-130)可知,通过对驻波比的测量可以确定声负载的声压反射系数,进而可以求出声负载的吸声系数。

2. 突变截面管

声波在管道中传播时,有时会遇到管道截面积突变的情况,截面积突变引起声波的反射,并且使得透射声能降低(后面的 S_2 管对于前面的 S_1 管而言是一个声负载)。如图 2-18 所示,声波从截面积为 S_1 的管道向截面积为 S_2 的管道中传播。设 S_1 管的入射声波声压为 p_i,沿 x 轴正方向传播,反射声波声压为 p_r,在 S_2 管中仅有沿 x 轴正方向的声压为 p_t 的透射声波(设 S_2 管无限延长,末端无反射)。

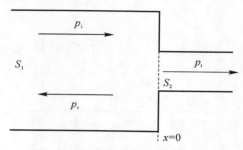

图 2-18 突变截面管中声的传播

图 2-18 中三种波的声压表达式分别为

$$p_i = p_{ia} e^{j(\omega t - kx)} \tag{2-131}$$

$$p_r = p_{ra} e^{j(\omega t + kx)} \tag{2-132}$$

$$p_t = p_{ta} e^{j(\omega t - kx)} \tag{2-133}$$

质点振速分别为

$$v_i = \frac{p_{ia}}{\rho_0 c_0} e^{j(\omega t - kx)} \tag{2-134}$$

$$v_r = \frac{p_{ra}}{\rho_0 c_0} e^{j(\omega t + kx)} \tag{2-135}$$

$$v_t = \frac{p_{ta}}{\rho_0 c_0} e^{j(\omega t - kx)} \tag{2-136}$$

上述两根管子是相互联系的,两个管子的接口处要满足一定的边界条件:

(1)在 $x=0$ 处(两管连接的分界面),声波必须满足连续条件,所以根据声压的连续性条件可得

$$p_{ta} = p_{ia} + p_{ra} \tag{2-137}$$

(2)在 $x=0$ 处(两管连接的分界面),体积速度要连续,也就是流入的流量率(截面积乘以质点振速)必须与流出的流量率相等,所以可得

$$S_1(v_i + v_r) = S_2 v_t \tag{2-138}$$

将式(2-134)~式(2-136)代入式(2-138)且取 $x=0$,可得

$$S_1(p_{ia} - p_{ra}) = S_2 p_{ta} \tag{2-139}$$

式(2-137)和式(2-139)联立可得

$$r_p = \frac{p_{ra}}{p_{ia}} = \frac{S_{21} - 1}{S_{21} + 1} \tag{2-140}$$

其中,$S_{21} = S_1/S_2$。由式(2-140)可以看出,在变截面的管中传播的声波的反射和透射与两根管子的截面积比值有关。当 $S_2 > S_1$ 时,$r_p < 0$,若 $S_2 \gg S_1$,则 $r_p \approx -1$,相当于碰到了"真空";

当 $S_2 < S_1$ 时，$r_p > 0$，若 $S_2 \ll S_1$，$r_p \approx 1$，相当于碰到了刚性壁。进一步，根据以上关系可以计算出变截面管中的声强反射系数 r_1 和透射系数 t_1：

$$r_1 = \left(\frac{S_{21} - 1}{S_{21} + 1} \right)^2 \qquad (2-141)$$

$$t_1 = \frac{4}{(S_{12} + 1)^2} \qquad (2-142)$$

现在假设在主管道中插入一段截面积不同的管，设中间插管的截面积为 S_2，主管道的截面积依然是 S_1，中间插管的长度为 L，如图 2-19 所示。

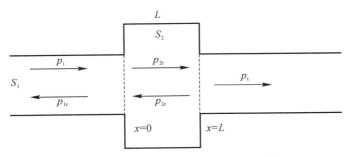

图 2-19　具备中间插管的管道中声的传播

在 2 个边界处（$x=0$ 和 $x=L$），满足声压连续和体积速度连续条件，经过公式推导，可以求出在透射波 p_t 在 $x=L$ 处的声压与 $x=0$ 处的声压之比，即声压透射系数 t_p：

$$t_p = \left| \frac{p_{ta}}{p_{ia}} \right| = \frac{2}{\sqrt{4 \cos^2 kL + (S_{12} + S_{21})^2 \sin^2 kL}} \qquad (2-143)$$

则声强透射系数 t_1 为

$$t_1 = \frac{4}{4 \cos^2 kL + (S_{12} + S_{21})^2 \sin^2 kL} \qquad (2-144)$$

因此，由式（2-144）可以看出，声波经过中间插管的透射，透射波不仅与插管和主管的截面积大小相关，也与插管的长度有关。当 $kL = (2n-1)(1/2)\pi$，即当中间插管的长度等于 1/4 声波波长的奇数倍时，声波的透射很弱，这就是管道滤波原理。目前在通风系统的管道设计中，为了减小强噪声的污染，通常会在管道中插入一段扩张管，这种滤波的原理是将声波挡回去，并不对能量进行耗散，因此这种结构又叫作抗性消声，具体内容详见第五章。

3. 有旁支的管

声波在管道中传播的时候，常常会遇到管道中有旁支的情况，这些旁支可能对主管道中的声波传播产生影响。如图 2-20 所示，主管的截面积为 S，旁支管的截面积为 S_b，假设旁支管的声阻抗为 $Z_b = R_b + jX_b$，由主管传来的入射平面波为 p_i，主管中产生的反射波为 p_r（由于旁支管的影响，主管产生反射波），主管产生的透射波为 p_t，在旁支管中产生的漏入波为 p_b。

如果旁支口的尺寸远小于声波波长，那么就可以将旁支口看作一个点。管中各点的声波声压方程和质点振速表达式分别为

$$p_i = p_{ia} e^{j\omega t}, \qquad v_i = \frac{p_i}{\rho_0 c_0} \qquad (2-145)$$

$$p_r = p_{ra} e^{j\omega t}, \qquad v_r = -\frac{p_r}{\rho_0 c_0} \qquad (2-146)$$

$$p_t = p_{ta} e^{j\omega t}, \quad v_t = \frac{p_t}{\rho_0 c_0} \tag{2-147}$$

$$p_b = p_{ba} e^{j\omega t}, \quad v_b = \frac{p_b}{S_b Z_b} \tag{2-148}$$

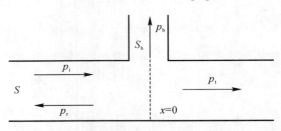

图 2-20 有旁支的管中声的传播

由管道的连接情况可知,管道应该满足声压连续条件和体积速度连续条件,即

$$p_t = p_b = p_i + p_r \tag{2-149}$$

$$U_i + U_r = U_t + U_b \tag{2-150}$$

将质点振速表达式代入式(2-150)中可得

$$\frac{S p_i}{\rho_0 c_0} - \frac{S p_r}{\rho_0 c_0} = \frac{S p_t}{\rho_0 c_0} + \frac{p_b}{Z_b} \tag{2-151}$$

将式(2-149)和式(2-151)联立可得

$$\frac{S}{\rho_0 c_0} \left(\frac{p_{ia} - p_{ra}}{p_{ia} + p_{ra}} \right) = \frac{S}{\rho_0 c_0} + \frac{p_b}{Z_b} \tag{2-152}$$

所以可以得到声压反射系数 r_p 为

$$r_p = \left| \frac{p_{ra}}{p_{ia}} \right| = \left| \frac{-\rho_0 c_0 / 2S}{\rho_0 c_0 / 2S + Z_b} \right| \tag{2-153}$$

进而可以得到声强的透射系数 t_I 为

$$|t_I| = |t_p|^2 = \frac{R_b^2 + X_b^2}{\left(\frac{\rho_0 c_0}{2S} + R_b \right)^2 + X_b^2} \tag{2-154}$$

综上所述,声强的透射系数与旁支管的声阻抗密切相关。

4.管中输入阻抗

前面讨论了均匀有限长声管的情况,也探讨了声管末端负载的影响。如果在管口处有一个声源,那么管末端的负载会对管口声源的振动产生制约。本小节就对管末端负载产生的这种影响进行讨论。

如图 2-21 所示,设管的长度为 l,将管口设为坐标原点,在管的末端有一个声阻抗率为 Z_{sl} 的声负载,管中的入射波为 p_i,反射波为 p_r。

管中的总声压为

$$p = p_i + p_r \tag{2-155}$$

所以质点振速为

$$v = v_i + v_r = \frac{p_i}{\rho_0 c_0} - \frac{p_r}{\rho_0 c_0} \tag{2-156}$$

进而可以求得管中任何一点处的声阻抗率 Z_a 为

$$Z_a = \frac{p}{v} = \rho_0 c_0 \frac{p_{ia} e^{-jkx} + p_{ra} e^{jkx}}{p_{ia} e^{-jkx} - p_{ra} e^{jkx}} \qquad (2-157)$$

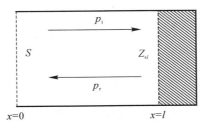

图 2-21　管中有输入阻抗

已知管中 l 处的声阻抗率为 Z_{sl}，所以

$$Z_{sl} = \frac{p}{v} = \rho_0 c_0 \frac{p_{ia} e^{-jkl} + p_{ra} e^{jkl}}{p_{ia} e^{-jkl} - p_{ra} e^{jkl}} \qquad (2-158)$$

当 $x=0$ 时，可得管口处声阻抗率为

$$Z_{s0} = \frac{p}{v} = \rho_0 c_0 \frac{p_{ia} + p_{ra}}{p_{ia} - p_{ra}} \qquad (2-159)$$

由式(2-157)和式(2-158)联立可得

$$Z_{s0} = \frac{p}{v} = \rho_0 c_0 \frac{Z_{sl} + j\rho_0 c_0 \tan kl}{\rho_0 c_0 + jZ_{sl} \tan kl} \qquad (2-160)$$

因此声阻抗可表示为

$$Z_{a0} = \frac{p}{v} = \frac{\rho_0 c_0}{S} \frac{Z_{al} + j\dfrac{\rho_0 c_0}{S} \tan kl}{\dfrac{\rho_0 c_0}{S} + jZ_{al} \tan kl} \qquad (2-161)$$

式中：Z_{s0} 为管的输入声阻抗率；Z_{a0} 为管的输入声阻抗。Z_{s0} 和 Z_{a0} 就是要求的传输线声阻抗转移公式。

例 2-8　有一声管，在其末端放一待测吸声材料。现用频率为 500 Hz 的平面声波测得管中的驻波比 G 等于 10，并确定了离材料表面 0.25 m 处出现第一个声压极小值。试求该吸声材料的法向声阻抗率。

解：第一个极小值与相位($\sigma\pi$)之间的关系为

$$x = (1+\sigma)\frac{\lambda}{4}$$

本题中平面声波频率 $f=500$ Hz，对应波长为

$$\lambda = \frac{c_0}{f} = \frac{344\ \text{m/s}}{500\ \text{Hz}} = 0.688\ \text{m}$$

因此可得

$$\sigma = \frac{4x}{\lambda} - 1 = \frac{4 \times 0.25\ \text{m}}{0.688\ \text{m}} - 1 \approx 0.453\,5$$

声压反射系数模值为

$$|r_p| = \frac{G-1}{G+1} = \frac{9}{11} \approx 0.818\,2$$

因此法向声阻抗率为

$$Z_s = \left(\frac{1 + |r_p| e^{j\sigma\pi}}{1 - |r_p| e^{j\sigma\pi}} \right) \rho_0 c_0 \approx 95.86 + 469.43i$$

2.2 振动的传播

2.2.1 机械振动简介

振动是学习、研究声学的基础。声波实际上来源于物体的振动,声学现象其实就是传声介质的质点所产生的一系列质点传递过程的表现。振动是物体的一种运动形式,在观测时间内不停地历经最大值和最小值的变化。本节重点研究机械振动。机械振动是物体沿直线或曲线并经过平衡位置的周期性运动。将机械振动系统等效为质点振动系统,即构成振动系统的物体,如质量块、弹簧、阻尼等,不论其几何大小如何,都可以看成是一个物理性质集中的系统,对于这种系统,认为质量块的质量集中在一点,也可以理解为构成振动系统的质量块、弹簧、阻尼的运动状态是均匀的。质点振动系统也是离散系统,在工程中具有广泛的应用。例如对混凝土基础上的某些精密机床进行简单的隔振分析时,或者简单分析各种振动加速度计的工作原理时,就可以使用质点振动系统。

1. 自由振动

自由振动是指系统受到扰动后,仅靠弹性恢复力来维持的振动。自由振动的频率只与系统的惯性和弹性有关,它表征系统固有的一种振动特性,又被称为固有频率。最简单的自由振动系统就是一个弹簧连接一个质量块的系统,如图 2-22 所示。图中水平面是光滑的,质量为 m 的物体通过弹簧(该弹簧不计质量)连接到定点。系统的静平衡位置是弹簧没有变形时的位置。取平衡时质量块的位置作为坐标原点,向右为正,那么质量块在任一时刻的位置都可以由坐标 x 完全确定。

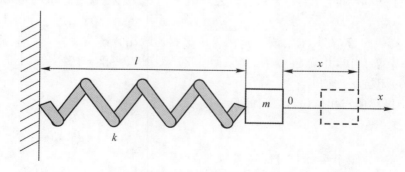

图 2-22　自由振动系统

自由振动中,作用在物体上的力,除了重力与水平面的支承力相互抵消外,只有弹力。质量块 m 在原点时,弹簧力等于零。当质量块 m 位于坐标原点的右侧时,弹簧受到拉伸,它作用于质量块 m 上的弹力向左。当质量块 m 位于坐标原点的左侧时,弹簧受到压缩,它作用于质量块 m 上的弹力向右。由此可见,弹簧力总是指向坐标原点,即质量块 m 受到的弹簧力只是试图让它返回平衡位置,所以这种力叫作恢复力。

设上述系统原来处于静平衡状态,由于受到某个扰动而打破了平衡状态,系统获得了初始速度或者初始位移。系统进入运动状态以后，质量块 m 偏离了平衡位置，弹簧力会力图使其返回平衡位置，当质量块 m 到达平衡位置时，又因为具有一定的动能而继续运动。于是系统只能在平衡位置附近往复运动，可写出系统运动的微分方程。

如图 2-22 所示，弹簧原长为 l_0，设在某一时刻 t，质量块的位移为 x，弹簧的刚度系数为 k（即弹簧发生单位形变时受到的力），则可以得到如下方程：

$$m\ddot{x} = -kx \tag{2-162}$$

式中：$\ddot{x}$ 表示 x 的二阶时间导数（即质量的加速度），$\dot{x}$ 表示 x 的一阶时间导数（即质量的速度）。引入参数：

$$\omega_0^2 = \frac{k}{m} \tag{2-163}$$

式中：ω_0 为系统的固有角频率。

所以式（2-162）可以写为

$$\ddot{x} + \omega_0^2 x = 0 \tag{2-164}$$

求出方程式（2-163）解的一般形式为

$$x(t) = A_1 \cos\omega_0 t + A_2 \sin\omega_0 t \tag{2-165}$$

式中：A_1 与 A_2 是任意常数，其值取决于初始位置和初始速度的积分常数。要确定 x 随时间 t 的变化规律，就需要对式（2-162）进行积分。设初始时刻 $t=0$ 时，质量块 m 有初始位移 $x=x_0$ 及初始速度 $\dot{x}=\dot{x}_0$。由式（2-165）及其一阶导数式：

$$\dot{x}(t) = \omega_0(A_2\cos\omega_0 t - A_1\sin\omega_0 t) \tag{2-166}$$

可得 $x_0 = A_1$，$\dot{x}_0 = A_2\omega_0$，所以

$$x(t) = \frac{\dot{x}_0}{\omega_0}\sin\omega_0 t + x_0\cos\omega_0 t \tag{2-167}$$

在式（2-167）中，令 $\dfrac{\dot{x}_0}{\omega_0} = A\cos\varphi$，$x_0 = A\sin\varphi$，则式（2-167）可写为

$$x(t) = A\sin(\omega_0 t + \varphi) \tag{2-168}$$

式中：A 为振幅，它是质量块 m 偏离平衡位置的最大距离，$A = \sqrt{x_0^2 + \left(\dfrac{\dot{x}_0}{\omega_0}\right)^2}$；$\omega_0$ 为角频率；φ 为初相角，$\varphi = \arctan\dfrac{\omega_0 x_0}{\dot{x}_0}$。

在自由振动系统中，外力仅在开始的时候作用于系统，用图形表示物体位移随时间变化的曲线，称之为振动曲线，如图 2-23 所示。

在图 2-23 的振动曲线中，质点振动的振幅为 A（质点离开平衡位置的最大位移），质点振动的周期为 T（质点完成一次全振动所需的时间），周期 T 的倒数 $f = \dfrac{1}{T}$ 的含义为每秒振动的次数。在简谐振动的情况下，每经过一个周期，相位就增加 2π，所以有

$$\omega_0(t+T) + \varphi - (\omega_0 t + \varphi) = 2\pi \tag{2-169}$$

可得

$$T = \frac{2\pi}{\omega_0} \tag{2-170}$$

单位时间内振动的重复次数称为振动频率，记为 f，所以可得

$$f = \frac{1}{T} = \frac{\omega_0}{2\pi} = \frac{1}{2\pi}\sqrt{\frac{k}{m}} \qquad (2-171)$$

由上述内容可知,简谐振动的振幅与初相角随初始条件的不同而改变;固有频率 f 和固有周期 T,则取决于振动参数,与初始条件无关,它们是振动的固有特征。

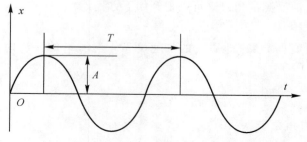

图 2-23　自由振动的振动曲线

以上分析了物体沿水平方向的振动,物体在静平衡位置时,弹簧无变形。现在来分析由弹簧悬挂的物体,如图 2-24 所示。

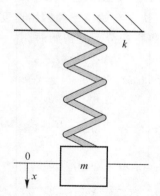

图 2-24　垂直方向自由振动系统

设振动离开平衡位置的位移为 x,根据胡克定律可以知道弹力跟弹簧拉伸或压缩长度成正比,所以弹力为

$$F = -kx \qquad (2-172)$$

式中:负号表示质点位移的方向与弹簧力的方向相反。质点受到弹力的作用,就有了一定的加速度,所以根据牛顿第二定律 $F = ma$,将 $F = m\ddot{x}$ 代入式(2-172)可得

$$m\ddot{x} = -kx \qquad (2-173)$$

或者表示为

$$\ddot{x} + \omega_0^2 x = 0 \qquad (2-174)$$

式中:ω_0 是振动角频率,式(2-174)就是振动的自由振动方程。由式(2-172)和式(2-173)可知,自由振动系统中,加速度的大小与质点距离平衡位置的距离大小成正比,加速度的方向与位移的方向相反。

对于能量无耗散的振动系统,在自由振动时系统的机械能守恒。令 E_k 为振动系统的动能,E_p 为振动系统的势能,有

$$E_p + E_k = E = 常数 \tag{2-175}$$

如果取平衡位置为势能零点,根据自由振动的特点可以知道,系统在平衡位置时,其势能为零,其动能为最大值。在振动系统中,当动能为零时,势能取最大值。

以谐振动子水平自由振动为例,系统的动能为

$$E_k = \frac{1}{2}m\dot{x}^2 = \frac{1}{2}mA^2\omega_0^2\cos^2(\omega_0 t + \varphi) \tag{2-176}$$

所以动能的最大值为

$$E_{kmax} = \frac{1}{2}mA^2\omega_0^2$$

势能为

$$E_p = \frac{1}{2}kx^2 = \frac{1}{2}kA^2\sin^2(\omega_0 t + \varphi) \tag{2-177}$$

所以势能的最大值为

$$E_p = \frac{1}{2}kA^2$$

将动能与势能的最大值代入式(2-175)可得 $\omega_0^2 = \dfrac{k}{m}$,这与前面求得的振动角频率相同,同理可证明垂直方向的振动角频率也相同。

2. 阻尼振动

前面介绍的自由振动是一种理想状态,自由振动也称为无阻尼振动。在现实生活中,由于摩擦等阻力无法避免,所以振动的能量会不断衰减,其振幅会越来越小,最终振动会停止。一般来说,能量减少的原因有 2 个:一是摩擦阻力的产生,使振动的能量转化为热能;二是物体振动引起邻近质点的振动,使得振动的能量向周围辐射出去,变成波动能量,逐渐转化为声能。在实际情况下,这种能量随时间减少的振动称为阻尼振动。为了便于分析,一般认为阻力与速度成正比,这种阻力也称为线性阻尼。

图 2-25 所示为阻尼振动系统,其中线性阻尼器提供阻力,方向与质量块 m 的速度相反,大小与速度成正比,比例系数 c 称为阻尼系数。取质量块 m 的静平衡位置为坐标原点,根据牛顿第二定律可以得到系统的运动微分方程为

$$m\ddot{x} + c\dot{x} + kx = 0 \tag{2-178}$$

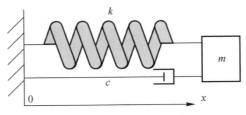

图 2-25　阻尼振动系统

这里引入系统无阻尼时的固有频率 ω_0 和无量纲阻尼率 ξ:

$$\omega_0 = \sqrt{\frac{k}{m}}, \quad \xi = \frac{c}{2\sqrt{mk}} \tag{2-179}$$

可以将式(2-178)写为

$$\ddot{x}+2\xi\omega_0\dot{x}+\omega_0^2 x=0 \qquad (2-180)$$

根据高等数学知识,可设其解为 $x=A^s$,将其代入式(2-178)可得

$$s^2+2\xi\omega_0 s+\omega_0^2=0 \qquad (2-181)$$

其两个根(系统的特征值)为

$$s_{1,2}=(-\xi\pm\sqrt{\xi^2-1})\omega_0 \qquad (2-182)$$

因此,当特征值为实数时,方程有两个负实根;当特征值为复数时,方程有一对共轭复根;当特征值为零时,方程有一对重根。这样,可以分强阻尼、临界阻尼和小阻尼三种情况来讨论。

(1)$\xi>1$,此种情况称为强阻尼。此时,特征方程有两个不等的负实根,即

$$s_{1,2}=(-\xi\pm\sqrt{\xi^2-1})\omega_0 \qquad (2-183)$$

式(2-180)的通解为

$$x=Ae^{s_1 t}+Be^{s_2 t}=Ae^{(-\xi+\sqrt{\xi^2-1})\omega_0 t}+Be^{(-\xi-\sqrt{\xi^2-1})\omega_0 t} \qquad (2-184)$$

式(2-184)等号右边两项都随时间按指数规律衰减,所以它表示的运动不再是振动,而是非周期运动。图2-26为该衰减响应曲线的一种。

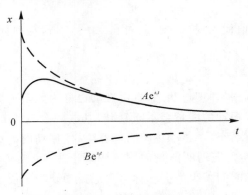

图 2-26 强阻尼情况

(2)$\xi=1$,此种情况称为临界阻尼。此时,特征方程的根为两个相等的实根,即

$$s_{1,2}=-\omega_0 \qquad (2-185)$$

方程式(2-180)的通解为

$$x=(A+Bt)e^{-\omega_0 t} \qquad (2-186)$$

设该系统的初始条件为

$$x=x_0,\quad \dot{x}=\dot{x}_0,\quad t=0 \qquad (2-187)$$

可得到方程的解为

$$x=[x_0+(x_0\omega_0+\dot{x}_0)t]e^{-\omega_0 t} \qquad (2-188)$$

式(2-188)表示按指数规律衰减的响应,这时系统的运动不具有振动特性,图2-27为系统在初始位移 x_0 和几种不同初始速度条件下的响应曲线。

此时的阻尼系数称为临界阻尼系数,记为 c_c,可得

$$c_c=2mp=2\sqrt{mk} \qquad (2-189)$$

由式(2-189)可以看出,无量纲阻尼率就是阻尼系数与临界阻尼系数之比,即

$$\xi=\frac{c}{c_c} \qquad (2-190)$$

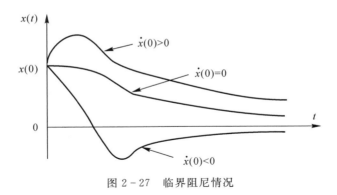

图 2 - 27　临界阻尼情况

（3）$\xi<1$，此种情况称为小阻尼。此时，特征方程的两个特征值为一对共轭复数，即

$$s_{1,2}=-\xi\omega_0\pm jq \tag{2-191}$$

其中：$q=\sqrt{1-\xi^2}\,w_0$，$j=\sqrt{-1}$。

所以式（2 - 180）的通解为

$$x=e^{-\xi\omega_0 t}(B_1 e^{jqt}+B_2 e^{-jqt}) \tag{2-192}$$

由高等数学知识可知，B_1 与 B_2 为共轭复数（因为 x 为常数），并且可以用欧拉变换表示为

$$e^{jqt}=\cos qt+j\sin qt \tag{2-193}$$

$$e^{-jqt}=\cos qt-j\sin qt \tag{2-194}$$

所以式（2 - 180）的通解又可以写为

$$x=e^{-\xi\omega_0 t}[(B_1+B_2)\cos qt+j(B_1-B_2)\sin qt] \tag{2-195}$$

因为 B_1 与 B_2 为共轭复数，所以通解可以化简为

$$x=Be^{-\xi\omega_0 t}\sin(qt+\varphi) \tag{2-196}$$

将初始条件式（2 - 187）与式（2 - 196）联立可得

$$x=e^{-\xi\omega_0 t}\left(x_0\cos qt+\frac{\dot{x}_0+\xi\omega_0 x_0}{q}\sin qt\right) \tag{2-197}$$

将式（2 - 197）转化为式（2 - 196）的形式，那么其中 B 与 φ 取值为

$$B=\sqrt{x_0^2+\left(\frac{\dot{x}_0+\xi\omega_0 x_0}{q}\right)^2} \tag{2-198}$$

$$\varphi=\arctan\frac{qx_0}{\dot{x}_0-0+\xi\omega_0 x_0} \tag{2-199}$$

式（2 - 198）和式（2 - 199）右端的两个因子，一个是衰减的指数函数，一个是正弦函数。由于后一个因子，系统的运动具有了某种振动特点，即具有一定的周期往复性。图 2 - 28 为该衰减振动的曲线。

综上所述，在大阻尼和临界阻尼情况下，阻尼振动系统运动不具有振动特性，只有在小阻尼的情况下，运动才有振动特性，而且是衰减振动。在垂直条件下的阻尼振动和水平条件下的一样。ξ 是表示阻尼大小的重要参数，对系统在固有频率附近的振动起决定性作用，通过测量阻尼振动的振幅衰减率来估计 ξ 值是一个简单、有效的方法。阻尼振动系统的振幅是衰减的，不是严格意义上的周期振动，而是一种准周期振动，其周期为

$$T=\frac{2\pi}{\omega_0\sqrt{1-\xi^2}} \tag{2-200}$$

其振幅按指数规律衰减,每经过一个周期,振幅的衰减率为

$$\frac{x(t)}{x(t+T)} = e^{\xi\omega_0 T} \tag{2-201}$$

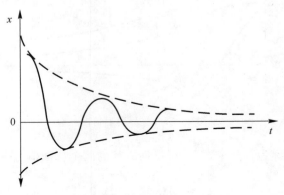

图 2-28 小阻尼情况

对式(2-201)两边取对数,可得

$$\sigma = \ln\frac{x(t)}{x(t+T)} = \xi\omega_0 T = \frac{2\pi\xi}{\sqrt{1-\xi^2}} \tag{2-202}$$

式中:σ 为对数衰减率,与阻尼率 ξ 成正比。若 ξ 较小,可以近似为

$$\sigma = \frac{2\pi\xi}{\sqrt{1-\xi^2}} \approx 2\pi\xi \tag{2-203}$$

在振动测试过程中记录阻尼振动的衰减过程,应用对数衰减率公式便可以确定阻尼的大小,这是一个简单、有效的测量阻尼率的方法。

3. 强迫振动

前面讨论了振动系统在外部初始干扰下依靠系统本身的恢复力维持运动的振动过程。而在实际工程问题中,系统都是在某种激励的作用下发生相应响应的,对激励的响应是振动分析的另一个重要课题。本小节主要介绍振动系统在外部持续激励作用下所产生的振动,称之为强迫振动。

本小节讨论的系统是时不变、集中参数的线性系统。对于线性系统,叠加原理是成立的,叠加原理是线性振动系统分析的基础。由于简谐激励比较简单,而其得到的结论具有重要的工程应用价值,并且周期形式的激励都可以分解为若干简谐激励,所以本小节重点讨论系统在简谐激励下的响应。简谐激励下的强迫振动包含稳态响应和瞬态响应。其中,瞬态响应为与系统固有频率相同的振动,由于阻尼的存在而逐渐衰减为零,它只在有限时间内存在,所以通常可以不考虑。稳态响应的频率与激励频率相同,与激励同时存在。

图 2-29 所示为强迫振动示意图,根据牛顿运动定律,质量块 m 在受到弹簧力 $-kx$、线性阻尼力 $-c\dot{x}$ 和外力 $F = F_0\sin\omega t$ 作用下的运动微分方程为

$$m\ddot{x} + c\dot{x} + kx = F_0\sin\omega t \tag{2-204}$$

式中:m 是质量;c 是阻尼系数;k 是刚度系数。

该强迫振动微分方程的解由两部分组成——通解 x_1 和特解 x_2,即方程式(2-204)的解为

$$x = x_1 + x_2 \tag{2-205}$$

其中,通解 x_1 是阻尼振动齐次方程的解,前面已经讨论过了,在小阻尼情况下为衰减振动。在强迫振动状态下,它只在振动开始后的一段时间内才有意义,所以一般情况下不考虑它。

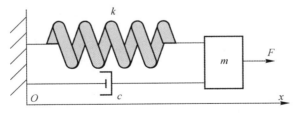

图 2-29　强迫振动示意图

非齐次方程的特解为

$$x_2 = X\sin(\omega t - \varphi) \tag{2-206}$$

式中:X 是强迫振动振幅;φ 是相位差。

为确定 X 与 φ,可将式(2-206)代入式(2-204),如此可得

$$(k - m\omega^2)X\sin(\omega t - \varphi) + c\omega X\cos(\omega t - \varphi) = F_0\sin\omega t \tag{2-207}$$

为了便于比较,可以将式(2-207)等号右边的 $F_0\sin\omega t$ 改写成

$$F_0\sin\omega t = F_0\sin[(\omega t - \varphi) + \varphi] = F_0\cos\varphi\sin(\omega t - \varphi) + F_0\sin\varphi\cos(\omega t - \varphi) \tag{2-208}$$

将式(2-208)代入式(2-209)可得

$$(k - m\omega^2)X\sin(\omega t - \varphi) + c\omega X\cos(\omega t - \varphi) = F_0\cos\varphi\sin(\omega t - \varphi) + F_0\sin\varphi\cos(\omega t - \varphi) \tag{2-209}$$

要使式(2-209)恒成立,那么等号两边的 $\sin(\omega t - \varphi)$ 项和 $\cos(\omega t - \varphi)$ 项的系数必须对应相等,即

$$(k - m\omega^2)X = F_0\cos\varphi \tag{2-210}$$

$$c\omega X = F_0\sin\varphi \tag{2-211}$$

可得

$$X = \frac{F_0}{\sqrt{(k - m\omega^2)^2 + (c\omega)^2}} \tag{2-212}$$

$$\tan\varphi = \frac{c\omega}{k - m\omega^2} \tag{2-213}$$

这里引入 $\xi = \dfrac{c}{c_c}$,$c_c = 2m\omega_0$。所以式(2-212)与式(2-213)又可以写为

$$X = \frac{F_0/k}{\sqrt{[1 - (\omega/\omega_0)^2]^2 + [2\xi(\omega/\omega_0)]^2}} \tag{2-214}$$

$$\tan\varphi = \frac{2\xi(\omega/\omega_0)}{1 - (\omega/\omega_0)^2} \tag{2-215}$$

进而可得式(2-204)的特解为

$$x_2 = \frac{F_0/k}{\sqrt{[1 - (\omega/\omega_0)^2]^2 + [2\xi(\omega/\omega_0)]^2}}\sin(\omega t - \varphi) \tag{2-216}$$

由此可见,在简谐激励作用下,强迫振动是简谐振动,振动频率与激励频率相同,但是稳态

响应的相位滞后于激励相位,而且强迫振动的振幅与相位差都只取决于系统本身的物理性质、激励的大小和频率,与初始条件无关。在这里引入记号

$$X_0 = \frac{F_0}{k} \tag{2-217}$$

$$\lambda = \frac{\omega}{\omega_0} \tag{2-218}$$

$$\beta = \frac{X}{X_0} \tag{2-219}$$

式中:X_0 为振动系统零频率挠度;λ 为频率比;β 为放大因子。

于是式(2-214)与式(2-215)可以写为

$$X = \frac{X_0}{\sqrt{(1-\lambda^2)^2 + (2\xi\lambda)^2}} \tag{2-220}$$

$$\tan\varphi = \frac{2\xi\lambda}{1-\lambda^2} \tag{2-221}$$

所以方程式(2-204)的通解为

$$x = e^{-\xi\omega_0 t}(B\sin qt + D\cos qt) + \frac{X_0\sin(\omega t - \varphi)}{\sqrt{(1-\lambda^2)^2 + (2\xi\lambda)^2}} \tag{2-222}$$

式(2-222)等号右边第一部分代表阻尼振动,随时间增长而减小,最终趋于零,这种属于瞬态响应。第二部分代表与外力激振频率相同的简谐振动,即阻尼振动系统在简谐作用下的稳态响应。第一部分将随着时间增长逐渐消失,所以最后剩下的就只有定常强迫振动。

接下来详细介绍这一定常响应,由式(2-219)可知,放大因子可以写成

$$\beta = \frac{X}{X_0} = \frac{1}{\sqrt{[1-(\omega/\omega_0)^2]^2 + [2\xi(\omega/\omega_0)^2]^2}} = \frac{1}{\sqrt{(1-\lambda^2)^2 + (2\xi\lambda)^2}} \tag{2-223}$$

由式(2-221)和式(2-223)可知,β 与 φ 都只依赖于阻尼率 ξ 与频率比 λ。以 λ 为横坐标,β 和 φ 为纵坐标,可以分别画出 β-λ 曲线和 φ-λ 曲线,如图2-30和图2-31所示。

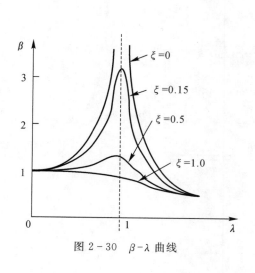

图2-30 β-λ 曲线

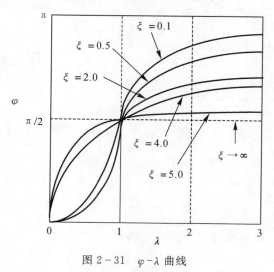

图2-31 φ-λ 曲线

图2-30也称为幅频特性曲线。由图可以看出,当频率比 $\lambda \ll 1$ 时,放大因子很接近于1,

即振幅几乎与激振幅度引起的静变形 X_0 相同。当频率比 $\lambda \gg 1$ 时,放大因子趋近于零。当频率比 $\lambda \approx 1$ 时,放大因子相对大。由式(2-223)可知,当 $\lambda = 1$ 时,有

$$\beta = \frac{1}{2\xi} \qquad (2-224)$$

严格来讲,共振不会出现在 $\lambda = 1$ 处,由式(2-223)可知,当 $w = \sqrt{1-2\xi^2}\,\omega_0^2$ 时,β 取最大值:

$$\beta_{\max} = \frac{1}{2\xi\sqrt{1-\xi^2}} \qquad (2-225)$$

但是当 $\xi \ll 1$ 时,式(2-224)与式(2-225)相差甚小,所以工程上常不加以区别,仍然认为当 $\xi = 1$ 时发生共振。

图 2-31 也称为相频曲线。由图可以看出,相位差与频率比有很大关系。在 $\lambda \ll 1$ 的低频范围内,相位差 $\varphi \approx 0$,即响应与激励接近同相位。当 $\lambda \gg 1$ 时,相位差 $\varphi \approx \pi$,即在高频范围内,响应与激励接近于反相位。当 $\lambda = 1$ 时,$\varphi = \frac{\pi}{2}$,即所有曲线都交于点 $(1, \frac{\pi}{2})$。这一现象可以用来测定系统的固有频率。因此,利用相位来判断共振的方法称为共振相位法,以区别于利用幅值来判断共振的共振幅值法。

2.2.2　测振原理和隔振原理

1. 测振原理

振动测量仪器的用途基本上可分为三类:测量加速度、速度或位移。它们都是根据支承运动产生的强迫振动的振幅频率特性制成的,在测量时将测振仪外壳固定在振动待测物体上,使测振仪跟随物体一起振动。图 2-32 所示为测振仪的基本原理,测振仪内有用弹簧和阻尼器悬挂的质量块 m,在振动物体的激励下产生强迫振动。用 $x(t)$ 和 $y(t)$ 分别表示质量块 m 和基础的绝对运动,那么质量块 m 相对于基础的运动为 $z(t) = x(t) - y(t)$,所以可得振动系统的微分方程为

$$m\ddot{z} + c\dot{z} + kz = -m\ddot{y} \qquad (2-226)$$

设简谐激励为

$$y = Y\sin\omega t \qquad (2-227)$$

那么式(2-226)可以改写为

$$m\ddot{z} + c\dot{z} + kz = Ym\omega^2\sin\omega t \qquad (2-228)$$

可得

$$z(t) = \frac{m\omega^2 Y\sin(\omega t - \varphi)}{\sqrt{(k-m\omega^2)^2 + (c\omega)^2}} = Z\sin(\omega t - \varphi) \qquad (2-229)$$

振幅 Z 为

$$Z = \frac{m\omega^2 Y}{\sqrt{(k-m\omega^2)^2 + (c\omega)^2}} = \frac{\lambda^2 Y}{\sqrt{(1-\lambda^2)^2 + (2\xi\lambda)^2}} = Y\lambda^2\beta \qquad (2-230)$$

相位滞后角为

$$\varphi = \arctan\frac{2\xi\lambda}{1-\lambda^2} \qquad (2-231)$$

式(2-230)是分析测振仪原理的基础。对于不同的 ξ 值,相对位移放大率 Z/Y 随 λ 的变

化曲线如图 2-33 所示,测振仪的类型取决于所测频率的范围。

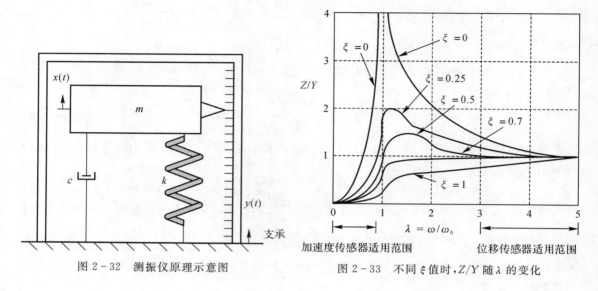

图 2-32　测振仪原理示意图

图 2-33　不同 ξ 值时,Z/Y 随 λ 的变化

(1)位移传感器。通常位移传感器的阻尼总是设计为充分小,因此可以忽略不计。若测试频率 ω 比测振仪固有频率 ω_0 大得多,则由式(2-230)可知

$$\frac{Z}{Y} = \frac{m\omega^2 Y}{\sqrt{(k-m\omega^2)^2 + (c\omega)^2}} = \frac{1}{\sqrt{\left(\frac{1}{\lambda^2}-1\right)^2 + \left(\frac{2\xi}{\lambda}\right)^2}} \tag{2-232}$$

由式(2-232)可知,相对放大率接近于 1,此时质量块 m 的相对位移 $z(t)$ 接近基础位移 $y(t)$,测振仪可以用于测量位移。为了扩大位移传感器的测量频率范围,由图 2-30 可知,测振仪的阻尼率最好取为 $\xi=0.7$。

(2)加速度传感器。目前加速度传感器是应用最广泛的测振仪。由式(2-230)可知

$$\frac{Z}{Y\omega^2} = \frac{1}{w_0^2 \sqrt{(1-\lambda^2)^2 + (2\xi\lambda)^2}} \tag{2-233}$$

当 $\lambda \ll 1$ 时,由式(2-233)可得

$$\frac{Z}{Y\omega^2} \rightarrow \frac{1}{\omega_0^2}, \quad \omega_0^2 Z \rightarrow \ddot{Y} \tag{2-234}$$

此时测得的质量块相对位移与支承加速度成正比,测振仪可以用作加速度传感器。对于加速度传感器,要求测振仪的固有频率远远大于测试频率。为了满足该要求,加速度传感器应选取小的质量和大的弹簧刚度,所以尺寸较小。此外,当阻尼率 $\xi = \frac{\sqrt{2}}{2}$ 时,式(2-233)可以化简为

$$\omega_0^2 Z = \frac{\ddot{Y}}{\sqrt{1+\lambda^4}} \tag{2-235}$$

由式(2-232)可知,当 $\lambda \ll 1$ 时,β 接近于 1,因此可得 $\frac{Z}{Y} \approx \lambda^2$。此时,拾振质量块 m 的相对位移近似为

$$z \approx \frac{1}{\omega_0^2}\omega^2 Y\sin(\omega t - \varphi) \tag{2-236}$$

在幅值上,它比振动物体的加速度$(\ddot{y} = -\omega^2 Y\sin\omega t)$的幅值少一个比例系数$\left(-\dfrac{1}{\omega_0^2}\right)$,在相位上,它滞后一个$\varphi$角。为更好地研究$\lambda \ll 1$时放大率随频率比的变化情况,就要将该区域的图像放大画出,如图 2-34 所示。

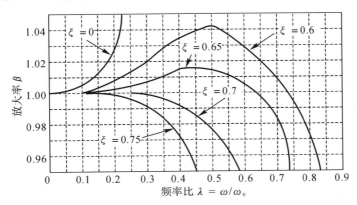

图 2-34 $\lambda \ll 1$ 时的 $\beta - \lambda$ 图像

由图 2-31 可以看出,当阻尼为零时,随着频率比的增大,放大率很快增大;由式(2-223)可知,给系统添加一定的阻尼,能够有效克服这种趋向,因为此时式(2-223)的分母根号内$(1-\lambda^2)^2$项的减小,由$(2\xi\lambda)^2$项增大得到补偿。由图 2-34 可以看出,当ξ接近 0.7 时,这种补偿效果最佳。在$0 \leqslant \lambda < 0.3$的范围内,放大率始终接近于 1。由图 2-34 可以看出,如果继续增大阻尼,那么频率比将会迅速减小。所以为了尽可能扩大加速度计量程,一般都设计成ξ取值在 0.7 左右,而阻尼率取 0.7 对测振仪通常是合适的。

(3)速度传感器。速度传感器用来测量振动物体的速度,若式(2-230)满足

$$\frac{\lambda^2}{\sqrt{(1-\lambda^2)^2 + (2\xi\lambda)^2}} \approx 1 \tag{2-237}$$

就有

$$\dot{Z} = \omega Z \approx \omega Y = \dot{Y} \tag{2-238}$$

此时,测振仪的质量块相对速度近似等于基础绝对速度,测振仪可用作速度传感器。为了满足式(2-235),要求$\lambda \gg 1$,这和对位移传感器的要求是完全相同的。

(4)相位失真。由式(2-231)可知,由于存在阻尼,所以测振仪的输出相位是滞后的。输出信号的滞后时间$(\tau = \varphi/\omega)$是随频率变化而变化的。如果被测振动是只有一个频率的简谐运动,那么测振仪的输出信号虽然滞后,但是不会失真。如果被测振动是由多个不同频率的简谐运动构成的,那么不同频率信号的滞后时间不同,会导致各频率分量的相位关系发生改变,从而使得合成以后的振动波形产生失真。

2. 隔振原理

机器工作过程中由于存在各种激励因素,振动往往是不可避免的。这种振动不仅影响周围其他设备的正常工作,还会引起自身结构的损坏。因此有效地隔离振动是现代化工业中的重要问题。在这里,振动的隔离有两方面的含义:一方面是,对于一些精密仪器,要防止从基础

传来的振动；另一方面是要减小振动的机械对基础产生的作用。前者是运动隔振，后者是力隔振。

（1）运动隔振。图2-35为运动隔振示意图，其中质量块 m 代表精密仪器等设备，隔振装置用弹簧 k 和阻尼器 c 来表示。

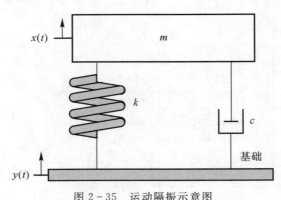

图2-35　运动隔振示意图

假设基础的运动是沿垂直方向的简谐振动，那么这一运动可以表示为

$$y = Y\sin\omega t \tag{2-239}$$

规定质量块 m 只能沿垂直方向运动，取物体与支承静止时的平衡位置为原点，用坐标 x 表示质量块 m 的绝对位移。在弹簧初变形时，弹簧力和重力刚好平衡，所以在运动中作用于质量块 m 的净力只有恢复力和阻尼力，物体和支承之间的弹簧净伸长为 $x-y$，阻尼器两端的相对速度为 $\dot{x}-\dot{y}$，所以弹簧力和阻尼力分别为 $k(x-y)$ 和 $c(\dot{x}-\dot{y})$。

根据牛顿定律，可以列出如下方程：

$$m\ddot{x}+c(\dot{x}-\dot{y})+k(x-y)=0 \tag{2-240}$$

或者写为

$$x(t)=A\sin(\omega t-\alpha) \tag{2-241}$$

式中：$A=Y\sqrt{k^2+(c\omega)^2}$，$\alpha=\arctan\left(-\dfrac{\omega c}{k}\right)$。由式（2-216）可知

$$x(t)=\frac{Y\sqrt{k^2+(c\omega)^2}}{\sqrt{(k-m\omega^2)^2+(c\omega)^2}}\sin(\omega t-\varphi_1-\alpha)=X\sin(\omega t-\varphi) \tag{2-242}$$

式中：$\varphi_1=\arctan\dfrac{c\omega}{k-m\omega^2}$。

可得

$$\frac{X}{Y}=\sqrt{\frac{k^2+(c\omega)^2}{(k-m\omega^2)^2+(c\omega)^2}} \tag{2-243}$$

或者用阻尼率和频率比表示为

$$\frac{X}{Y}=\sqrt{\frac{1+(2\xi\lambda)^2}{(1-\lambda^2)^2+(2\xi\lambda)^2}} \tag{2-244}$$

其中，$\dfrac{X}{Y}$ 称为传递率，记为 T。通过上式可以看出，传递率越小，说明隔振效果越好。

如图2-36所示，把阻尼率作为参数，那么按照式（2-244）可以画出传递率随频率比变化

的曲线（T-λ 曲线）。由图可知，当 $\lambda=0$ 时，$T=1$，即在静态时，质量块的位移与基础的位移相同，两者的相对位移为 0，对于较小的 λ 值，$T\to1$；当 $\lambda=1$ 时，即无阻尼系统，共振时，$T\to\infty$；当 $\lambda=\sqrt{2}$ 时，对任意大小的阻尼值，T 恒等于 1，也就是说位移传递率曲线经过定点（$\sqrt{2}$，1）；当 $\lambda>\sqrt{2}$ 时，$T<1$，此时才有隔振作用，阻尼率越小，位移传递率也越小。

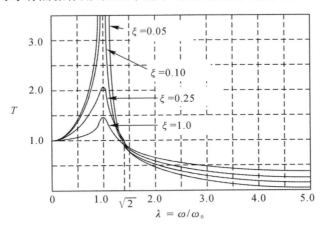

图 2-36　T-λ 曲线

例 2-9　有一实验装置的隔振台，台面质量 $M=1.5\times10^3$ kg，台面由四组相同的弹簧支承，每组由两只相同的弹簧串联而成。已知每只弹簧在承受最大负荷（质量为 600 kg 的物体）时，产生的位移为 3 cm，试求该隔振系统的固有频率。

解：弹簧的刚度系数为

$$k=\frac{F}{\Delta\xi}=\frac{600\times9.8\text{ N}}{3\text{ cm}}=1.96\times10^5\text{ N/m}$$

串联的弹簧组的刚度系数为

$$k'=\left(\frac{k+k}{kk}\right)^{-1}=\frac{k}{2}$$

四组弹簧串联后的刚度系数为

$$k''=4k'=2k=3.92\times10^5\text{ N/m}$$

系统固有频率为

$$f_0=\frac{1}{2\pi}\sqrt{\frac{k''}{M}}=2.573\text{ Hz}$$

（2）力隔振。此种情况下，机器本身是振源，为了减小此种振动，通常在机器底部加装弹簧、橡胶材料，相当于机器底部与地面被弹簧与阻尼器隔开。图 2-37 所示为力隔振原理示意图。

质量块 m 上作用有铅垂简谐力 $F=F_0\cos\omega t$，那么可以知道此时质量块 m 的定常强迫振动方程为

$$x=X\cos(\omega t-\varphi) \tag{2-245}$$

其中，$X=\dfrac{F_0}{k\sqrt{(1-\lambda^2)^2+(2\xi\lambda)^2}}$。可得

$$F_0 = kX\sqrt{(1-\lambda^2)^2 + (2\xi\lambda)^2} \tag{2-246}$$

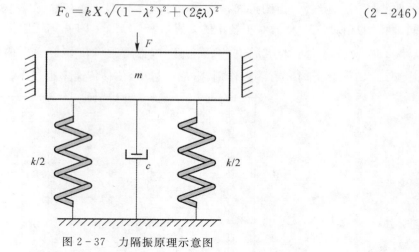

图 2 – 37　力隔振原理示意图

由图 2 – 37 可知,力由质量块 m 通过弹簧和阻尼器传给地基,该力由两部分组成,一个是弹簧力:

$$F_k = kx = kX\cos(\omega t - \varphi) \tag{2-247}$$

另一个是阻尼力:

$$F_c = c\dot{x} = -c\omega X\sin(\omega t - \varphi) \tag{2-248}$$

两个力之间有 $\dfrac{\pi}{2}$ 的相位差,所以可以计算传到基础上的力的振幅为

$$F_T = X\sqrt{k^2 + (c\omega)^2} = kX\sqrt{1 + (2\xi\lambda)^2} \tag{2-249}$$

进而求得传递率 T(即传到基础上的力与作用于机器的力之比)为

$$T = \frac{F_T}{F_0} = \sqrt{\frac{1 + (2\xi\lambda)^2}{(1-\lambda^2)^2 + (2\xi\lambda)^2}} \tag{2-250}$$

对比式(2 – 250)与式(2 – 244)可知

$$\frac{X}{Y} = \frac{F_T}{F_0} = T \tag{2-251}$$

由此,可知运动隔振的原理和力隔振是一致的。

(3)反馈隔振。由上述分析可知,线性阻尼在 $\lambda < \sqrt{2}$ 和 $\lambda > \sqrt{2}$ 这两个频段上起到的作用是不同的。如图 2 – 38 所示,当 $\lambda > \sqrt{2}$ 时,增大阻尼不利于降低传递率,当 $\lambda < \sqrt{2}$ 时,增大阻尼有利于降低传递率,这是因为阻尼器的安装方式不同。

如图 2 – 38 所示,1 是作动机构,它根据控制信号产生相应的力;2 是加速度传感器;3 是控制器,由加速度信号积分得到速度信号,将其分别适当放大后组成负反馈控制信号。反馈控制力设计为

$$F = -(k_1\dot{x} + k_2\ddot{x}) \tag{2-252}$$

式中:k_1 和 k_2 均大于 0。所以系统的运动方程为

$$m\ddot{x} = -k(x - \omega) + F \tag{2-253}$$

由式(2 – 252)和式(2 – 253)可得系统的传递函数为

$$\frac{X(s)}{W(s)} = \frac{k}{(m+k_2)s^2 + k_1 s + k} \tag{2-254}$$

由上述分析可以发现,反馈控制系统能提供大小与隔振对象绝对速度成正比的阻尼力,能够在不改变系统原有质量和刚度的情况下,使系统的固有频率下降。反馈系统的此特点有利于提高隔振效果。

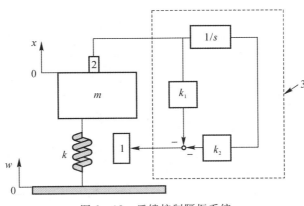

图 2-38　反馈控制隔振系统

2.2.3　弹性体的振动

与离散系统不同,连续系统是由弹性体元件组成的。弹性体可以看作由无数质点组成。各个质点间有弹性联系,只要满足连续性条件,任何微小的相对位移都是可能的,因此,一个弹性体理论上有无限多个自由度。典型的弹性体元件有弦、杆、轴、梁、板、壳等。在实际工程中,连续系统有很多的应用:涡轮盘经常取为变厚度的圆盘,涡轮叶片经常取变截面的梁,等等。

1. 弦的横向振动

图 2-39(a)所示为弦的横向振动。将一个张紧于两固定点之间的细弦的质量集中为 $n+2$ 个质点,这些质点的质量分别为 $m_0, m_1, \cdots, m_{n+1}$,各质点分别位于 $x_0=0, x_1, \cdots, x_{n+1}=l$ 处,各质点位于张力为 T 的弦线上。图中 F_i 表示各质点上的作用力。取第 i 个质点为研究对象,可得其受力情况,如图 2-39(b)所示。

根据牛顿定律可得质点横向振动的微分方程为

$$m_i \ddot{y}_i = T_i \sin\theta_i - T_{i-1} \sin\theta_{i-1} + F_i \tag{2-255}$$

而且满足

$$T_i \cos\theta_i - T_{i-1} \cos\theta_{i-1} = 0 \tag{2-256}$$

考虑到弦作微振动的假设,可得

$$\dot{\theta} \approx \sin\dot{\theta}_i \approx \tan\dot{\theta}_i \approx \frac{\Delta y_i}{\Delta x_i} = \frac{y_{i+1} - y_i}{l_i} \tag{2-257}$$

$$\cos\theta_i \approx 1, \quad \cos\theta_{i-1} \approx 1 \tag{2-258}$$

所以进一步化简式(2-255)可得

$$m_i \ddot{y}_i = T\frac{y_{i+1} - y_i}{l_i} - T\frac{y_i - y_{i-1}}{l_{i-1}} + F_i \tag{2-259}$$

其中,$i=1,2,\cdots,n$。弦的两端满足

$$y_0 = y_{n+1} = 0 \tag{2-260}$$

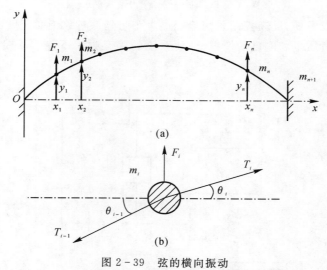

图 2-39 弦的横向振动

将式(2-259)写成矩阵形式,可以得到

$$M\ddot{y} + Ky = F \tag{2-261}$$

式中:$M = \text{diag}[m_i]$;$Y = [\begin{matrix} y_1 & y_2 & \cdots & y_n \end{matrix}]^{\text{T}}$;$F = [\begin{matrix} F_1 & F_2 & \cdots & F_n \end{matrix}]^{\text{T}}$;矩阵 K 为

$$K = \begin{bmatrix} \dfrac{T}{l_1} + \dfrac{T}{l_0} & -\dfrac{T}{l_1} & 0 & 0 & 0 & \cdots \\[2.5ex] -\dfrac{T}{l_1} & \dfrac{T}{l_2} + \dfrac{T}{l_1} & -\dfrac{T}{l_2} & 0 & 0 & \cdots \\[2.5ex] 0 & -\dfrac{T}{l_2} & \dfrac{T}{l_2} + \dfrac{T}{l_3} & -\dfrac{T}{l_3} & 0 & \cdots \\[1ex] \vdots & \vdots & & & & \\[1ex] 0 & 0 & \cdots & -\dfrac{T}{l_n} & \dfrac{T}{l_{n-2}} + \dfrac{T}{l_{n-1}} & -\dfrac{T}{l_{n-1}} \\[2.5ex] 0 & 0 & \cdots & 0 & -\dfrac{T}{l_{n-1}} & \dfrac{T}{l_{n-1}} + \dfrac{T}{l_n} \end{bmatrix}$$

方程式(2-259)可以写成

$$m_i \ddot{y}_i = T\Delta\left(\frac{\Delta y_i}{\Delta x_i}\right) + F_i \tag{2-262}$$

可得

$$\frac{m_i \ddot{y}_i}{\Delta x_i} = T \frac{\Delta}{\Delta x_i}\left(\frac{\Delta y_i}{\Delta x_i}\right) + \frac{F_i}{\Delta x_i} \tag{2-263}$$

随着 n 的增加,质点间的距离越来越小,所以弦上各点的位移 $y_i(t)$ 将趋于一个连续函数 $y(x,t)$。有

$$\lim_{\Delta x_i \to 0} \frac{m_i}{\Delta x_i} = \rho, \quad \lim_{\Delta x_i \to 0} \frac{F_i}{\Delta x_i} = p(x,t) \tag{2-264}$$

式中:ρ 是弦上单位长度的质量;$p(x,t)$ 是作用在弦上单位长度的载荷。

式(2-263)可以化简为

$$\rho \frac{\partial^2 y}{\partial t^2} = T \frac{\partial^2 y}{\partial x^2} + p(x,t) \tag{2-265}$$

其边界条件为 $y(0,t) = y(l,t) = 0$。由上述分析可知,对连续体,可用式(2-261)代替方程式 (2-265),近似确定系统在外激励作用下的响应。若把弦作为连续系统,要精确地确定响应, 就需要求解偏微分方程式(2-265)。如图 2-40 所示,取微段弦线单元体 dx,其中弦作微小 振动。

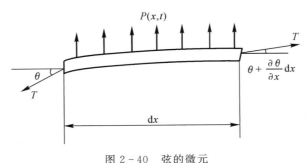

图 2-40　弦的微元

由牛顿定律可得

$$\rho dx \frac{\partial^2 y}{\partial t^2} = \left(T + \frac{\partial T}{\partial x}dx\right)\sin\left(\theta + \frac{\partial \theta}{\partial x}dx\right) - T\sin\theta + p(x,t)dx \tag{2-266}$$

而由微小振动可知

$$\theta \approx \sin\theta \approx \tan\theta = \frac{\partial y}{\partial x} \tag{2-267}$$

可以得到

$$\rho dx \frac{\partial^2 y}{\partial x^2} = p(x,t)dx + T\left(\frac{\partial y}{\partial x} + \frac{\partial^2 y}{\partial x^2}dx\right) + \frac{\partial T}{\partial x}\frac{\partial y}{\partial x}dx + \frac{\partial T}{\partial x}\frac{\partial^2 y}{\partial x^2}dx - T\frac{\partial y}{\partial x} \tag{2-268}$$

化简可得

$$\rho \frac{\partial^2 y}{\partial t^2} - \frac{\partial}{\partial x}\left(T\frac{\partial y}{\partial x}\right) = p(x,t) \tag{2-269}$$

式中:$\rho = \rho(x)$,$T = T(x,t)$,$y = y(x,t)$。式(2-269)即为弦横向振动的偏微分方程。其边界 条件为

$$y(0,t) = y(L,t) = 0 \tag{2-270}$$

若弦的单位长度质量 $\rho = \rho(x)$ 为常数,设横向位移 $y(x,t)$ 为小量,弦张力可视为常量,那 么式(2-269)可以化简为

$$\rho \frac{\partial^2 y}{\partial t^2} - T\frac{\partial^2 y}{\partial x^2} = p(x,t) \tag{2-271}$$

如果 $p(x,t) = 0$,则弦的自由振动微分方程为

$$\frac{\partial^2 y}{\partial t^2} = a^2 \frac{\partial^2 y}{\partial x^2} \tag{2-272}$$

式中:$a = \sqrt{\dfrac{T}{\rho}}$,$a$ 表示弹性波沿弦向的传播速度。式(2-272)为弦振动的波动方程。

观察弦的自由振动可以发现,运动中弦线的各点同时到达最大幅值,接下来又同时回到平 衡位置。也就是说,弦振动位移函数 $y(x,t)$ 在时间和空间上是分离的,即边界值问题可以

写成

$$y(x,t)=Y(x)F(t) \qquad (2-273)$$

式中：$Y(x)$是弦的振动位形，只取决于变量x；$F(t)$是弦的振动规律，只取决于时间t。

将式(2-273)代入式(2-272)可得

$$\frac{\mathrm{d}^2F(t)}{\mathrm{d}t^2}=a^2\ \frac{1}{Y(x)}\frac{\mathrm{d}^2Y(x)}{\mathrm{d}x^2} \qquad (2-274)$$

式(2-274)等号左边只依赖于时间t，右边只依赖于x，此式恒成立，所以二者都等于同一常数，取这一常数为$-w^2$。式(2-274)可以写为

$$\frac{\mathrm{d}^2F(t)}{\mathrm{d}t^2}+w^2F(t)=0 \qquad (2-275)$$

以及

$$\frac{\mathrm{d}^2Y(x)}{\mathrm{d}x^2}+\beta^2Y(x)=0, \quad \beta=\frac{\omega}{a} \qquad (2-276)$$

这里，如果同步运动可能的话，那么$F(t)$必须是简谐的。所以可设方程式(2-275)的解为

$$F(t)=A\sin\omega t+B\cos\omega t=C\sin(\omega t+\varphi) \qquad (2-277)$$

式中未知量可由初始条件确定。

方程式(2-276)的解可设为

$$Y(x)=D\sin\beta x+E\cos\beta x \qquad (2-278)$$

同理，式中的未知量由初始条件确定，即

$$Y(0)=Y(L)=0 \qquad (2-279)$$

所以可得

$$E=0, \quad D\sin\beta L=0 \qquad (2-280)$$

由此可知，有无限多阶固有频率w_r：

$$w_r=\frac{r\pi a}{L}=\frac{r\pi}{L}\sqrt{\frac{T}{\rho}}, \quad r=1,2,\cdots \qquad (2-281)$$

可得弦各阶固有频率的固有振动为

$$y_r(x,t)=Y_r(x)F_r(t)=(A_r\sin\omega_r t+B_r\cos\omega_r t)\sin\frac{r\pi x}{L} \qquad (2-282)$$

弦的任意一个自由振动都是这些固有振型的叠加，所以有

$$y(x,t)=\sum_{r=1}^{\infty}Y_r(x)F_r(t)=\sum_{r=1}^{\infty}(A_r\sin\omega_r t+B_r\cos\omega_r t)\sin\frac{r\pi x}{L} \qquad (2-283)$$

设在$t=0$的初始时刻，有

$$y(x,0)=f(x), \quad \frac{\partial y(x,0)}{\partial t}=g(x) \qquad (2-284)$$

可得

$$y(x,0)=\sum_{r=1}^{\infty}B_r\sin\frac{r\pi x}{L}=f(x) \qquad (2-285)$$

$$\frac{\partial y(x,0)}{\partial t}=\sum_{r=1}^{\infty}A_r w_r\sin\frac{r\pi x}{L}=g(x) \qquad (2-286)$$

由此可以求得

$$B_r = \frac{2}{L}\int_0^L f(x)\sin\frac{r\pi x}{L}\mathrm{d}x, \quad A_r = \frac{1}{w_r}\frac{2}{L}\int_0^L g(x)\sin\frac{r\pi x}{L}\mathrm{d}x, \quad r = 1,2,\cdots \quad (2-287)$$

由此可见,式(2-283)中,初始条件决定每一阶固有模态在系统中的贡献。也就是说,张紧弦的自由振动,除了基频振动外,还包含谐波振动。

例 2-10　长为 l 的弦两端固定,在初始时刻以速度 v_0 敲击弦的中点,试求解弦的振动位移。

解:两端固定的弦的振动总位移可以写成

$$\eta(t,x) = \sum_{n=1}^{\infty} B_n\sin k_n x\cos(\omega_n t - \varphi_n) = \sum_{n=1}^{\infty}\sin k_n x[C_n\cos(\omega_n t) + D_n\sin(\omega_n t)]$$

振速为

$$v(t,x) = \frac{\delta\eta}{\delta t} = \sum_{n=1}^{\infty}\sin k_n x[-\omega_n C_n\sin(\omega_n t) + \omega_n D_n\cos(\omega_n t)]$$

初始条件可以写成

$$\begin{cases}\eta\mid_{t=0} = 0 \\ v\mid_{t=0} = \begin{cases}2v_0\dfrac{x}{l}, & 0\leqslant x\leqslant \dfrac{l}{2} \\ 2v_0\dfrac{l-x}{l}, & \dfrac{l}{2}\leqslant x\leqslant l\end{cases}\end{cases}$$

将此条件代入位移与振速公式,有

$$\begin{cases}C_n = 0 \\ D_n = \dfrac{2}{l\omega_n}\left(\int_0^{\frac{l}{2}}2v_0\dfrac{x}{l}\sin k_n x\,\mathrm{d}x + \int_{\frac{l}{2}}^l 2v_0\dfrac{l-x}{l}\sin k_n x\,\mathrm{d}x\right) = \dfrac{8v_0}{k_n^2 l^2\omega_n}\sin\dfrac{k_n l}{2}\end{cases}$$

所以位移表达式为

$$\eta(t,x) = \sum_{n=1}^{\infty}\frac{8v_0}{k_n^2 l^2\omega_n}\sin\frac{k_n l}{2}\sin k_n x\sin\omega_n t$$

2. 杆的纵向振动

图 2-41(a)所示为杆的纵向振动示意图。设杆的单位体积质量为 $\rho(x)$,截面积为 $A(x)$,杆长为 L,弹性模量为 E。杆受到分布力 $f(x,t)$ 的作用作纵向振动。其中 $u(x,t)$ 表示 x 截面的位移。取杆中的一个微段 $\mathrm{d}x$,如图 2-41(b)所示,那么其纵向应变为

$$\varepsilon = \frac{u + \frac{\partial u}{\partial x}\mathrm{d}x - u}{\mathrm{d}x} = \frac{\partial u}{\partial x} \tag{2-288}$$

如图 2-41(b)所示,x 和 $x+\mathrm{d}x$ 两截面处的内力分别为 N 和 $N+\dfrac{\partial N}{\partial x}\mathrm{d}x$,截面内力可以表示为

$$N(x,t) = A(x)E\varepsilon = A(x)E\frac{\partial u}{\partial x} \tag{2-289}$$

根据牛顿运动定律 $F = ma$,可以得到

$$f(x,t)\mathrm{d}x + N + \frac{\partial N}{\partial x}\mathrm{d}x - N = \rho(x)A(x)\mathrm{d}x\frac{\partial^2 u}{\partial t^2} \tag{2-290}$$

进一步化简可得

$$f(x,t) = \rho(x)A(x)\frac{\partial^2 u}{\partial t^2} - \frac{\partial}{\partial x}\left[EA(x)\frac{\partial u}{\partial x}\right] \qquad (2-291)$$

式（2-291）即为杆纵向振动的偏微分方程。

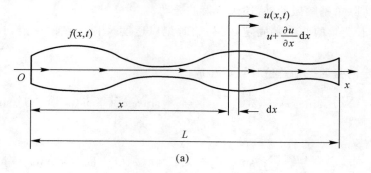

(a)

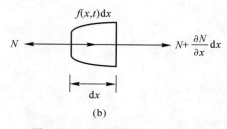

(b)

图 2-41　杆的纵向振动

如果杆为匀质细杆,即杆的单位体积质量和截面积均为常数,那么式（2-291）可以写为

$$\frac{1}{A}f(x,t) = \rho\frac{\partial^2 u}{\partial t^2} - E\frac{\partial^2 u}{\partial x^2} \qquad (2-292)$$

如果分布力 $f(x,t)$ 为 0,那么可得杆的纵向自由振动的偏微分方程为

$$\frac{\partial^2 u}{\partial t^2} = a^2\frac{\partial^2 u}{\partial x^2} \qquad (2-293)$$

式中：a 是弹性纵波沿 x 轴的传播速度,$a = \sqrt{E/\rho}$。

为求解该偏微分方程,可设

$$u(x,t) = U(x)F(t) \qquad (2-294)$$

式（2-294）的解的表达式为

$$F(t) = A\sin\omega t + B\cos\omega t \qquad (2-295)$$

$$U(x) = C\sin\frac{\omega x}{a} + D\cos\frac{\omega x}{a} \qquad (2-296)$$

同式（2-277）的求解过程,可以由初始条件确定 A 与 B 的值,再由两个端点的边界条件确定 C 与 D 的值。

现在,讨论端点的边界条件对固有频率和固有振型的影响。

（1）两端固定的杆。此时,固定端的变形必须为零。图 2-42 所示为两端固定的杆及其前三阶的固有振型图。

其边界条件为

$$U(0)=U(L)=0 \qquad (2-297)$$

其固有频率为

$$\omega_r = \frac{r\pi}{L}\sqrt{\frac{E}{\rho}}\ ,\quad r=1,2,\cdots \qquad (2-298)$$

该情况下的振型函数为

$$U_r(x)=\sin\frac{r\pi x}{L},\quad r=1,2,\cdots \qquad (2-299)$$

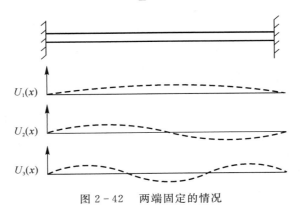

图 2 - 42　两端固定的情况

（2）两端自由的杆。此时,杆的两端应力为零。图 2 - 43 所示为两端自由的杆及其前三阶的固有振型图。

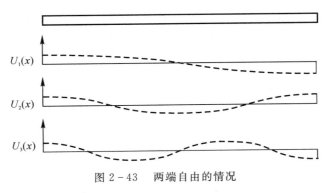

图 2 - 43　两端自由的情况

由应力和应变的关系可知,自由端的边界条件为

$$\dot{U}(0)=\dot{U}(L)=0 \qquad (2-300)$$

可得杆的固有频率为

$$\omega_r = \frac{r\pi}{L}\sqrt{\frac{E}{\rho}}\ ,\quad r=1,2,\cdots \qquad (2-301)$$

该情况下的振型函数为

$$U_r(x)=\cos\frac{r\pi x}{L},\quad r=1,2,\cdots \qquad (2-302)$$

（3）一端固定一端自由的杆。此时,边界条件满足

$$U(0) = 0, \quad \dot{U}(L) = 0 \tag{2-303}$$

可得杆的固有频率为

$$\omega_r = \frac{(2r-1)\pi}{2L}\sqrt{\frac{E}{\rho}}, \quad r = 1, 2, \cdots \tag{2-304}$$

该种情况的振型函数为

$$U_r(x) = \sin\left(\frac{2r-1}{2}\frac{\pi x}{L}\right), \quad r = 1, 2, \cdots \tag{2-305}$$

图 2-44 所示为一端固定一端自由的杆及其前三阶的固有振型图。

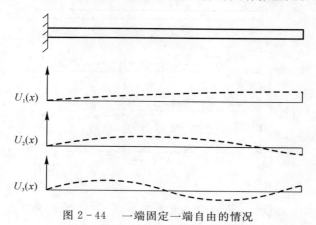

图 2-44   一端固定一端自由的情况

例 2-11   单位长为 l 的棒一端固定一端自由,如果在初始时刻有沿棒轴方向的力作用于自由端,使该端产生静位移 ξ_0,然后释放。试求棒作纵振动时各次振动方式的位移振幅。

解:棒纵振动位移可以写成

$$\xi(t, x) = (A\cos kx + B\sin kx)(C\cos\omega t + D\sin\omega t)$$

一端固定一端自由的棒,其边界条件可写为

$$\begin{cases} \xi \mid_{x=0} = 0 \\ \dfrac{\delta\xi}{\delta x}\Big|_{x=l} = 0 \end{cases}$$

代入位移表达式,有

$$\begin{cases} A = 0 \\ \cos kl = 0 \Rightarrow k_n = \dfrac{(2n-1)\pi}{2l} \end{cases}$$

在这种情况下,棒纵振动位移为

$$\xi(t, x) = \sum_{n=1}^{\infty} \sin k_n x (C_n\cos\omega_n t + D_n\sin\omega_n t)$$

振速为

$$v(t, x) = \frac{\delta\xi}{\delta t} = \sum_{n=1}^{\infty} \sin k_n x (-\omega_n C_n\sin\omega_n t + \omega_n D_n\cos\omega_n t)$$

由题意知,棒纵振动初始条件为

$$\begin{cases} \xi\mid_{x=0}=\dfrac{x}{l}\xi_0 \\ v\mid_{t=0}=0 \end{cases}$$

将此条件代入位移与振速公式,有

$$\begin{cases} C_n\sin k_n x=\dfrac{x}{l}\xi_0 \\ D_n=0 \end{cases} \Rightarrow \quad C_n=\frac{2}{l}\int_0^l \frac{x}{l}\xi_0\sin k_n x\,\mathrm{d}x=\frac{8\xi_0}{(2n-1)^2\pi^2}\sin k_n l=\frac{(-1)^{n-1}8\xi_0}{(2n-1)^2\pi^2}$$

3. 轴的扭转振动

图 2-45 所示为轴的扭转振动的示意图。其中图 2-45(a) 是一根长为 l 的等截面直圆轴,轴的单位体积质量为 ρ,圆截面对其中心的极惯性矩为 I_p,材料的剪切模量为 G。设轴的横截面在扭转振动中保持为平面且作整体转动,用 $\theta(x,t)$ 表示轴上 x 截面处 t 时刻相对左端面的扭转角。截取一段微元段 $\mathrm{d}x$,如图 2-45(b) 所示,所以可以列出运动微分方程为

$$\rho I_p \mathrm{d}x \frac{\partial^2\theta}{\partial t^2}=T+\frac{\partial T}{\partial x}\mathrm{d}x-T \tag{2-306}$$

式中:T 是轴上 x 截面处的扭矩,$T=GI_p\dfrac{\partial\theta}{\partial x}$。

所以可得

$$\frac{\partial^2\theta}{\partial t^2}=a^2\frac{\partial^2\theta}{\partial x^2} \tag{2-307}$$

式中:$a=\sqrt{G/\rho}$,a 表示剪切弹性波沿 x 轴传播的速度。由此可见轴的扭转振动微分方程仍然可归结为一维波动方程。

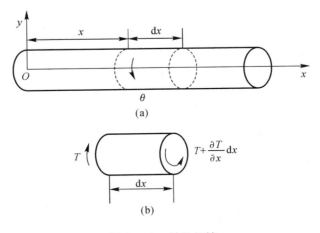

(a)

(b)

图 2-45　轴的扭转

常见的轴的边界条件有以下几种:

首先,固定端。该处的转角为零,所以可得

$$\theta(0,t)=\theta(l,t)=0 \tag{2-308}$$

其次,自由端。该处的扭矩为零,所以可得

$$\frac{\partial\theta}{\partial x}(0,t)=\frac{\partial\theta}{\partial x}(l,t)=0 \tag{2-309}$$

再次，弹性支承。如果在轴的右端通过刚度为 K_t 的扭簧与固定点相连，那么就可以得到

$$K_t\theta(l,t) = -I_pG\frac{\partial\theta}{\partial x}(l,t) \tag{2-310}$$

最后，惯性载荷。若在轴的右端附有一个圆盘，那么就有

$$J_0\frac{\partial^2\theta}{\partial t^2}(l,t) = -I_pG\frac{\partial\theta}{\partial x}(l,t) \tag{2-311}$$

4. 梁的弯曲振动

细长杆在作垂直于轴线方向的振动时，其主要变形形式是梁的弯曲变形，通常称之为弯曲振动或横向振动。假定梁具有纵向对称平面，所受的外力也就在此对称平面内，因此梁在此平面内作弯曲振动。在振动过程中仍应用平面假设，不计转动惯量和剪切变形的影响，截面绕中心轴的转动与横向位移相比可以忽略不计。如图 2-46(a) 所示，设梁长为 L，单位体积质量为 $\rho(x)$，横截面面积为 $A(x)$，弯曲刚度为 $EJ(x)$，其中 E 是弹性模量，$J(x)$ 是横截面对垂直于 x、y 轴且通过横截面形心的轴的惯性矩。以 $y(x,t)$ 表示梁的横向位移，它是截面位置 x 和时间 t 的二元函数，用 $f(x,t)$ 表示作用于梁上的单位长度的横向力。如图 2-46(b) 所示，取微段 $\mathrm{d}x$，用 $Q(x,t)$ 表示剪切力，$M(x,t)$ 表示弯矩。

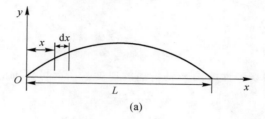

(a)

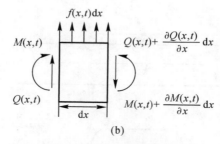

(b)

图 2-46　梁弯曲振动示意图

根据该微段的受力情况，列出微元段沿 y 方向的运动方程为

$$\rho(x)A(x)\mathrm{d}x\frac{\partial^2 y(x,t)}{\partial t^2} = Q - \left(Q + \frac{\partial Q}{\partial x}\mathrm{d}x\right) + f(x,t)\mathrm{d}x \tag{2-312}$$

化简可得

$$\rho(x)A(x)\frac{\partial^2 y}{\partial t^2} + \frac{\partial Q}{\partial x} = f(x,t) \tag{2-313}$$

在前面假设中已经忽略了截面转动的影响，故微段的转动方程为

$$\left(M + \frac{\partial M}{\partial x}\mathrm{d}x\right) - M - \left(Q + \frac{\partial Q}{\partial x}\mathrm{d}x\right)\mathrm{d}x + f(x,t)\mathrm{d}x\,\frac{\mathrm{d}x}{2} = 0 \tag{2-314}$$

略去包含 $\mathrm{d}x$ 的二次项，式(2-314) 可以化简为

$$Q = \frac{\partial M}{\partial x} \tag{2-315}$$

将式(2-315)代入式(2-313)可得

$$\rho(x)A(x)\frac{\partial^2 y}{\partial t^2} + \frac{\partial^2 M}{\partial x^2} = f(x,t) \tag{2-316}$$

弯矩和挠度有如下关系:

$$M(x,t) = EJ(x)\frac{\partial^2 y(x,t)}{\partial x^2} \tag{2-317}$$

将式(2-317)代入式(2-316)可得

$$\rho(x)A(x)\frac{\partial^2 y(x,t)}{\partial t^2} + \frac{\partial^2}{\partial x^2}\left[EJ(x)\frac{\partial^2 y(x,t)}{\partial x^2}\right] = f(x,t) \tag{2-318}$$

式(2-318)就是梁横向振动的偏微分方程。求解该方程,就需要两个初始条件和四个边界条件。下列为常见的边界条件。

首先,固定端。位移和转角等于零,即

$$y(x,t) = 0, \quad \frac{\partial y(x,t)}{\partial t} = 0 \quad (x=0 \text{ 或 } x=L) \tag{2-319}$$

其次,铰支端。位移和弯矩等于零,即

$$y(x,t) = 0, \quad EJ(x)\frac{\partial^2 y(x,t)}{\partial x^2} = 0 \quad (x=0 \text{ 或 } x=L) \tag{2-320}$$

再次,自由端。弯矩和剪力等于零,即

$$EJ(x)\frac{\partial^2 y(x,t)}{\partial x^2} = 0, \quad \frac{\partial}{\partial x}\left[EJ(x)\frac{\partial^2 y(x,t)}{\partial x^2}\right] = 0 \quad (x=0 \text{ 或 } x=L) \tag{2-321}$$

最后,除了以上的基本边界条件以外,还有其他一些边界条件,比如,梁端具有弹性支承或附有集中质量。

如果 $f(x,t) = 0$,就可以得到梁自由振动的偏微分方程:

$$\rho(x)A(x)\frac{\partial^2 y(x,t)}{\partial t^2} + \frac{\partial^2}{\partial x^2}\left[EJ(x)\frac{\partial^2 y(x,t)}{\partial x^2}\right] = 0 \tag{2-322}$$

式(2-322)的解对空间和时间是分离的,故令

$$y(x,t) = Y(x)F(t) \tag{2-323}$$

将式(2-323)代入式(2-322)可得

$$\frac{d^2 F(t)}{dt^2} + \omega^2 F(t) = 0 \tag{2-324}$$

$$\frac{d^2 F(t)}{dx^2}\left[EJ(x)\frac{d^2 Y(x)}{dx^2}\right] - \omega^2\rho(x)A(x)Y(x) = 0 \tag{2-325}$$

由前面的分析可知,式(2-325)的通解为

$$F(t) = A\sin\omega t + B\cos\omega t = C\sin(\omega t + \varphi) \tag{2-326}$$

式中:A 和 B 为积分常数,由两个初始条件可以确定。将式(2-323)代入方程式(2-319)～式(2-321)可以得到以下结果:

固定端

$$Y(x) = 0, \quad \frac{dY(x)}{dx} = 0 \quad (x=0 \text{ 或 } x=L) \tag{2-327}$$

铰支端

$$Y(x)=0, \quad EJ(x)\frac{\mathrm{d}^2Y(x)}{\mathrm{d}x^2}=0 \quad (x=0 \text{ 或 } x=L) \tag{2-328}$$

自由端

$$EJ(x)\frac{\mathrm{d}^2Y(x)}{\mathrm{d}x^2}=0, \quad \frac{\mathrm{d}}{\mathrm{d}x}\left[EJ(x)\frac{\mathrm{d}^2Y(x)}{\mathrm{d}x^2}\right]=0 \quad (x=0 \text{ 或 } x=L) \tag{2-329}$$

假设系统的单位体积质量 $\rho(x)$ 为常数[即 $\rho(x)=\rho$],横截面面积 $A(x)$ 为常数 A,横截面对中心主轴的惯性矩 $J(x)$ 为常数 J,那么式(2-325)就可以化简为

$$\frac{\mathrm{d}^4Y(x)}{\mathrm{d}x^4}-\beta^4Y(x)=0 \tag{2-330}$$

$$\beta^4=\frac{w^2\rho A}{EJ} \tag{2-331}$$

可设式(2-330)的解为

$$Y(x)=\mathrm{e}^{sx} \tag{2-332}$$

将式(2-332)代入方程式(2-323),可得

$$s^4-\beta^4=0 \tag{2-333}$$

由式(2-333)解得

$$s_{1,2}=\pm\beta, \quad s_{3,4}=\pm\mathrm{i}\beta \tag{2-334}$$

由此可得方程式(2-330)的解为

$$Y(x)=D_1\mathrm{e}^{\beta x}+D_2\mathrm{e}^{-\beta x}+D_3\mathrm{e}^{\mathrm{i}\beta x}+D_4\mathrm{e}^{-\mathrm{i}\beta x} \tag{2-335}$$

或者写为

$$Y(x)=C_1\sin\beta x+C_2\cos\beta x+C_3\mathrm{sh}\beta x+C_4\mathrm{ch}\beta x \tag{2-336}$$

式(2-336)即为梁振动的振型函数,其中 C_1,C_2,C_3,C_4 为积分常数,可以由四个边界条件来确定其中三个积分常数和其特征方程,进而确定梁弯曲振动的固有频率和振型函数。

将式(2-336)和式(2-326)代入式(2-323)可得

$$y(x,t)=(C_1\sin\beta x+C_2\cos\beta x+C_3\mathrm{sh}\beta x+C_4\mathrm{ch}\beta x)\sin(\omega t+\varphi) \tag{2-337}$$

式中,有 C_1,C_2,C_3,C_4,ω 和 ρ 六个待定常数。梁有四个边界条件和两个初始条件,于是可以决定六个待定常数。

首先,对于简支梁,边界条件为

$$Y(0)=\frac{\mathrm{d}^2Y(0)}{\mathrm{d}x^2}=Y(L)=\frac{\mathrm{d}^2Y(L)}{\mathrm{d}x^2}=0 \tag{2-338}$$

将边界条件[式(2-338)]代入式(2-336)可得

$$C_2=C_3=C_4=0 \tag{2-339}$$

由此可见,特征方程为

$$\sin\beta L=0 \tag{2-340}$$

解得特征值为

$$\beta_r=\frac{r\pi}{L}, \quad r=1,2,\cdots \tag{2-341}$$

相应的固有频率为

第 2 章　声与振动传播规律

$$\omega_r = \frac{r^2 \pi^2}{L^2} \sqrt{\frac{EJ}{\rho A}} \quad , \quad r = 1, 2, \cdots \tag{2-342}$$

其相应振型方程为

$$Y_r(x) = \sin \frac{r \pi x}{L} \quad , \quad r = 1, 2, \cdots \tag{2-343}$$

其次,对于固支梁,边界条件为

$$Y(0) = \frac{dY(0)}{dx} = Y(L) = \frac{dY(L)}{dx} = 0 \tag{2-344}$$

将边界条件[式(2-344)]代入方程式(2-336)可得

$$C_2 = -C_4 , \quad C_1 = -C_3 \tag{2-345}$$

特征方程为

$$\cos\beta L \, \mathrm{ch}\beta L = 1 \tag{2-346}$$

求解方程,$r \geqslant 2$ 的各个特征根可取为

$$\beta_r L = \left(r + \frac{1}{2}\right)\pi , \quad r = 2, 3, \cdots \tag{2-347}$$

此时梁的固有频率为

$$\omega_r = \beta_r^2 \sqrt{\frac{EJ}{\rho A}} , \quad r = 1, 2, \cdots \tag{2-348}$$

将式(2-345)代入方程式(2-336)可得

$$Y_r(x) = C_4 \left[\mathrm{ch}\beta_r x - \cos\beta_r x - \gamma_r (\mathrm{sh}\beta_r x - \sin\beta_r x) \right] \tag{2-349}$$

式中,$\gamma_r = \left(\dfrac{C_3}{C_4}\right)_r = -\dfrac{\mathrm{ch}\beta_r L - \cos\beta_r L}{\mathrm{sh}\beta_r L - \sin\beta_r L}$。

显然常数 C_4 的不同取值不影响振动形态,故取 $C_4 = 1$,可得

$$Y_r(x) = \mathrm{ch}\beta_r x - \cos\beta_r x - \gamma_r (\mathrm{sh}\beta_r x - \sin\beta_r x) \tag{2-350}$$

最后,对于悬臂梁,边界条件为

$$Y(0) = \frac{dY(0)}{dx} = \frac{d^2 Y(L)}{dx^2} = \frac{dY^3(L)}{dx^3} = 0 \tag{2-351}$$

将式(2-351)代入方程式(2-336)可得

$$C_2 = -C_4 , \quad C_1 = -C_3 \tag{2-352}$$

特征方程为

$$\cos\beta L \, \mathrm{ch}\beta L = -1 \tag{2-353}$$

求解方程,$r \geqslant 4$ 的各个特征根可取为

$$\beta_r L \approx \left(r - \frac{1}{2}\right)\pi , \quad r = 4, 5, \cdots \tag{2-354}$$

相应的旋臂梁的固有频率为

$$w_r = \beta_r^2 \sqrt{\frac{EJ}{\rho A}} \quad , \quad r = 1, 2, \cdots \tag{2-355}$$

相应的振型函数为

$$Y_r(x) = \mathrm{ch}\beta_r x - \cos\beta_r x + \xi_r (\mathrm{sh}\beta_r x - \sin\beta_r x) \tag{2-356}$$

— 73 —

习 题 2

1. 一台鼓风机在某位置的倍频程声压级如表 2-9 所示。

表 2-9 习题 1 表

频率/Hz	63	125	250	500	1 000	2 000	4 000	8 000
声压级/dB	120	113	118	112	109	108	108	105

求表 2-9 中 8 个倍频程的总声压级。

2. 在某工厂内等间隔采样噪声,间隔时间 $\Delta t = 5$ min,每班工作时间为 12 h,采样数为 96 个/班。采样结果是:12 次 85 dB(A),12 次 90 dB(A),48 次 98 dB(A),24 次 92 dB(A)。求解工厂内的等效连续 A 声级。

3. 简述理想点声源的特点以及适用性。

4. 根据噪声控制工程经验,在空气温度为 10℃、相对湿度为 50% 的环境中 1 000 Hz 频率的噪声传播 100 m 时,空气对噪声的吸收衰减为多少?

5. 如何根据打雷声音的特征来判断打雷闪电处的远近?

6. 求出在声波正入射条件下,厚 2 cm 的钢板和木材的特性阻抗、声强透射系数、声压反射系数和透射系数的表达式。

7. 如果水与空气具有同样的平面波速度幅值,请问水中的声强比空气中的大多少?

8. 计算平面声波垂直入射到水中时,在界面处的反射声压和声强透射系数。如果分别以 30° 和 60° 入射,二者会发生哪些变化呢?

9. 简述相干波的定义以及声波干涉的具体应用。

10. 求出两列同频率(f)、固定相位差($\Delta\varphi$)的声波叠加后的平均声能量密度表达式。

11. 简述声波衍射和散射的定义、特点及其应用。

12. 计算在有声学负载的管道中,相邻声压极大值和极小值的距离。

13. 计算在有旁支管的管道中,声压的反射系数和透射系数的表达式。

14. 简述分布参数系统和集中参数系统的异同和具体应用。

15. 简述振动测量的基本原理。

16. 概括位移、加速度、速度传感器的异同,以及扩大测量频率范围时的最佳阻尼率。

17. 质量为 0.5 kg 的集中质量块挂在弹性系数为 189 N/m 的弹簧上,计算该系统的固有频率。当引入阻尼时,固有频率有何变化?当频率为多少时,该系统的位移振幅最大?

18. 在单振子的振动系统中,有外力 $\sin^2 0.35\omega_0 t$,计算稳态下的位移振幅。

19. 推导弦的横振动方程。

20. 简述杆作纵振动的边界条件表达式。

第3章 吸声技术

3.1 吸声技术基础

在声波传播过程中,声能量发生衰减的现象称为吸声。声波在空气中传播时,由于空气质点振动产生的摩擦作用,声能量转化为热能而损耗,损耗随着距离增大而不断增大,这就是空气吸声。引起空气吸声的原因很多,其中包括介质的黏滞、热传导以及介质微观过程引起的弛豫效应。当声波入射到材料或结构表面时,有相当一部分声能量被材料或结构本身吸收,引起空间中的声能量降低,这就是材料或结构吸声。吸声材料的应用是噪声控制工程中的重要手段之一,它不仅可以控制室内空间的混响状况,而且可以降低室内向室外辐射的噪声。在降噪措施中,吸声是最有效的方法之一,因而在工程中被广泛应用。如图3-1所示,人们在室内接收到的噪声,包括直达声和室内各壁面反射回来的混响声,而吸声材料主要用来降低由反射产生的混响声。

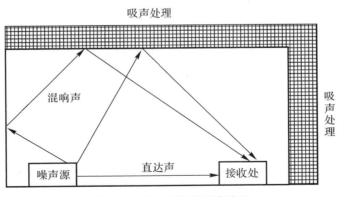

图 3-1 室内声场与吸声处理

3.1.1 吸声材料、结构及吸声机理

1.吸声材料

(1)无机纤维类:主要包括玻璃丝、玻璃棉、岩棉和矿渣棉及其制品。玻璃丝分为熟玻璃丝和生玻璃丝两种,也用来制成各种玻璃丝毡。玻璃棉分为短棉、超短棉和中级纤维棉三种。其中,超短棉的直径为$(0.1\sim4)\times10^{-18}$ m,短棉的直径为$(10\sim13)\times10^{-12}$ m,中级纤维棉的直径为$(15\sim25)\times10^{-21}$ m。超短棉为最常用的吸声材料,具有不燃、密度小、防蛀、耐热、抗冻、

隔热等优点,经过硅油处理的超细玻璃棉,还具有防火、防水和防湿等特点。矿渣棉具有热导率小、防火、耐蚀、价廉等特点。岩棉价廉、隔热、耐高温,而且易于成形。

(2)有机纤维类:主要包括棉、麻等植物纤维,例如软质纤维板、木丝板、纺织厂的飞花及棉麻下脚料、棉絮、海草等制品。其特点是原料成本低,防火、防蛀、防潮性能差。

(3)泡沫塑料类:主要包括用作吸声材料的泡沫塑料,如脲醛泡沫塑料(又称为米波罗)、氨基甲酸酯泡沫塑料、聚氨酯泡沫塑料、乳胶海绵、泡沫橡胶等。这类材料的缺点是易老化、耐火性差,优点是密度小、防潮、富有弹性、易安装、热导率小、质轻等。

(4)吸声建筑材料:主要包括在建筑中常使用的各种具有微孔的泡沫吸声砖、膨胀珍珠岩、泡沫混凝土等材料。有时也将吸声砖开孔,作为共振腔,这种孔是针对某一频率的,所以这种材料不属于纯多孔材料。吸声建筑材料具有保湿、防潮、耐蚀、耐冻、耐高温等特点。

2. 吸声结构

当吸声结构的固有频率与入射声波频率一致时,由于共振作用,声波激发吸声结构产生振动,并使其振幅达到最大,从而消耗声能量,达到吸声目的,这种吸声结构称为共振吸声结构。一般共振吸声结构的材料本身吸声效果较小,可以当作硬边界,它主要是通过材料构成特殊结构达到吸声目的的,所以称其为共振吸声结构,而不是共振吸声材料。它是按一定的声学要求对建筑材料进行设计安装。具有良好吸声性能的功能性构件,常见的有穿孔板吸声结构、微穿孔板吸声结构、薄板和薄膜吸声结构等。

3. 吸声机理

(1)多孔吸声材料的吸声机理:首先当声波入射到多孔材料上时,声波进入通气性的孔中引起空气与材料振动,由于材料内摩擦与黏滞力的作用,声波振动能转化为热能而耗散掉。其次,声波入射到多孔材料上,进入通气性的孔中引起空气与材料振动,由于介质振动时各处质点疏密不同,这种压缩与膨胀使它们的温度不同,从而产生温度梯度,通过热传导作用将热能耗散。

(2)共振吸声结构的吸声机理:在声波激励下,振动的结构存在自身的内摩擦和与空气的摩擦现象,进而把一部分振动能量转化为热能消耗掉,由能量守恒定律可知,损耗的能量来自于振动的声能量。当入射波的频率和结构的固有频率相吻合时,结构就会产生共振,声波即全部进入共振结构中,此时损耗的声能量最多,引起声能量损耗的构件吸声系数也达到最大。

4. 吸声材料和结构的作用及性能要求

(1)吸声材料和结构的作用:吸声材料与结构应用于方方面面,它对生活、生产中噪声的控制,声音音效、音质的改善都具有重要的作用。它的主要作用体现在:降低室内噪声,改善生活条件;缩短或调整室内混响时间,消除回声以及改善室内的听闻条件;用作管道衬垫或消声器件的原材料,来降低通风系统或沿管道传播的噪声;在轻质隔声构件内和隔声罩内表面作为辅助材料,以提高构件的隔声量。

(2)吸声材料和结构的综合性能要求:在实际噪声控制工程中,选择吸声材料或结构时,不仅要考虑它的声学特性,还要对其他方面进行综合评价。不同类型的材料,吸声特性不同;同种材料由于使用方法的不同,吸声性能也不同。所以,必须要根据工程使用需求,按下列要求中的一种或多种来选择吸声材料或结构:所需吸声频带范围内吸声系数要高,系数性能应长期稳定可靠;具有一定的力学强度,在运输、安装、使用等过程中,要满足不易破损、经久耐用、不易老化的要求;材料表面要易于装饰,容易清洗,易于长时间保养;材料要满足质轻、容重小、易于安装和更换、易于维修等要求；材料要满足防潮、防火、耐腐蚀、防蛀、不易发霉、不易燃烧、不腐蚀构架等要求；材料要无特殊气味，不危害人体健康，符合环境保护要求；材料构件填料要均匀，对于松散的材料，不因自重而下沉；对于洁净度要求比较高的场合，材料不发脆而掉渣，也无纤维飞絮等飘散；要满足就地取材，价格便宜；等等。

3.1.2　吸声性能表征

表征吸声材料或结构的声学特性的物理量主要有吸声系数、吸声量和声阻抗。

1. 吸 声 系 数

通常意义上的吸声系数的定义是材料或者结构吸收的声能量与入射到材料或者结构上的总声能量之比，记为 α，可将吸声系数表示为

$$\alpha = \frac{E_a}{E_i} = \frac{E_i - E_r}{E_i} = 1 - \gamma \qquad (3-1)$$

式中：E_i 是入射声能量；E_a 是材料或结构吸收的声能量；E_r 是材料或结构反射声能量；γ 是声能量反射系数。

不同的材料有不同的吸声系数，吸声系数 $\alpha = 0$ 的材料称为完全声反射的材料，如粉光的混凝土、大理石和花岗岩等。吸声系数 $\alpha = 1$ 的材料称为完全声吸收的材料，如吸声尖劈等。一般来说，吸声系数在 $0 \sim 1$ 之间。吸声系数越大，材料或者结构的吸声性能越好。相反，吸声系数越小，材料或结构的吸声性能越差。

吸声系数与声波的频率有关。粗略地讲，在工程上一般采用 125 Hz、250 Hz、500 Hz、1 000 Hz、2 000 Hz、4 000 Hz 的 6 个频率(1/3 倍频程频率)的吸声系数的算术平均值表示某种吸声材料的吸声频率特性。目前一般工程上定义吸声系数大于 0.2 的材料，为吸声材料。例如，光滑水泥地面和钢板的平均吸声系数均为 0.02，因此它们都不是吸声材料。

吸声系数与声波的入射角度有关。如图 3-2 所示，根据声波入射到材料表面的方向，可分为正入射、斜入射和无规入射三种形式。正入射吸声系数可以采用声管中的驻波比法[参见《驻波管法吸声系数与声阻抗率测量规范》(GBJ 88—1985)]和传递函数法进行测量，传递函数法所需试件的材料面积很小，测试装置简单，测试结果精确。斜入射吸声系数可以采用基于双传声器的传递函数法测量，无规入射吸声系数可以通过混响室法测量[参见《混响室法吸声系数测量规范》(GBJ 47—1983)]。显而易见，无规入射吸声系数更接近室内声场工况或者室外的使用环境，因此工程上使用 α_s 来表示无规入射吸声系数，为便于区分，在这里将正入射吸声系数定为 α_0，它们之间的关系如表 3-1 所示。

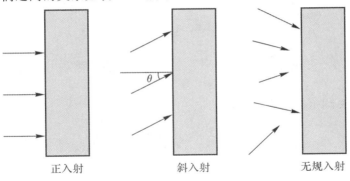

图 3-2　声波入射到材料表面的方向

表 3-1　正入射吸声系数 α_0 与无规入射吸声系数 α_s 的关系

α_0	0	0.01	0.02	0.03	0.04	0.05	0.06	0.07	0.08	0.09
0	0	0.02	0.04	0.06	0.08	0.1	0.12	0.14	0.16	0.18
0.1	0.2	0.22	0.24	0.26	0.27	0.29	0.31	0.33	0.34	0.36
0.2	0.38	0.39	0.41	0.42	0.44	0.45	0.47	0.48	0.50	0.51
0.3	0.52	0.54	0.55	0.56	0.58	0.59	0.60	0.61	0.63	0.64
0.4	0.65	0.66	0.67	0.68	0.70	0.71	0.72	0.73	0.74	0.75
0.5	0.76	0.77	0.78	0.78	0.79	0.80	0.81	0.82	0.83	0.84
0.6	0.84	0.85	0.86	0.87	0.88	0.88	0.89	0.90	0.90	0.91
0.7	0.92	0.92	0.93	0.94	0.94	0.95	0.95	0.96	0.97	0.97
0.8	0.98	0.98	0.99	0.99	1	1	1	1	1	1
0.9	1	1	1	1	1	1	1	1	1	1

例 3-1　某两种吸声材料的正入射吸声系数 α_0 分别为 0.57 和 0.33,估算它们的无规入射吸声系数 α_s。

解:设吸声材料 1 的正入射吸声系数 α_0 是 0.57,吸声材料 2 的正入射吸声系数 α_0 是 0.33。$0.57=0.5+0.07$,查表 3-1 可知。第八行($\alpha_0=0.5$)和第九列($\alpha_0=0.07$)的交点是 0.82,因此吸声材料 1 的 α_s 是 0.82。同样,查表 3-1,可以求出吸声材料 2 的 α_s 是 0.56。

2.吸声量

定义材料或结构的吸声量为

$$A=\alpha\cdot S \tag{3-2}$$

式中:A 是材料或结构的吸声量;α 是材料或结构的吸声系数;S 是吸声材料或结构的吸声面积。

因此,某一面积上的吸声量等于它的吸声面积乘以吸声系数。具体地,对于矩形房间内封闭空间来说,房间中若有开着的窗,并且它的周长远大于声波波长,那么近似地认为射到窗口的所有声能,都传到了房间外面,没有声能反射回来。所以,开窗面积相当于吸声系数为 1 的吸声面积。如此,某一面积的吸声能力就可以用相当的开窗面积来表示,称为该面积的吸声量,或等效吸声面积。矩形房间中除了 6 个壁面外,其他物体也会吸收声能,所以房间总的吸声量可表示为

$$A=\sum_i \bar{\alpha}_i S_i + \sum_i A_i \tag{3-3}$$

式中:等号右边的第一项为房间各壁面吸声量的总和,第二项为房间内各个物体吸声量的总和。

因此,房间的平均吸声系数为

$$\bar{\alpha}=\frac{A}{\sum S_i} \tag{3-4}$$

式中:$\sum S_i$ 房间内各吸声壁面的总和。

3. 声阻抗

声阻抗是在材料一定面积上的声压和通过该面积上的体积速度的复数比,单位是 $Pa \cdot s/m^3$。材料表面的声阻抗为平面声波正入射到材料表面时的声阻抗。由材料声阻抗与所吸收声能量的关系,可以得到材料的吸收系数为

$$\alpha = 1 - \gamma = 1 - \left| \frac{Z_0 - \rho_0 c_0}{Z_0 + \rho_0 c_0} \right| \tag{3-5}$$

由式(3-5)可知,材料表面的声阻抗 Z_0 和介质的特性阻抗 $\rho_0 c_0$ 一致时,入射声才能完全透过材料表面,进而被材料所吸收。

可以看出,吸声系数、吸声量和声阻抗都与频率息息相关,某种程度上它们相互影响,但是各自都有不同的应用场景。

例 3-2 一个实验室大小为 8 m×16 m×2.9 m,地面吸声系数为 0.02,墙面吸声系数为 0.05,顶棚吸声系数为 0.3。求实验室的总吸声量和平均吸声系数。

解:由吸声量的计算公式[式(3-2)]可知,地面吸声量

$$\alpha_{地} = 8\ m \times 16\ m \times 0.02 = 2.56\ m^2$$

四个墙面的吸声量

$$\alpha_{墙} = (2 \times 2.9\ m \times 16\ m + 2 \times 2.9\ m \times 8\ m) \times 0.05 = 6.96\ m^2$$

顶棚吸声量

$$\alpha_{顶} = 8\ m \times 16\ m \times 0.3 = 38.4\ m^2$$

总吸声量

$$A = 2.56\ m^2 + 6.96\ m^2 + 38.4\ m^2 = 47.92\ m^2$$

因此,再根据式(3-4),求出平均吸声系数 $\bar{\alpha}$ 约等于 0.12。

3.2 多孔吸声材料

3.2.1 多孔吸声材料的几何特征和吸声机理

1. 几何特征

多孔吸声材料就是具有很多孔隙的能吸收声能量的材料。多孔材料内部具有无数微孔和间隙,孔隙之间彼此贯通,而且通过表面与外界相互连通。只有材料的孔隙对表面开口、孔孔相连且孔隙深入材料内部,才能有效地吸收声能。图 3-3 所示为典型多孔材料的微观几何构造示意图。

2. 吸声机理

由图 3-3 可以看出,多孔材料内部有无数细微孔隙,孔隙之间相互连通,通过表面与外界相通。当声波入射到材料表面时,激发了孔隙内部的空气振动,使得空气和固体"骨架"间产生相对运动并发生摩擦,由空气的黏性在孔隙内产生相应的黏性阻力,

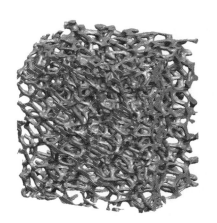

图 3-3 典型多孔材料的微观
几何构造示意图

使得空气的动能不断转化为热能,进而使声能量衰减。同时,在空气的绝热压缩过程中,空气与孔壁之间不断发生热交换,产生热传导效应,进而使声能量转化为热能而衰减。由此可见,多孔材料内部应该有大量的孔隙,而且孔隙应尽量细小且分布均匀;材料内部的孔隙必须向外敞开,而且材料内部的孔隙一般应是相互连通的,而不是封闭的。多孔吸声材料只有如此才能有效地吸收声能量。传统多孔吸收材料一般对中、高频的声波吸声系数比较大,而对低频的声波吸声系数比较小。

3.2.2 影响材料吸声性能的主要因素

影响材料吸声性能的主要因素有空气流阻、孔隙率和几何结构等。

1. 空气流阻

空气流阻反映了空气通过多孔吸声材料的阻力大小。它的定义为:当声波引起空气振动时,微量空气在多孔材料的孔隙中通过,此时材料两面的静压强差和气流线速度的比值即为空气流阻。故可得流阻为

$$R_f = \Delta p / v \tag{3-6}$$

式中:Δp 是材料两面声压差,v 是通过材料孔隙的气流线速度。单位材料厚度的流阻称为流阻率 R_s,有

$$R_s = R_f / d \tag{3-7}$$

式中:d 是材料的厚度。

空气流阻反映了空气通过多孔材料时阻力的大小,也反映了材料的透气性能。低流阻材料在低频段的吸声系数很低,随频率的升高而逐渐升高,并有一个峰值,超过峰值后则随频率的升高而起伏。高流阻材料在中、高频段的吸声系数随频率的升高而明显下降,吸声系数较低,仅低频段的吸声系数随频率的升高而有所提高。因此,对于一定厚度的多孔吸声材料,均有一个相应的最佳空气流阻,过高和过低的空气流阻都无法使材料得到良好的吸声性能。图3-4所示为典型多孔吸声材料空气流阻对吸声性能的影响。

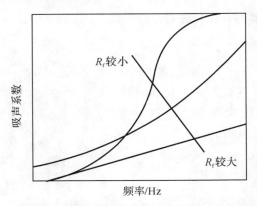

图3-4 典型多孔吸声材料空气流阻对吸声性能的影响

2. 孔隙率

孔隙率的定义是多孔材料中孔隙体积 V_0 与材料的总体积 V 之比,记为 q,可由下式表示:

$$q = V_0 / V \tag{3-8}$$

对于所有孔隙都是开通孔的吸声材料,孔隙率可表示为

$$q=1-\frac{\rho_1}{\rho_2} \tag{3-9}$$

式中:ρ_1 是吸声材料的密度;ρ_2 是制造吸声材料物质的密度。

多孔吸声材料应有较大的孔隙率,一般应在 70% 以上,多数达到 90% 左右。孔隙率还与材料的流阻有关,具有相同孔隙率的材料,孔隙尺寸越大,流阻就越小;相反,孔隙尺寸越小,流阻就越大。

3.材料的几何结构

结构因子是表征多孔吸声材料孔隙排列状况对吸声性能影响的物理量。在吸声理论中,给出了材料中的孔隙是沿厚度方向平行排列的假设,而在实际的吸声材料或结构中,孔隙的排列极其复杂,为了使实际情况与理论分析相符合,就引入了结构因子这一修正量。要精确地求出多孔材料的结构因子是十分困难的。对于孔隙是无规则排列的吸声材料,该种材料的结构因子一般为 2~10,有时也会高达 20~25。纤维材料的结构因子 S 与孔隙率 q 之间的关系如表 3-2 所示。

表 3-2　纤维材料的结构因子与孔隙率之间的近似关系

孔隙率 q	0.4	0.6	0.8	1.0
结构因子 S	15	4.5	2	1.0

4.材料表面装饰处理方式

为了满足增加材料强度、便于安装维修以及改善吸声性能的需要,一般来说,在工程上,使用多孔吸声材料前要对其进行表面装饰处理,具体有如下方式。

(1)表面粉刷、油漆。在纤维板等吸声材料表面粉刷或油漆,会增加一定的流阻。流阻太高时,吸声性能会下降,所以一般不采取直接粉刷油漆的方法,而是加装其他护面材料。

(2)护面层的处理。常用的护面层有金属网、塑料窗纱、麻布以及穿孔板等,穿孔率大于 20% 的护面层对吸声性能的影响不是太大。如果穿孔板的穿孔率小于 20%,而且孔径在 1 mm 以上,由于声波的衍射作用以及孔对声波的黏滞作用都比较弱,高频吸声的效果会受到影响。

(3)表面钻不透孔及开槽。在纤维板等吸声材料表面,钻深为厚度的 2/3~3/4 的半穿孔,可以增加有效吸声面积,并且使得声波易于进入材料深处,因此会提高吸声性能。

5.材料厚度

材料的厚度对吸声性能有一定的影响。多孔吸声材料的低频吸声性能一般比较差。当材料层厚度增大时,低频吸声系数会有所增大,但针对高频声波,吸声性能依然较差。

通常情况下,多孔材料的第一共振频率 f_r 与材料厚度 D 有如下关系:

$$f_r=\frac{1}{4} \cdot \frac{c}{D} \tag{3-10}$$

式中:f_r 是多孔吸声材料的第一共振频率;c 是空气中的声速;D 是材料的厚度。

当流阻的值为 100~1 000 Pa·s/m 时,增大多孔材料的厚度,能够明显改善材料的低频吸声性能。但是当流阻达到 10^5 Pa·s/m 时,增加材料厚度的方法就不会获得很明显的低频吸声效果。因此,比较密实的板状吸声材料没必要太厚。表 3-3 为几种多孔材料的厚度。

表 3 – 3　常用多孔材料的厚度

材料名称	木丝板	玻璃棉	矿渣棉	纤维板	泡沫塑料	毛毡
厚度/cm	2～5	5～15	5～15	1.3～2	2.5～5	0.4～0.5

在吸声方案的设计过程中,对于材料厚度的选择,要根据对低频吸声的指标要求来决定。实验表明,同一种多孔材料,当密度一定时,厚度 D 和频率 f 的乘积决定吸声系数的大小。图 3 – 5 所示为超细玻璃棉(密度为 15 kg/m³)的吸声系数随厚度与频率乘积变化的特性。由图 3 – 5 可以看出,密度一定的吸声材料,都有一个吸声的共振峰值(共振吸声峰值)。该超细玻璃棉共振吸声频率出现在 $fD = 5\,000$ Hz·cm 处,此时吸声系数达到了 0.9 ～ 0.99。当频率低于共振吸声频率 f_r 时,吸声系数随频率的降低而减小。将共振吸声峰值下降到一半时的频率定义为下限频率 f_{rz},将第一共振吸声频率 $f_r ～ f_{rz}$ 之间的频段称为下半频宽,通常下半频宽使用倍频程的倍数表示。表 3 – 4 给出了常用多孔吸声材料的下半频宽和共振吸声系数。

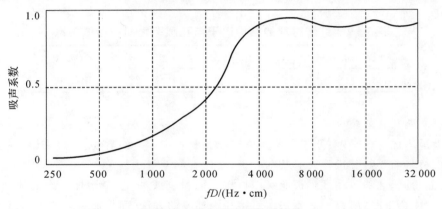

图 3 – 5　fD 与吸声系数的关系

表 3 – 4　常用多孔吸声材料的吸声特性

材料名称	密度/(kg·m⁻³)	fD/(kHz·cm)	共振吸声系数	下半频宽	说明
超细玻璃棉	15	5.0	0.9～0.99	4/3	纤维直径约为 4 μm
	20	4.0	0.9～0.99	4/3	
	25～30	2.5～3.0	0.8～0.9	1	
	35～40	2.0	0.7～0.8	2/3	
沥青玻璃棉毡	110	8.0	0.9～0.95	4/3～5/3	—
聚氨酯泡沫塑料	20～50	5.0～6.0	0.9～0.99	4/3	流阻较低
		3.0～4.0	0.85～0.95	1	流阻较高
		2.0～2.5	0.75～0.85	1	流阻很高
微孔吸声砖	340～450	3.0	0.8	4/3	流阻较低
	620～830	2.0	0.6	4/3	流阻较高

续表

材料名称	密度/(kg·m⁻³)	fD/(kHz·cm)	共振吸声系数	下半频宽	说明
木丝板	280～600	5.0	0.8～0.9	1	—
海草	<100	4.0～5.0	0.8～0.9	1	—

6.材料密度

多孔材料密度增大时,材料内部的孔隙率会相应减小,因此可以改善低频吸声效果,但是高频吸声效果却会降低。当材料密度过大时,孔隙率相应会太小,吸声效果就会明显下降。图 3－6 所示为不同密度的超细玻璃棉的吸声系数。由图可见,对于不同的多孔吸声材料,一般都存在一个理想的平均密度范围,在这个范围内材料的吸声性能比较好。平均密度过高或者过低都不利于提高材料的吸声性能。在实际工程中,如果材料的填充密度太小,经过运输和振动,会导致材料的密度不均,吸声效果变差;但填充密度过大,也会使得吸声效果明显下降。在一定的条件下,不同的材料都存在着一个密度最佳值。表 3－5 所列为常用材料的密度使用范围。实践证明,厚度和密度两个因素对吸声效果的影响中,密度的影响占第二位。

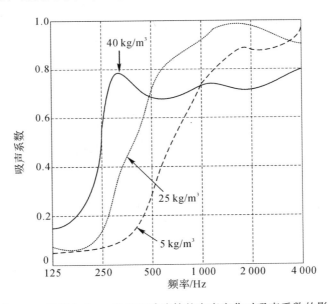

图 3－6　厚度为 5 cm 的超细玻璃棉的密度变化对吸声系数的影响

表 3－5　常用多孔材料的使用密度

材料名称	超细玻璃棉	玻璃纤维	矿渣棉
密度范围/(kg/m³)	15～25	48～96	102～130

7.材料背后空气层

为了改善多孔吸声材料的低频吸声性能,常会把多孔吸声材料布置在离刚性壁有一段距离的地方,即多孔材料与刚性壁之间有一段空气层,其吸声系数有所提高。材料的低频吸声系数随空气层厚度的增大而增大,这与增加材料厚度或者平均密度具有相似的作用。随着空气层厚度的增加,低频吸声系数逐渐增加,但是当空气层增加到一定厚度后,吸声系数不再明显增加。图3-7所示为当材料的厚度、密度一定时,多孔材料背后的空气层厚度对吸声性能的影响。实验研究表明,当空气层厚度近似等于1/4波长的奇数倍时,可以获得最大的吸声系数。在离刚性壁面1/4波长处的声压为零,但是质点的振动速度最大,所以材料产生的摩擦阻尼作用损耗的声能量也最大,进而材料在此时具有最大的吸声系数。在离刚性壁面1/2波长处的声压最大,此时空气质点的振动速度为零,材料的吸声系数最小。

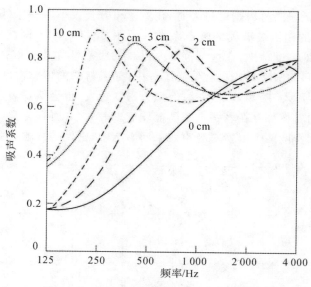

图3-7 背后空气层厚度对吸声系数的影响

8.温度和湿度

在常温条件下,温度对吸收材料的吸声性能影响不明显。在高温或者低温条件下,温度变化引起声速的变化,导致声波波长的改变,从而使得材料的吸声频率特性发生相对移动,其变化趋势一般是:温度上升,吸声系数最大值相应向高频方向移动;温度下降,吸声系数最大值向低频方向移动。图3-8所示为温度对多孔材料吸声性能的影响。吸声材料必须在允许的温度范围内使用,否则材料可能会失去吸声性能。

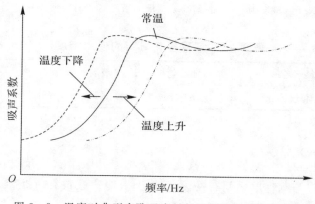

图3-8 温度对典型多孔吸声材料吸声频率特性的影响

多孔吸声材料在潮湿环境下使用时,材料吸湿或含水,会影响材料的吸声性能。多孔吸声材料吸湿或含水,不但会使其变质,还会降低吸声材料的孔隙率,使其吸声性能下降。图3-9为玻璃棉含水率对吸声性能的影响。由图3-9可以看出,随着含水率的增加,不仅高频吸声系数降低,而且中、低频吸声系数也会降低。

在湿度比较大的环境下使用多孔吸声材料时,应该选择具有防潮能力的吸声材料,或者对材料进行防水保护。

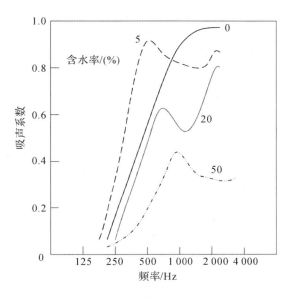

图 3-9　玻璃棉含水率对吸声性能的影响

通过以上介绍,能够看出影响多孔材料吸声特性的因素非常多,具体如表3-6所示。

表 3-6　多孔材料吸声性能的影响因素

序　号	影响因素	总　　结
1	流阻	流阻过高或者过低,都会影响吸声性能,因此对于一定材料有一个最佳流阻范围
2	孔隙率	一般高达90%,如果孔隙率降低,吸声变差,特别是高频吸声的多峰现象不明显
3	结构因素	对低频吸声影响小;如果流阻很小,增大结构因素,会影响中、高频吸声
4	厚度	增加厚度,低频吸声性能提升很大,对中、高频吸声影响小
5	密度	改变体积密度,直接影响中、高频吸声性能
6	面层涂刷	使得中、高频吸声性能下降
7	背后空腔	提高低频吸声性能
8	温度	常温不影响吸声性能;高温和低温时,吸声系数发生一定频移
9	吸水、吸湿	降低高频吸声性能,对低频吸声的影响视情况改变

3.2.3 细管吸声理论

传统吸声理论认为,多孔结构中具有大量的空隙,使得空气在其中摩擦从而消耗能量,形成声吸收。微管和窄缝用于模拟空隙形状,因此是研究吸声性质的理论基础。一般在研究声波传播时,认为介质是理想的,因此不存在热损耗,而这种观点的前提条件是微管和窄缝的几何尺寸比较大或者所研究的频率足够低。如果管中空间很小或者所研究的频率很高,管壁对介质质点的运动就要产生影响,而这种影响一定会产生热损耗。下面就研究这一问题。

1. 管中黏滞运动方程

假设有一平面声波沿着半径为 a 的圆柱形管的 x 方向传播。如果管壁是刚性的,管壁附近的介质质点贴敷于管壁上,质点振速为零,那么介质质点离管壁越远,质点受到的管壁的约束就越小,质点振速就越大,于是管中的介质质点就会产生速度梯度(见图 3-10)。各个介质质点之间因为速度梯度而产生相对运动,那么介质质点的振速应该与介质层之间的速度梯度和介质层的接触面积成正比。

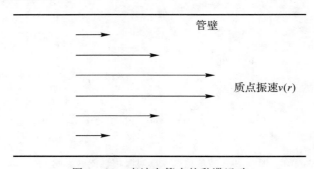

图 3-10 声波在管中的黏滞运动

假设介质层的径向距离用 r 表示,则径向速度梯度就表示为

$$\frac{\partial v(r)}{\partial r} \tag{3-11}$$

黏滞力可以表示为

$$F_\eta = -\eta \frac{\partial v}{\partial r} \mathrm{d}\sigma \tag{3-12}$$

式中:$\mathrm{d}\sigma$ 是介质层的接触面的元面积;η 是流体切变黏滞系数。式(3-12)中的负号表示正的速度梯度会产生负的黏滞力。例如运动速度慢的一层对运动速度快的一层,产生一种类似于阻力的拉力。观察长为 $\mathrm{d}x$ 的一个单元的运动规律,由于管中黏滞力的存在,作用于该单元上的力包括介质之间的弹性力和黏滞力。一般来说,在管的横截面上的各个位置的速度梯度并不相同,因此黏滞力也不同。在这里,将圆管沿着径向分割为许多圆环,取任意圆环单元作为研究对象,如图 3-11 所示。圆环单元的内表面积为

$$\mathrm{d}\sigma = 2\pi r \mathrm{d}x \tag{3-13}$$

体积为

$$\mathrm{d}V = 2\pi r \mathrm{d}r \mathrm{d}x \tag{3-14}$$

作用在这个圆环单元内表面上的黏滞力可以表示为

$$F_\eta = -\eta \frac{\partial v}{\partial r} 2\pi r \mathrm{d}x \tag{3-15}$$

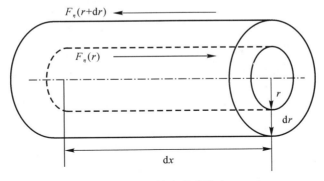

图 3 - 11　管中的黏滞力

作用在该圆环单元上的黏滞力为

$$\mathrm{d}F_\eta = F_\eta(r) - F_\eta(r+\mathrm{d}r) = \frac{\partial}{\partial r}\left(2\pi\eta\mathrm{d}x\frac{\partial v}{\partial r}r\right)\mathrm{d}r \tag{3-16}$$

而作用在该圆环单元上的弹性力为

$$\mathrm{d}F_x = -\frac{\partial p}{\partial x} 2\pi r \mathrm{d}r \mathrm{d}x \tag{3-17}$$

因此,作用在圆环单元上的总力 $\mathrm{d}F$ 等于式(3-16)与式(3-17)相加的总和,根据牛顿第二定律,总力对圆环单元产生加速度,有

$$\mathrm{d}F = \rho_0 \mathrm{d}V \frac{\partial v}{\partial t} \tag{3-18}$$

联立式(3-16)~式(3-18),可得

$$\frac{1}{r}\frac{\partial}{\partial r}\left(r\frac{\partial v}{\partial r}\right) - \frac{\rho_0}{\eta}\frac{\partial v}{\partial t} = \frac{1}{\eta}\frac{\partial p}{\partial x} \tag{3-19}$$

注意,式(3-19)是考虑管壁黏滞作用时,管中介质所遵循的运动方程。从此方程可以看出,一般来说,介质质点振速不仅与轴向坐标 x 有关,而且是径向坐标 r 的函数。先来固定 x 以确定速度 v 随着 r 变化的关系,设 p_a、v_a 分别是 p 和 v 的最大值,令

$$p = p_a(x)\mathrm{e}^{\mathrm{j}\omega t} \tag{3-20}$$

$$v = v_a(x,r)\mathrm{e}^{\mathrm{j}\omega t} \tag{3-21}$$

将式(3-20)和式(3-21)代入式(3-19),可得

$$\left(\frac{\partial^2}{\partial r^2} + \frac{1}{r}\frac{\partial}{\partial r} + K^2\right)v_a = \frac{1}{\eta}\frac{\partial p_a}{\partial x} \tag{3-22}$$

式中

$$K^2 = -\mathrm{j}\frac{\rho_0\omega}{\eta} \tag{3-23}$$

式(3-22)是一个非齐次常微分方程,它的解是方程的一个特解加上对应的齐次方程一般解。容易看出式(3-22)的特解是

$$v_{al} = \frac{1}{\eta K^2}\frac{\partial p_a}{\partial x} \tag{3-24}$$

如果取一个变量,令 $z = Kr$,则对应的齐次方程可化为标准形式的零阶柱贝塞尔方程。于是可以得出式(3-22)的一般解是

$$v_a = A J_0(Kr) + B N_0(Kr) + \frac{1}{\eta K^2} \frac{\partial p_a}{\partial x} \tag{3-25}$$

因为质点振速在 $r = 0$ 处有限,而诺依曼函数在零点处发散,因此,$B = 0$。再根据实际情况,考虑到刚性管壁的边界条件,即当 $r = a$ 时,$v_a = 0$,于是

$$A = -\frac{1}{\eta K^2} \frac{\partial p_a}{\partial x} \frac{1}{J_0(Ka)} \tag{3-26}$$

因此,式(3-25)可以写为

$$v_a = \frac{1}{\eta K^2} \frac{\partial p_a}{\partial x} \left[1 - \frac{J_0(Kr)}{J_0(Ka)} \right] \tag{3-27}$$

再结合图 3-11,将式(3-27)对整个横截面取平均值,可得

$$\bar{v}_a = \frac{1}{\pi a^2} \int_2^a 2\pi r v_a \, \mathrm{d}r = \frac{1}{\eta K^2} \frac{\partial p_a}{\partial x} \left[1 - \frac{2 J_1(Ka)}{Ka J_0(Ka)} \right] \tag{3-28}$$

可以看出,质点振速的平均值是关于 Ka 的复杂函数,令 $|Ka| = \mu$,$\mu = \alpha \beta^{-1}$,$\beta^2 = \nu/\omega$,ν 是动力学黏滞系数,β 称为边界层厚度,它是从流体动力学中引入的,考虑边界对流体运动的影响,是一个很重要的参量。由于在实际的流体中,存在切变黏滞,从而在边界附近形成一层很薄的边界层。在这一边界层内,流动速度很快地从边界处的零值增加到远离边界处的正常速度值。因此能够看出,μ 的大小反映了边界层对管中声波运动的影响,频率越高,这一边界层就越薄。在同一频率处,介质特性阻抗大的边界层薄,因此水要比空气边界层薄得多。

以下分三类情况分别详述。

2. 细管中的声传播特性

假设管子的半径满足 $|Ka| = \mu > 10$ 或者 $a > 10 \sqrt{\dfrac{\eta}{\rho_0 \omega}}$,这时管壁的黏滞作用对于边界层的影响来说不是很大,因此利用柱贝塞尔函数的大宗量近似,可以证明

$$\frac{J_1(Ka)}{J_0(Ka)} \approx -\mathrm{j} \tag{3-29}$$

于是,式(3-28)可以近似表示为

$$\bar{v}_a \approx \frac{1}{\eta K^2} \frac{\partial p_a}{\partial x} \left(1 + \mathrm{j} \frac{2}{Ka} \right) \tag{3-30}$$

或者写为

$$-\frac{\partial p_a}{\partial x} \approx \left[\mathrm{j} \rho_0 \omega + \frac{\sqrt{2\eta \rho_0 \omega}}{a} (1 + \mathrm{j}) \right] \bar{v}_a \tag{3-31}$$

令

$$\rho = \rho_0 \left(1 + \frac{1}{a} \sqrt{\frac{2\eta}{\rho_0 \omega}} \right) \tag{3-32}$$

$$R = \frac{1}{a} \sqrt{2\eta \rho_0 \omega} \tag{3-33}$$

于是,式(3-31)可以简化为

$$-\frac{\partial p_a}{\partial x} = (\mathrm{j} \rho \omega + R) \bar{v}_a \tag{3-34}$$

或者

$$-\frac{\partial p}{\partial x} = \rho\, \frac{\partial \bar{v}}{\partial t} + R\bar{v}_a \tag{3-35}$$

式(3-35)就是满足 $|Ka| = \mu > 10$ 条件的管中的介质运动方程。其中：R 被称为细管的阻尼系数，ρ 被称为有效静态密度，细管的黏滞效应使得介质的静态密度产生了等效的增量。物态方程和连续性方程仍然成立，不过这里的质点振速应该使用平均值替换，因此有

$$p = c_0^2 \rho' \tag{3-36}$$

$$\rho_0\, \frac{\partial \bar{v}}{\partial x} = -\frac{\partial p'}{\partial t} \tag{3-37}$$

联立式(3-35)～式(3-37)，可以求出使用平均质点振速表示的管中声波方程，即

$$\rho_0 c_0^2\, \frac{\partial^2 \bar{v}}{\partial x^2} = \rho\, \frac{\partial^2 \bar{v}}{\partial t^2} + R\, \frac{\partial \bar{v}}{\partial t} \tag{3-38}$$

因为有

$$\bar{v} = \bar{v}_a\, \mathrm{e}^{\mathrm{j}\omega t}$$

所以式(3-38)可以化为

$$\frac{\partial^2 \bar{v}}{\partial x^2} = \left(-\frac{\omega^2}{c^2} + \mathrm{j}\, \frac{\omega R}{\rho c^2} \right) \bar{v}_a \tag{3-39}$$

定义

$$c^2 = c_0^2\, \frac{\rho_0}{\rho} \tag{3-40}$$

$$\bar{v}_a = \bar{v}_0\, \mathrm{e}^{-\mathrm{j}k'x} \tag{3-41}$$

其中，k' 是一个复数，可以表示为 $k' = k - \mathrm{j}\alpha$。将式(3-41)代入式(3-39)，可以得出如下关系：

$$\frac{\omega^2}{c^2} - \mathrm{j}\, \frac{\omega R}{\rho c^2} = -\alpha^2 - 2\mathrm{j}\alpha k + k^2 \tag{3-42}$$

一般情况下，α 比 k 小得多，因此可以省略式(3-42)中的 α^2 项。于是可以确定如下关系：

$$k = \frac{\omega}{c} \tag{3-43}$$

$$\alpha = \frac{\omega R}{2\rho c^2 k} = \frac{1}{ac_0} \sqrt{\frac{\eta\omega}{2\rho}} \approx \frac{1}{ac_0} \sqrt{\frac{\eta\omega}{2\rho_0}} \tag{3-44}$$

将式(3-43)和式(3-44)代入式(3-41)，可以得出质点振速平均值的表达式为

$$\bar{v} = \bar{v}_0\, \mathrm{e}^{-ax}\, \mathrm{e}^{\mathrm{j}(\omega t - kx)} \tag{3-45}$$

可以很清楚地看出，α 是声波的衰减系数，或者称为细管黏滞吸收系数。α 越大，声波随着 x 距离衰减得越快。α 的大小还与管子的半径成反比，与频率的二次方根成正比。管子越细或者频率越高，这种由黏滞效应产生的吸收效应就越明显，这就是细管中的声传播特性。

应该注意的是，在上述的公式推导中，默认以下两个假设是正确的，接下来证明其合理性。

假设 1：$a > 10\sqrt{\dfrac{\eta}{\rho_0\omega}}$。对于 20℃ 的空气，$\eta/\rho_0 = 15.6 \times 10^{-6}\ \mathrm{m^2/s}$，如果频率 $\omega = 1\,000$ Hz，a 必须大于 $5 \times 10^{-4}\ \mathrm{m}$。对于 20℃ 的水，$\eta/\rho_0 = 1 \times 10^{-6}\ \mathrm{m^2/s}$，如果频率 $\omega = 1\,000$ Hz，a 必须大于 $1.3 \times 10^{-4}\ \mathrm{m}$。

假设 2：一般情况下，α 要比 k 小得多。联立式(3-44)和式(3-33)，可以得出

$$\alpha \frac{\omega}{c} \approx \frac{1}{a} \sqrt{\frac{\eta}{2\rho_0 \omega}} \tag{3-46}$$

由于前提假设是 $a > 10\sqrt{\frac{\eta}{\rho_0 \omega}}$，所以 $\alpha < \frac{1}{10\sqrt{2}} \frac{\omega}{c}$，因此 α 比 k 小一个数量级。

3. 毛细管中的声传播特性

如果管子非常细，满足 $|Ka| = \mu < 1$ 或者 $a < \sqrt{\frac{\eta}{\rho_0 \omega}}$，这就表示边界层充满整个管子内部，这样的管子称为毛细声管。在此条件下可以取柱贝塞尔函数的小宗量近似，于是式（3-28）可以简化为

$$-\frac{\partial p_a}{\partial x} = \eta K^2 \left\{ \frac{8\left[1 - \frac{(Ka)^2}{6}\right]}{(Ka)^2} \right\} \bar{v}_a = (R + j\rho\omega)\bar{v}_a \tag{3-47}$$

式中：$R = \frac{8\eta}{a^2}$ 被称为毛细声管的阻尼系数；$\rho = \frac{4}{3}\rho_0$ 被称为有效密度。

推导毛细声管中的声波方程可以借鉴细管的推导方式。不过需要注意的是，在毛细管中，管壁到管轴的距离非常短，管壁与大气相连，保持恒温，当声波在毛细管中传播时，管内外的热传导很快，于是声传播的过程应该被理解为等温的，而不是绝热的，这样，将在波动方程中出现的绝热过程声速改为等温过程声速更为合理。空气声速 c_0 应该用 $c_T = c_0 \frac{1}{\sqrt{\gamma}}$ 替换，γ 是比定压热容和比定容热容的比值，对于空气，$\gamma = 1.4$。所以联立求解得出的声波方程为

$$\frac{\rho_0 c_0^2}{\gamma} \frac{\partial^2 \bar{v}}{\partial x^2} = \left(-\frac{4}{3}\rho_0 \omega^2 + j\omega R\right)\bar{v}_a \tag{3-48}$$

因为假设 $a < \sqrt{\frac{\eta}{\rho_0 \omega}}$，所以在式（3-48）中等号右边括号里面的第二项比第一项大得多，因此式（3-48）可以简化为

$$\frac{\partial^2 \bar{v}_a}{\partial x^2} = j\frac{\gamma R\omega}{\rho_0 c_0^2} \bar{v}_a \tag{3-49}$$

再结合 $k' = k - j\alpha$ 和式（3-41），可以得出

$$k'^2 = -j\frac{\gamma R\omega}{\rho_0 c_0^2} \tag{3-50}$$

或者

$$k' = (1-j)\sqrt{\frac{\gamma R\omega}{2\rho_0 c_0^2}} \tag{3-51}$$

由此关系可以得出，毛细管中的吸收系数和声速分别是

$$\left.\begin{array}{l} \alpha = \frac{2}{c_0 a}\sqrt{\frac{\gamma\eta\omega}{\rho_0}} \\ c = \frac{c_0 a}{2}\sqrt{\frac{\rho_0 \omega}{\gamma\eta}} \end{array}\right\} \tag{3-52}$$

对于 20℃ 的空气，$\eta/\rho_0 = 15.6 \times 10^{-6} \text{ m}^2/\text{s}$，如果频率 $\omega = 1\,000$ Hz，a 必须小于 15×10^{-5} m。毛细管子很细，吸收系数 α 很大，声速比自由空间要小得多，而有效密度却比空气要大得多，这样会使材料本身的特性阻抗与空气接近，使得声波更容易进入多孔材料，又由于毛细管

中的吸收系数很大,可以进一步耗散大部分的声能量。

4. 微孔管的声传播特性

前面讨论了 $|Ka|=\mu<1$ 和 $|Ka|=\mu>10$ 的情况,现在讨论 $1<|Ka|<10$ 的中间情况。我国著名声学家马大猷在 20 世纪 60 年代开始研究微孔管吸声结构,这种结构的声阻抗率可以近似表示为

$$Z_a \approx \frac{8\eta l}{\pi a^4}\sqrt{1+\frac{|Ka|^2}{32}} + j\frac{\omega\rho_0 l}{\pi a^2}\left[1+\frac{1}{\sqrt{9+\frac{|Ka|^2}{2}}}\right] \tag{3-53}$$

对于空气介质, $|K|$ 约为 2×10^{-4} 。由上述条件可得,$0.005\ mm<a<0.5\ mm$ 。我们也将具有这种尺寸管子的夹板称为微孔板。

3.2.4 等效参数吸声理论

多孔材料的典型特征就是包含大量的微孔和缝隙。当材料非常薄时,吸声特性主要由黏滞损失和其表面密度决定。但如果厚度接近或者超过波长,声波在多孔材料内部传播的距离就会变长,就要考虑到空气的黏滞性和热传导作用。多孔材料的固体"骨架"在空气声学中一般被当作硬边界。因为空气的特性阻抗很小,"骨架"不会随着入射声波的进入而振动,所以研究空气中的多孔材料吸声时,只讨论其中空气的能量衰减,故没有声振耦合现象。根据第二章的介绍,平面声波在均匀介质中传播,运动方程和连续性方程如下:

$$\rho\frac{\partial v}{\partial t} = -\frac{\partial p}{\partial x} \tag{3-54}$$

$$\frac{\partial \rho}{\partial t} + \rho\frac{\partial v}{\partial t} = 0 \tag{3-55}$$

使用体积压缩模量 B 来表达,连续性方程可以改写为

$$\frac{1}{B}\frac{\partial p}{\partial t} + \frac{\partial v}{\partial x} = 0 \tag{3-56}$$

式中: x 和 t 是自变量;声压 p 和质点振速 v 是因变量;密度 ρ 和体积压缩模量 B 是描述介质性质的参量。当声波声能无损耗时,ρ 和 B 都是实数。由运动方程和连续性方程可以导出波动方程,从而求出声速 c 为

$$c = \sqrt{\frac{B}{\rho}} \tag{3-57}$$

而介质的特性阻抗为

$$\rho c = \sqrt{\rho B} \tag{3-58}$$

即声速 c 和特性阻抗 ρc 是 ρ 和 B 的函数。

声波在多孔吸声材料中传播时,由于黏滞性和热传导的作用,声波的声能将产生损耗,严格的运动方程和连续性方程也比均匀介质中的方程复杂。但从整体来看,如果将多孔吸声材料看成是某种宏观上均匀的介质,仍然可以使用声压 p 和质点振速 v 来描述平面声波的性质。运动方程在形式上仍然保持为均匀介质运动方程的表达式,只需要把密度 ρ 换成吸声材料的等效密度 ρ_e 就可以了。同理,连续性方程在形式上也可以保持均匀介质连续性方程的表达式,只要把压缩模量 B 换成等效压缩模量 B_e 就可以了。ρ_e 和 B_e 一般是复数,因此,与此相对应的等效声速 c_e 和等效特性阻抗 $\rho_e c_e$ 也是复数。用这 4 个量(即 ρ_e、B_e、c_e 和 $\rho_e c_e$)可以描述

多孔吸声材料的声学性质,其中有 2 个量是独立的,其他 2 个量可以推导出来。

在这里,将等效密度写成以下形式:

$$\rho_e = n\rho_0 + \frac{r_f}{j\omega} \qquad (3-59)$$

式中:η 是结构因子,包括孔隙率的影响;r_f 是流阻率。式(3-59)也可以写为

$$\rho_e = n\rho_0(1 - j\tan\delta_\rho) \qquad (3-60)$$

$$\tan\delta_\rho = \frac{r_f}{n\rho_0\omega} \qquad (3-61)$$

式中:δ_ρ 是等效密度辐角的绝对值,通常也称之为等效密度的损耗角。同理,等效压缩模量 B_e 也可以写成以下形式:

$$B_e = \frac{B_0}{\gamma}(1 + j\tan\delta_B) \qquad (3-62)$$

式中:γ 是空气压缩模量与材料等效压缩模量的实部之比,也就是材料的热损耗因子;δ_B 是等效压缩模量的辐角的绝对值,也称之为等效压缩模量的损耗角。

多孔吸声材料内部具有大量的细管、窄缝以及空穴等,如果这些都是整齐排列的,就是假想的理想情况。实际情况是,细管或者窄缝有粗细、长短的不同组合,且分布无规律。多孔吸声材料虽然是细管的无规律组合,但研究其特性仍然可以使用单管的研究框架。先讨论等效密度,从式(3-59)等号右边可以看出,第一部分是 ρ_0 的倍数,且倍数 n 一般在 $1 \sim 4/3$ 之间,变化不大。第二部分是虚数,与 η 成正比,代表能量损失。这两个部分都应该除以孔隙率 σ,如瑞利模型。不过与瑞利模型不同的是,材料中的细管沿各个方向上都有,改用统计表达,即在一个表面上的体积流速 v 与密度函数的乘积除以孔隙率后,还应乘以结构常数 χ 以反映体积流速的关系。结构常数 χ 除了要包含频率和管径的影响外,还要考虑管的方向弯曲以及空穴的影响。以方向为例,如果多孔材料由 $\cos\theta$ 一束细管组成,如瑞利模型,但方向与声场方向呈 θ 角,管内的声压梯度是宏观声压梯度的 $\cos\theta$ 倍,管内的质点加速度是宏观加速度的 $\cos\theta$ 倍,因此结构常数就有一个因数 $1/\cos^2\theta$。 如果材料内部细管的方向是无规律的,那么,结构常数就变为 $1/\cos^2\theta$ 在各个角度的平均值,等于 3!。一般来说,结构常数 χ 是在 $3 \sim 7$ 之间,根据以上的分析,等效密度就是

$$\rho_e = \frac{\chi}{q}\rho_0 + \frac{r}{j\omega} \qquad (3-63)$$

式中:r 为流阻常数,结构常数 χ 和孔隙率 q 的影响已经考虑进去。

$$r = \frac{1}{\sigma}\frac{8\eta}{a^2} \qquad (3-64)$$

于是,多孔材料中空气的声波运动方程可以写为

$$-\frac{\partial p}{\partial x} = \frac{\chi}{q}\rho_0\frac{\partial v}{\partial t} + rv \qquad (3-65)$$

等效压缩模量的问题更为简单,它也要除以孔隙率,因为不涉及流动,所以与结构常数无关。因此多孔材料中空气的连续性方程和等效压缩模量满足

$$B_e = -\frac{1}{\sigma}B_T \qquad (3-66)$$

式中,B_T 是管中的压缩模量。于是,多孔材料的声阻抗率 Z_e 和声速 c_e 分别是

$$Z_e = \sqrt{\rho_e B_e} \tag{3-67}$$

$$c_e = \sqrt{B_e / \rho_e} \tag{3-68}$$

3.2.5 空间吸声结构

使用多孔吸声材料,例如岩棉、矿渣棉、棉花、化学纤维等,工程上的厚度一般是 $4 \sim 5$ cm,有的时候厚度可以增加到 10 cm。泡沫塑料、加气混凝土、加气石膏、微孔吸声砖的一般厚度也是 $5 \sim 10$ cm。但是上述这些材料基本上只作用于高频。工程上,一般认为最佳设计是:流阻 r 与厚度 l 的乘积为 $1\,000 \sim 3\,000$ Pa·s/m³。这样,声阻抗率不至于太高,吸声系数也不至于太低。多孔吸声材料还有一个问题,就是所谓的呼吸现象,即吸收尘土,不易清洁,也不宜油漆粉刷。为此,在多孔砖的表面打上半透的孔和缝,可以加大吸声面积,提高中频的吸声能力。传统上认为,增加低频的办法是使用薄板共振体。在多孔吸声材料的末端,也就是在硬壁前加装一个可以振动的薄板(可以为胶合板、塑料板或金属板),这就组成了薄板共振体,板是质量,板后面的空气是弹簧,因此能够在其第一共振频率 f_r 处对声波进行吸收,且有以下估算公式:

$$f_r = \frac{600}{\sqrt{D\rho_A}} \tag{3-69}$$

式中: D 是板后空腔的深度, ρ_A 是共振薄板的面密度。如果在薄板固定的地方再加装一些阻尼材料,则可以加宽共振峰值曲线,增加有效吸收频率的范围。

1. 使用方式

在使用多孔吸声材料时,一般需要加护面板对其进行保护,防止散开。护面板(建筑上也称为装饰面板)的材料可以选择玻璃丝布、金属丝网以及纤维板等透声材料。工程上还有一些情况,为了防止松散的多孔吸声材料下沉,常选用透声织物编织成袋,在内填充多孔吸声材料,这种结构常被称为声学包。

为保持多孔吸声材料的固定几何形状,并防止机械损伤,要使用木筋条或者木龙骨加固,然后再加装护面板。一般护面板上开有孔或者细缝,孔的形状以圆形居多。在不影响板材强度的情况下穿孔率应尽可能地大。一般要求穿孔率不小于 20%。考虑到使用过程中,小孔有可能被堵住,所以穿孔率最好在 25% 以上,甚至可以达到 30%。开圆孔的孔径 d 一般取 $4 \sim 8$ mm,孔心距 B 一般不超过 20 cm。

护面板的穿孔率为穿孔面积与板总面积之比。穿孔率 P 的计算如下:

圆孔正方形排列

$$P = \frac{\pi}{4}\left(\frac{d}{B}\right)^2 \tag{3-70}$$

圆孔等边三角形排列

$$P = \frac{\pi}{2\sqrt{3}}\left(\frac{d}{B}\right)^2 \tag{3-71}$$

平行细缝排列

$$P = \frac{d}{B} \tag{3-72}$$

以上三种排列方式如图 3-12 所示。一般护面板越薄,穿孔率越大,而对于同样的穿孔率,大量小孔的设计比少量大孔更好。

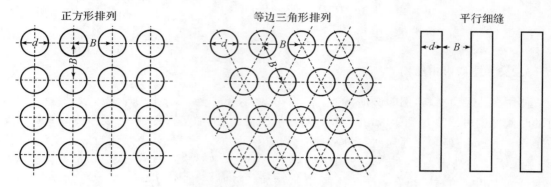

图 3-12　常用的穿孔方式

2.空间吸声体

把多孔吸声材料悬挂在室内离壁面一定距离的空间中,构成空间吸声体。由于悬空悬挂,声波可以从不同的角度入射到吸声体,其吸声效果要比相同的吸声材料紧贴在硬壁上要好很多。因此,采用空间吸声体,可以充分发挥多孔吸声材料的吸声性能,提高吸声效率,节约吸声材料。目前,空间吸声体在振动噪声控制中的应用非常普遍,主要用在地铁站、机场候机厅、博物馆的降噪设计中。

空间吸声体大体可以分为 3 类,示意图如图 3-13 所示。

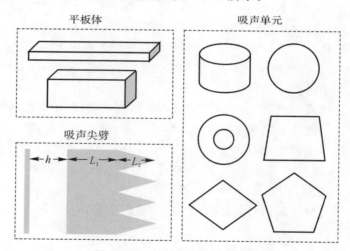

图 3-13　空间吸声体的示意图

第一类是大面积平板体。如果板的尺寸比波长大,则吸声时的大致情况相当于声波从板的两侧无规入射。研究结果表明,板类空间吸声体的吸声量大约为将相同的吸声板紧贴壁面时吸声量的 2 倍,设计时可以按照 1.7～1.8 倍考虑。

第二类是单元吸声体。可以设计成各种几何形状,如立方体、圆柱体、圆环体、球体等,往往这一类吸声体的吸声机理比较复杂,吸声量与每个特定形状的表面积相关。

第三类是吸声尖劈,它是一种高效的楔状吸声体,由基部(长为 L_1)、尖部(长为 L_2),以及尖劈底与刚性面之间的空腔(深度为 h)组成,尖部表面是主要吸声面,发挥最大作用。当尖劈的长度等于入射波长的 1/4 时,吸声系数可以达到 0.99。尖劈垂直入射吸声系数在 0.99 以上的频率下限称为尖劈的截止频率,优化的吸声尖劈其截止频率可以达到 50 Hz。吸声尖劈的吸声性能与吸声尖劈的总长度(L_1+L_2)、L_1/L_2、空腔的深度 h 以及多孔吸声材料的本身性质相关。L_1+L_2 越大,低频吸声性能越好,另外,调节空腔的深度 h,使得共振频率的位置恰当,也可以提高共振吸声量。对于这些参数的设计,在工程上一般存在一个最佳的协调关系:

$$h=(5\%\sim15\%)\times(L_1+L_2)\tag{3-73}$$

$$\frac{L_2}{L_1+h}=\frac{4}{1}\tag{3-74}$$

在实际使用时可根据情况对这些参数进行调整、优化,必要的时候,可采用实验测试的方法加以修正,以获得最佳吸声系数。吸声尖劈常用于在特殊用途的场合,例如消声室等。

各空间吸声体按照一定的间距排列,悬挂在天花板下某处,吸声体朝向声源的一侧,可以直接吸收入射声能量,其余声能量通过空隙绕射或者反射到吸声体的背面、侧面,所以各个方向的声能量都可以被吸收。空间吸声体装拆灵活,工程上经常将其制作成商品,用户只需要购买,按需要悬挂即可。空间吸声体应用广泛,既可以用在会议厅、音乐厅中,也可以用在大面积、强噪声源的车间,例如空分、冲压车间等。

空间吸声体的悬挂方式有水平悬挂、垂直悬挂等。悬挂位置应该靠近声源及声波反射线密集的地方,比如声聚焦的位置。吸声体的尺寸减小,有利于高频吸收。在安装空间吸声体时还应该考虑不妨碍采光、照明、起重设备、设备检修、清洁等。

3.3　共振吸声结构

3.3.1　共振吸声结构的几何特征和吸声机理

多孔吸声材料的低频吸声性能较差,采用加厚材料或者增加空气层等措施,会有不经济又占空间的弊端。与多孔吸声材料相比,共振吸声结构的低频吸声效果较好。共振吸声结构由吸声材料及其与墙体间的空气层共同组成,它相当于一个质量弹簧系统,可以起到吸收声能量的作用。振动的结构或者物体由于自身的内摩擦和与空气的摩擦,会把一部分振动能量转变为热能而消耗掉,由能量守恒定律可以知道,这些消耗的能量一定来自于激励结构或声源的声能量。这些振动的结构或物体都消耗声能量,于是就降低了噪声。

不管是结构还是物体都有各自的固有频率,共振吸声体的工作原理就是当声波频率与共振吸声结构的固有频率相同时,发生共振。此时,声波会激发吸声结构产生振幅和振动速度达到最大值的振动,声能量的损耗也就最多,从而达到吸声的目的。薄膜共振吸声结构、薄板共振吸声结构、穿孔板共振吸声结构等都是这一类吸声体。

3.3.2　薄板和薄膜共振吸声结构

1. 薄板共振吸声结构

将一个不透气的薄层,如胶合板、石膏板、石棉水泥板、草纸板或者薄金属板等,周边固定,背后留一定厚度的空气层,就构成了薄板共振吸声结构,如图 3-14 所示。薄板与背后的空气层就如同质量块和弹簧一样组成了一个单自由度振动系统。由于薄板的刚度比较小,所以系统的固有频率处于中、低频范围。当入射声波的频率接近振动系统的固有频率时,结构就会发生共振,此时系统的振动幅度最大,吸声能力最强。通常的薄板共振结构的共振频率在 $80 \sim 300 \, \text{Hz}$ 的低频范围内。区别于式(3-69)吸声结构的共振吸声频率 f_r 的精确计算公式为

$$f_r = \frac{1}{2\pi} \sqrt{\frac{\rho_0 c^2}{\rho_A D} + \frac{K}{\rho_A}} \qquad (3-75)$$

式中:ρ_0 是空气密度;c 是空气中的声速;ρ_A 是薄板的面密度;D 是薄板后空腔的深度;K 是结构刚度因子。式(3-57)中的结构刚度因子与板的弹性等因素有关。对于边长为 a 和 b、厚度为 h 的矩形简支薄板,结构刚度因子可以表示为

$$K = \frac{Eh^3}{12(1-\mu^2)} \left[\left(\frac{\pi}{a} \right)^2 + \left(\frac{\pi}{b} \right)^2 \right] \qquad (3-76)$$

式中:E 是薄板材料的弹性模量;μ 是薄板材料的泊松比。

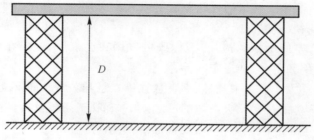

图 3-14　薄板共振吸声结构

　　一般来说,对于板材,在常见构造条件下,K 为 $1 \times 10^6 \sim 3 \times 10^6 \, \text{kg/(m}^2 \cdot \text{s}^2)$。当薄板的刚度因子比较小,且空腔的深度与声波频率所对应的波长相比很小时,式(3-75)可近似等于式(3-69)。

　　因此在设计薄板共振吸声结构时,要考虑不同的 ρ_A 和 D 值,来计算得到 f_r 值,以便满足设计要求。如果用质量较小、不透气的材料,例如油毡、人造革等作为薄板材料,由于 ρ_A 值较小,那么其共振频率向高频方向移动,而且刚度较小,可以获得较大的吸声系数。

　　一般来说,薄板的共振吸声系数为 $0.2 \sim 0.5$。如果在空气层中添加一些多孔吸声材料,在板的边缘处安置海绵、毛毡、软橡胶等软料,可以改善高频部分声阻率与空气特性阻抗的匹配情况,进而提高吸声系数,改善吸声性能,使得吸声系数的最大值向低频方向移动。图3-15所示为龙骨粘贴吸声材料前、后吸声系数的比较。

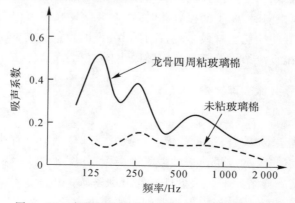

图 3-15　龙骨粘贴吸声材料前、后吸声系数的比较

常用薄板共振吸声结构的吸声系数如表 3-7 所示。实际工程中,薄板共振吸声结构的吸声性能与板的厚度、空腔,以及空腔内是否填充了吸声材料等有关。

表 3-7 常用薄板共振吸声结构的吸声系数

材料	板厚 mm	空腔 mm	龙骨间距 mm	倍频程频带中心频率/Hz					
				125	250	500	1 000	2 000	4 000
三夹板	3	30	500×500	0.14	0.34	0.36	0.17	0.09	0.11
	3	50		0.21	0.74	0.21	0.10	0.08	0.12
	3	100		0.51	0.38	0.18	0.05	0.04	0.08
五夹板	5	50	500×450	0.08	0.52	0.17	0.06	0.10	0.12
	5	100		0.41	0.30	0.14	0.05	0.05	0.16
	5	200		0.61	0.13	0.12	0.04	0.06	0.17
七夹板	7	100	500×450	0.52	0.25	0.15	0.04	0.04	0.07
木丝板	30	50	450×450	0.05	0.30	0.81	0.63	0.70	0.91
		100		0.09	0.36	0.62	0.53	0.71	0.89
纸面石膏板	9	45	400×400	0.26	0.13	0.08	0.06	0.06	0.06
	12.5	100		0.25	0.20	0.15	0.10	0.05	0.05

2. 薄膜共振吸声结构

薄膜共振吸声结构与薄板结构的吸声原理基本相同,它用弹性材料,如皮革、塑料薄膜、不透气的帆布等,代替薄板,与其背后封闭的空气层形成共振系统。其共振频率由膜的面密度、膜后面空气层的深度以及膜的张力大小决定。实际工程中,膜张力的一致性很难控制,而且长时间使用会使膜变得松弛,张力会随时间变化,因此考虑没有受张力或者张力很小的膜。因此,其共振频率也可用下式估算:

$$f_r = \frac{1}{2\pi}\sqrt{\frac{\rho_0 c^2}{\rho_A D}} \approx \frac{600}{\sqrt{\rho_A D}} \tag{3-77}$$

式中:ρ_0 是空气密度;c 是空气中的声速;ρ_A 是薄膜的面密度;D 是薄膜后空气层的深度。由于膜的面密度比较小,所以其共振吸声频率向高频方向移动。通常薄膜结构的共振频率为200~1 000 Hz,吸声系数为 0.3~0.4,一般会把它作为中频范围共振吸声结构使用。当薄膜作为多孔吸声材料的面层时,结构的吸声性能取决于薄膜和多孔材料的种类及安装方法。常用的薄膜共振吸声结构的吸声系数如表 3-8 所示。

表 3-8 常用薄膜共振吸声结构的吸声系数

材料和结构尺寸/cm	倍频程频带中心频率/Hz					
	125	250	500	1 000	2 000	4 000
帆布+空气层厚度4.5	0.05	0.10	0.40	0.25	0.25	0.20
帆布+空气层厚度2+矿棉扎2.5	0.20	0.50	0.65	0.50	0.32	0.20

续表

材料和结构尺寸/cm	倍频程频带中心频率/Hz					
	125	250	500	1 000	2 000	4 000
聚乙烯＋玻璃棉6	0.25	0.70	0.90	0.90	0.60	0.50
人造革＋玻璃棉2.5	0.20	0.70	0.90	0.55	0.33	0.20

3.3.3　穿孔板共振吸声结构

在具有共振吸声结构的板材上钻孔,会有更好的吸声效果。由穿孔的板材构成的共振吸声结构通常称为穿孔板共振吸声结构。穿孔板共振吸声结构可以视为多个单腔共振吸声结构的组合。单腔共振吸声结构是一个中间封闭有一定体积的空腔,并且通过具有一定深度的小孔和声场空间相连,如图 3-16 所示。当孔的深度 t 和孔径 d 比声波波长小得多时,孔颈中空气柱的弹性形变很小,可以看作一个无形变的质量块,而封闭空腔的体积 V 比孔颈大得多,可以视为弹性体。该系统可以视为一个弹簧振子系统,称为亥姆霍兹共振器。

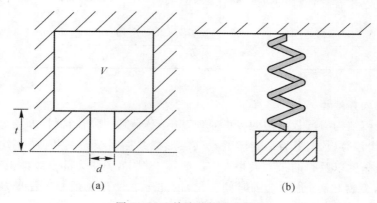

(a)　　　　　　　　　　(b)

图 3-16　单腔共振吸声结构

小孔空气柱连接空腔 V 如同一个由质量块和弹簧组成的单自由度振动系统,其固有频率为 f_r。当入射声波频率 f 等于系统的固有频率 f_r 时,就引起了孔颈中空气柱的共振,空气柱与孔颈壁之间发生摩擦,就会将声能转化为热能耗散掉。

单腔共振吸声结构的共振频率 f_r 为

$$f_r = \frac{c}{2\pi}\sqrt{\frac{\pi \cdot d^2}{4 \cdot V(t+\delta)}} \qquad (3-78)$$

式中:V 是空腔的体积;δ 是孔颈颈口末端修正量。对于直径为 d 的圆孔,有

$$\delta = \pi d/4 \approx 0.8d \qquad (3-79)$$

因为孔颈中的空气柱两端附近的空气也参加振动,所以必须对孔颈的深度 t 加以修正,而 $(t+\delta)$ 是孔颈的有效深度。

该系统只有在共振频率 f_r 处才有最大吸声系数 α_r,如图 3-17 所示。上半频带宽 Ω_1 和下半频带宽 Ω_2 之和称为共振吸声结构的吸声频带宽度 Ω,它反映了吸声结构的有效吸声频率范围同,即

$$\Omega=\Omega_1+\Omega_2=\lg(f_1/f_2) \tag{3-80}$$

式中：f_1 是吸声上限频率，为高频端共振吸声系数降低一半时的频率；f_2 是吸声下限频率，为低频端共振吸声系数降低一半时的频率。

由图 3-17 可以看出，共振吸声结构的吸声频率选择性强，适用于有明显音调的低频噪声治理。在颈内填充一些多孔材料或者在颈口上蒙贴透声织物，增加声阻，可以增大吸声频带宽度。

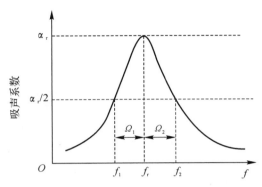

图 3-17　单腔共振吸声结构吸声特性

穿孔板共振吸声结构是由多个单腔共振吸声结构并联组合成的，如图 3-18 所示。穿孔板共振吸声结构的共振频率为

$$f_r=\frac{c}{2\pi}\sqrt{\frac{S}{AD(t+\delta)}}=\frac{c}{2\pi}\sqrt{\frac{P}{D(t+\delta)}} \tag{3-81}$$

式中：D 是穿孔板后空腔的深度；t 是穿孔板板厚；A 是每个共振单元所占的薄板面积；S 是孔颈面积；δ 是孔颈的颈口末端修正量；P 是穿孔率，即穿孔面积与穿孔板的总面积之比。

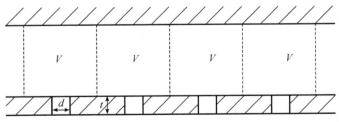

图 3-18　穿孔板共振吸声结构

由式(3-81)可知，板的穿孔面积越大，吸声频率越高。空腔越深或者板越厚，吸声频率越低。一般穿孔板共振吸声结构主要用于吸收中低频噪声的峰值，吸声系数约为 0.4～0.7。

将共振频率 f_r 处的最大吸声系数记为 α_{max}，将在 f_r 附近能够保持吸声系数为 $\alpha_{max}/2$ 的频带宽 Δf 称为吸声带宽。穿孔板共振吸声结构的吸声带宽较窄，通常仅在几十赫兹(Hz)到二三百赫兹。吸声系数高于 $\alpha_{max}/2$ 的频带带宽 Δf 可以由下式计算得到：

$$\Delta f=4\pi\frac{f_r^2}{c}D \tag{3-82}$$

由式(3-82)可知，穿孔板共振吸声结构的吸声频带宽度 Δf 与空腔深度 D 有很大的关系，空腔深度又会影响到共振频率的大小，故需要综合考虑，选择合理的空腔深度。工程上一般取穿孔板板厚 2～5 mm、孔径 2～4 mm、穿孔率 1%～10%,空腔深度取 10～25 cm 较好。尺寸超出以上范围,会有不良影响,例如穿孔率在 20% 以上时,几乎没有共振吸声效果,仅仅成为护面板。

例 3-3 已知某穿孔板的厚度是 1.2 mm,圆孔直径是 5 mm,穿孔率是 12%,穿孔板与墙体之间的空腔深度为 22 cm,求其共振吸声频率。

解:由于穿孔板的孔径为圆形,因此孔颈的颈口末端修正量 $\delta = 0.8d = 0.8 \times 5 = 4$ mm。

再由式(3-78)可知,共振吸声频率 $f_r = \dfrac{c}{2\pi}\sqrt{\dfrac{S}{AD(t+\delta)}} = \dfrac{c}{2\pi}\sqrt{\dfrac{P}{D(t+\delta)}}$,因此 $f_r = 1\,741$ Hz。

穿孔板自身的声阻比较小,而且这种结构的吸声频带较窄。如果在穿孔板背后填充一些多孔材料或者在背后贴敷上声阻较大的纺织物等材料,就可以改进其吸声性能。填充吸声材料时,可以把空腔填满,也可以只填一部分,关键在于要控制适当的声阻率。填充多孔材料后,不仅可以提高穿孔板的吸声系数,而且可以展宽有效吸声频带。为了有效展宽吸声频带,还可以采用不同穿孔率、不同空腔深度的多层穿孔板共振吸声结构的组合。图 3-19 所示为双层穿孔板共振吸声结构的吸声性能。对于该共振吸声结构的组合,经过合理调节两个空腔的深度,可以使两个吸收峰连接在一起,实现较宽频带上的吸声效果。

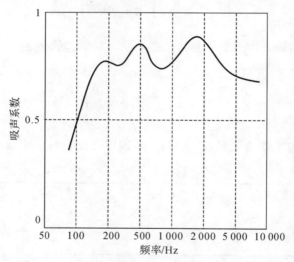

图 3-19 双层穿孔板共振吸声结构的吸声性能

由上述内容可知,有诸多因素会影响穿孔板的吸声特性,现做一总结(见表 3-9)。

表 3-9 穿孔板的吸声性能影响因素

序　号	影响因素	总　　结
1	穿孔率	增加穿孔率,使得吸声峰向高频方向移动
2	孔径	增加孔径,使得吸声峰向高频方向移动
3	背后空腔	增加后空腔,使得吸声峰向低频方向移动
4	背后材料	增加多孔材料,使得吸声峰变宽,峰值略微向低频方向移动
5	面密度	增加面密度,吸声峰值略微向低频方向移动

3.3.3　微穿孔板共振吸声结构

微穿孔板共振吸声结构是我国著名声学专家马大猷院士经过多年的研究,提出的一种新型的吸声结构。这种吸声结构能够克服穿孔板吸收结构吸声频率窄的缺点,而且结构简单,加工方便,适合在高温、高速、潮湿及要求清洁卫生的环境下使用。

当穿孔板的穿孔直径 d 减小到 1 mm 以下时,穿孔本身就有了足够的声阻,而且还有足够低的质量声抗,不需要填充任何多孔材料,就可以实现良好的宽带吸声。这种穿孔板共振吸声结构就称为微穿孔板共振吸声结构。其中微穿孔板的穿孔率一般在 $1\% \sim 5\%$ 之间,穿孔率明显低于普通穿孔板,这也是其结构上的明显特征。

假设微穿孔板的各孔之间互不干扰,微穿孔板的声阻抗率就等于单孔声阻抗率,用空气特性声阻为单位,可以得到微穿孔板的相对声阻抗率 z 为

$$z = r + j\omega m \tag{3-83}$$

式中:r 和 m 可以表示为

$$r = \frac{32\nu}{Pc}\frac{t}{d^2}\left(\sqrt{1+\frac{x^2}{32}}+\frac{\sqrt{2x}}{8}\frac{d}{t}\right) \tag{3-84}$$

$$m = \frac{t}{Pc}\left(1+\frac{1}{\sqrt{3^2+\frac{x^2}{2}}}+0.85\frac{d}{t}\right) \tag{3-85}$$

式中:c 是空气中的声速;d 是穿孔直径;t 是微穿孔板厚度;ν 是运动黏度;P 是穿孔率;x 是量纲为一的参数,$x = \sqrt{\frac{\omega}{\nu}} \cdot \frac{d}{2}$。

微穿孔板后面空腔的相对声阻抗率 z_D 为

$$z_D = -j\cot\left(\frac{\omega D}{c}\right) \tag{3-86}$$

式中:D 是空腔深度。

由此可见,单层微穿孔板共振吸声结构在声波垂直入射时的吸声系数可以表示为

$$\alpha_0 = \frac{4r}{(1+r)^2 + \left[\omega m - \cot\left(\frac{\omega D}{c}\right)\right]^2} \tag{3-87}$$

在声波无规入射的条件下,单层微穿孔板共振吸声结构的吸声系数可以用下式表示:

$$\alpha_s = \int_0^{\frac{\pi}{2}}\alpha_\theta d\theta = \int_0^{\frac{\pi}{2}}\frac{4r\cos\theta}{(1+r\cos\theta)^2+(z_x\cos\theta)^2}d\theta \tag{3-88}$$

式中,z_x 可以表示为

$$z_x = \omega m\cos\theta - \cot\left(\frac{\omega D\cos\theta}{c}\right) \tag{3-89}$$

图 3-20 为某微穿孔板共振吸声结构在垂直入射和无规入射条件下吸声系数的比较。由图 3-20 可以看出,和垂直入射相比,无规入射的吸声系数较小,吸声频带向高频方向移动,频带宽度也有所增加,且吸收峰之间的谷点减小。

微穿孔板吸声结构是一种低声质量、高声阻的共振吸声结构,它的性能介于多孔吸声材料和共振吸声结构之间,可以将微穿孔板吸声结构看作它们的一体化组合。它的吸声频率带宽优于常规的穿孔板共振吸声结构。图 3-21 所示为单层和双层微穿孔板共振吸声结构的吸声

性能曲线。

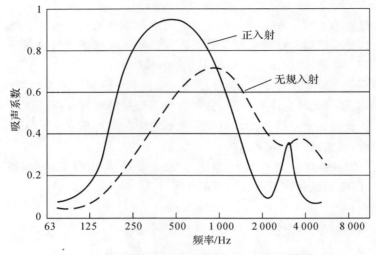

图 3-20 声波正入射和无规入射的吸声系数比较

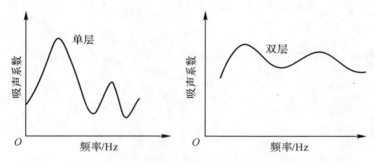

图 3-21 单层和双层微穿孔板共振吸声结构的吸声性能曲线

在实际工程中,为了加宽吸收的频带向低频方向扩展,可以将其做成双层微穿孔板结构,这种结构中两层微穿孔板之间要留一定距离。如果要求吸收较低的频率,那么空腔就要深一些,一般要控制在 20~30 cm 以内。如果主要吸收中、高频的声波,那么可以将空腔深度减小到 10 cm 或者更小。图 3-22 所示为双层微穿孔板吸声结构示意图。

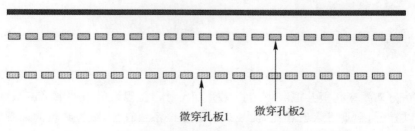

图 3-22 双层微穿孔板吸声结构

微穿孔板要求微孔孔径在 1 mm 以下。因此,微穿孔板的微孔加工是一个重要的问题,一直受到工程界的关注。目前,0.5 mm 以上的微孔,传统的机械加工就可以实现,但是对于更小的孔径或者更高的精确度要求,就要选择其他的方法,比如激光技术。如何更好地加工、制作微穿孔板一直是噪声与振动控制技术领域研究的重点之一。如何用低的成本制作出性能好的微穿孔板是一个迫切需要解决的问题。现在将介绍几种常用的微穿孔板的制作方法及其优缺点。

(1)机械加工法。传统的微穿孔板的加工方法,主要是使用具有恒定孔径大小和孔间距的模具,利用机器冲压板材制作而成。该方法的优点是操作简单,成本低,便于大批量生产微穿孔板。缺点是只能制作孔径较大的微孔。但是只有微孔的孔径较小时,微穿孔板才有可能获得更好的吸声性能。想要获得较小的孔径,使用机械方法很难实现。而且机械方法使用的模具,其孔径和孔间距都是固定的,难以调整,不能制作和模板尺寸不一样的微穿孔板,不利于提高生产效率。

(2)激光法。该方法克服了机械加工法的缺点,可加工超细微孔。激光法是利用激光高能量密度的特点,用激光束在金属表面打孔,以获得所要求的微小孔径。激光技术一般可以加工孔径小至 0.01 mm 的孔,公差可以达到微米级甚至更小。但是该种方法造价昂贵,加工的时间较长。而且对于较厚的金属材料,激光开孔的时间比较长,微孔因金属受热时间太长而发生形变,从而导致板面上的微孔形状不一,不能满足微孔的设计要求。

(3)电腐蚀法。电腐蚀法是利用电蚀刻机对金属板进行电解腐蚀制作符合要求的微穿孔板。电腐蚀法的优点:可以开 0.3 mm 以下的孔径,能够保证微穿孔板的结构参数要求,产品的质量比较好。但是该种方法使用的电蚀刻机目前还处于手动控制的阶段,因此无法满足大批量生产的需求。

(4)化学切削法。利用化学切削法制孔时,先在板的一面用化学物质腐蚀板材至某一深度,然后继续在板的另一面进行相同位置上的相同程度的腐蚀,进而获得微孔。该种方法可以制作 0.3 mm 以下孔径的金属微穿孔板,但是往往会在两面分别形成孔径不同的微孔,成为变截面微穿孔板。实验和理论研究发现,化学切削法获得的微穿孔板的微孔孔径更小,有助于拓展微穿孔板的半吸收带宽,与此同时也为利用较厚的板获得良好的吸声性能提供了一个可行的研究和实践途径。

化学切削法在电子行业和不锈钢滤网行业是一种十分成熟的加工方法,使用该方法制作微穿孔板可以有效地控制成本,同时,该方法制作过程耗时较少,解决了激光法和电腐蚀法耗时长和成本高的问题。此外,该方法可以利用计算机辅助设计,能够大大缩短微穿孔板从设计到生产出产品的时间,当生产不同结构参数的模板时,无须使用多个模具,避免了机械加工法中重新制造模具带来的时间和成本问题。虽然化学切削法可以制备 0.3 mm 以下孔径的孔,但是要得到孔径在 0.1 mm 以下的孔就存在一定的限制了,实际上难以达到该要求。

3.4　吸声设计

3.4.1　室内声场

声源周围的物体对声波传播有显著影响。若声源放置在空旷的户外,声源周围空间只有从声源向外辐射的声能量,没有从周围空间反射回来的声能量,这种声场就是自由声场。若在室内,声源发射出的声波将在有限的空间里来回反射多次,向各个方向传播的声波与壁面反射回来的声波相互交织,叠加后形成复杂声场。通常将房间内声源直接到达受声点的直达声波形成的声场称为直达声场,把经过房间壁面数次反射后到达受声点的反射声波形成的声场称为混响声场。声源在室内稳定辐射声能时,一部分被壁面和室内其他物体吸收,一部分被反射。刚开始的时候,室内的反射声形成的混响声能逐渐增加,被吸收的声能也逐渐增加。声源不断辐射声能,使得声源供给混响场的能量补偿被吸收的能量,直到供给的声能和被吸收的声能达到动态平衡,即混响场的能量不再增加,此时房间内形成稳态声场。该过程一般持续0.2 s左右。若此时房间内的声能密度处处相同,而且在任一受声点上,声波从各个方向传来的概率相等,相位无规,那么这样的混响声场就称为扩散声场。

1. 直达声场

设点声源的声功率为W,在距离声源r处的直达声的声强I_d为

$$I_d = \frac{QW}{4\pi r^2} \tag{3-90}$$

声能密度D_d为

$$D_d = \frac{I_d}{c} = \frac{QW}{4\pi r^2 c} \tag{3-91}$$

式中:Q是指向性因数。

如图3-23所示,当点声源放置在无限空间时,Q为1;当点声源放置在刚性无穷大平面上时,点声源发出的全部能量只向半无限空间辐射,所以同样的距离处的声强是无限空间情况下的两倍,Q为2;当声源放置在两个刚性平面的交线上时,全部声能只能向$1/4$的空间辐射,Q为4;当点声源放置在3个刚性反射面的交角上时,Q为8。

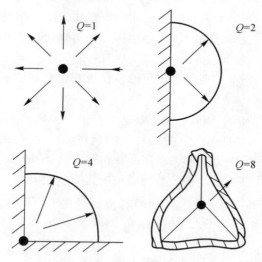

图3-23 声源的指向性因子

距点声源r处直达声的声能密度D_d与声压之间有如下关系:

$$D_d = \frac{p_e^2}{\rho c^2} \tag{3-92}$$

相应的直达声的声压级L_{pd}为

$$L_{pd}=L_w+10\lg\frac{Q}{4\pi r^2} \tag{3-93}$$

式中：L_w 是点声源的声功率级。

2．混响声场

设混响声场是理想的扩散声场。在扩散声场中，声波在每相邻两次反射之间所经过的路程称为自由程，多次反射之间声波传播距离的平均值称为平均自由程。根据统计分析计算，可得平均自由程 d 为

$$d=\frac{4V}{S} \tag{3-94}$$

式中：V 是房间的容积；S 是房间的总内表面积。

当声速为 c 时，声波传播一个自由程的时间为

$$\tau=\frac{d}{c}=\frac{4V}{Sc} \tag{3-95}$$

故单位时间内平均反射次数为

$$n=\frac{1}{\tau}=\frac{Sc}{4V} \tag{3-96}$$

从声源处未经反射直接传到受声点的声波为直达声。经过第一次反射，部分声能被吸收，剩下的声能便是声源贡献的混响声能，所以单位时间声源向室内贡献的混响声能为 $W(1-\bar\alpha)$，这些混响声能量在以后的多次反射中还要被吸收。设混响声能密度为 D_r，则总混响声能为 D_rV，每反射一次，便要吸收能量 $D_rV\bar\alpha$。由式（3-96）可知每秒反射的次数，那么单位时间吸收的混响声能为 $D_rV\bar\alpha cS/4V$。当单位时间声源贡献的混响声能与被吸收的声能相等时，达到稳态，即

$$W(1-\bar\alpha)=D_rV\bar\alpha cS/4V=D_r\bar\alpha cS/4 \tag{3-97}$$

由此可见，达到稳态时，室内混响声能密度 D_r 为

$$D_r=\frac{4W(1-\bar\alpha)}{\bar\alpha cS} \tag{3-98}$$

设

$$R=\frac{\bar\alpha S}{1-\bar\alpha} \tag{3-99}$$

那么，可得室内混响声能密度 D_r 为

$$D_r=\frac{4W(1-\bar\alpha)}{\bar\alpha cS}=\frac{4W}{cR} \tag{3-100}$$

式中：$\bar\alpha$ 是房间平均吸声系数；R 是房间常数。

由此可得，混响声场中的声压 p_r 与混响声能密度 D_r 之间的关系为

$$D_r=\frac{p_r^2}{\rho c^2}=\frac{4W}{cR} \tag{3-101}$$

化简可得

$$p_r^2=\frac{4\rho cW}{R} \tag{3-102}$$

房间内相应点混响声的声压级 L_{pr} 表示为

$$L_{pr}=L_w+10\lg\left(\frac{4}{R}\right) \tag{3-103}$$

3．总声场

房间内的总声场由直达声场与混响声场两部分组成，房间内的总声场就是直达声场与混响声场的叠加。

总声场的声能密度 D 为

$$D = D_r + D_d = \frac{W}{c}\left(\frac{Q}{4\pi r^2} + \frac{4}{R}\right) \tag{3-104}$$

总声场的声压平方值 p 为

$$p^2 = p_d^2 + p_r^2 = \rho c W\left(\frac{Q}{4\pi r^2} + \frac{4}{R}\right) \tag{3-105}$$

总声场的声压级 L_p 为

$$L_p = L_w + 10\lg\left(\frac{Q}{4\pi r^2} + \frac{4}{R}\right) \tag{3-106}$$

式中：$\frac{Q}{4\pi r^2}$ 表示直达声的贡献；$\frac{4}{R}$ 表示混响声的贡献。

由式（3-106）可以看出，由于声源的声功率级是给定的，因此房间中各处的声压级的相对变化由式中等号右边的第二项决定。当房间壁面为全反射时，房间平均吸声系数为零，房间常数 R 也为零，房间内声场主要为混响声场，这样的房间叫混响室。当房间平均吸声系数为 1，即（$\bar{\alpha}=1$）时，房间常数 R 为无穷大，房间内只有直达声，类似于自由声场，这样的房间叫作消声室。混响声场的声压级容易测定，如果已知房间常数，那么可以用式（3-103）求得声源的声功率级，进而求得声功率。这就是用混响室测定声源声功率的原理。对于一般的房间，总是介于上述两种情况之间，房间常数 R 大约在几十二次方米到几千二次方米之间。

4．混响半径

由式（3-106）可以知道，当声源声功率级一定时，房间内的声压级由受声点与声源的距离和房间常数决定。当受声点离声源很近时，室内声场以直达声为主，混响声可以忽略。当受声点离声源很远时，室内声场以混响声为主，直达声可以忽略，此时声压级与距离无关。当 $\frac{Q}{4\pi r^2} = \frac{4}{R}$ 时，直达声与混响声的声能密度相等，此时的距离 r_c 称为临界半径。可得临界半径表达式 r_c 为

$$r_c = 0.14\sqrt{QR} \tag{3-107}$$

$Q=1$ 时的临界半径又称为混响半径。当受声点与声源的距离小于临界半径时，吸声处理对该点的降噪效果不明显；反之，当受声点与声源的距离远大于临界半径时，吸声处理有明显的降噪效果。

5．典型的室内声场和专用声学实验室

一般来说，能达到完全理想的自由声场和扩散声场条件的房间是很少的。在声学测量和研究中，经常需要有足够空间的自由声场和扩散声场，那么就需要专门设计满足自由声场条件的消声室和满足扩散声场条件的混响室。

（1）自由声场和消声室。在房间内部的表面安装吸声尖劈用于强吸声，使房间内满足平均吸声系数 $\bar{\alpha}=1$、房间常数趋向于无穷大的条件，进而在房间内部有足够大的空间形成无反射的自由声场，这样的声学实验室就称为消声室。消声室除了满足吸声要求外，还要有必要的隔声和隔振措施，来保证有足够低的背景噪声，满足相应的噪声测量要求。

消声室又可以分为半消声室和全消声室两种。全消声室指房间的六个壁面都安装了吸声尖劈,即都做了强吸声处理。半消声室是指房间有一个面(通常为地面)为坚实和光滑的反射面,而且吸声系数小于 0.06,在反射面上方形成一个自由声场。半消声室其实相当于一个全消声室中间被反射面一分为二得到的声场空间。

消声室采用的吸声尖劈是阻抗渐变结构的形式,可以在较宽的频带范围内保持较高的吸声性能,进而满足相关标准中对消声室内吸声结构在截止频率以上吸声系数大于 0.99 的要求。消声室的主要用途为声功率的测量、声源的识别和分析、声源设备的辐射特性测量等。

(2)扩散声场和混响室。对于一个封闭的房间,房间内的声传播采用声线的方式以确定声速直线传播,声线所携带的声能向各个方向的传递概率相同,而且各声线互不干扰,声线叠加时,它们的相位变化是无规的。

室内的平均声能密度处处相等,这样的声场称为扩散声场。在扩散声场中具有足够的扩散和较长的混响时间。混响室就是专门设计的具有扩散声场的特殊声学实验室。其主要用途为声功率的测量、吸声材料的吸声系数测量等。

6.室内声能的增长和衰减过程

(1)室内声能的增长过程。当声源开始向室内辐射声能时,声波在室内空间传播,当遇到壁面时,部分声能被吸收,部分被反射;声波在继续传播中多次被吸收和反射,就在空间形成了一定的声能密度分布。随着声源不断供给能量,室内声能密度将随时间的增加而增大,这就是室内声能的增长过程。该过程可用下式表示:

$$D(t)=\frac{4W}{cA}(1-\mathrm{e}^{-\frac{SA}{4V}t}) \tag{3-108}$$

式中:$D(t)$ 是瞬时声能密度。

(2)室内声能的稳定。由式(3-108)可以看出,随着时间的增加,室内瞬时声能密度会逐渐增大,当 $t\rightarrow\infty$ 时,室内声能密度不再增大,处于稳定状态。事实上,大约只需经过 1~2 s 的时间,声能密度的分布就会接近于稳定。

(3)室内声能的衰减过程。声场处于稳态时,如果声源突然停止发声,室内受声点上的声能不会立即消失,而是要经过一个过程。首先是直达声会消失,反射声将继续传播下去。每反射一次,声能就会被吸收一部分,所以室内声能密度逐渐减小,直到消失。这就是混响过程,声能密度的衰减可以用下式表示:

$$D(t)=\frac{4W}{cA}\mathrm{e}^{-\frac{SA}{4V}t} \tag{3-109}$$

由式(3-109)可以看出,随着时间的增加,室内声能密度逐渐减小,室内总吸声量越大,衰减越快,房间容积越大,衰减越慢。

(4)混响时间。混响理论最早是由美国物理学家赛宾提出的。把混响衰减过程中,声能密度衰减到原来的百万分之一,即衰减 60 dB 所需要的时间,定义为混响时间,用 T_{60} 表示,单位为 s。

设声源停止发声的时刻 $t=0$,此时室内的平均声能密度为 D_0,房间的平均吸声系数为 $\bar{\alpha}$,第一次壁面反射后室内的平均声能密度为 $D_1=D_0(1-\bar{\alpha})$,第二次反射后室内的平均声能密度为 $D_2=D_0(1-\bar{\alpha})^2$,第 N 次反射后,室内的平均声能密度为 $D_N=D_0(1-\bar{\alpha})^N$。由式(3-39)可以得出经过时间 t 后室内的平均声能密度为

$$D_t = D_0 (1-\bar{\alpha})^{\frac{Sc}{4V}t}$$ (3-110)

将式(3-110)转化为声压表示形式为

$$p_{et}^2 = p_{e0}^2 (1-\bar{\alpha})^{\frac{Sc}{4V}t}$$ (3-111)

式中：p_{et} 是 t 时刻的室内有效声压；p_{e0} 是 $t=0$ 时刻的室内有效声压。

根据混响时间的定义，可得

$$20\lg \frac{p_{et}}{p_{e0}} = 10\lg (1-\bar{\alpha})^{\frac{Sc}{4V}T_{60}} = -60$$ (3-112)

由式(3-112)可以解得

$$T_{60} = 55.3 \frac{V}{-cS\ln(1-\bar{\alpha})}$$ (3-113)

当声速 $c=344$ m/s 时，式(3-113)可以化简为

$$T_{60} = 0.161 \frac{V}{-S\ln(1-\bar{\alpha})}$$ (3-114)

式(3-114)就是依林(Eyring)混响时间公式。混响的概念是由赛宾提出的，如果室内的平均吸声系数比较小，满足 $\bar{\alpha}<0.2$，那么可以知道 $\ln(1-\bar{\alpha})\approx-\bar{\alpha}$，于是可将式(3-57)近似写成

$$T_{60} = 0.161 \frac{V}{S\bar{\alpha}}$$ (3-115)

式(3-115)也称为赛宾混响时间公式。式(3-114)只考虑了房间壁面的吸收作用，而实际上，当房间较大时，在传播过程中，空气也将对声波有吸收作用，对于频率较高的声音（一般为 2 kHz 以上），空气吸收非常大。这种吸收与频率、湿度、温度有关。

在声波的传播过程中，同时考虑空气吸收引起的衰减就有了 Eyring - Millington 混响时间公式，即

$$T_{60} = \frac{55.2V}{-cS\ln(1-\bar{\alpha})+4mVc}$$ (3-116)

式中：m 是空气衰减系数，$4m$ 是空气吸收常数（见表3-10）。

表 3-10　不同频率和温度下的空气吸收常数 $4m$

相对湿度/(%)	$4m$ 值/m^{-1}		
	0.2 kHz	0.4 kHz	0.63 kHz
30	0.011 87	0.037 94	0.083 98
40	0.010 37	0.028 70	0.062 38
50	0.009 60	0.024 44	0.050 33
60	0.009 01	0.022 43	0.043 40
70	0.008 51	0.021 31	0.039 98
80	0.008 07	0.020 42	0.037 57

当 $\bar{\alpha}<0.2$ 时，$\ln(1-\bar{\alpha})\approx-\bar{\alpha}$，式(3-116)可以化简为

$$T_{60} = 0.161 \frac{V}{S\bar{\alpha}+4mV}$$ (3-117)

当 $f<2$ kHz 时，$4m<0.01$，V 比较小时，$4mV$ 可以忽略，即等同于式(3-115)。

混响时间可以用于控制厅堂设计的最佳混响时间，$T_{60}=1.5\sim3$ s，也可以通过混响时间公式测量吸声材料或者结构的混响法吸声系数。测量方法为：在容积 $V>200$ m^3 的混响室中（S 为混响室内表面积），吸声处理前室内的平均吸声系数为

$$\bar{\alpha}_1=0.161\frac{V}{ST_1} \tag{3-118}$$

将吸声系数为 α_s 的待测材料贴在壁面上，其面积为 S_m，并且占据了原来的部分壁面，但内表面积不变。故此时室内平均吸声系数为

$$\bar{\alpha}_2=\frac{S_m\alpha_s+(S-S_m)\bar{\alpha}_2}{S} \tag{3-119}$$

吸声处理后的室内平均吸声系数为

$$\bar{\alpha}_2=0.161\frac{V}{ST_2} \tag{3-120}$$

由式(3-118)和式(3-120)相除和相减可得

$$\frac{\bar{\alpha}_2}{\bar{\alpha}_1}=\frac{T_1}{T_2} \tag{3-121}$$

$$\bar{\alpha}_2-\bar{\alpha}_1=0.161\frac{V}{S}\left(\frac{1}{T_2}-\frac{1}{T_1}\right) \tag{3-122}$$

故可解得材料混响法吸声系数为

$$\alpha_s=0.161\frac{V}{S_m}\left(\frac{1}{T_2}-\frac{1}{T_1}\right)+\bar{\alpha}_1 \tag{3-123}$$

由此可见，测得 T_1 和 T_2 就可以计算得到吸声材料的 α_s。

由混响公式还可以计算使室内平均吸声系数由 $\bar{\alpha}_1$ 上升到 $\bar{\alpha}_2$ 所需要铺设的吸声系数为 α_s 的吸声材料或结构的面积 S_m。

由式(3-119)可以解得

$$\frac{S_m}{S}=\frac{\bar{\alpha}_2-\bar{\alpha}_1}{\alpha_s-\bar{\alpha}_1} \tag{3-124}$$

式(3-124)可以用于计算当混响室内表面积不变时，为达到 $\bar{\alpha}_2$ 所需吸声系数为 α_s 的吸声材料面积 S_m。

3.4.2　吸声降噪设计原理

当位于室内的噪声源辐射噪声时，如果房间内壁由对声音具有较强反射作用的材料制成，例如混凝土天花板、光滑的墙面和水泥地面，那么受声点除了能接收到噪声源发出的直达声外，还能接收到经房间内壁表面多次反射形成的混响声。直达声和混响声的叠加，就加强了室内噪声的强度。如，同一发声设备放置在室内要比放置在室外听起来响得多，这就是因为室内的声反射作用。当离开声源的距离大于混响半径时，混响声的贡献非常大，受声点上的声压级要比室外同一距离处高 10~15 dB。混响声的大小取决于房间内表面的吸声性能：各个表面的平均吸声系数越小，产生的混响声越大，房间内的噪声级也就越大；反之，平均吸声系数越大，产生的混响声就越小，房间内的噪声级增加得越少。

如果在房间的内壁饰以吸声材料或安装相应的吸声结构，或者在房间中悬挂一些空间吸声体，吸收掉一部分混响声，那么室内的总噪声就会降低。这种利用吸声材料与吸声结构相结

合降低噪声的方法称为吸声降噪。

由式(3-49)可知,改变房间常数 R 可以改变室内某点的声压级。设 R_1 和 R_2 分别为室内采取吸声处理前、后的房间常数,那么距声源中心 r 处相应的声压级分别为

$$L_{p1}=L_w+10\lg\left(\frac{Q}{4\pi r^2}+\frac{4}{R_1}\right) \tag{3-125}$$

$$L_{p2}=L_w+10\lg\left(\frac{Q}{4\pi r^2}+\frac{4}{R_2}\right) \tag{3-126}$$

由式(3-125)和式(3-126)可得,采取吸声措施前、后房间内的声压级之差,即吸声降噪量为

$$\Delta L_p=L_{p1}-L_{p2}=10\lg\left[\frac{\frac{Q}{4\pi r^2}+\frac{4}{R_1}}{\frac{Q}{4\pi r^2}+\frac{4}{R_2}}\right] \tag{3-127}$$

根据式(3-127)计算得到的吸声降噪量是最大吸声降噪量。吸声降噪量的大小与离声源的距离有关。一般来说,吸声降噪量随离声源的距离而变化,靠近声源的吸声降噪量小,远离声源的吸声降噪量大。房间常数取决于房间的吸声量,因为材料对不同频率的声波吸声系数是不同的,所以吸声降噪量也与声波频率有关。在实际工程应用中,要了解房间内进行吸声处理的降噪效果,通常要着重了解整个房间内噪声降低的平均值,即要作出降噪效果的总体评价,而不须详细计算房间内各处的吸声降噪量。为了简化房间吸声降噪效果的表达,通常也可采用单一的平均吸声降噪量来评价。

当受声点离声源很近时,即在混响半径以内的位置上,ΔL_p 的值很小,也就是说在靠近噪声源的地方,声压级的贡献以直达声为主,吸声装置只能降低混响声的声压级,所以对于靠近声源的位置,吸声降噪的方法降噪量并不大。

靠近声源时,与声源的距离 r 较小且 $\frac{Q}{4\pi r^2}\gg\frac{4}{R}$,根据式(3-127)计算可得相应的吸声降噪量为

$$\Delta L_p=10\lg\left[\frac{\frac{Q}{4\pi r^2}}{\frac{Q}{4\pi r^2}}\right]=0 \tag{3-128}$$

由此可见,在靠近声源的区域,其声场主要是直达声场,吸声降噪对直达声不起作用。当受声点离声源较远时,即处于混响半径以外的区域,符合 $\frac{Q}{4\pi r^2}\ll\frac{4}{R}$ 的条件,那么式(3-127)可以化简为

$$\Delta L_p=10\lg\frac{R_2}{R_1}=10\frac{(1-\bar{\alpha_1})\bar{\alpha_2}}{(1-\bar{\alpha_2})\bar{\alpha_1}} \tag{3-129}$$

根据式(3-129)可以估算吸声降噪效果,它适用于远离声源处的吸声降噪量。对于一般的室内稳态声场,例如工厂厂房,都是砖及混凝土砌墙、水泥地面与天花板,厂房内表面吸声系数比较小,所以 $\bar{\alpha_1}\bar{\alpha_2}$ 远小于 $\bar{\alpha_1}$ 或 $\bar{\alpha_2}$,那么式(3-129)可以进一步化简为

$$\Delta L_p=10\lg\frac{\bar{\alpha_2}}{\bar{\alpha_1}} \tag{3-130}$$

一般的室内吸声降噪处理均可以用式(3-130)计算。上述是通过理论推导得到的计算方

法,而且经过简化,因此与实际存在一定差距。但是在设计室内吸声结构或者定量估计吸声效果时,仍然具有很大的实用价值。求取平均吸声系数比较麻烦,而且如果现场的条件比较复杂,$\bar{\alpha}$ 的计算难以准确,因此可以利用吸声系数与混响时间的关系将式(3-130)化简为

$$\Delta L_{\mathrm{p}} = 10 \lg \frac{T_1}{T_2} \qquad (3-131)$$

式中:T_1 是吸声处理前的混响时间;T_2 是吸声处理后的混响时间。

由于混响时间可以用专门的声学仪器测得,所以用式(3-131)计算吸声降噪量,就免除了计算吸声系数的麻烦和结果的不准确。根据式(3-130)和式(3-131),将室内吸声状况和相应的降噪量列于表 3-11 中。

表 3-11　室内吸声状况与相应降噪量

T_1/T_2	1	2	3	4	5	6	8	10	20	40
ΔL_{p}/dB	0	3	5	6	7	8	9	10	13	16

从表 3-11 中可以看出,如果室内平均吸声系数增加 1 倍,噪声就降低 3 dB;平均吸声系数增加 10 倍,噪声就降低 10 dB。由此可见,只有当原来房间的平均吸声系数不大时,采用吸声处理才有明显效果。例如,一般墙面及天花板抹灰的房间,平均吸声系数约为 0.03,采用吸声处理以后,房间内的平均吸声系数大约为 0.3,则 $\Delta L_{\mathrm{p}}=10$ dB。一般来说,使平均吸声系数增大到 0.5 以上是很不容易的,而且成本太高。因此,用一般吸声处理法降低室内噪声不会超过 10~12 dB。从工程上讲,对于没有经过处理的车间,采用吸声措施处理以后,平均吸声降噪量达到 5 dB 是较为切实可行的。

3.4.3　吸声降噪设计原则和程序

1. 设计原则

(1)先对声源采取措施,比如改进设备、加装隔声罩等。

(2)只有当房间平均吸声系数很小时,做吸声处理才能获得很好的效果。

(3)当房间吸声量已经较高时,采用吸声降噪方法,效果往往不佳。例如 $\bar{\alpha}$ 从 0.02 提高到 0.04 和从 0.3 提高到 0.6,其降噪量都是 3 dB。因此,当吸声量增加到一定量值时要适可而止,否则就会事倍功半。

(4)吸声处理对于在声源旁边的接收者来说效果较差,而对于远离声源的接收者效果较好。如果在房间内有众多声源分散布置在各处,则不论何处,直达声都较强,所以吸声效果也就较差。

(5)通常室内混响声只能在直达声上增加 4~12 dB,因此,吸收掉混响声,就能降 4~12 dB。如果房间几何形状特殊,在某些地点形成声聚焦,能收到 9~15 dB 的降噪效果。然而,有时候吸声降噪量只有 3~4 dB,但由于室内人员有消除了四面八方噪声袭来的感觉,因此心理效果往往不能用 3~4 dB 的数值来衡量。

(6)在选择吸声材料或结构时,必须考虑防火、防潮、防腐蚀、防尘等工艺要求。

(7)在选择吸声处理方式时,必须兼顾通风、采光、照明、装修,并且注意施工、安装的方便及节省工、料等。

2.设计程序

(1)求出待处理房间的噪声级和频谱,对现有房间可进行实测;对于设计中的房间,可由机器设备声功率谱及房间壁面情况进行推算。

(2)确定室内噪声的减噪目标值,包括声级和频谱。这个目标值可以根据相关标准进行确定,也可以由任务委托者提出。

(3)计算各个频带噪声需要减噪的值。

(4)测量或估算待处理房间的平均吸声系数,求出吸声处理需要增加的吸声量或平均吸声系数。

(5)选定吸声材料的种类、厚度、密度,求出吸声材料的吸声系数,确定吸声材料的面积和吸声方式等。在设计安装位置时要注意,吸声材料应该布置在最容易接触声波和反射次数最多的表面上,比如顶棚、顶棚与墙的交接处和墙与墙交接处 1/4 波长以内的空间等。两相对墙面的吸声量要尽量接近。

习 题 3

1.简述吸声技术的分类。

2.简述多孔吸声机理和共振吸声机理的特点和异同。

3.简述影响多孔材料低频吸声性能的因素。

4.在细管和微细管声传播理论中,简述管径的尺度有什么不同。

5.当穿孔板孔径面积是 10^{-4} m²,穿孔单元所占的面积是 9×10^{-4} m²,穿孔后的空腔深度是 0.13 m,穿孔板厚度是 0.004 m,假设空气声速为 340 m/s,计算穿孔板的共振频率。当相邻的穿孔单元以正方排列和三角排列时,共振频率有什么变化?

6.已知某穿孔板的厚度是 4 mm,圆孔直径是 6.3 mm,孔心距是 25 mm,孔按照正方形排列,穿孔板后空腔深度是 115 mm,求其穿孔率和共振吸声频率。

7.简述微穿孔板和穿孔板在结构和性能上的异同。

8.简述制作微穿孔板的几种方法及其优缺点。

9.根据单层微穿孔板的表达式,计算相隔一定距离(D)的双层微穿孔板的吸声系数。

10.简述自由声场和扩散声场的特点。

11.在室内声场中,直达声和混响声的声能量密度相等时的混响半径和临界半径是多少?

12 在一个 10 m×4 m×7 m 的矩形房间内,室内壁面平均吸声系数为 0.2,计算该房间的平均自由程、房间常数、混响时间以及总声场的声能密度和声压级。

13. 在一个 21 m×9 m×11 m 的矩形礼堂内,空场时的混响时间是 2 s,计算此时室内的平均吸声系数。若坐满 200 个听众,每个听众的吸声单位为 0.5 m²,计算室内的混响时间变化值。

14. 假如在一列火车车厢内,混响时间为 T_{60},在敷设吸声材料后,车厢内的平均吸声系数由 0.5 上升为 0.8,主要敷设的吸声材料的吸声系数是 0.9,求解出需要的吸声材料的面积。

15.在室内声学设计中,如果需要进行吸声处理,是否应该选择吸声系数尽可能大的材料将室内空间铺满?

16.吸声材料是紧贴墙上好,还是距离一定的空间好?若为后者,这个空间距离主要影响哪个频率段的声学性能?

 17. 吸声尖劈设计中, L_2 的增加或者减小, 对于吸声系数有什么影响?

 18. 空间吸声体在选择、性能计算和安装上需要注意哪些方面?

 19. 简述吸声降噪设计的原则和程序。

第4章 隔声技术

4.1 隔声性能的评价指标

当声源发出的声波传播到其他区域并且对该区域形成噪声影响时,通常会在声波传播的途径上设置阻挡声波传播的材料或结构,使声波不能顺利穿透这些材料或结构,或者在透射时产生很大的能量损失,从而达到降低需保护区域噪声的目的。这种在声波传播途径上设置阻挡材料或结构的降噪方式就称为隔声。图4-1所示为隔声原理示意图。用隔声构件将噪声和接收者隔开,阻挡声波的传播,使透过隔声构件的声能量大幅减小,进而在隔声构件后面形成一个相对安静的声环境的技术措施就是隔声技术。

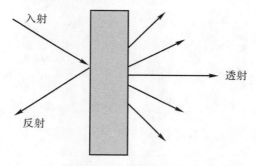

图4-1 隔声原理示意图

按照声波的传播方式,一般将隔声技术分为两类。一类是空气隔声,一般将通过空气传播的声波称为空气声,例如飞机噪声、汽车喇叭声、人们交谈的声波等。利用门、窗或者屏障等隔离在空气中传播的声波的方法就称为空气隔声。另一类是固体隔声,在建筑中,因为机械振动而通过结构产生和传播的声波,例如桌椅的拖动声、楼板上行走的脚步声,以及开关门窗时的撞击声等,称为撞击声般。一般采用弹性阻尼材料通过隔振或减振的方法来隔离在结构中传播的撞击声的方法就称为固体隔声。

在全面学习隔声技术之前,首先介绍隔声性能的评价指标。

4.1.1 透射系数

声波入射到隔声结构上时,其中一部分被反射,一部分被吸收,只有一小部分声能量透过结构辐射出去。设入射声波的声强为 I_i,透射声波的声强为 I_t,将透射声强与入射声强的之比

定义为透射系数 τ(透射系数有时也称为传声系数),即

$$\tau=\frac{I_{t}}{I_{i}} \qquad (4-1)$$

由式(4-1)可以看出,τ 小于 1。τ 越小,表明声能量减弱越大。$\tau=0.1$,就表明只有 1/10 的声能量透射过去,或者表明声能量衰减了 90%。τ 的值越小,说明透过墙体的声能量越小,墙体的隔声效果也越好。反之 τ 值越大,表示透过墙体的声能量越大,墙体的隔声效果也越差。τ 的值为 1 时,称为全透射,表示入射的声能量全部透射过去,没有隔声效果。

4.1.2 隔声量

1.隔声量的概念

表示隔声能力的另一个常用的量就是隔声量(也称传递损失)。由于隔声材料及结构的透射系数变化范围很大,因此有时用透射系数来表示隔声材料及构件的隔声性能不方便,所以采用隔声量来表示材料及结构的隔声性能。其定义如下:

$$R=10\lg\frac{1}{\tau} \qquad (4-2)$$

隔声量的单位是 dB,图 4-2 为典型的隔声量的频谱曲线,也称为频率特性曲线。由图 4-2 可以知道,传统均质材料在低频时的隔声量较小,在高频时的隔声量较大。

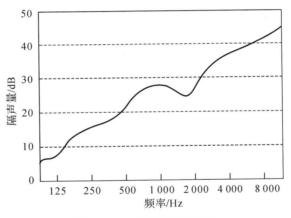

图 4-2 典型隔声频谱曲线

式(4-2)也可以写成

$$R=10\lg\frac{I_{i}}{I_{t}}=20\lg\frac{P_{i}}{P_{t}} \qquad (4-3)$$

那么可得

$$\tau=10^{-0.1R} \qquad (4-4)$$

由此可见,结构衰减的声能量越多,R 也就越大,结构的隔声量就越大。如果透射系数 $\tau=0.001$,那么隔声量为

$$R=10\lg\left(\frac{1}{\tau}\right)=10\lg\left(\frac{1}{0.001}\right)=30\ \text{dB} \qquad (4-5)$$

隔声量是包含频率的函数。同一个隔声结构,对于不同频率的入射声波具有不同的隔声量。隔声量是隔声结构本身的隔声性能,与其所在的环境无关,也不表示实际的隔声效果。隔

声量取决于隔声材料与结构的尺寸,它的值越大,隔声性能就越好。

2.平均隔声量和计权隔声量

评价隔声性能的数值很多,表述比较复杂。因此,工程上通常将中心频率为 125～2 000 Hz 的 5 个倍频程带或者 100～3 150 Hz 的 16 个 1/3 倍频程带隔声量的算术平均值作为结构隔声性能的单值评价指标,称之为平均隔声量,其表达式为

$$\bar{R} = \frac{R_1 + R_2 + \cdots + R_i + \cdots + R_n}{n} \tag{4-6}$$

式中:$\bar{R}$ 是平均隔声量;R_i 是倍频程或者 1/3 倍频程带隔声量;n 是测量隔声量的频带数,倍频程为 $n=5$,1/3 倍频程为 $n=16$。

平均隔声量相同的不同构件,其隔声特性频率曲线也会有很大的差异。图 4-3 所示为两种平均隔声量均为 32 dB 的构件,其中构件 1 的隔声频率特性曲线在某频率段表现为隔声低谷,实际上的隔声效果也比较差,采用平均隔声量评价难以反映不同构件之间的隔声效果差异。所以,采用平均隔声量评价构件的隔声性能是不充分的,具有一定的局限性。

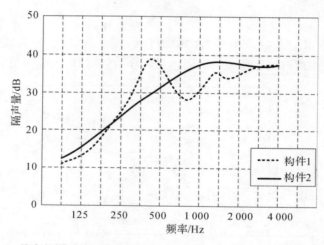

图 4-3 具有相同平均隔声量但不同计权隔声量的构件隔声频率特性曲线

为了弥补用平均隔声量评价隔声性能的不足,声学研究者提出一种考虑了隔声频率特性曲线的隔声低谷,以及与主观听感相符的隔声效果单值评价指标,称之为计权隔声量。计权隔声量是通过将隔声构件在频带中心频率为 125～2 000 Hz 的 5 个倍频程或 100～3 150 Hz 的 16 个 1/3 倍频程的隔声量与一组隔声基准曲线按照一定方法进行比较确定的。其中,隔声基准曲线一方面考虑了人耳对低频声的感觉不如对高频声的感觉灵敏,另一方面考虑了隔声构件的低频隔声比较低而高频隔声比较高的特点。如图 4-4 所示,基准曲线是随频率变化的一条折线,例如 1/3 倍频程的空气隔声基准曲线,其中 100～400Hz 低频部分基准值每个倍频程增加 9 dB,400～1 250 Hz 中频部分基准值每个倍频程增加 3 dB,1 250～3 150 Hz 高频部分基准值保持水平。

确定计权隔声量的方法是将隔声构件的各频率实测的隔声量和隔声基准曲线进行比较,并且要满足以下条件。

(1)隔声量测量值是 1/3 倍频程时,计权隔声量 R_w 是满足下式的最大值,要求精确到

1 dB:

$$\sum_{i=1}^{16} P_i \leqslant 32.0 \tag{4-7}$$

式中:i 是频带序号,$i=1\sim16$,代表 $100\sim3\,150$ Hz 的 16 个 1/3 倍频程频带;P_i 是不利偏差,计算公式为

$$P_i = \begin{cases} R_{\mathrm{w}} + K_i - R_i, & R_{\mathrm{w}} + K_i - R_i > 0 \\ 0, & R_{\mathrm{w}} + K_i - R_i \leqslant 0 \end{cases} \tag{4-8}$$

式中:R_{w} 是计权隔声量;K_i 是第 i 个频带基准值;R_i 是第 i 个频带的隔声量,精确到 0.1 dB。

(2)当隔声量测量值是倍频程的时候,计权隔声量 R_{w} 是满足下式的最大值,要求精确到 1 dB:

$$\sum_{i=1}^{5} P_i \leqslant 10.0 \tag{4-9}$$

式中:i 是频带序号,$i=1\sim5$,代表 $125\sim2\,000$ Hz 的 16 个 1/3 倍频程频带;P_i 是不利偏差。

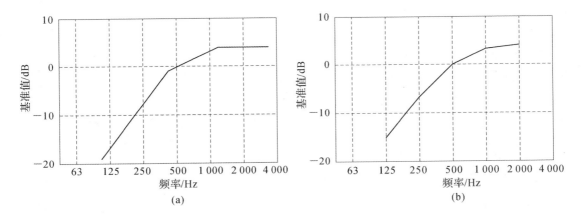

图 4-4 空气隔声基准曲线

(a)1/3 倍频程; (b) 倍频程

4.1.2 插入损失

插入损失就是设置隔声结构前、后空间固定点的声压级差,记为 IL(单位为 dB)。插入损失可以用如下公式表示:

$$\mathrm{IL} = L_1 - L_2 \tag{4-10}$$

式中:IL 是插入损失;L_1 是设置隔声结构前的声压级;L_2 是设置隔声结构后的声压级,单位均为 dB。

假设没有隔声结构时,噪声源向周围辐射噪声的声功率为 L_{w1},设置隔声结构后噪声源透过隔声结构向周围辐射噪声的声功率级为 L_{w2},那么隔声结构的插入损失也可以表示为

$$\mathrm{IL} = L_{\mathrm{w1}} - L_{\mathrm{w2}} \tag{4-11}$$

插入损失表示构件的隔声效果,其不仅与本身的声学特性有关,而且受现场环境的影响。图 4-5 所示为插入损失示意图。

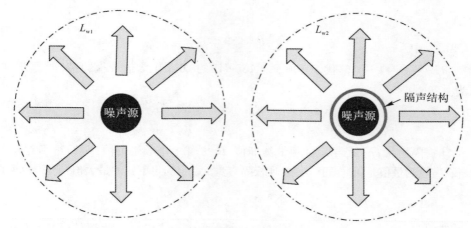

图 4 - 5 插入损失示意图

4.1.3 噪声衰减

噪声衰减是表示现场测量某隔声结构的实际隔声效果,记为 NR。它是隔声结构内、外某两个特定点的平均声压级的差值,可以如下公式表示:

$$NR = L_1 - L_2 \qquad\qquad (4-12)$$

式中:NR 是噪声衰减;L_1 是特定点 1 的平均声压级;L_2 是特定点 2 的平均声压级。

NR 原是在环境噪声规范中,为了综合考虑噪声的频率信息对听力损失、语言干扰和烦恼度等的影响而提出来的。因此,NR 曲线又被称为噪声等级曲线,已被国际标准化组织采用,特别适合用于评价环境噪声级和工业噪声级。

4.1.4 组合构件的隔声量

组合构件指的是由一些隔声性能不同的构件组合而成的隔声构件,例如墙、门、窗及孔洞等的组合。

组合构件的平均透射系数为

$$\bar{\tau} = \frac{\sum \tau_i S_i}{\sum S_i} = \frac{透声量之和}{总透声面积} = 单位面积上的透声量 \qquad (4-13)$$

由此可得,组合构件的平均隔声量为

$$\bar{R} = 10\lg \frac{1}{\tau} \qquad\qquad (4-14)$$

例 4 - 1 某房间有一面 20 m² 的墙与噪声源相隔,该墙透射系数为 10^{-5};墙上有一面积为 2 m² 的门,其透射系数为 10^{-2};墙上还有一面积为 3 m² 的窗,其透射系数为 10^{-3}。求此组合墙的平均隔声量。

解:(1)组合墙的平均透射系数计算如下:

$$\bar{\tau} = \frac{\tau_1 S_1 + \tau_2 S_2 + \tau_3 S_3}{S_1 + S_2 + S_3} = \frac{(20-2-3) \times 10^{-5} + 2 \times 10^{-2} + 3 \times 10^{-3}}{20} = 1.16 \times 10^{-3}$$

(2)组合墙的平均隔声量计算如下:

$$\bar{R} = 10\lg\left(\frac{1}{\tau}\right) = 10\lg\frac{1}{1.16 \times 10^{-3}} = 29\ \text{dB}$$

通过以上算例,可以进一步看出,对于透射系数较大的门或窗,即使面积很小,依然会使总体的隔声量降低。因此,根据工程中经济有效的原则,应该遵循室内等透声量设计原则,即 $\tau_{墙} S_{墙} = \tau_{门} S_{门} = \tau_{窗} S_{窗}$。

4.2　室内隔墙的噪声降低量

在一个房间里,用隔墙把声源和接收区隔开,是一个有效的隔声手段。其噪声降低的效果不仅与隔墙有关,还和室内的声学环境有关。如图 4-6 所示,左边是发声室,右边为接收室。在稳态时,由发声室声源向隔墙入射的声波,一部分反射,一部分透射过隔墙进入接收室。

直接测量声源向隔墙入射的声强和透射的声强比较困难,要分别测定两室中间区域的平均声压级来间接推算。除了靠近声源和墙面的区域外,两室内的声场可以近似为完全扩散声场。其中右室内的声场由两部分组成,一部分是由隔墙透射过来的直接声场,可以视为右室内的平面声源,另一部分是由于右室内壁反射形成的混响声场。假设由分隔墙透射到右室的声功率为 W_2,右室的体积为 V,右室的长度为 L,隔墙的面积为 S_w,可以得到右室内直接声场的平均声能密度表达式为

$$D_d = \frac{I_d}{c} = \frac{W_2}{S_w c} \tag{4-15}$$

由此可以进一步得到,右室内混响声场的平均声能密度表达式为

$$D_r = \frac{4W_2}{R_2 c} \tag{4-16}$$

式中:R_2 是右室的房间常数。

由式(4-15)和式(4-16)相加可知,右室的总声能密度的表达式为

$$D_2 = D_d + D_r = \frac{W_2}{c}\left(\frac{1}{S_w} + \frac{4}{R_2}\right) \tag{4-17}$$

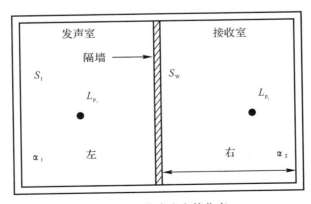

图 4-6　发声室和接收室

室内单位时间内被隔墙吸收的混响声能量与隔墙吸声量占总吸声量的比例成正比,故可得

$$W_{\mathrm{w}} = W_{\mathrm{r}}\left(\frac{S_{\mathrm{w}}\alpha_{\mathrm{w}}}{S_1\bar{\alpha}_1}\right) \tag{4-18}$$

式中：W_{r} 是左室内的混响声功率；α_{w} 是隔墙的吸声系数；S_1 是左室总的内表面积；$\bar{\alpha}_1$ 是左室内表面的平均吸声系数。

如果把隔墙作为主要的透声构件，而且投射在隔墙上的声能量全部被吸收，也就是说分隔墙的吸声系数为 1，那么左室内的混响声功率可以表示为

$$W_{\mathrm{r}} = W(1-\bar{\alpha}_1) \tag{4-19}$$

将式（4-19）代入式（4-18）可得

$$W_{\mathrm{w}} = W(1-\bar{\alpha}_1)\frac{S_{\mathrm{w}}}{S_1\bar{\alpha}_1} = \frac{WS_{\mathrm{w}}}{R_1} \tag{4-20}$$

式中：R_1 是左室的房间常数。

由此可得，右室的透射声功率为

$$W_2 = W_{\mathrm{w}}\tau = \frac{WS_{\mathrm{w}}}{R_1}\tau \tag{4-21}$$

式中：τ 是隔墙的透射系数。

将式（4-21）代入式（4-17），可得右室的总声能密度为

$$D_2 = \frac{W}{c}\frac{4}{R_1}\tau\left(\frac{1}{4}+\frac{S_{\mathrm{w}}}{R_2}\right) \tag{4-22}$$

根据式（4-22）可得右室内平均声压的均方值为

$$p_2^2 = \rho c^2 D_2 = W\rho c\frac{4}{R_1}\tau\left(\frac{1}{4}+\frac{S_{\mathrm{w}}}{R_2}\right) \tag{4-23}$$

所以，右室内的平均声压级为

$$L_{p_2} = L_{\mathrm{w}} + 10\lg\frac{4}{R_1} - 10\lg\frac{1}{\tau} + 10\lg\left(\frac{1}{4}+\frac{S_{\mathrm{w}}}{R_2}\right) \tag{4-24}$$

左室内混响声场的平均声压级可以表示为

$$L_{p_1} = L_{\mathrm{w}} + 10\lg\frac{4}{R_1} \tag{4-25}$$

接收室的平均声压级为

$$L_{p_2} = (L_{p_1}-R) + 10\lg\left(\frac{1}{4}+\frac{S_{\mathrm{w}}}{R_2}\right) \tag{4-26}$$

式中：R 是隔墙的隔声量。

由上述分析可知，当接收室以混响声场为主时，R_2 很小，$\frac{S_{\mathrm{w}}}{R_2} \gg \frac{1}{4}$，所以式（4-26）可以写成如下形式：

$$L_{p_2} = (L_{p_1}-R) + 10\lg\left(\frac{S_{\mathrm{w}}}{R_2}\right) \tag{4-27}$$

当接收室是自由声场时，$R_2 \rightarrow \infty$，则 $\frac{S_{\mathrm{w}}}{R_2} \ll \frac{1}{4}$，所以式（4-26）可以写成如下形式：

$$L_{p_2} = (L_{p_1}-R) - 6 \tag{4-28}$$

接收室的分隔墙面相当于一个面声源，对接收室作吸声处理时，增加 R_2，可以有效地提高隔声效果。根据式（4-26）可以求得所需的分隔墙隔声量的表达式为

$$R = L_{p_1} - L_{p_2} + 10\lg\left(\frac{1}{4} + \frac{S_W}{R_2}\right) \tag{4-29}$$

例 4-2　某厂房控制室与声源的隔墙面积为 20 m²,控制室内表面积为 100 m²,平均吸声系数为 0.02,隔墙上开一观察窗,此组合墙的隔声量为 30 dB,求此墙在控制室一侧近处的噪声衰减量。如对控制室进行吸声处理后,平均吸声系数增至 0.4,再求其噪声衰减。

解:(1)控制室的房间常数为

$$R_{r2} = \frac{S\bar{\alpha}_2}{1-\bar{\alpha}_2} = \frac{100 \times 0.02}{1-0.02} = 2.04 \text{ m}^2$$

噪声衰减量为

$$NR = L_{p1} - L_{p2} = R - 10\lg\left(\frac{1}{4} + \frac{S_W}{R_{r2}}\right) = 30 - 10\lg\left(\frac{1}{4} + \frac{20}{2.04}\right) = 20 \text{ dB}$$

(2)进行吸声处理后,控制室的房间常数为

$$R'_{r2} = \frac{S\bar{\alpha}_2}{1-\bar{\alpha}_2} = \frac{100 \times 0.4}{1-0.4} = 66.7 \text{ m}^2$$

噪声衰减量为

$$NR' = 30 - 10\lg\left(\frac{1}{4} + \frac{20}{66.7}\right) = 32.6 \text{ dB}$$

4.3　单层墙的隔声

隔声技术中,常把板状或墙状的隔声构件称为隔板、隔墙或墙板,简称墙。仅有一层隔板的称为单层墙;有两层或多层隔板,层间有空气或其他材料的,称为双层墙或多层墙。

4.3.1　正入射时墙板隔声的质量定律

假设空气中有一个无限大单层均质墙板,将空间分为两部分,平面波垂直入射到墙板界面,如图 4-7 所示。声波透过墙板介质必须要通过两个表面,首先是从空气到墙板界面,其次是从墙板界面到另一侧空气。设墙的厚度为 D,特性阻抗设为 $Z_{c_2} = \rho_2 c_2$,空气的特性阻抗设为 $Z_{c_1} = \rho_1 c_1$,入射波、透射波和反射波的声压和质点振速分别为 p_i、u_i,p_t、u_t 和 p_r、u_r。墙板中的入射波和反射波分别用 p_{2t}、u_{2t} 和 p_{2r}、u_{2r} 表示。由声学原理可知,各列波可分别表示为

$$\left.\begin{aligned}
p_i &= p_{iA}e^{j(\omega t - k_1 x)} \\
u_i &= u_{iA}e^{j(\omega t - k_1 x)} \\
p_r &= p_{rA}e^{j(\omega t + k_1 x)} \\
u_r &= u_{rA}e^{j(\omega t + k_1 x)} \\
p_{2t} &= p_{2tA}e^{j(\omega t - k_2 x)} \\
u_{2t} &= u_{2tA}e^{j(\omega t - k_2 x)} \\
p_{2r} &= p_{2rA}e^{j(\omega t + k_2 x)} \\
u_{2r} &= u_{2rA}e^{j(\omega t + k_2 x)} \\
p_t &= p_{tA}e^{j[\omega t - k_1(x-D)]} \\
u_t &= u_{tA}e^{j[\omega t - k_1(x-D)]}
\end{aligned}\right\} \tag{4-30}$$

式中:k 是声波的波数，$k_1 = \dfrac{\omega}{c_1}$，$k_2 = \dfrac{\omega}{c_2}$。

由边界处声压连续、质点振速的法向分量连续的边界条件可知，在 $x=0$ 处和 $x=D$ 处满足以下条件：

$$\left.\begin{aligned} p_{iA} + p_{rA} &= p_{2tA} + p_{2rA} \\ u_{iA} + u_{rA} &= u_{2tA} + u_{2rA} \end{aligned}\right\} \tag{4-31}$$

$$\left.\begin{aligned} p_{2tA}\,\mathrm{e}^{-jk_2 D} + p_{2rA}\,\mathrm{e}^{-jk_2 D} &= p_{tA} \\ u_{2tA}\,\mathrm{e}^{-jk_2 D} + u_{2rA}\,\mathrm{e}^{-jk_2 D} &= u_{tA} \end{aligned}\right\} \tag{4-32}$$

根据平面波的性质可以得到

$$\left.\begin{aligned} u_{iA} &= \frac{p_{iA}}{Z_{c_1}}, \quad u_{rA} = -\frac{p_{rA}}{Z_{c_1}} \\ u_{2tA} &= \frac{p_{2tA}}{Z_{c_2}}, \quad u_{2rA} = -\frac{p_{2rA}}{Z_{c_2}} \\ u_{tA} &= \frac{p_{tA}}{Z_{c_1}} \end{aligned}\right\} \tag{4-33}$$

由式(4-31) ～ 式(4-33)联立可得，透射波在 $x=D$ 界面上的声压幅值与入射波在 $x=0$ 界面上的声压幅值之比为

$$\tau_p = \frac{p_{tA}}{p_{iA}} = \frac{2}{\left[4\cos^2(k_2 D) + (Z_{c_{12}} + Z_{c_{21}})^2 \sin^2(k_2 D)\right]^{1/2}} \tag{4-34}$$

式中：$Z_{c_{12}} = \dfrac{Z_{c_2}}{Z_{c_1}}$，$Z_{c_{21}} = \dfrac{Z_{c_1}}{Z_{c_2}}$。

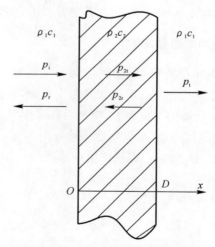

图 4-7　声波入射到单层墙时的传播

根据式(4-34)可以进一步求得透射波在 $x=D$ 界面上的声强与入射波在 $x=0$ 界面上的声强之比为

$$\tau_I = \frac{p_{tA}^2}{p_{iA}^2} = \frac{4}{4\cos^2(k_2 D) + (Z_{c_{12}} + Z_{c_{21}})^2 \sin^2(k_2 D)} \tag{4-35}$$

由隔声量的定义可得

$$R = 10\lg \frac{1}{\tau_{I}} = 10\lg\left[\cos^2(k_2 D) + \frac{1}{4}(Z_{c_{12}} + Z_{c_{21}})^2 \sin^2(k_2 D)\right] \quad (4-36)$$

一般来说,常用的固体材料的特性阻抗要比空气的特性阻抗大得多,并且设 D 远小于入射声波波长,那么式(4-36)可以近似为

$$R = 10\lg\left[1 + \left(\frac{1}{2}Z_{c_{12}} k_2 D\right)^2\right] \quad (4-37)$$

根据隔墙的面密度 $M = \rho_2 D$ 以及前面的各参量定义可以知道

$$Z_{c_{12}} k_2 D = \frac{\rho_2 \omega D}{\rho_1 c_1} = \frac{M\omega}{\rho_1 c_1} \quad (4-38)$$

根据式(4-38),可以将式(4-37)化简为

$$R = 10\lg\left[1 + \left(\frac{\omega M}{2\rho_1 c_1}\right)^2\right] \quad (4-39)$$

一般固体材料的 $\frac{\omega M}{2\rho_1 c_1}$ 都远大于 1,所以式(4-39)可以进一步化简为如下形式:

$$R = 20\lg\left(\frac{\omega M}{2\rho_1 c_1}\right) \quad (4-40)$$

将空气的特性阻抗等数值代入式(4-40),就可以得到

$$R = 20\lg M - 20\lg f - 42.5 \quad (4-41)$$

式中:M 是隔墙的面密度。

式(4-41)称为墙板隔声的质量定律,面密度增加一倍,墙板的隔声量提高 6 dB;声波的频率增加一倍,墙板的隔声量也提高 6 dB。

例 4-3　有一层砖墙,厚度是 0.12 m,砖的密度是 2 000 kg/m³,如果入射声波是 1.5 kHz,则这一层砖墙的隔声量是多少?

解:根据式(4-41),有

$$R = 20\lg(0.12 \times 2\,000) + 20\lg(1\,500) - 42.5 = 68.63 \text{ dB}$$

能够看出,这样的普通砖墙已经可以透过通常的谈话声音。从式(4-41)还可以看出,唯一决定隔声量的就是墙板的厚度和密度,也就是说,为了增加隔声量,传统上通常采用增加厚度的方法。

4.3.2　无规入射时的墙板隔声量

当入射声波以一定角度入射时,若其他假设条件不变,则应该给式(4-40)中的 ωM 乘以一个角度因子 $\cos\theta_i$,变为 $\omega M \cos\theta_i$。在实际应用场景中,很少出现正入射或者单一角度斜入射的情况,当声波无规入射时,情况十分复杂,实用中主要是通过大量的实验来获得经验公式:

$$R = 18.5\lg(Mf) - 47.5 \quad (4-42)$$

实际上无规入射时,入射角主要分布在 0° ~ 80° 范围内,所以将入射角在该范围内的隔声量称为场入射隔声量,经验公式为

$$R = 20\lg(Mf) - 47.5 \quad (4-43)$$

式(4-42)和式(4-43)是在许多假设条件下得到的理论公式,忽略了刚度、边界、阻尼等的影响。实际上隔声量或多或少都受这些因素的影响,所以实测的隔声量达不到面密度增加一倍隔声量增加 6 dB 以及频率增大一倍隔声量也增加 6 dB 的效果。此外,质量定律表明,隔

声量不仅与墙体面密度有关,还与声波的频率有关,实际中往往需要估算各单层墙对各频率声波的平均隔声量。在一定频率范围内也有一些经验公式可以选用。例如,在 $100 \sim 3\,150$ Hz 范围内,工程上计算平均隔声量可以为

$$\bar{R}=13.5\lg M+14, \quad M<200 \text{ kg/m}^2 \tag{4-44}$$

$$\bar{R}=16\lg M+8, \quad M\geqslant 200 \text{ kg/m}^2 \tag{4-45}$$

4.3.3 吻合效应

1. 薄板中的弯曲波

固体材料因为变形而具有切应力以及压力,因此在固体中可以传播剪切波和压缩波(纵波)。在可听声的范围内,特别是在比较厚的固体结构中,如大型建筑的钢结构,这两种类型的波都是存在的。但是如果在薄结构中,纯压缩波(纵波)可以忽略不计。因此,在一些频率范围内,通过墙板(这里认定为薄板)的声传播是通过弯曲波的激发产生的。而当弯曲波的来源是固体介质振动的时候,既有纵向压缩拉伸,又有横向弹性剪切应变,因此墙板结构中的弯曲波可以看成是剪切波和压缩波的组合。

薄板中的弯曲波,顾名思义,是平行于板表面弯曲传播的波,在板的表面产生法向位移,弯曲波传播的速度随着弯曲波的波长与薄板厚度比值的减小而增大。对于各向同性的板,弯曲波传播的速度 c_b 可以由以下表达式给出:

$$c_b=\left(\frac{b\omega^2}{M}\right)^{\frac{1}{4}} \tag{4-46}$$

弯曲刚度 b 的定义是

$$b=\frac{EI'}{1-\mu^2}=\frac{ED^3}{12(1-\mu^2)} \tag{4-47}$$

式中:E 是薄板材料的杨氏模量;M 是薄板的面密度;μ 是薄板材料的泊松比;D 是薄板的厚度;I' 是每单位宽度区域的横截面的二阶矩,针对板中轴横截面进行计算。

2. 单层板的吻合频率

由式(4-46)能够看出,弯曲波的传播速度与频率的二次方成正比,因此,对于任何存在剪应力的面板,都存在一个吻合频率,又叫作临界频率。入射波向右上方传播时,墙板中将产生向上传播的弯曲波。如图 4-8 所示,设入射波的波阵面到达 AD 线时,会在墙板 A 处产生振动,产生相应的弯曲波。经过一段时间后,该弯曲波传播到墙板 B 处。如果此时入射声波的波阵面刚好也到达 B 处,入射波和弯曲波在 B 处的相位相同,两波就会相互叠加,B 处的振动将极大增强。所以可得,随着弯曲波的向上传播,墙板的振动将随距离的增加而越来越大,这种现象称为吻合效应。吻合频率处的弯曲波的传播速度等于声波在周围介质中传播的速度。吻合效应是两种类型的波动在空间叠加时相位相互吻合的结果。由此可见,吻合效应和受迫振动过程中的共振现象是类似的,只是在发生共振时,振动是随时间不断增强的,而发生吻合效应时,振动是随空间不断增强的。

在吻合频率处,墙板的弯曲波波长与掠入射时声波的轨迹波长相等。从任何方向掠入射且频率等于吻合频率的声波将强烈地激发墙板中的弯曲波。另外,在吻合频率处被弯曲波激发的墙板将强烈地辐射对应的声波。还应该指出的是,吻合频率一定与声波某个频率特定的入射角和辐射角相关。在扩散声场中,在吻合频率附近或者以上的频率范围内,墙板会被强烈

地驱动且辐射声音,这个响应是一个共振现象,墙板的振动会越来越大。但实际上墙板振动不会无限地增大,因为墙板的内部或多或少地存在摩擦阻尼,而且墙板振动辐射声波时也会产生辐射阻尼。

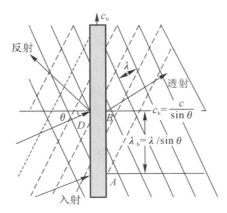

图 4 - 8　吻合效应原理图

当入射声波的频率低于墙板的吻合频率时,所激发的墙板模态不会引起结构共振。由于低阶模态比本该在激励频率处共振的未激发的高阶模态辐射效率高,因此所辐射的声波将比相同激励频率处的共振模态高。因此,在小于吻合频率处,弯曲波的波长比空气中的声波波长小,肯定不会发生波的耦合,但是入射声波会使墙板发生局部扰动,如图 4 - 9 所示。而这些局部扰动会相互抵消并且在远离板时迅速衰减。在有限大的墙板中,存在一定的辐射耦合,且发生在边缘和支肋处,因为在那里局部扰动没有与相反相位的补偿扰动相匹配,并且在边缘和支肋处,墙板也会辐射一定的声波或者说被入射声波所驱动。

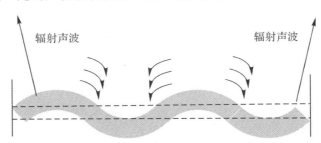

图 4 - 9　小于吻合频率处声场与墙板弯曲波的耦合

由图 4 - 8 可以知道,产生吻合效应的条件为

$$\frac{AB}{c_b} = \frac{BD}{c} = \frac{AB}{c}\sin\theta \qquad (4 - 48)$$

式(4 - 48)可以进一步化简为

$$\sin\theta = \frac{c}{c_b} \qquad (4 - 49)$$

式中:c 是空气中的声速;c_b 是墙板中弯曲波的传播速度;θ 是声波入射角。

墙板中弯曲波的波长是由墙板本身的弹性性质决定的,由此可知引起吻合效应的条件由声波的频率和入射角决定,相应的吻合效应的频率可以用如下形式表示:

$$f_c = \frac{c^2}{2\pi}\sqrt{\frac{M}{b}} \tag{4-50}$$

将式(4-46)代入式(4-50)中,可得

$$f_c = \frac{c^2}{2\pi}\sqrt{\frac{12\rho(1-\mu^2)}{ED^2}} \tag{4-51}$$

式中:ρ 是墙板的密度。

对于单入射角来说,式(4-49)就是发生吻合效应的条件。但是对于无规入射的声波来说,其包含多种入射角度,那么发生吻合效应的声波频率就不止一个了,而是一系列。这些频率有一个共同点,即都大于墙板弯曲波的频率,又因为入射角的正弦值 $\sin\theta$ 是小于 1 的,所以入射声波的波长 λ 必须小于墙板弯曲波波长 λ_b,也就是说当 $\lambda \leqslant \lambda_b$ 时才有可能发生吻合效应,此时弯曲波的最低频率就称为吻合效应的吻合频率 f_{c0}。一般情况下常用材料的泊松比约为 0.3,即 $1-\mu^2 \approx 1$,所以可以求得吻合效应的吻合频率的近似值为

$$f_{c0} = \frac{c^2}{2\pi D}\sqrt{\frac{12\rho}{E}} = 0.55\frac{c^2}{D}\sqrt{\frac{\rho}{E}} \tag{4-52}$$

例 4-4 有一层隔声墙,由球墨铸铁材料组成,杨氏模量 $E = 1.5\times10^{11}$ N/m²,密度 $\rho = 7.6\times10^3$ kg/m³,泊松比 $\mu = 0.3$。隔声墙厚度是 0.1 m,求该隔声墙的吻合频率。

解:由式(4-51)可知,$f_c = \dfrac{340^2}{2\pi}\sqrt{\dfrac{12\times7\,600\times(1-0.3^2)}{1.5\times10^{11}\times0.1^2}} = 136.15$ Hz,因此可以看出,该隔声墙的吻合频率处于低频范围。

3.双层复合板的吻合频率

工程上,通常不会采用单一材料,而是采用两层不同的材料紧密贴合在一起而组成双层复合板。如图 4-10 所示,材料 1 和材料 2 的厚度分别是 D_1 和 D_2。因此要使用式(4-51),必须采用等效弯曲刚度 b_{eff} 以及等效面密度 M_{eff}。

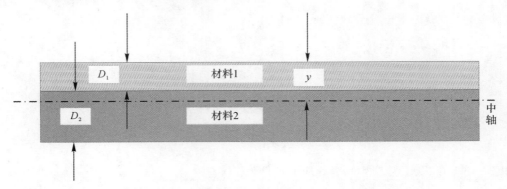

图 4-10 双层复合板

根据振动力学相关知识,等效弯曲刚度的计算如下:

$$b_{eff} = b'_{eff} + b''_{eff} \tag{4-53}$$

其中

$$b'_{eff} = \frac{E_1 D_1}{12(1-\mu_1^2)}\left[D_1^2 + 12\left(y-\frac{D_1}{2}\right)^2\right] \tag{4-54}$$

$$b''_{\text{eff}} = \frac{E_2 D_2}{12(1-\mu_2^2)}\left[D_2^2 + 12\left(y - \frac{2D_1 + D_2}{2}\right)^2\right] \qquad (4-55)$$

$$y = \frac{E_1 D_1 + E_2(2D_1 + D_2)}{2(E_1 + E_2)} \qquad (4-56)$$

式中：y 是中轴的位置；E_1 和 E_2，μ_1 和 μ_1 分别是两种材料的力学属性。

等效面密度为

$$M_{\text{eff}} = \rho_1 D_1 + \rho_2 D_2 \qquad (4-57)$$

因此，这个双层复合板的吻合频率就是

$$f_c = \frac{c^2}{2\pi}\sqrt{\frac{M_{\text{eff}}}{b_{\text{eff}}}} \qquad (4-58)$$

4. 吻合效应的改善

由上述分析可知，声波无规入射时，如果 $f = f_{c0}$，那么墙板的隔声量将会大大降低，隔声频率特性曲线在 f_{c0} 附近会出现凹谷，称为隔声吻合谷。吻合谷的深度取决于材料的阻尼，材料的阻尼越小，那么隔声吻合谷就越深。对于钢板等金属材料可以通过贴一层阻尼材料来增加板的阻尼作用，进而提高吻合频率处的隔声量，从而使吻合谷变浅。如果吻合谷出现在常用材料的隔声频率范围（100~3 150 Hz）内，那么墙板的隔声性能将大大降低，因此该区域应该尽量避免。由式（4-51）可知，墙板的刚度越大，吻合频率就越低，反之墙板的刚度越小，吻合频率就越高。所以，轻、薄、柔性墙板的 f_{c0} 较高，重、厚、刚性墙板的 f_{c0} 较低。图 4-11 所示为常用建筑材料的厚度与吻合频率的关系。表 4-1 所列为一些常用的隔声材料的密度和弹性模量。

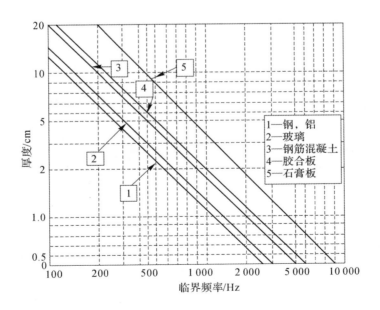

图 4-11　常用建筑材料的厚度与吻合频率的关系

根据式（4-51）及表 4-1，如果知道了材料的厚度，就可以计算出该材料的吻合频率。表 4-2 列出了常用隔声材料的面密度与吻合频率的乘积。在具体隔声墙体设计时，对于较厚的墙体,吻合频率(一般为 100 Hz 以下)较低。对于较薄的墙体,一般是设法将吻合频率推向 5 000 Hz 以上的高频范围。同时,要考虑所控制噪声的频率特性,参考表 4-2 选择合理的隔声材料,以便获得最佳的隔声效果。

表 4-1 常用隔声材料的密度和弹性模量

材料名称	密度 kg/m³	弹性模量 N/m²	材料名称	密度 kg/m³	弹性模量 N/m²
钢铁	7 900	2.1×10^{11}	普通钢筋混凝土	2 300	2.4×10^{10}
铸铁	7 900	1.5×10^{11}	轻质混凝土	1 300	4.5×10^{10}
铜	9 000	1.3×10^{11}	泡沫混凝土	600	1.5×10^{9}
铝	2 700	7.0×10^{10}	砖	1 900	1.6×10^{10}
铅	11 200	1.6×10^{10}	砂岩	2 300	1.7×10^{10}
玻璃	2 500	7.1×10^{10}	花岗岩	2 700	5.2×10^{10}
大理石	2 600	7.7×10^{10}	石棉水泥平板	1 800	1.8×10^{10}
橡木	850	1.3×10^{10}	柔质板	1 900	1.5×10^{10}
杉木	400	5×10^{9}	石棉珍珠岩板	1 500	4×10^{9}
胶合板	600	$(4.3\sim6.3)\times10^{9}$	水泥木丝板	600	2×10^{8}
弹性橡胶	950	$(1.5\sim5.0)\times10^{6}$	玻璃纤维增强塑料板	1 500	1×10^{10}
硬纸板	800	2.1×10^{9}	氧化乙烯板	1 400	3×10^{9}
颗粒板	1 000	3×10^{9}	乙烯基纤维板	43	1.7×10^{7}
软质纤维板 A	400	1.2×10^{9}	聚氯乙烯泡沫	77	1.7×10^{7}
软质纤维板 B	500	7×10^{8}	聚氨基甲酸乙酯泡沫	45	4×10^{6}
石膏板	800	1.9×10^{9}	聚苯乙烯泡沫	15	2.5×10^{6}
石棉板	1 900	2.4×10^{10}	脲醛泡沫	15	7×10^{5}

表 4-2 常用隔声材料的面密度与吻合频率的乘积值

材料名称	$Mf_c/(\text{Hz}\cdot\text{kg}\cdot\text{m}^{-2})$	材料名称	$Mf_c/(\text{Hz}\cdot\text{kg}\cdot\text{m}^{-2})$
铅	600 000	钢筋混凝土	44 000
铝	32 200	砖墙	42 000
钢	97 700	硬板	30 600
玻璃	38 000	多层木夹板	13 200

吻合效应无法避免,减小吻合效应的措施包括以下方面:

(1)如果隔声板的吻合频率生在人耳不敏感的频率范围,则可以减小吻合效应带来的不利影响。一般建筑上,砖墙或者钢筋混凝土的构件都具有非常大的厚度,因此吻合频率在低频对人耳的影响不太明显。金属隔声构件的吻合频率会出现在中、高频,可利用合适的材料组成或者从结构上降低金属隔声构件的刚度,使吻合频率移出人耳的听阈敏感区,听阈敏感区一般为 2 000~5 000 Hz。

(2)采用多层复合板。通过设计使得每层的吻合频率刚好错开。另外,引入夹心板、波纹板和交错的壁骨,可以使得原本各向同性的均匀板变为结构上的各向异性。对于各向异性复合板来说,吻合频率和入射声波的方向相关,且由于结构特殊,往往各向异性复合板的吻合频率的鲁棒性很高,是非常容易改变的。

(3)引入面板阻尼。如果将一厚层的隔声构件用两个薄层的面板替换,中间再加入一层非常薄的黏弹性材料,两个薄层之间轻微的运动导致出现连接空隙进而产生剪应力,剪应力会引起面板阻尼,而通过黏弹阻尼材料可以耗散掉能量,因此这是一种非常简单、实用的方法。

4.3.4 单层隔声墙的频率特性

由前面内容可知,隔声构件都具有一定的弹性,声波入射到这些构件表面会激发振动,进而明显降低构件的隔声量。入射声波频率不同,隔声构件和声波的相互作用也不同,对隔声性能的影响也就不同。单层密实、均匀板材的隔声性能主要由它的面密度、刚度和阻尼所决定,当然其与声波的频率也有密切的关系。板的振动可以用力阻抗加以说明。力阻抗由力阻和力抗组成,其中力抗包括质量抗和刚度抗,可用如下公式表示:

$$Z_m = R_m + j\left(M\omega - \frac{k}{\omega}\right) \tag{4-59}$$

式中:Z_m 是力阻抗;R_m 是力阻;M 是板的质量;k 是板的刚度。

根据声电类比理论,Z_m 相当于电学中的电阻抗,R_m 相当于电阻 R,$M\omega$ 相当于感抗 ωL,$\frac{k}{\omega}$ 相当于容抗 $\frac{1}{\omega C}$,所以将 R_m 称为力阻,将 $M\omega$ 称为质量抗,将 $\frac{k}{\omega}$ 称为刚度抗,或者称为弹性抗。

图 4-12 为均质隔声墙的隔声量和入射声波频率的关系。由图可以看出,曲线总的趋势是单层匀质墙的隔声量随入射声波频率升高而增加,但在可听声频率范围内明显分为三个阶段、四个区。

1. 刚度控制区

在入射声波频率 f 为 $0 \sim f_0$ 区域,隔声量和频率的关系正好和一般规律相反,即频率增加,隔声量降低,频率增加一个倍频程,隔声量大约会降低 6 dB。此时板材对声波作用的反应就像一个弹簧,其振动速度反比于 k/f(其中 k 为板的刚度,f 为声波频率),板材的隔声量与刚度成正比,所以称这个范围为刚度控制区。由图 4-12 可以看出,k 增大,隔声量 R 提高;k 一定时,f 上升,隔声量相应下降;当 $f = f_0$ 时,墙板发生共振,隔声量降至低谷。

2. 阻尼控制区

入射声波频率超过 f_0 后,就进入了墙板共振区,共振区的隔声量达到最小,共振区有一系列共振频率 f_r,其中影响最大的是两个最低的共振频率。作为隔声材料,总是希望这个区域越小越好,实际上墙板共振区的宽度取决于板的材质、形状、支承方式和板自身的阻尼大小。在这一区域内,对共振的控制主要靠阻尼,所以又称之为阻尼控制区。由图 4-12 可以看出,当入射声波 $f \in f_r$ 时,发生谐振,隔声量 R 大幅下降,控制的措施是增大墙板的阻尼,抑制墙板的共振,缓解共振效应。从总体上看,该区域内随着入射声波频率的上升,墙板的质量效应逐渐增强,隔声量总体呈现上升的趋势。在设计和选用墙体材料的时候,应该使 f_0 和 f_r 尽可能小，使第一阶段最好分布在人耳听阈以外。

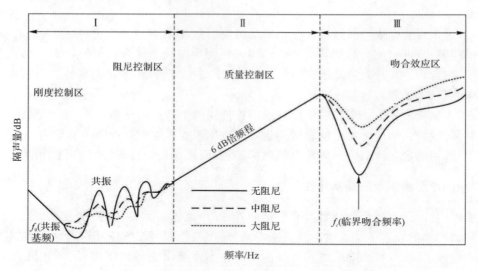

图 4-12　典型单层均质墙板的隔声频率特性曲线

3. 质量控制区

随着声波频率的提高，共振的影响逐渐消失，板材的振动速度开始受板材惯性质量（单位面密度）的影响，就进入了质量控制区。只有在这个区域，隔声量和频率的关系才符合质量定律，即隔声量和频率存在直线关系，该直线的斜率为 6 dB/倍频程。隔声板的面密度越大，其隔声量也就越大。此时声波对板的作用类似于牛顿定律的力对质量块的作用，质量越大，惯性越大，隔声板受到声波作用激发的振动速度就越小，因此隔声量也就越大。所以，建筑中的一般隔声构件都是比较厚重的墙体，共振频率往往处于人耳不敏感的低频区，人耳敏感区域一般在质量控制区，这些墙体的隔声量基本符合质量定律。这是隔声构件的主要工作区。

4. 吻合效应区

图 4-12 中的第二个低谷是由在某个频率上隔声板材与声波产生吻合效应而形成的隔声量大幅下陷。随着入射声波频率的增加，隔声量反而减小，并且出现了一个隔声低谷，即吻合谷；频率越过吻合谷以后，隔声量又会以 9 dB/倍频程的斜率上升，并且逐渐趋近于质量作用规律预测的隔声量，因此称这一段为质量定律的延伸。增加板的厚度和阻尼，可以使吻合效应形成的低谷较浅。

5. 共振频率

由图 4-12 可知，如果隔声板的共振频率发生在听觉频率范围内，那么板材的隔声效果并不理想。为了实现有效隔绝噪声，应该使板材或者结构的共振频率降低到听觉范围以下，或者尽可能降低共振频率。对于一般的土建材料构成的墙体，其共振频率都比较低，可以不考虑其影响。但是对于由金属板材构成的障板，其共振频率可以分布在很广的听阈范围内，当用这些材料制作隔声元件时，就必须考虑它们的共振频率及其影响。隔声板材的共振频率和材料的几何尺寸、物理性质和安装方式有关。例如，四边都固定的矩形板材的最低阶共振频率为

$$f_r = 0.45 c_L t \left[\left(\frac{1}{l_a} \right)^2 + \left(\frac{1}{l_b} \right)^2 \right]$$
　　　　　　　　　(4-60)

$$c_{L} = \sqrt{\frac{E}{\rho(1+\mu^{2})}} \qquad (4-61)$$

式中：c_L 是板中的纵波速度；t 是板厚；l_a 是矩形板的长；l_b 是矩形板的宽。如果一个隔声构件非常坚硬，会使最低阶共振频率往高频方向移动，但同时却使吻合频率往低频方向移动，则质量控制区的宽度取决于隔声构件的刚度。例如，0.3 m 厚的钢筋混凝土墙在 60 Hz 处就出现吻合效应，大大减弱了这种墙的隔声量。但是铅幕墙的吻合效应出现在超声频率范围内，内部较大的阻尼可以很好地控制最低阶共振，因此，铅幕墙的隔声能力在人耳听域内就可以由质量定律决定。综上所述，面密度增大，墙板的振动加速度减小，隔声量增大；面密度一定时，隔声量随声波频率的上升而增加。因此，在隔声设计中，往往想要质量控制区尽可能大。

4.4　双层墙的隔声

由质量守恒定律可知，增加墙的厚度，那么其面密度也相应增加，由此达到了增加隔声量的目的。但是仅仅依靠增加厚度来提高隔声量是不经济的，如果把单层墙一分为二，形成双层墙，中间留一定的空气层，此时墙的总质量没有变化，但是隔声量比单层墙提高了很多。

双层结构能够提高隔声能力的主要原因是结构中间的空气层的作用。可以将空气层视为与两层墙板相连的弹簧，声波入射到第一层墙再透射到空气层时，空气层的弹性形变具有减振作用，传递给第二层墙的振动大大减弱，进而提高了墙体的总隔声量。图 4-13 所示为双层结构的声传播示意图。比较单层墙体和双层墙体的使用情况可以发现，如果要达到相同的隔声效果，双层墙体要比单层均质密实墙体在重量上减少 2/3～3/4，如表 4-3 所示。

表 4-3　单层均质密实墙和双层墙体的隔声性能比较

隔声墙	a 砖墙	b 砖墙	a 砖墙-空气层-b 砖墙	8 倍厚 a 砖墙
面密度 $M/(\mathrm{kg \cdot m^{-2}})$	450	900	900	3 600
隔声量 R/dB	50	55	65	65

4.4.1　双层墙的隔声性质

如图 4-13 所示，设两层墙中间的空气层厚度为 D，面密度分别为 M_1 和 M_2，为了简化计算，这里设两层墙的面密度相等，都是 M。设声波垂直入射，利用边界条件可以得到入射声压和最终从第二层墙透射出来的透射声压的比为

$$\frac{p_i}{p_t} = 1 + \mathrm{j}\frac{\omega M}{\rho_0 c} + \left(\mathrm{j}\frac{\omega M}{\rho_0 c}\right)^2 (1 - \mathrm{e}^{-2jkD})$$
$$(4-62)$$

式中：D 是两层墙中间空气层的厚度；ρ_0 是空气密度。

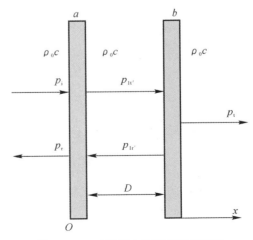

图 4-13　双层墙中的声传播示意图

一般来说声波的波长比两层墙中间空气层厚度 D 大得多,此时 $kD \ll 1$,将式(4-62)化简可以得到

$$\frac{p_i}{p_t} = 1 + j\left[\frac{\omega\rho_0}{\rho_0 c} - 2\left(\frac{\omega\rho_0}{\rho_0 c}\right)^2 kD\right] \tag{4-63}$$

1.共振频率

当入射声波达到共振频率时,隔声量曲线出现低谷,声波以法向入射时的共振频率称为基本共振频率。此时式(4-63)的虚部为零,p_i 和 p_t 的比值为 1,也就是说声能量几乎全部透射,这时隔墙和中间空气层耦合,产生共振,所以可以求得共振频率为

$$f_r = \frac{c}{2\pi}\sqrt{\frac{\rho_0}{D}\left(\frac{1}{M_1} + \frac{1}{M_2}\right)} \tag{4-64}$$

式中:M_1 是其中一个隔墙的面密度;M_2 是另一个隔墙的面密度。

大多数情况下,f_r 都很小,且在声波主要频率范围之外,但是对于轻结构隔声设计,则要考虑 f_r 的影响。

如果声波以 θ 角入射,那么可以得到

$$f_{r\theta} = \frac{c}{2\pi\cos\theta}\sqrt{\frac{2\rho_0}{MD}} \tag{4-65}$$

在一些假设条件下,可以将双层墙整体视为一个由质量块、空气、质量块组成的振动系统,双层墙的隔声频率特性曲线如图 4-14 中曲线 a 所示。

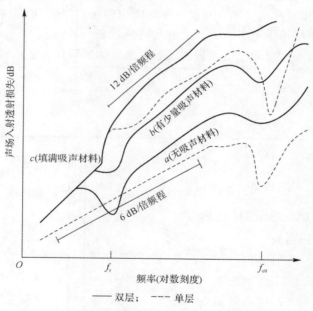

图 4-14 双层墙的隔声频率特性曲线

2.入射声波频率低于共振频率

当入射声波的频率低于共振频率时,式(4-62)等号右边虚部的第二项可以略去,此时双层墙将做整体振动,隔声能力与同样重量的单层墙差不多,空气层不起作用。对比式(4-39),可知这时的隔声量为

$$R = 10\lg\left[1 + \left(\frac{\omega M}{\rho_0 c}\right)^2\right] \tag{4-66}$$

由式(4-66)可以看出，该式就是面密度为 $2M$ 的单层墙的质量定律。也就是说，此时双层墙的隔声效果相当于把两个单层墙合并在一起，与中间没有空气层时的声效果一样。

3. 入射声波频率高于共振频率

当入射声波的频率高于共振频率 f_r 时，式(4-63)等号右边虚部的第一项可以略去，并且此时满足 $\frac{\omega M}{\rho_0 c} \gg 1$ 的条件，所以可得隔声量的近似表达式为

$$R = 10\lg\left[\left(\frac{\omega M}{\rho_0 c}\right)^4 (2kD)^2\right] = R_1 + R_2 + 20\lg(2kD) \tag{4-67}$$

此时相当于两个隔墙单独的隔声量之和再加上一个值。由此可见，如果把一个隔墙一分为二，分开一定距离时，总的隔声量将大大增加。当入射声波频率超过 $\sqrt{2}\,f_r$ 时，隔声曲线以每倍频程 18 dB 的斜率急剧上升，充分显示出双层墙隔声结构的优越性(见图4-15)。

当频率更高时，不能满足 $kD \ll 1$，式(4-63)不再成立，此时式(4-62)可以表示为

$$\frac{p_i}{p_t} = 1 + j\frac{\omega M}{\rho_0 c_0} + \left(\frac{\omega M}{\rho_0 c_0}\right)^2 2\sin(kD)\left[\sin(kD) - j\cos(kD)\right] \tag{4-68}$$

由此可见，当入射声波波长和两隔墙之间的距离成一定倍数的关系时，隔声量会出现极大值和极小值的交替变化。当 $kD = n\pi$ 时，两墙的中间空气层厚度是半波长整数倍，得到式(4-68)。当 $kD = (2n+1)\pi/2$ 时，两墙的中间空气层厚度是 1/4 波长的奇数倍，此时 $\frac{\omega M}{\rho_0 c} \gg 1$，可以忽略式(4-68)的前两项，可得

$$R = 20\lg\left[2\left(\frac{\omega M}{\rho_0 c}\right)^2\right] \tag{4-69}$$

此时相当于两个单独隔墙的隔声量之和再加 6 dB。图4-15给出了双层隔墙的隔声频率特性。其中虚线代表两层墙合成一层时的质量定律，c 点对应的是共振频率位置，隔声量有很大的降低。一般来说，这个频率很低，在主要声波频率范围之外，但是对于轻质结构隔声设计，要注意这一因素。在入射声波的频率比双层结构的固有频率低的 a—b 段，两墙将像一个整体一样振动，因此和同样质量的单层墙的隔声量没有区别。只有在比共振频率大 1.4 倍以上的 d—e—f 段，双层墙才比单层墙的隔声效果明显提高。由此可见，只有双层结构的固有频率低于 50 Hz(接近人们可以听到声波频率的下限)时，才能达到良好的隔声效果。通常一些比较沉重的墙体，其共振频率一般不超过 25 Hz，可以忽略。

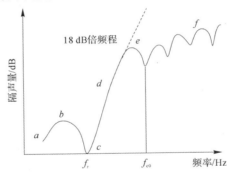

图4-15　具有空气层的双层墙隔声频率特性曲线

当频率太高,以至于不能忽略空气夹层内波动现象的时候,就会产生图 4-15 中 e—f 段的一系列驻波共振,这些共振与质量无关,发生在空气层厚度等于声波波长一半的整数倍时,即

$$D=n\frac{\lambda}{2}, \quad n=1,2,3,\cdots \tag{4-70}$$

式中:D 是空气层厚度;λ 是声波波长。

前面讨论的是针对声波垂直入射的情况,没有考虑吻合效应。事实上,当声波以 θ 角入射时,存在吻合效应。因此值得注意的是,为了避免两隔墙的吻合频率相同而出现特别大的隔声量频率低谷,应该避免使用相同质量或厚度的材料。

4.4.2 双层墙的隔声经验规律

严格按照理论计算双层墙板的隔声量有些困难,结果也往往与实际有一些差距,因此在工程上多采用经验公式进行估算。设第一层墙板的面密度为 M_1,第二层墙板的面密度为 M_2,故双层墙板的隔声量计算值为

$$R=16\lg(M_1+M_2)+16\lg f-30+\Delta R \tag{4-71}$$

式中:ΔR 是双层墙板的附加隔声量。

双层墙板的附加隔声量是通过大量实验得到的,主要取决于双层墙板之间的间距,即空气层厚度,附加隔声量随着空气层厚度的增大而增大。一般来说,间距为 10 cm 左右是比较合适的,超过 10 cm,间距增大使得附加隔声量的增大减小,而且墙体厚度增大太多,会使建筑的使用面积减小。附加隔声量还与双层墙板的构造、墙体材料有关。双层墙完全分离要比有龙骨连接时的附加隔声量大。图 4-16 所示为双层墙不同间距附加隔声量与频率的关系曲线。在 300~3 150 Hz 的频率范围内,双层墙平均隔声量的经验公式为

$$\overline{R}=16\lg(M_1+M_2)+8+\Delta R, \quad M_1+M_2>200 \text{ kg/m}^2 \tag{4-72}$$
$$\overline{R}=13.5\lg(M_1+M_2)+14+\Delta R, \quad M_1+M_2\leqslant200 \text{ kg/m}^2 \tag{4-73}$$

将常见双层墙板的平均隔声量列表于表 4-4 中,可供参考。

表 4-4 常见双层墙板的平均隔声量

材料以及结构厚度/mm	面密度 $M/(\text{kg}\cdot\text{m}^{-2})$	平均隔声量 R/dB
双层 1 厚铝板+中空 70	5.2	30
双层 2 厚铝板+中空 70	10.4	31.2
双层 1 厚钢板+中空 70	15.6	41.6
双层 1.5 厚钢板+中空 70	23.4	45.7
双层 90 厚炭化石灰板+中空 60	130	48.3
120 厚炭化石灰板+中空 30+90 厚炭化石灰板	145	47.7
90 厚炭化石灰板+中空 30+12 厚纸面石膏板	80	43.8
15 厚加气混凝土+中空 75+75 厚加气混凝土	140	54
100 厚加气混凝土+中空 50+18 厚草纸板	84	47.6
240 厚砖墙+中空 200+240 厚砖墙	960	70.7

续表

材料以及结构厚度/mm	面密度 $M/(\text{kg} \cdot \text{m}^{-2})$	平均隔声量 R/dB
75 厚加气混凝土＋中空 75＋75 厚加气混凝土	140	54
75 厚钢筋混凝土＋中空 40＋75 厚钢筋混凝土	200	52

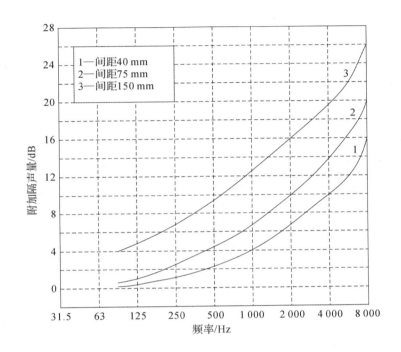

图 4-16　双层墙不同间距附加隔声量与频率的关系

　　对三层墙板的隔声研究非常少。对于玻璃窗而言,具有相同总重量以及总空气距离(30～50 mm)的双层和三层结构,三层玻璃窗并没有展现出比两层结构更好的性质,主要是因为在高于吻合频率的范围,三层结构中将发生三维反射,这对隔声是很好的改善,但是人们感兴趣的降噪频率往往低于吻合频率。所以综合来看,往往采用双层墙板就足够了。

4.4.3　双层墙的声桥

　　在学习双层墙隔声性质时,假设两层墙板之间只有空气层,而没有固定连接,这对于土建或者大型建筑中,直立的大型砖墙、混凝土墙或者是大型房屋套间是近似可行的。对于工程上的一般场景,由于隔声构件强度或者安装上的要求,两层墙体之间往往存在一些连接构件,而这些连接构件会把第一层墙板的振动传递到第二层墙板上,所以称这样的连接构件为声桥。声桥势必趋向将两层墙体的振动趋向合并为一个整体,所以声桥的存在有可能会使吻合效应所在的频率区域变大,从而降低双层墙的隔声量。

　　从结构上来说,声桥分为刚性声桥和弹性声桥两种,如图 4-17 所示。如果在传递两层隔声墙板的振动的过程中,声桥截面形状保持不变,意味着声桥两端的振速近似相同,称这种连接方式为刚性声桥,土建中的木龙骨就属于这种情况。如果在传递振动时,声桥两端存在相对运动,而声桥本身也发生弯曲振动,这种情况就是弹性声桥,例如常用的薄壁钢龙骨。考虑到声桥与两层墙板的振动耦合,隔声量会有所下降。如图 4-18 所示,f_0 是共振频率,f_B 是有声桥时双层墙的驻波共振与谐波共振的临界频率,f_L 是无声桥时双层墙的驻波共振与谐波共振的临界频率。当 $f < f_B$ 时,声能量主要通过空气层耦合作用传递,此时声桥不起任何作用,但当 $f > f_B$ 时,声能量通过声桥耦合作用传递,双层墙的隔声量会降低,隔声曲线上的转折点也会由 f_L 下降到 f_B。

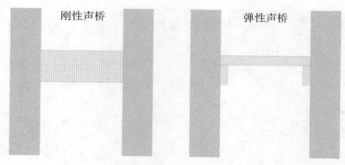

图 4-17　典型声桥结构示意图

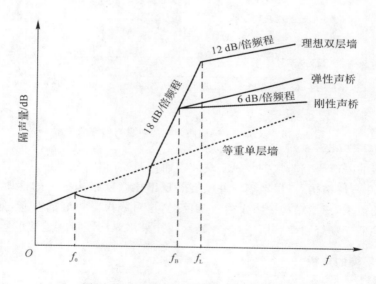

图 4-18　声桥对双层墙隔声性能的影响

减弱声桥对于隔声的影响,可以采取以下措施:

(1)在中空的地方加入多孔材料,减弱空气层的耦合作用,可以显著地改善共振时的低谷,如图 4-14 所示。多孔材料的加入能够提升隔声量,应该避开低面密度的玻璃纤维等材料。

(2)尽可能让驻波共振的影响降低,也就是不要使两个墙板严格平行。

(3)在保证机械强度的情况下,壁面形成不必要的声桥。如果无法避免,应该择优选择弹性声桥,并且在声桥与墙板的连接处,采用阻尼减振措施,以隔绝振动传播。

4.5 复合墙和组合墙的隔声性能

4.5.1 复合墙的隔声性能

由质量定律可知,将墙的厚度或者面密度增加 1 倍,隔声量能够提高 6 dB,这在实际工程上很不经济。如果采用多层墙结构,可以明显地提高隔声量,但是这种方案也会受到机械结构性能和占用空间方面的限制。利用多种不同材料把多层结构组合成一个整体,成为一种复合墙或者多层轻质复合隔声结构,是一种符合实用要求的有效措施。在介绍单层墙和双层墙的隔声性能时,已经看到隔声性能受很多因素影响,这些内容针对的都是各向同性的墙板材料。在实际使用中,往往会进行一些结构和材料的设计,目的都是增大感兴趣频段内的隔声量。

墙板材料实际上可以分为硬层、软层、阻尼层和多孔材料层等。复合墙是由阻抗差别较大的吸声层、阻尼层、高面密度层等复合而成的,阻抗失配界面较多,反射强,透射小,其中吸声层和阻尼层可以使声能量显著衰减,并且减弱共振和吻合效应的影响。各层的 f_0 和 f_r 相互错开,改善了共振区和吻合区的隔声低谷效应。因此,在总重量大幅减少的情况下,总的隔声性能大幅提高,如表 4-5 所示。能够看出,复合墙的设计可以在使面密度大大下降的基础上,实现平均隔声量的提升,因此多层轻质复合隔声结构质量轻,而且隔声性能较好,易于装卸、运输,可以拼接成各种隔声装置,使用方便灵活,可以批量生产,应用广泛。

表 4-5 轻质复合隔声结构与均质密实砖墙隔声性能的对比

评价指标	复合隔声结构组成	均质密实砖墙
	沥青阻尼层（8 kg/m²）＋1 mm 钢板＋80 mm 中空层＋ 玻璃棉（35 kg/m²）＋1 mm 钢板	砖墙
$M/(\text{kg} \cdot \text{m}^{-2})$	39.4	450
$\bar{R}/\text{dB}$	52.9	50

4.5.2 复合墙的设计

1. 附加弹性面层

研究表明,在隔声墙上附加一层弹性面层,可以得到一种隔声性能远优于单纯增大隔声墙厚度的复合隔声结构。弹性面层通常是由一块柔软的薄板材料制作而成的,该面层对隔声性能的提高程度主要取决于面层和墙之间的耦合程度。所用材料面板应该密实不透气,使声波通过气孔直接作用于墙体,以保证获得最佳的隔声效果。面层不应该和墙面有刚性连接,以尽可能减弱声桥的传声作用。

通过附加弹性面层,可以增大墙板的隔声量。隔声量的增大值可以用如下公式表示:

$$\Delta R = 40\lg(f/f_m) \tag{4-74}$$

式中,f_m 为弹性面层、墙体和空隙组成的共振系统的共振频率,其中 $f_m \gg f$。

2. 加肋板

很多情况下加装肋板是为了增加薄板的刚度和承受负载的能力,而不是为了改善板的隔声性能。但是加装肋板后,往往需要考虑加装肋板后隔声性能的变化。

在介绍吻合效应时指出,隔声构件中的弯曲波起到非常重要的作用,各向同性与各向异性的墙板之间的差别非常重要。在这里不考虑材料的各向异性,如果进行加肋板处理,那么肋板的弯曲刚度是变化的,且与波传播方向有关,这种肋板的作用类似于弹性声桥。常用于工业建筑上的肋板或者波纹板就是典型的正交各向异性板,沿着支肋方向比穿过支肋方向的刚度更大,所以正交各向异性肋板上的弯曲波波速是由每单位宽度区域的横截面二阶矩 I' 的两个不同取值来表述的。典型支肋如图 4-19 所示。对于图 4-19 中的典型肋板结构,每单位的刚度可以表示为

$$b=\frac{Eh^{3}}{(1-\mu^{2})l}\sum_{i=1}^{N}b_{i}\left(z_{i}^{2}+\frac{h^{2}+b_{i}^{2}}{24}+\frac{h^{2}-b_{i}^{2}}{24}\cos2\theta_{i}\right) \tag{4-75}$$

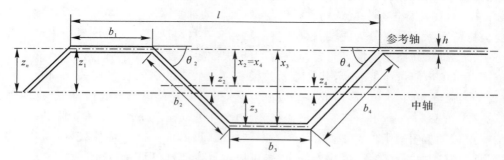

图 4-19　肋板的典型横截面

至于宽度 l 中的各个部分求和,距离 z_n 是每个部分的中轴到中心的距离。可以通过选择任何方便的参考轴来确定中轴的距离。图 4-19 选择穿过上层中心的一条轴作为参考轴,那么从参考轴确定到中心距离的公式为

$$z_{n}=\frac{\sum_{i=1}^{N}x_{i}b_{i}h_{i}}{\sum_{i=1}^{N}b_{i}h_{i}} \tag{4-76}$$

式(4-75)成立的假设是弯曲波的波长比所研究的墙板的结构特征尺度要大。在高频处,弯曲波波长可能达到了墙板的结构特征尺度的量级,所以此时弯曲刚度趋近于各向同性墙板,见式(4-47)。对于各向异性墙板,吻合频率的下限受到板最大刚度方向上(例如,沿着支肋等)传播的波所对应的吻合频率的限制,上限受到板最小刚度方向上(例如,穿过支肋等)传播的波所对应的吻合频率的限制。因此,加肋板以后,吻合频率不止有一个低谷,而是有多个低谷,不利于隔声量的提高,同时吻合作用区会增大,如图 4-20 所示。此外,由于支肋的结构共振,在高频处隔声量降低。再次观察图 4-20,可以发现加了肋板以后,面密度增大得不明显,对于质量控制区板的隔声量的影响是,进一步缩小了 6 dB/倍频程的作用范围。

对于一个平板材料,加了肋板相当于将平板划分成许多个小平板,增大了板的刚度,改变了板的共振频率,进而改变了阻尼控制区的频率范围。复合板往往会有多个共振频率,其中就包括板整体决定的共振频率 f_0。随着刚度的增加,共振区会向中频方向移动,因此 $f_0' > f_0$,板在多个共振频率的附加隔声量会下降。从图 4-20 中可以看出,往往有肋板的复合墙体隔声量会有所降低。

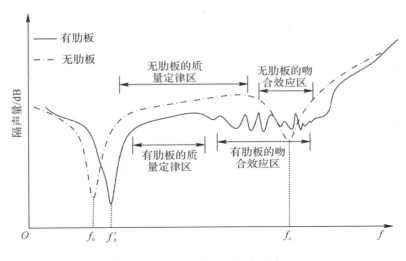

图 4 - 20　有无肋板的隔声量对比

3. 多层复合板

多层复合板隔声材料就是用双层或者多层不同材质的板材胶合在一起形成的隔声材料。多层复合板面密度是各层材料面密度的和。复合板的弯曲刚度和阻尼等影响隔声性能的参数和板与板之间的连接情况有关。通过以下措施能够有效地提高复合板的隔声性能。

(1)相邻的两层材料的声阻抗的比值要尽可能大,这样能使界面的声反射系数提高,进而提高复合板的隔声性能。比如,在复合板中加一层质量大的铅板就能够明显地提高复合板的隔声性能。

(2)对于双层复合板来说,其中一层最好采用比较柔软而且有较大损耗因子的材料制作,这样可以明显衰减板的弯曲振动,进而使高于吻合频率的隔声量明显提高。对于另一层材料,要求其有足够的刚度和强度,以满足结构对板材的强度要求。

(3)多层复合板尽可能采用夹心结构,外层采用刚度和强度都较大的材料,中间部分采用柔软的厚层吸声材料或者阻尼材料。这种夹心结构的整体机械性能良好,在吻合频率以上,由于中间阻尼层或者弹性吸声层的作用,吻合效应对隔声板的不利影响可减弱。表 4 - 6 所示为典型三层复合板隔声量的实验结果。在航空工业中,由于轻质高强的要求,夹芯板的使用越来越普遍,蜂窝板就是一种非常典型的夹心板。

表 4 - 6　三层复合板的平均隔声量

芯层结构	外层结构	$\bar{R}$/dB
6.5 mm 玻璃纤维毡,密度为 120 kg/m³	1.5 mm 和 2.5 mm 钢板	41.7
	1.5 mm 钢板和 2.5 mm 胶合板	38.8
	两层胶合板	34.7

(4)隔声软帘。隔声软帘比较特殊,它是由多层软性材料缝制而成的,包括一些不透风的材料和多孔性纤维吸声材料,所以它可以归为多层复合隔声材料。它具有使用方便,制作、运

输和安装简单的特点,常用于需要隔声但是又要求方便出入的地方。

隔声软帘材料与板材在性质上有很多差别:材料较为柔软,所以在低频段不出现共振频率,在高频段不出现吻合效应;隔声特性曲线接近于直线,基本上符合质量定律。但是,它的面密度有限,隔声量不大。同时,它对声源的围挡往往不彻底,经常会出现漏声的现象,对其隔声效果不利。

4.5.3 组合墙的隔声性能

实际隔声结构往往是由不同隔声性能的构件组成的,例如一面墙除了墙体本身外,还有门、窗等具有不同隔声性能的隔声构件。除了墙体本身可以阻挡噪声外,门、窗等作为墙体的一个部分,共同影响隔声量。如果噪声传输路径在墙周围,这个路径的噪声的隔声量需要根据ISO 140 – 10—1991(Acoustics—measurement of sound insulation in buildings and of building elements)等标准来计算或测量,并且根据墙壁的面积进行归一化处理。图 4 – 21 的组合墙体的墙、门和窗的隔声量分别是 R_1、R_2 和 R_3,对应的声能量透射系数分别为 τ_1、τ_2 和 τ_3,它们的面积分别为 S_1、S_2 和 S_3。

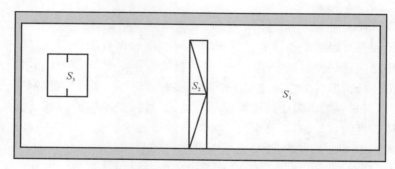

图 4 – 21 带门窗的组合墙体

根据式(4 – 13),可以得到组合墙的透射系数表达式为

$$\tau_C = \frac{S_1\tau_1 + S_2\tau_2 + S_3\tau_3}{S_1 + S_2 + S_3} \tag{4 – 77}$$

式中各部分的声能量透射系数可以根据材料的特性直接得到,或者根据以下公式计算得到

$$\tau_i = 10^{-0.1R_i} \tag{4 – 78}$$

根据隔声量的定义,可以得到组合墙的组合隔声量为

$$R_C = 10\lg\frac{1}{\tau_C} \tag{4 – 79}$$

如果墙板或者隔板刚好由 2 个部件组成,可以参考图 4 – 22。该图表明在 2 个部件中隔声量较小者需要增加的隔声量增量,以便得到 2 个部件复合结构的总体隔声量的估计值。隔声量的增量 ΔR 由作为较低隔声量的部件面积除以较高隔声量的部件面积的值作为比例函数得到,而这 2 个部件的隔声量的差值 ΔR 作为评价参量。

由图 4 – 22 可以看出,具有低隔声量的部件对整体隔声量的影响较大。这意味着,在实际应用中,门、窗、通道以及通风口等部分的隔声量应尽可能地大,且它们的表面积应该尽可能地小。

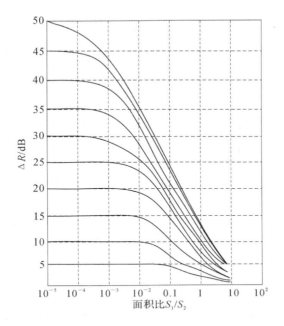

图 4-22　估算一个双部件复合结构的隔声量的图解

例 4-5　计算一个由隔声量为 30 dB 的材料构成的总面积是 10 m² 的墙板在 125 Hz 处的整体隔声量,其中墙板包含一个由隔声量为 10 dB 的材料构成的面积为 3 m² 的面板。

解:根据式(4-78),对于主墙,透射系数是 $\tau_1 = 1/10^{30/10} = 0.001$,对于面板,透射系数是 $\tau_2 = 1/10^{10/10} = 0.1$。根据式(4-77),得墙板整体的透射系数为

$$\tau = \frac{0.001 \times 7 + 0.1 \times 3}{10} = 0.030\ 7$$

再根据式(4-79),得墙板整体的隔声量

$$R = 10\ \lg(1/0.030\ 7) = 15\ \text{dB}$$

4.6　隔　声　罩

隔声罩是噪声控制设计中常采用的设备,例如空压机、水泵、鼓风机等高噪声源,如果噪声源的体积比较小且形状比较规则,或者噪声源体积较大,但是空间和工作条件允许,就可以用隔声罩将声源封闭在罩中,以便减少向周围的声能辐射。从结构上来说,隔声罩是一种将噪声源封闭隔离起来的罩型壳体结构,用于减弱向周围环境的声辐射,而同时又不妨碍声源设备的正常功能性工作。因此,从定义上看,隔声罩是一种复合隔声构件的组合,其基本结构示意图如图 4-23 所示。

隔声罩将噪声源封闭在一个小空间内,主要由罩板、阻尼涂层、吸声层以及穿孔护面板组成,设计主要结构形式需要依据噪声源设备的操作、安装、维修、冷却、通风等要求。隔声罩具体应用在风机、空分装备、鼓风机、柴油机等设备厂房内。

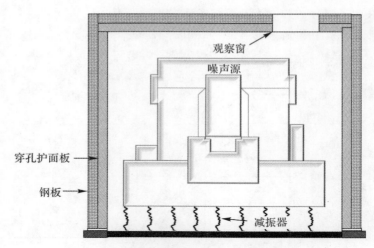

图 4-23　隔声罩的基本结构示意图

4.6.1　隔声罩的插入损失

隔声罩的隔声效果一般采用插入损失来进行测量。假设室内为混响声场,假设没有加隔声罩的噪声源向周围辐射噪声的声功率级为 L_{w1},加装隔声罩后向周围辐射噪声的声功率级为 L_{w2},加装隔声罩后隔声罩就可以看作是一个改良的声源,如图 4-24 所示。那么隔声罩的插入损失 IL 可以表示为

$$IL = L_{w1} - L_{w2} \qquad\qquad (4-80)$$

如果加装隔声罩前、后,罩外室内声场分布的情况大致不变,插入损失也就是罩外给定位置上的声压级的差,即

$$IL = L_1 - L_2 \qquad\qquad (4-81)$$

设噪声源实际发出的声功率保持不变,那么对于全封闭的隔声罩,可以近似用如下公式计算插入损失:

$$IL = 10\lg\left(1 + \frac{\overline{\alpha_1}}{\tau}\right) = 10\lg(1 + \overline{\alpha_1} \cdot 10^{1.0R}) \qquad\qquad (4-82)$$

式中:$\overline{\alpha_1}$ 是罩内表面积的平均吸声系数;$\overline{\tau}$ 是隔声罩的平均透射系数;R 是隔声罩壁板的隔声量。

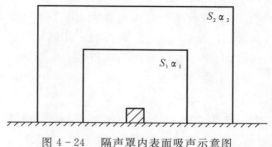

图 4-24　隔声罩内表面吸声示意图

由式(4-80)～式(4-82)可以看出,如果 $\overline{\alpha_1} \approx 0$,则 IL=0,表示声能量在隔声罩内汇聚,

没有损耗,根据能量守恒定律,声能量最终还是会透射出去,因此,隔声罩内必须有吸声单元才能起到最终隔声效果。如果 $\overline{\alpha_1} \approx \overline{\tau}$,则 IL $=3$ dB,说明此时有 3 dB 的插入损失。如果隔声罩内加装大量的吸声单元,$\overline{\alpha_1}$ 将非常大,如果选择隔声量大的材料,此时 $\overline{\tau}$ 很小,所以式(4-82)可以简化为

$$\text{IL} = 10\lg(\overline{\alpha_1}/\overline{\tau}) \tag{4-83}$$

如果隔声罩内的吸声材料属于强吸收类型,即 $\overline{\alpha_1} \approx 1$,则 IL $=R$,这是极端情况,对于一般情况,IL $< R$。

例 4-6　一个高为 1.1 m、长和宽均为 1.2 m 的隔声罩由五个表面组成,开口向下,扣在水泥地面上。已知罩板的隔声量是 30 dB,内表面敷设 10 cm 厚、吸声系数是 0.8 的吸声材料,水泥地面的平均吸声系数是 0.02。求解该隔声罩的插入损失。

解:由式(4-83)可知,本题的插入损失应为

$$\text{IL} = 10\lg\left(\sum_{i=1}^{n} S_i \alpha_i \Big/ \sum_{i=1}^{n} S_i \tau_i\right) = 10\lg\left(\sum_{i=1}^{n} S_i \alpha_i \Big/ \overline{\tau} \sum_{i=1}^{n} S_i\right) =$$

$$10\lg(1/\overline{\tau}) + 10\lg\left(\sum_{i=1}^{n} S_i \alpha_i \Big/ \sum_{i=1}^{n} S_i\right) = R - 10\lg\left(\sum_{i=1}^{n} S_i \alpha_i \Big/ \sum_{i=1}^{n} S_i\right)$$

$$S_{\text{测}} = (1.1 - 0.1) \times (1.2 - 0.1 \times 2) \times 4 = 4 \text{ m}^2$$

$$S_{\text{顶}} = (1.2 - 0.1 \times 2) \times (1.2 - 0.1 \times 2) = 1 \text{ m}^2$$

因此

$$\sum_{i=1}^{n} S_i = 4 + 1 = 5 \text{ m}^2, \quad \sum_{i}^{n} S_i \alpha_i = 0.8 \times 5 + 0.02 \times 1 = 4.02 \text{ m}^2$$

求得

$$\text{IL} = 30 - 10\lg(4.02/5) = 30 - 1 = 29 \text{ dB}$$

当罩内吸声很小,透射系数较大,又没有对罩壁进行阻尼处理时,在某些低频范围内,可能激起隔声罩的共振,以致将噪声放大,这是必须避免的。在这里考虑两种共振。第一种共振是隔声罩面板的机械共振,第二种共振是所围住的噪声源设备与隔声罩面板之间的空气引起的声学共振。在实际应用中,应该设计隔声罩,使其组成的面板的共振频率避开需要降噪的频率范围。那么,面板阻尼的处理就是非常必要的,这里因为阻尼可以调控最低阶的共振频率。如果噪声源设备主要辐射高频噪声,就应该选择低共振频率的隔声罩,这就意味着隔声罩的重量非常大。如果噪声源设备主要辐射低频噪声,就需要高共振频率的隔声罩,这就意味着需要对隔声罩进行大刚性和轻质化的设计。分析可知,加肋板可以提高墙板的共振频率,但在实际情况下,这样的提高是非常有限的。通常采用具有较高的 E/ρ 值的材料,因为纵波速度较大的材料有利于提高整体结构的共振频率。反之,如果要降低共振频率,就选择具有较低的 E/ρ 值的材料。对于声学共振来说,当平均空隙间隔是声波半波长的整数倍时,噪声源设备表面与隔声罩面板会发生强烈耦合,导致隔声罩的效果大幅降低。合理地设计隔声罩的尺寸和空间,可以有效避免声学共振。

一般来说,隔声罩是封闭设置的,但是对于某些机器设备,在工艺上很难做到完全封闭,因此只能进行局部隔声封闭,这种隔声罩称为局部隔声罩。在混响室内是混响声场时,其插入损失为

$$\text{IL} = 10\lg\frac{W}{W_t} = 10\lg\frac{\dfrac{S_0}{S_1} + \bar{\alpha}_1 + \bar{\tau}}{\dfrac{S_0}{S_1} + \bar{\tau}} \qquad (4-84)$$

式中：W 是声源的声功率；W_t 是传出隔声罩的声功率；S_0 是局部隔声罩的开口面积；S_1 是局部隔声罩罩板的内表面积；$\bar{\alpha}_1$ 是局部隔声罩板内表面的平均吸声系数；$\bar{\tau}$ 是局部隔声罩罩板的平均透射系数。

例4-7　一个隔声罩是用厚度为 1 mm、隔声量为 30 dB 的钢板制作的。全部内表面敷设吸声系数为 0.5 的吸声材料，隔声罩的尺寸为 2 m×1 m×1 m。在一个壁面上有一个面积为 1 m² 的门，门的结构与罩壁相同。请问这个隔声罩在关门时的隔声效果如何？如果打开门，插入损失又是多少？

解：(1) 关门情况。照壁的透射系数为

$$\bar{\tau} = 10^{-0.1R} = 10^{-3}$$

利用式(4-83)，有

$$\text{IL} = 10\lg\left(\sum_{i=1}^{n} S_i\alpha_i \Big/ \sum_{i=1}^{n} S_i\tau_i\right) = 10\lg(10 \times 0.5/10 \times 10^{-3}) = 27 \text{ dB}$$

(2) 开门情况。利用式(4-84)，有

$$\text{IL} = 10\lg\left(\frac{\dfrac{S_0}{S_1} + \bar{\alpha}_1 + \bar{\tau}}{\dfrac{S_0}{S_1} + \bar{\tau}}\right) = 10\lg\left(\frac{\dfrac{1}{9} + 0.5 + 10^{-3}}{\dfrac{1}{9} + 10^{-3}}\right) = 7.4 \text{ dB}$$

由此可见，在开门时，隔声罩的效果大幅降低。

4.6.2　隔声罩的设计要点

隔声罩的技术措施简单，降噪效果较好，在噪声控制工程中应用十分广泛。设计和选用隔声罩时要注意以下要求：

(1)在设计隔声罩时必须结合生产工艺要求。隔声罩不能影响机械设备的正常工作，而且也不能影响到设备操作和维护。

(2)隔声罩壁必须要有足够的隔声量，所以隔声罩板要选择具有足够隔声量的材料制作，例如铝、铜板、砖和混凝土等。

(3)隔声罩要与设备保持一定的距离。罩的内壁与设备之间留有设备所占空间 1/3 以上的空间，各个壁面与设备的距离不小于 10 cm，以避免产生耦合共振，使得隔声量减小。

(4)罩体和声源设备不能有任何刚性接触，以免形成声桥，使隔声量减小。同时，要在隔声罩与地面之间进行隔振操作，降低固体声的影响。

(5)隔声罩壁内加衬的吸声材料的吸声系数要大，以便满足隔声罩所要求的隔声量。

(6)开隔声检修门、观察窗或进行管线穿越时应做好密封减振处理，一定要处理好孔洞和缝隙，并且做好结构上节点的连接。对于难以避免的孔隙，应尽力使其成为适当长度的窄的狭缝状，其内侧面应贴有毛毡等吸声材料。

(7)当被罩的机器设备有温升，需要采取通风冷却措施时，应增加消声器等设备，其消声量要与隔声罩的插入损失相匹配。

4.6.3 隔声罩的设计步骤

（1）测量和确定各个声源的各倍频程声功率级或者声压级，并且确定它们的指向特性。

（2）参考噪声容许标准，确定隔声罩所需要的各个倍频程的插入损失。也就是说，要保证隔声处理后的声功率级满足实际要求。同时还要考虑计算公式的近似性、现场声学的变化和加工、安装过程中所遇到的各种因素，设计的隔声量应该要大于所要求的隔声量。当噪声指向性不明显时，在实测中可以用声压级差来代替声功率级差。

（3）所选的隔声罩结构要合适，隔声罩壁面的各倍频程隔声量应比所需的插入损失高 5～10 dB。当插入损失在中频段要求达到 15～20 dB 时，隔声罩壁面应采用高隔声量的多层结构，并且要特别加强罩上隔声能力比较薄弱的部分。当要求插入损失超过 30 dB 时，实际上很难实现，此时应该考虑采用双重隔声罩结构。

（4）隔声罩的壁面要作适当的吸声处理，一般来说，要保证壁面的平均吸声系数在 0.1～0.3 以上。选择的吸声材料要满足防火、防潮、防碎落等要求。

（5）为了达到设计要求，并且满足经济的合理性，要多做几个方案，求出估算预期的插入损失，选出其中效果最好、性价比最高的方案来作为实施方案。

（6）在设计时还要注意隔声罩施工以及安装上的技术问题，完成后还要对各个倍频程的插入损失进行实测。

4.7 隔 声 间

在高噪声环境下，比如汽轮发电机房内，建造一个具有良好隔声性能的控制室，就能够有效地减少噪声对操作工作人员的干扰。还有一种情况就是声源较多，采取单一噪声控制措施不易获得明显成效，或者采用多种治理措施成本太高时，就把声源包围在局部空间内，来降低噪声对周围环境的污染。这些由隔声构件组成的具有良好隔声性能的房间统称为隔声间或者隔声室。隔声间就是由各种隔声构件组成的具有良好隔声性能的房间。隔声间也是一种壳体隔声结构，其隔声性能与墙板等平面体是有所区别的。

具体设计一个隔声间不仅需要有一个理想的隔声墙，而且还要考虑具有门窗组合的墙的隔声效果，隔墙上是否有孔洞、缝隙漏声，以及为减弱隔声间内部混响声采取必要的吸声处理措施。隔声间一般需要通风换气，则需要在进出气口处装设必要的消声装置，对于噪声、振动强烈的机械和动力设备，需在其下方安装隔振、减振装置等。总的来说，隔声间的设计要在具体条件下，配合消声、吸声、隔振和阻尼等综合技术应用，才能获得最佳的噪声控制效果。

隔声间通常是包括隔声、吸声、消声、阻尼和减振等几种噪声控制措施的综合治理装置，它是多种声学构件的组合。因此，要衡量一个隔声间的效果，不能只看其中一个声学构件的降噪效果，而是要考虑它的综合降噪效果。评价隔声间综合降噪效果的一个重要物理量是插入损失，即被保护者所在处安装隔声间前、后的声压级之差，其表达式为

$$IL = L_{p1} - L_{p2} = R_C + 10\lg\frac{A}{S} \qquad (4-85)$$

式中：L_{p1} 是安装隔声间前被保护者处的声压级；L_{p2} 是安装隔声间后被保护者处的声压级；A 是隔声间内表面的总吸声量；S 是隔声间内表面总面积；R_C 是隔声间的组合隔声量。其中$\frac{A}{S}$

与 $10\lg\dfrac{A}{S}$ 的关系如表 4 - 7 所示。

表 4 - 7　$\dfrac{A}{S}$ 与 $10\lg\dfrac{A}{S}$ 的关系

A/S	0.1	0.2	0.3	0.5	1	2	3	5	10	16
$10\lg(A/S)$	−10	−7	−5	−3	0	3	5	7	10	12

隔声罩是通过将声源置于隔声围护结构里面,使传播出来的噪声减弱,达到降噪目的的。而隔声间是在噪声环境中,用隔声围护结构建造一个安静的小环境,人们在里面活动,防止外面噪声传进来。

由此可见,隔声罩与隔声间的主要区别在于声源和受声者交换了位置,但是受声点的声压级不会发生变化,在隔声原理与设计上,这一可逆定理成立。也就是说,原则上隔声间的设计计算同隔声罩是一样的,只是除了内部应有良好的吸声性能外,还要有一个良好的人居和工作环境。所以隔声门、窗对隔声间的隔声性能有重要影响。

隔声门的设计要点如下:

(1)为了保证隔声门有足够的隔声量,通常将隔声门制作成双层结构,并且在两层间填实吸声材料,也就是说采用多层复合结构。

(2)门板应该采用吻合频率在 3 150 Hz 以上的薄板。当采用双层或者多层的金属薄板时,层间和框架四周应作吸声处理。同时,各层薄板采用不同厚度,且不宜平行放置,还应设置阻尼层,以便减少共振和吻合效应的影响。

(3)对于有特殊要求的,可以采用双扇轻质门,在两层门之间留出一定距离,在过渡区的壁面上衬贴吸声材料,形成声闸。

(4)在保证隔声量的前提下,隔声门应尽可能做得轻便、灵活。常见隔声门的隔声量如表 4 - 8 所示。

(5)隔声门与墙的连接处应该严加密闭,缝隙应该用柔软的嵌条压紧。隔声门的隔声效果在很大程度上取决于门缝的密封情况,应该根据隔声要求和使用条件来确定密闭方法。

表 4 - 8　常见隔声门的隔声量

类型	倍频程中心频率处的隔声量/dB						
	125 Hz	250 Hz	500 Hz	1 kHz	2 kHz	4 kHz	平均值
三合板门,扇厚 45 mm	13.4	15	15.2	19.7	20.6	24.5	16.8
三合板门,扇厚 45 mm,有观察孔,玻璃厚 3 mm	13.6	17	17.7	21.7	22.2	27.7	18.8
重塑木门,四周使用橡胶和毛毡密封	30	30	29	25	26	—	27
分层木门,密封	20	28.7	32.7	35	32.8	31	31
分层木门,未密封	25	25	29	29.5	27	26.5	27
双层模板实拼门,厚 100 mm	15.4	20.8	27.1	29.4	28.9	—	29
钢板门,厚 6 mm	25.1	26.7	31.1	36.4	31.5	—	35

隔声窗一般采用双层或多层玻璃制成,其隔声量主要取决于玻璃的厚度,其次是窗的结构、窗和窗框之间、窗框和墙壁之间的密封程度。通过实际测量知,3 mm 厚玻璃的隔声量为 27 dB,6 mm 厚玻璃的隔声量为 30 dB。因此,采用两层以上的玻璃,中间夹空气层的结构,隔声效果是非常好的。设计隔声窗时应注意以下几个要点。

(1)多层窗应选用厚度不同的玻璃来消除吻合效应。例如,3 mm 厚玻璃的吻合谷出现在 4 kHz,而 6 mm 厚玻璃的吻合谷出现在 2 kHz,两种玻璃组成的双层窗,吻合谷抵消。

(2)多层窗的玻璃板之间要有较厚的空气层。实践证明,空气层厚 5 mm 时效果不大,一般取 7~15 cm,并且应在窗框周边内表面作吸声处理。

(3)多层窗的玻璃板之间要有一定的倾斜度,朝声源一面的玻璃做成倾斜的,以消除驻波。

(4)玻璃窗的密封要严格,在边缘用橡胶条或者毛毡条压紧,这样处理不仅可以起到密封作用,还能起到有效的阻尼作用,以减少玻璃板受声波激发引起的振动透声。

(5)两层玻璃之间不能有刚性连接,以防止形成声桥。例如,将真空玻璃直接用作隔声窗,隔声效果非常好。

4.8　隔　声　屏

隔声罩和隔声间都是阻隔室内的噪声向外传播的有效手段。当声波在室外传播时,在声源和受声点之间设置一个不透声的屏障,阻断声波的直接传播,使得接收位置的噪声能量够有效降低,这样的屏障就称为隔声屏或者声屏障。隔声屏是一种专门设计的立于声源和受声点之间的声学障板,它通常是针对某一特定声源和特定保护位置设计的。噪声在传播途径中遇到障碍物,如果障碍物的尺寸远大于声波的波长,大部分的声能量会发生反射,小部分发生衍射,于是在障碍物背后一定距离内形成声影区。声影区的大小和声波的频率有关,声波的频率越高,声影区的范围也就越大。

根据使用场合的不同,隔声屏可以分为室外隔声屏和室内隔声屏两种。室外隔声屏大多数情况下用于露天场合,使声源和人群密集处隔离,如在人群密集地区的公路、铁路两侧设置隔声墙或者隔声堤等来遮挡噪声。室内隔声屏大多用于大型车间或者具有良好吸声能量力的车间,其能有效地降低直流电机、电锯、锻打铁板等噪声源的高频噪声,保护工作人员的听力,改善劳动者的工作环境。设置隔声屏的方法简单、经济、便于拆装、方便移动,在噪声控制工程中有重要作用。

4.8.1　隔声屏的评价指标

隔声屏的声学性能评价指标主要分为三个方面。第一,采用平均吸声系数评价隔声屏屏体吸声性能。第二,采用隔声量和计权隔声量评价隔声屏屏体隔声性能。第三,对于隔声屏,人们更加关注的是安装隔声屏后的降噪效果,评价安装隔声屏后降噪效果的量为隔声屏的插入损失,插入损失就是在保持噪声源、地形、地貌、地面和气象条件不变的情况下安装隔声屏前、后在某特定位置上的声压级之差,公式如下:

$$IL = L_{p1} - L_{p2}$$
(4-86)

式中:L_{p1} 是受声点上未安装隔声屏时的声压级;L_{p2} 是受声点上安装隔声屏时的声压级。

综合来看,隔声屏的插入损失评价的是声波绕射、衰减、隔声屏的透声性能以及反射损失等的整体效果。

4.8.2　隔声屏的降噪原理

当噪声源发出的声波遇到隔声屏时,将会分为三条路径传播,一部分越过隔声屏顶端绕射到达受声点,一部分穿透隔声屏到达受声点,还有一部分在隔声屏壁面上发生反射。隔声屏的插入损失主要取决于声源发出的声波沿三条路径传播的声能量分配,如图4-25所示。

在三种路径中,透射路径和反射路径的声能量可以根据之前讲述的内容进行评估,而对于绕射路径,也就是受声点处的声波,有一部分来自隔声屏上端的声波的绕射,这部分声波传播的详细路径如图4-26所示。越过隔声屏顶端绕射到受声点的声能量比没有隔声屏时的直达声能量小,直达声和绕射声的声级之差,称为绕射声衰减。绕射声衰减随着θ角的增大而增大,其是噪声源、受声点与隔声屏三者几何关系和频率的函数,也是决定隔声屏插入损失的主要物理量。

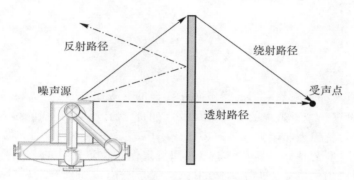

图4-25　隔声屏的三种声传播路径

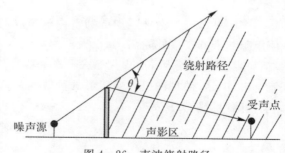

图4-26　声波绕射路径

受声点处的另一部分声能量即从声源发出的声波透过隔声屏传播到受声点处的透射声能量。隔声屏的面密度、声波的入射角和频率决定穿透射隔声屏的声能量。隔声屏的隔声能力是用隔声量来评价的。隔声量越大,透射的声能量就越小。反之,隔声量越小,那么透射的声能量就越大。透射的声能量可能会减少隔声屏的插入损失,透射引起的插入损失的降低量称为透射声修正量。

如图4-27所示,当道路两侧有隔声屏,且隔声屏平行时,那么声波将在隔声屏间多次反射,并越过隔声屏顶端绕射到受声点,它将会降低隔声屏的插入损失,这种由反射引起的插入损失的降低量称为反射声修正量。

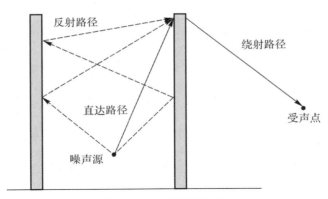

图 4-27　声波反射路径

为了减小反射声,一般要在隔声屏靠道路一侧附加吸声结构。反射声能量的大小是由吸声结构的吸声系数决定的,它是频率的函数。通过在隔声屏的噪声源的一侧敷设多孔材料,声衰减通常可以提升。一般地,由吸声材料引起的声衰减会随着隔声屏高度的增加而增加。

在实际工程中,一般屏障的后面会留出较大的工作区,也就是说 $d \gg r > h$(有效屏高)或者 $h/d \ll h/r < 1$,如图 4-28 所示。声程差为

$$\delta = (a+b) - (r+d) = (\sqrt{r^2+h^2} + \sqrt{d^2+h^2}) - (r+d) =$$
$$r\sqrt{1+\left(\frac{h}{r}\right)^2} + d\sqrt{1+\left(\frac{h}{d}\right)^2} - (r+d) \tag{4-87}$$

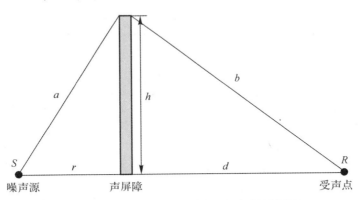

图 4-28　声源和受声点在同一水平时的隔声量

当 $|x| < 1$ 时,可以得到近似公式:

$$\sqrt{1+x} \approx 1 + \frac{x}{2} \tag{4-88}$$

根据 $h/d \ll h/r < 1$,并且运用近似式(4-88)可得

$$\delta = r\left[1 + \left(\frac{h}{r}\right)^2\right] + d - (r+d) = \frac{h^2}{2r} \tag{4-89}$$

引入菲涅耳数 $N = 2\delta/\lambda = h^2/(r\lambda)$,可得

$$\text{IL} = 10\lg(3+20N) = 10\lg[3+20h^2/(r\lambda)] \tag{4-90}$$

一般来说,$20h^2/(r\lambda) \gg 3$,所以式(4-90)可以化简为

$$IL = 10\lg[3 + 20h^2/(r\lambda)] \approx 10\lg[20h^2/(r\lambda)] \tag{4-91}$$

即

$$IL = 10\lg\left(\frac{h^2}{r}\right) + 10\lg f - 12 \tag{4-92}$$

式中:h 是有效屏高;r 是隔声屏距声源的距离。

由上述分析可得,隔声屏越高,插入损失也就越大;隔声屏距声源的距离减小,声程差变大,菲涅耳数上升,插入损失也就增大;声波频率增大,波长会减小,插入损失也就增大。

例 4-8 在工厂的一侧安装隔声屏,隔声屏高度是 4 m,噪声源高度是 1 m,噪声源到隔声屏的距离是 3 m,降噪目标区域到隔声屏的距离是 3 m,且高度是 2 m。求隔声屏在 1/3 倍频程中心频率上的插入损失。

解: 画出几何图,求出声程差 $\delta = 1.77$ m。菲涅耳数 N 在 1/3 倍频程中心频率如表 4-9 所示。

表 4-9 例 4-8 表(1)

频率/Hz	63	125	250	500	1 000	2 000	4 000
N	0.66	1.3	2.6	5.2	10.42	20.83	41.66

再根据式(4-90),求出的插入损失如表 4-10 所示。

表 4-10 例 4-8 表(2)

频率/Hz	63	125	250	500	1 000	2 000	4 000
N	0.66	1.3	2.6	5.2	10.42	20.83	41.66
IL/dB	12.1	14.62	17.4	20.3	23.25	26.23	29.22

由计算结果可以看出,当菲涅耳数 $N > 1$ 时,频率每提高 1 倍,IL 提升 3 dB,说明声屏障对高频的衰减非常重要,而这些都取决于声程差 δ。

4.8.3 自由声场中隔声屏的性能

假设声波不会弯曲,那么隔声屏将会很理想地隔绝噪声。但是声波会发生衍射,它可以越过阻挡它的障碍物绕到障碍物的背后。声波发生衍射作用,能量必然要衰减很多,这是隔声屏发生作用的原理,也是隔声屏效果有限,不如全封闭隔声罩效果好的原因。声波遇到障碍物发生衍射作用和光波照射到物体上产生绕射的现象在原理上是一致的。

对于露天的环境,隔声屏声衰减的计算原理如图 4-29 所示。其中 S 为噪声源,R 为受声点,对于二者之间有屏障和无屏障的比较,从几何上来看,就是改变了声波传播的距离,即设置了隔声屏,传播距离增大了,在受声点处的声压级降低,这是由隔声屏高度引起的声衰减。其中无屏障和有屏障之间的距离差 $\delta = A + B - d$,如果要增加 δ,那么就要增加屏的高度。

假设在室外没有声反射的自由声场中,某一点声源和受声点之间有一个高度一定但无限长的屏障,如果忽略屏障本身的透声量,那么在屏障的后面声影区内的声衰减可以表示为

$$\Delta L = 20\lg\left[\frac{\sqrt{2\pi N}}{\tan(h\sqrt{2\pi N})}\right] + 5 \tag{4-93}$$

式中：ΔL 是声衰减；h 是隔声屏的高度；N 是菲涅耳数，$N=2(A+B-d)/\lambda=2\delta/\lambda$，$\lambda$ 是入射声波的波长，A 是声源到屏障顶端的距离，B 是屏障顶端到受声点之间的距离，d 是声源到受声点之间的直线距离。

当 $N\geqslant 1$ 时，式（4-93）可以化简为

$$\Delta L=10\lg N+13 \tag{4-94}$$

由式（4-94）可知，菲涅耳数和波长成反比。当高度 h 一定时，波长越小，N 越大。

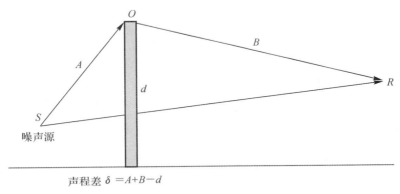

声程差 $\delta=A+B-d$

图 4-29　自由声场声衰减示意图

4.8.4　室内隔声屏的性能

可以认为露天空间是一个半自由空间声场，一般离声源的距离增加一倍，声压级衰减 6 dB。在封闭空间存在一个声源的情况下，形成具有一定混响的声场。在反射声大于直达声的区域存在扩散声场，扩散声场是来自各个方向的声能量均等的声场。隔声屏的作用就是遮挡从声源到人耳的声线，也就是说，隔声屏在扩散声场中没有衰减声波的作用。但是在距离声源比较近的区域（该区域以直达声为主，虽然不能满足距离加倍声压级衰减 6 dB 的效果，但是仍有明显的距离衰减效应），隔声屏仍有一定的作用。对于尺寸不大的车间，增加隔声屏必然会影响室内声学特性，实际上隔声屏把车间分为两个空间，即点声源所在的空间和受声者所在的空间。这两个空间在声学上通过开口面积的混响声能量发生联系，这时的插入损失可以表示为

$$\mathrm{IL}=10\lg\left(\frac{Q}{4\pi d^2}+\frac{4}{S_0\overline{\alpha_0}}\right)-10\lg\left[\frac{Q\eta}{4\pi d^2}+\frac{4K_1K_2}{S(1-K_1K_2)}\right] \tag{4-95}$$

$$\eta=\sum_{i=1}^{n}\left(\frac{1}{3+20N_i}\right) \tag{4-96}$$

$$N_i=2(A_i+B_i-d)/\lambda=2\delta_i/\lambda \tag{4-97}$$

$$K_1=\frac{S}{S+S_1\overline{\alpha_1}} \tag{4-98}$$

$$K_2=\frac{S}{S+S_2\overline{\alpha_2}} \tag{4-99}$$

式中：η 是隔声屏边缘声波的绕射系数；Q 是声源指向性因子（一般对于硬地面上的全向声源，$Q=2$）；d 是声源到接收者之间的直线距离；K_1 是隔声屏朝向声源一面对房间常数的修正值；K_2 是隔声屏背向声源一面对房间常数的修正值；S 是隔声屏边缘与墙壁、平顶之间的开敞部

分的面积；S_1 和 S_2 分别是隔声屏两侧的房间面积；$\bar{\alpha}_1$ 和 $\bar{\alpha}_2$ 分别是面积为 S_1 和 S_2 的平均吸声系数；$S_0\bar{\alpha}_0$ 是安装隔声窗后房间总的吸声量，称为房间常数，S_0 是房间总表面积，$\bar{\alpha}_0$ 是室内表面平均吸声系数；n 是隔声屏的边界数，一般 $n=3$，即声波从隔声屏的顶部及两侧共三个边界通过；N_i 是隔声屏第 i 个边缘的菲涅耳数；δ_i 是声源和受声点之间，经屏障第 i 端的绕射距离与原来直线距离之间的行程差。

室内声屏障的设计与自由声场有一定的区别，特别是当存在多个室内声屏障时，如敞开式平面布置的办公场所，一般意义上以下结论是可以参考的：

(1)当声屏障的底部与地面之间的间隙超过 300 mm 时，衰减效果将不会产生差异。

(2)当几个声屏障阻隔了声源与受声点之间的视线时，得以实现比一个单一的声屏障高 8 dB 的衰减。

(3)大量使用声屏障可以去除墙壁的反射作用，此时，声衰减随着距声源距离的增加而增加。

(4)对于紧贴声屏障的一个受声点来说，局部声影区的影响可以导致很大的声衰减。

(5)当声屏障和声源的距离小于 1 m 时，地面处理对于声屏障的衰减效果几乎没有影响。

(6)通过处理天花板、吊顶设计，可以有效获得声衰减。

4.8.5　隔声屏设计程序

(1)确定隔声屏的设计目标值。首先根据声环境评价的要求，确定噪声防护对象。该防护对象可以是一个区域，也可以是一个或者一群建筑物。然后确定代表性受声点。代表性受声点通常要选择噪声污染最严重的敏感点，它一般是根据道路路段和防护对象的相对位置，以及地形、地貌来确定的。敏感点可以是一个点，也可以是一组点。通常，代表性受声点处插入损失能满足要求，那么该区域的插入损失也能满足要求。

接下来需要确定隔声屏建造前代表性受声点的背景噪声值。若为现有的道路，代表性受声点的背景噪声值可以由现场实测得到。如果现场测量不能将背景噪声值和交通噪声区分开，那么可以测量现场的环境噪声值，然后减去交通噪声值得到背景噪声值。其中交通噪声值可以由现场直接测量得到。

隔声屏设计目标值与受声点处的道路交通噪声值、受声点的背景噪声值和环境噪声标准值的大小有关。如果受声点的背景噪声值小于或者等于该功能区的环境噪声标准值，那么设计目标值可以通过道路交通噪声值减去环境噪声标准值来得到。

(2)确定隔声屏的位置。最佳的隔声屏位置应该由道路和防护对象之间的相对位置、周围的地形地貌来确定。选择的原则是隔声屏应该靠近声源或者受声点，也可以利用土坡、堤坝等障碍物，用尽量少的工程量达到所需的声衰减。一般隔声屏设置在道路的两侧，这些区域的地下通常会埋有大量管线，需要做详细的勘察，以免造成破坏。

(3)确定隔声屏的几何尺寸。根据设计的目标值，可以确定几组隔声屏的长与高，形成多个组合方案，计算每个方案的插入损失，保留达到设计目标值的方案，并且进行比较，选择最优的方案。

(4)计算隔声屏的绕射声衰减。

(5)隔声屏的吸声结构设计。当双侧都安装隔声屏时，应在朝向声源一侧安装吸声结构。当仅为一侧安装时，可以不考虑吸声结构。

（6）隔声屏形状的选择。隔声屏的形式主要包括直立型、折板型、弯曲型、半封闭或者全封闭型。隔声屏的选择主要由插入损失和现场条件来决定。对于非直立型的隔声屏,其等效高度等于声源到隔声屏连线与直立部分延长线的交点的高度,如图 4 - 30 所示。

（7）隔声屏插入损失的确定。

（8）隔声屏设计尺寸的调整。如果设计得到的插入损失 IL 不能满足降噪的要求,那么就需要调整隔声屏的高度、长度或者隔声屏与声源的距离。进行多次调整,直到达到设计目标值。

（9）地形与地貌的影响。坡地、山丘和堤岸等都会对声传播产生较大的影响。设计时可以借助它们起到隔声屏的作用,或者充分利用它们代替部分隔声屏,来节省修建道路隔声屏的费用。如果隔声屏建造在这些障碍物上,那么隔声屏的高度需要加上障碍物的高度。

（10）隔声屏设计的其他要求。在设计隔声屏时不仅要满足声学性能的要求,还要考虑结构力学性能、材料物理性能、安全性能满足要求,以及景观效果等。

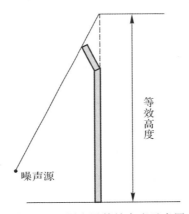

图 4 - 30　隔声屏等效高度示意图

4.8.6　隔声屏工程的环保验收

隔声屏工程的环保验收应该按照国家建设项目竣工环境保护验收的有关规定和规范进行。隔声屏工程的声学性能环保验收包含了隔声屏构件的声学性能以及安装隔声屏后的降噪效果验收两部分。

1.隔声屏构件的声学性能

制作完成隔声屏构件后,必须经法定测量单位随机抽样,在实验室进行隔声屏构件的隔声性能和吸声性能的测试,并且提供隔声性能测试报告和吸声性能测试报告。

隔声屏隔声性能是指屏体结构的空气隔声量。隔声屏构件的隔声性能测试按照《声学　建筑和建筑构件隔声测量　第 3 部分:建筑构件空气声隔声实验室测量》(GB/T 19889.3—2005)规定的测试方法进行。被测的试件应该是平面整体试件,试件面积为 10 m² 左右,试件和测试的洞口之间的缝隙应该密闭,并且应该有足够的隔声效果。隔声屏隔声性能测试结果用隔声屏试件 100~3 150 Hz 的 1/3 倍频程带的隔声量来表征。

隔声屏构件的吸声性能测试按照《声学　混响室吸声测量》(GB/T 20247—2006)规定的测试方法进行。隔声屏吸声性能是指隔声屏朝向声源侧结构的吸声性能。被测试件应该是隔声屏主体结构的平面整体试件,边缘应该密封,并且紧密贴在室内界面上。对于非平面隔声屏结构,应该加工成平面结构按照以上方法进行测试。测试的频率范围:对于倍频程带,中心频率为 250~2 000 Hz;对于 1/3 倍频程频带,中心频率为 200~2 500 Hz。隔声屏的吸声性能由其朝向声源一侧的平面吸声结构的吸声系数来评价。

2. 隔声屏降噪效果

根据现场测量条件,测量隔声屏建立前、后受声点和参考点的 A 声级,计算插入损失,并且提供相应的测量报告。

隔声屏建立前、后敏感点处的背景噪声会发生变化,因此在计算插入损失时,要根据表 4-11 进行背景噪声的修正。根据隔声屏工程合同中的降噪效果要求,也可以在隔声屏建立前、后直接测量敏感点处的噪声值,扣除背景噪声的影响,其差值就是隔声屏的降噪效果。

表 4-11　背景噪声修正值　　　　　　单位:dB

测量值和背景噪声值的差	修正值
3	−3
4~5	−2
6~10	−1

3. 提交文件

隔声屏工程的环保验收应提交以下文件:

(1)隔声屏设计文件以及涉及变更情况的文件。

(2)隔声屏隔声性能测试报告(吸声型隔声屏还应该提供吸声性能测试报告)。

(3)隔声屏现场测量的环境条件、气象条件、车流条件以及测定位置图。

(4)竣工图以及其他文件。

习　题　4

1. 简述透射系数、隔声量与插入损失的区别和联系。

2. 某房间有一面 38 m² 的墙与声源相隔,该墙透射系数为 10^{-4};墙上 1 有个面积为 2.7 m² 的门,其透射系数均为 10^{-3};墙上有 2 个面积为 1 m² 和 3 m² 的窗,其透射系数均为 10^{-3}。求此组合墙的平均透射系数和隔声量。

3. 有一面墙的隔声量是 66 dB,开上隔声量为 17 dB 的窗户,其面积占墙面积的 15%,计算装上窗户后,该墙的隔声量。

4. 为了隔离噪声源,在隔墙上安装厚 3 mm 的玻璃窗,墙体本身隔声量是 50 dB,玻璃窗的隔声量是 25 dB。问当玻璃窗的面积比是多少时,组合墙的隔声量为 40 dB?

5. 论述单层墙的隔声曲线规律及其特点。

6. 论述在隔声中的吻合效应产生的原因以及在工程上改善的措施。

7. 隔声墙的材料分别是铁、砖、加气混凝土、石膏板、纤维板、玻璃、橡木和尼龙 66,各材料的力学参数如表 4-12 所示。

表 4 - 12 习题 7 表

材料	杨氏模量 $E/(10^9 \text{ N} \cdot \text{m}^{-2})$	密度 $\rho/(\text{kg} \cdot \text{m}^{-3})$	泊松比
铁	200	7 600	0.3
砖	24	2 000	0.12
加气混凝土	1.8	500	0.2
石膏板	2.1	760	0.24
纤维板	5	680	0.15
玻璃	68	2 500	0.23
橡木	12	630	0.35
尼龙 66	2.8	1 140	0.35

隔声墙厚度是 0.1 m。求该隔声墙的吻合频率,并总结吻合频率与材料属性关系的规律。

8.思考习题 7 中,若将其中的两种材料组成双层复合板,则要调整吻合频率往低频方向移动,采用哪几种材料可行？ 给出分析过程。

9.计算下列材料的平均隔声量、吻合频率和共振频率。①0.25 m 厚的砖墙;②0.01 m 厚的铁板;③0.1 m 厚的尼龙板;④0.2 m 厚的纤维板。材料属性列于表 4 - 12 中。

10.推导三层墙的隔声量的表达式。

11.某尺寸为 3.8 m×4.0 m×5.0 m 的隔声罩,在 1.5 kHz 处的声压级是 28.5 dB。罩顶、底部和壁面的吸声系数分别是 0.9、0.05 和 0.6,求该隔声罩的平均隔声量。

12.有一个隔声罩在 1 kHz 处的插入损失是 33 dB,该频率处,隔声罩材料的透射系数为 0.001 6,计算隔声罩的平均吸声系数。

13.有一个隔声罩在 500 Hz 处的插入损失是 26.5 dB,如果强制开了面积占比为 4.5% 的孔用于散热,请问该散热孔对隔声罩的插入损失有何影响？ 如果要尽量维持原来的隔声效果,应采取什么措施？

14.在设计和安装隔声罩方面需要注意哪些地方？

15.简述隔声间与隔声罩的异同。

16.有一个噪声源,在 1 kHz 处的声压级是 106 dB,噪声源与受声点的距离是 38 m,如果声源高出地面 1.25 m,受声点高出地面 2 m,则声屏障的插入损失是多少？

17.简述隔声屏的衍射效应,并与光学中的衍射理论作对比。

18.为什么要在隔声屏的设计中加入吸声材料？ 试举例说明。

第5章 消声技术

5.1 消声器简介

空气动力性噪声是一种常见的噪声污染,如柴油机、风机、空气压缩机及其他空气动力设备的输气管道发出的噪声。控制这类噪声最有效的方法之一就是在各种空气动力设备的气流通道或进排气口上加装消声器。由这些应用可以看出,消声器是允许流体通过且同时限制噪声通行的装置,如图 5-1 所示。一般来说,一个合理的消声器可以使管道噪声降低 20~40 dB。消声器也可以用在需要进入存在噪声的封闭区域、场所时,但是在此区域内不一定有稳定的气流,例如,建筑物或者工厂内嘈杂区域和安静区域之间经过声学处理的入口可被看成是一个消声器。消声器可能以下列三种方式中的一种或者两种及三种的组合发挥作用:它们可能抑制噪声的产生、减弱已产生的噪声或者将噪声转移方向以远离敏感区域。在设计消声器时,如针对大排量的排气管,谨慎地使用上述三种方法对于获得足够的噪声衰减至关重要。

图 5-1　管道消声器示意图

5.1.1　消声器的常见类型

消声器的种类和结构形式很多,根据其消声原理和结构的不同,可以将消声器分为阻性消声器、抗性消声器、阻抗复合式消声器、扩散型消声器和损耗型消声器。实际上,工程中应用的消声器大都可能只涉及其中一种消声机理,也可能使用了几种消声机理。除了以上五种常见的消声器外,为了适应某些特殊的声学环境,近些年研制了许多新型的消声器,例如喷雾消声器、主动消声器等。此外,由于应用场合的不同,消声器的设计还可以兼顾一些其他功能,如火星熄灭、尾气净化、余热回收、排气冷却等。

1. 阻性消声器

阻性消声器(见图 5-2)靠在管道内壁粘贴吸声材料消声,它结构简单而且具有良好的吸收中、高频噪声的能力。其主要利用吸声材料对声波的摩擦和阻尼作用将通道内传播的声能量转化为热能,从而达到消声的目的。目前其应用广泛,主要用于控制风机的进、排气噪声和燃气轮机的进气噪声等。

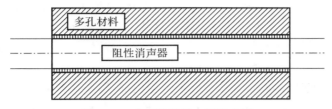

图 5-2 典型阻性消声器示意图

2.抗性消声器

抗性消声器和阻性消声器的原理不同。抗性消声器不用吸声材料,不会直接吸收声能,而是利用管道的声学特性,在管道设突变界面或者旁接共振腔,使沿管道传播的声波发生反射或者共振吸收,进而达到消声的目的,如图 5-3 所示。抗性消声器对中、低频噪声的消声效果好,适用于消除频带比较窄的噪声。通常抗性消声器主要用于脉动性气流噪声的消除,例如空气压缩机的进气噪声、内燃机的排气噪声等。

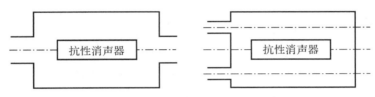

图 5-3 两种常见的抗性消声器示意图

3.阻抗复合式消声器

阻性消声器在中、高频范围有较好的消声效果,抗性消声器在中、低频范围有较好的消声效果。阻抗复合式消声器是将阻性和抗性的消声手段同时使用,将二者的优点结合起来,能在较宽频率范围内取得良好的消声效果,如图 5-4 所示。一般阻抗复合式消声器在大功率内燃机排气噪声控制、工业鼓风机和空分装备的进排气噪声控制中得到了广泛应用。

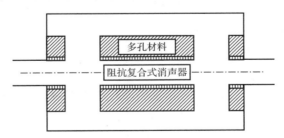

图 5-4 一种阻抗复合式消声器示意图

4.扩散型消声器

扩散型消声器又被称为气体扩散器,具有消声频带宽的特点,它的性能通常与消声器的设计相关,大多用于消除小喷口高压气体排放的噪声或者放空时所产生的空气动力噪声。此类消声器主要有小孔喷注消声器、多孔扩散消声器、节流降压消声器、引射掺冷消声器等。如果设计合理,这种消声器可以用于阻隔噪声传播,但是如果设计不合理,其有可能成为新噪声源。

原理上,扩散型消声器有三个主要功能。第一是减少与排气管相关的声压梯度,可以通过增加压降所需要的长度来减小声压梯度,因为在空气动力学理论中,施加在流体上的脉冲力形成的偶级源的声功率与流速的六次方成正比。第二是减小排气与其周围或者排气流附近的空气之间的混合区域的剪应力,因为施加在流体上的剪应力形成的四级子源的声功率与流速的八次方成正比。有一种常见的扩散型消声器如图 5-5 所示,它迫使气流通过多孔板上的无数小孔,也可以作为一个封闭的多孔滚筒结合在消声器内部,因此这种设计能够达到降低声压梯度的目的。第三是迫使排气管中的任何冲击波的幅值稳定并衰减。迫使冲击波稳定在消声中尤为重要,因为不稳定、震荡的冲击波可能成为新的强噪声源头。在这一点上,实验证明排气流分为许多小气流的扩散器非常有效。有研究表明,图 5-6 所示的装备不需要额外加装复杂消声器,就可以在发生喷气过程中对宽带噪声产生 10 dB 的插入损失。

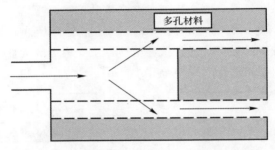

图 5-5　一种常见的高压气体的扩散型消声器

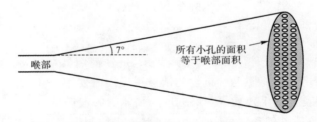

图 5-6　一种常见的消除冲击噪声的扩散型消声器

5.损耗型消声器

本书定义的损耗型消声器在气流通道的内壁安装穿孔板或者微穿孔板,利用穿孔板或者微穿孔板的微孔声阻来消耗声能,以达到降噪的目的。不同于阻性消声器的是,损耗型消声器的消声原理是单孔无阻尼的设计,其主要用于超净化空调系统,高温、潮湿、油雾、粉尘以及其他要求特别清洁的场合。有研究表明,设计大型亚声速风动噪声的消声器时已经使用这一原理,利用的就是穿孔率为 4.8% 的金属薄板组成的背腔式耗散型声衬(见图 5-7)。

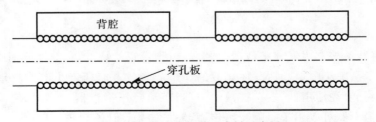

图 5-7　背腔式耗散型声衬示意图

在以上五种典型消声器中,最重要的是阻性消声器和抗性消声器。在实际设计中,通常会发现设计人员总是倾向于使用抗性消声器来对低频噪声进行控制,它们的尺寸往往比相同衰减量的阻性消声器更小。相反地,设计人员通常倾向于使用阻性消声器来衰减高频噪声,因为它们结构更简单,造价更低,在很宽的频率范围内具有更高的效率。总结以上五种消声器的性能特点,如表 5-1 所示。

表 5-1　常见消声器分类表

类型	结构	作用频带	主要用途
阻性消声器	直管式、蜂窝式、列管式、折板式、迷宫式、圆环式、声流式等	中、高频	控制风机的进、排气噪声,燃气轮机的进气噪声,机房进排风管道噪声等
抗性消声器	扩张式、共振腔式、干涉式等	中低频	控制空气压缩机的进气噪声、内燃机的排气噪声等
阻抗复合消声器	阻性与共振复合式、阻性与扩张管复合式等	宽频	控制大功率内燃机排气噪声、工业鼓风机和空分装备的进排气噪声
扩散型消声器	小孔喷注式、多孔扩散式、节流降压式、引射掺冷式等	特定频段	消除高压气体排放的噪声
损耗型消声器	穿孔板、微穿孔板式	宽频	用于超净化空调系统,高温、潮湿、油雾、粉尘以及其他要求特别清洁的场合

5.1.2　消声器的性能表述方法

1. 消声器的声学指标

(1)传递损失。消声器声学性能的好坏常用消声量的大小以及消声频谱特性来表征。消声器元件两端声功率之差(不计入末端反射影响)称为传递损失或透声损失,也简称为消声器的消声量。根据定义,传递损失 TL 为

$$TL = \Delta L = 10\lg(L_{wi} - L_{wt}) \tag{5-1}$$

式中:L_{wi} 是入射声声功率级;L_{wt} 是透射声声功率级。

当进、出口管道内的声波是平面波时,入射声的声功率 L_{wi} 和透射声的声功率 L_{wt} 分别是

$$W_i = S_i I_i = \frac{S_i(1 + M_i)^2 |p_i|^2}{\rho_i c_i} \tag{5-2}$$

$$W_t = S_t I_t = \frac{S_t(1 + M_t)^2 |p_t|^2}{\rho_t c_t} \tag{5-3}$$

式中:I_i 和 p_i、I_t 和 p_t 分别是消声器进口处的入射声强和声压;出口处的透射声强和声压,S_i、ρ_i、c_i、M_i 和 S_t、ρ_t、c_t、M_t 分别是消声器进出口的横截面积、介质密度、声速和气流马赫数。值得注意的是,当气流流动方向与声波传播方向相同时,马赫数为正值;相反时,为负值。当进口与出口的气体流动相同,流畅无损耗,且流动介质相同时,式(5-1)变为

$$TL = 20\lg\left(\frac{p_i}{p_t}\right) + 10\lg\left(\frac{S_i}{S_t}\right) = L_{pi} - L_{pt} + 10\lg\left(\frac{S_i}{S_t}\right) \tag{5-4}$$

式中：L_{pi} 是入射声声压级；L_{pt} 是透射声声压级。

如果还考虑背景噪声修正值，可得

$$TL = L_{pi} - L_{pt} + 10\lg\left(\frac{S_i}{S_t}\right) + (k_1 - k_2) \tag{5-5}$$

式中：k_1 是入射声的背景噪声修正值；k_2 是透射声的背景噪声修正值。

显然，消声器的传递损失 TL 与噪声源阻抗和管口的辐射阻抗无关，而只与消声器本体有关，因此，在消声器声学性能的理论分析中普遍使用传递损失。但是因为需要测量管道内进出口的入射声压和透射声压，声压消声器的传递损失的测量比较困难。

（2）插入损失。系统中插入消声器前、后，在系统外某定点（同一空间、同一方位、同样条件的测点）测得的声压级之差称为插入损失。在这里，插入损失指的是安装消声器前、后，由管口向外辐射噪声的声功率之差。如果安装消声器前、后声场近似保持不变，那么插入损失就是在指定测点处安装消声器前、后的声压级之差，即

$$IL = L_{p1} - L_{p2} \tag{5-6}$$

式中：L_{p1} 是安装消声器前测点上的声压级；L_{p2} 是安装消声器后测点上的声压级。

插入损失 IL 与噪声源、消声器、管口、消声器末端和周围环境相关，一般来说 IL < TL。需要特别指出的是，噪声源阻抗和管口辐射阻抗直接影响插入损失。插入损失反映了整体系统在安装了消声器前、后的声学变化，也就是说，插入损失并不是消声器单有的属性。同一个消声器安装在不同的系统中，插入损失可能会不相同。插入损失可以现场测量，简便实用，但是测量受到环境影响，一般用管口法测量所得的数据相对可靠（见图 5-8）；（轴向）衰减量为消声器内部轴线上两点间单位长度的声压级差值，反映了消声器自身的声学特性，主要用于描述消声器内部的声传播特性。对于截面尺寸大的消声器，由于进、出管口的平面波截止频率低，需要考虑相应的策略计算高于平面波截止频率时消声器的插入损失。

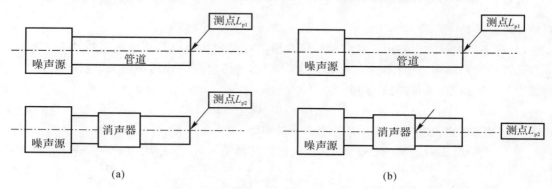

图 5-8 测量消声器插入损失示意图

（a）末端法； （b）管口法

（3）噪声衰减。在这里噪声衰减定义为消声器进口与出口的声压级之差，即

$$NR = L_{pi} - L_{pt} = 20\lg(p_i/p_t) \tag{5-7}$$

可以看出，噪声衰减 NR 不仅与消声器的本体有关，也与管口辐射有关，需要注意的是，NR 的测量仍然需要在管道内进行。

在以上讨论的三个声学指标中，插入损失是最适合评价消声器实际消声效果的参数，它反映了安装消声器前、后管口的辐射声功率之差。插入损失虽然容易测量，但是难以预测，因为

它与噪声源阻抗和管口辐射阻抗相关。相比之下,传递损失容易测量,但是它只是消声器真实消声性能的一个近似估计参数。值得注意的是,如果噪声源和管端无反射,消声器的插入损失和传递损失是相同的。计算噪声衰减 NR 虽然不要求知道噪声源信息,但其仍然与管口辐射阻抗相关。消声器声学性能评价指标的最终选择取决于计算精度和能够得到的信息。例如,为了预测插入损失,所需要的噪声源阻抗一般通过实验测量来确定,但是对于大多数的实际应用,这个过程所付出的代价是很高的。因此,在设计消声器时,通常选择传递损失作为性能指标,但是需要对其近似有比较清晰的认识,而在实验现场获得的插入损失测量值最终才能作为评价标准。

2. 消声器的综合性能要求

(1)声学性能。在设备正常运行(流速、温度、湿度、压强工况正常)条件下,要求消声器在需控制的频率范围内有足够的消声量,满足降噪要求。消声器内部的流场可以分为动态和静态两种,因此,消声量又可以分为动态频谱消声量和静态牛频谱消声量两种。

(2)空气动力性能。消声器对所通过的气流的阻力要小,即安装消声器后所增加的压力损失或者功率损耗要在允许的范围内,不能影响设备的正常运行。同时要求气流通过消声器时所产生的气流再生噪声级,远低于消声器出口端的期望噪声级。

(3)结构机械性能。要求消声器坚固耐用,使用寿命长。应用于高温、腐蚀、潮湿、粉尘等环境的消声器,尤其应该注意材质和结构的选择。尽量使消声器体积小,质量轻,结构简单,维修方便。

(4)外观要求。消声器应该加工精细、平整、美观,表面装饰应与设备总体相协调。

(5)价格要求。在保证消声器使用性能的前提下,通过合理设计,降低产品价格。

5.2　消声器的平面波理论

当管道中的噪声频率低于消声器的第一个高阶模态激发频率(平面波截止频率)时,其内部只有平面波传播,因此可以使用平面波理论来计算和分析消声器的声学特性。在平面波截止频率范围内,即使由于面积不连续产生了局部的非平面波,但是由于这种非平面波是非传播的耗散波,因此可以使用修正的平面波理论来计算消声器的声学特性。传递矩阵法的引入使管道和消声器的声学性能计算和分析变得简便,因此这一方法得到了广泛应用和迅速发展,解决了实际应用中多种消声单元(面积突变结构、变截面管道和穿孔结构)的声学模拟问题,同时这一方法考虑了重要因素(如流动效应、端部修正和穿孔声阻抗等)的影响。目前,基于平面波理论的传递矩阵法以其公式简单、计算速度快等优点成为排气系统声学特性研究中最常使用的计算分析方法。

5.2.1　传递矩阵法

传递矩阵法的基本思想是:把一个复杂系统分成一些基本的声学单元,每一个声学单元进、出口的关系用传递矩阵来表示,将所有单元的传递矩阵相乘即可得到整个系统的传递矩阵,进而计算出消声器的传递损失 TL、插入损失 IL 和噪声衰减 NR。

管道消声器的结构复杂多样,但是可以将其看作由多个基本的声学单元组合而成,每个声学单元进出口的声压 p_i 和 p_t 以及质点振速 v_i 和 v_t 可以表示为

$$\begin{bmatrix} p_i \\ v_i \end{bmatrix} = \boldsymbol{T} \begin{bmatrix} p_t \\ v_t \end{bmatrix} = \begin{bmatrix} A & B \\ C & D \end{bmatrix} \begin{bmatrix} p_t \\ v_t \end{bmatrix} \tag{5-8}$$

式中：$\boldsymbol{T}$ 是该声学单元的传递矩阵，其中 A、B、C 和 D 为四级参数。

现在以图 5-9 的双级膨胀腔消声器为例，介绍传递矩阵法的具体实施过程。将该消声器划分为 9 个串联的基本声学单元，其中，单元 1、3、5、7 和 9 为等截面直管，单元 2 是简单的面积扩张管，单元 4 为具有外插出口管的面积收缩管，单元 6 为具有外插进口管的面积膨胀管，单元 8 为简单的面积收缩管。对于这些简单的串联单元来讲，第 i 个单元的输出管就是第 $i+1$ 个单元的输入管。

假设第 i 个声学单元的传递矩阵为 $\boldsymbol{T}_i$，输入端的状态参数为 p_{i-1}，v_{i-1}，输出端的参数就是 p_i 和 v_i。于是有

$$\begin{bmatrix} p_i \\ v_i \end{bmatrix} = \boldsymbol{T}_1 \begin{bmatrix} p_1 \\ v_1 \end{bmatrix} = \boldsymbol{T}_1 \boldsymbol{T}_2 \begin{bmatrix} p_2 \\ v_2 \end{bmatrix} = \boldsymbol{T}_1 \boldsymbol{T}_2 \boldsymbol{T}_3 \cdots \boldsymbol{T}_9 \begin{bmatrix} p_9 \\ v_9 \end{bmatrix} \tag{5-9}$$

可以化简为

$$\begin{bmatrix} p_i \\ v_i \end{bmatrix} = \boldsymbol{T} \begin{bmatrix} p_9 \\ v_9 \end{bmatrix} \tag{5-10}$$

显然，该消声器的传递矩阵为

$$\boldsymbol{T} = \boldsymbol{T}_1 \boldsymbol{T}_2 \boldsymbol{T}_3 \cdots \boldsymbol{T}_9 \tag{5-11}$$

相似地，由 n 个单元组成的声学单元，进、出口处的声压和质点振速的关系是

$$\begin{bmatrix} p_i \\ v_i \end{bmatrix} = \boldsymbol{T} \begin{bmatrix} p_n \\ v_n \end{bmatrix} \tag{5-12}$$

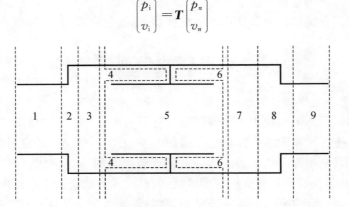

图 5-9　双级膨胀腔消声器的基本声学单元划分

利用传递矩阵法，将整个消声器的总结构划分为若干个串联的子结构，在每个声学单元的传递矩阵求出来后，将它们的顺序相乘就可得到整个消声器的传递矩阵，大大简化了推导复杂声学系统传递矩阵的过程。可见，使用传递矩阵法分析管道系统以及消声器的声学特性是非常方便的。

应用传递矩阵法还可以考虑发动机排气系统中温度的影响。在发动机排气系统中，进、出口的温差很大，不同位置处的温度也不相同，由第二章知识可知，温度变化会引起气体的密度、声速以及黏滞性等物理参数的变化，从而导致声学传播特性的变化。因此，在发动机排气系统中的声学分析中，考虑温度的变化对于提高理论模型的预测精度是十分重要的。应用传递矩阵可将存在温度梯度的排气系统分成若干个声学单元，将每个单元的温度设置为恒定（以每个

单元进出口的温度平均值为准),各个单元的温度差就形成了系统的温度差,将各个单元在各自温度下的传递矩阵相乘就可以得到整个排气系统的传递矩阵,而此矩阵就是考虑了温度影响的传递矩阵。有研究指出,当每个单元的温度系数都不大于 0.1 时,使用传递矩阵法可以有效地预测有温度梯度时排气系统的声传播特性。

管道消声器可以划分为多种声学单元,比较常见的有等截面管道、锥形管道、面积突变管道、旁支管、穿孔板、膨胀管、并联管等。传递矩阵是声学单元几何特性和管内介质属性的函数。下面将介绍不同的声学单元。

5.2.2 管道中的声传播

管道是进、排气系统和消声器中最基本的单元结构。研究管道中的声传播是消声器声学计算和分析的核心内容。下面介绍无流和有均匀流存在时管道内声波的性质。

1.静态中的三维声波

根据之前学习的内容,一维声波方程或者平面声波方程是

$$\frac{\partial^2 p}{\partial x^2} - \frac{1}{c^2}\frac{\partial^2 p}{\partial t^2} = 0 \tag{5-13}$$

其声压 p 和质点振速 v 分别是

$$p(x,t) = A\mathrm{e}^{\mathrm{j}(\omega t - kx)} + B\mathrm{e}^{\mathrm{j}(\omega t + kx)} \tag{5-14}$$

$$v(x,t) = \frac{1}{\rho_0 c}\left[A\mathrm{e}^{\mathrm{j}(\omega t - kx)} + B\mathrm{e}^{\mathrm{j}(\omega t + kx)}\right] \tag{5-15}$$

可以看出,式(5-13)是包含时间和空间的方程,假设声压随时间的变化是简谐的,也就是说声压可以表示为

$$p(x,t) = p(x)\mathrm{e}^{\mathrm{j}\omega t} \tag{5-16}$$

则平面声波方程式(5-13)就转化为

$$\nabla^2 p(x,t) + k^2 p(x) = 0 \tag{5-17}$$

式(5-17)就是亥姆霍兹方程,也是简谐声场的控制方程。同理,三维声场的亥姆霍兹方程是

$$\nabla^2 p(x,y,z,t) + k^2 p(x,y,z) = 0 \tag{5-18}$$

(1)矩形管道。当研究对象是矩形管道时,如图 5-10 所示,此时使用三维直角坐标系最简便,对声压使用分离变量法,并且假设

$$p(x,y,z) = X(x)Y(y)Z(z) \tag{5-19}$$

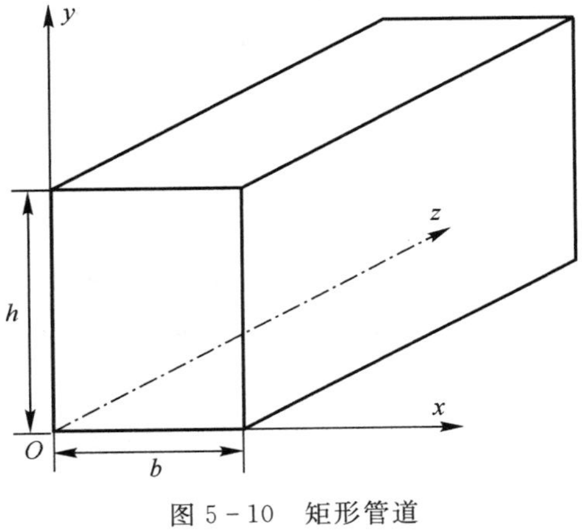

图 5-10 矩形管道

将式(5-19)代入式(5-18)中,可以分离出三个独立方程:

$$\frac{\mathrm{d}^2 X(x)}{\mathrm{d}x^2} = -k_x^2 X(x) \tag{5-20}$$

$$\frac{\mathrm{d}^2 Y(y)}{\mathrm{d}y^2} = -k_y^2 Y(y) \tag{5-21}$$

$$\frac{\mathrm{d}^2 Z(z)}{\mathrm{d}z^2} = -k_z^2 Z(z) \tag{5-22}$$

在这里,k_x,k_y 和 k_z 分别是 x,y 和 z 三个方向上的波数,并满足如下约束关系

$$k_x^2 + k_y^2 + k_z^2 = k^2 \tag{5-23}$$

所以式(5-20)~式(5-22)的通解为

$$X(x) = C_1 \mathrm{e}^{-\mathrm{j}k_x x} + C_2 \mathrm{e}^{\mathrm{j}k_x x} \tag{5-24}$$

$$Y(y) = C_3 \mathrm{e}^{-\mathrm{j}k_y y} + C_4 \mathrm{e}^{\mathrm{j}k_y y} \tag{5-25}$$

$$Z(z) = C_5 \mathrm{e}^{-\mathrm{j}k_z z} + C_6 \mathrm{e}^{\mathrm{j}k_z z} \tag{5-26}$$

于是,三维声压的通解可以写为

$$p(x,y,z) = (C_1 \mathrm{e}^{-\mathrm{j}k_x x} + C_2 \mathrm{e}^{\mathrm{j}k_x x})(C_3 \mathrm{e}^{-\mathrm{j}k_y y} + C_4 \mathrm{e}^{\mathrm{j}k_y y})(C_5 \mathrm{e}^{-\mathrm{j}k_z z} + C_6 \mathrm{e}^{\mathrm{j}k_z z}) \tag{5-27}$$

对于宽度是 b、高度是 h 的刚性壁矩形管道(见图5-10),边界条件为

$$\frac{\partial p}{\partial x} = 0, \quad x=0, \quad x=b \tag{5-28}$$

$$\frac{\partial p}{\partial y} = 0, \quad y=0, \quad y=h \tag{5-29}$$

将上述边界条件代入式(5-27),可得

$$C_1 = C_2, \quad k_x = \frac{m\pi}{b}, \quad m=1,2,3,\cdots \tag{5-30}$$

$$C_3 = C_4, \quad k_y = \frac{n\pi}{h}, \quad n=1,2,3,\cdots \tag{5-31}$$

(m,n) 的组合称为模态,因为它只和管的截面相关,于是 (m,n) 模态的声压可以表示为

$$p_{m,n}(x,y,z) = \cos\frac{m\pi x}{b}\cos\frac{n\pi y}{h}(A_{m,n}\mathrm{e}^{-\mathrm{j}k_{z,n,m}z} + B_{m,n}\mathrm{e}^{\mathrm{j}k_{z,m,n}z}) \tag{5-32}$$

(m,n) 模态的轴向波数 $k_{z,m,n}$ 可以由下式确定:

$$k_{z,m,n} = \sqrt{k^2 - \left(\frac{m\pi}{b}\right)^2 - \left(\frac{n\pi}{h}\right)^2} \tag{5-33}$$

根据叠加原理,该管道内的声压为所有模态的声压分量的叠加,即

$$p(x,y,z) = \sum_{m=0}^{\infty}\sum_{n=0}^{\infty}\cos\frac{m\pi x}{b}\cos\frac{n\pi y}{h}(A_{m,n}\mathrm{e}^{-\mathrm{j}k_{z,n,m}z} + B_{m,n}\mathrm{e}^{\mathrm{j}k_{z,m,n}z}) \tag{5-34}$$

那么在这里规定 $\psi_{m,n}(x,y) = \cos\frac{m\pi x}{b}\cos\frac{n\pi y}{h}$ 是模态的本征函数,表示声压在界面上随着坐标 x 和 y 的变化情况。在管道的任何一个截面上,(m,n) 模态的声压分量 $p_{m,n}(x,y,z)$ 都会呈现图5-11所示的分布。声压为零的线就是节线,在矩形管道中,m 和 n 是截面声压的节线数量,"+"和"一"代表了相位相反。

在式(5-33)中,如果同时满足 $m=0$,$n=0$,则轴向波数 $k_{z,0,0} = k$,此波就成为在管道中沿着 z 方向传播的平面波,因此管道中的 $(0,0)$ 波也被称为平面波或管道中的主波。如果 $k_{z,m,n}$

是实数,则(m,n)模态就不会衰减,也就是说

$$k^2-\left(\frac{m\pi}{b}\right)^2-\left(\frac{n\pi}{h}\right)^2\geqslant 0 \tag{5-35}$$

或者

$$f\geqslant\frac{c}{2}\sqrt{\left(\frac{m\pi}{b}\right)^2-\left(\frac{n\pi}{h}\right)^2} \tag{5-36}$$

当$h>b$,$f\geqslant c/2h$时,第一个高阶模态$(0,1)$能够被激发。所以为了保证管道中只有平面波出现,管道中的平面波截止频率应是

$$f_{\text{cut-off}}=\frac{c}{2h} \tag{5-37}$$

其实,即便是在截止频率以下,高阶模态依然是存在的,但是它是按照指数迅速衰减的。根据定义,可以直接写出(m,n)模态的质点振速的表达式:

$$u_{z,m,n}=\frac{k_{z,m,n}}{\rho_0\omega}\cos\frac{m\pi x}{b}\cos\frac{n\pi y}{h}(A_{m,n}\mathrm{e}^{-\mathrm{j}k_{z,m,n}z}+B_{m,n}\mathrm{e}^{\mathrm{j}k_{z,m,n}z}) \tag{5-38}$$

声质量速度是式(5-38)在截面上的积分,可得

$$v_{z,m,n}=\rho_0\iint_0^{b\ h}u_{z,m,n}\mathrm{d}x\mathrm{d}y=\begin{cases}\frac{bh}{c}(A_{0,0}\mathrm{e}^{-\mathrm{j}k_z z}+B_{0,0}\mathrm{e}^{\mathrm{j}k_z z}), & m=n=0\\ 0, & m+n\neq 0\end{cases} \tag{5-39}$$

因此,只有$(0,0)$波的声质量不为零,对于高阶模态研究声质量速度没有任何意义。

(2)圆形管道。圆形管道是管道系统中最常见的构型,在这里,给出建立在柱坐标系下的半径为a的圆柱体示意图(见图5-12)。

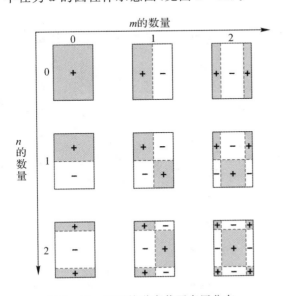

图5-11　矩形管道中截面声压分布

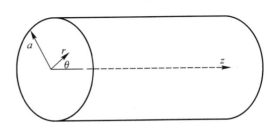

图5-12　圆柱管道

其中,$(0,0)$模态的轴向波数是

$$k_{z,m,n}=\sqrt{k^2-k_{r,m,n}^2}=\sqrt{k^2-\left(\frac{\alpha_{m,n}}{a}\right)^2} \tag{5-40}$$

同样,任何一个(0,0)模态无衰减传播的条件是

$$k \geqslant \frac{\alpha_{m,n}}{a} \tag{5-41}$$

或者

$$f \geqslant \frac{\alpha_{m,n}}{2\pi a}c \tag{5-42}$$

我们知道,$\alpha_{m,n}$ 是柱贝塞尔函数 $J_m(k_r a)$ 的导数为 0 的根(见表 5-2),即

$$J'_m(\alpha_{m,n}) = 0 \tag{5-43}$$

表 5-2 $\alpha_{m,n}$ 分布

		n 的取值					
		0	1	2	3	4	5
m 的取值	0	0	3.832	7.016	10.174	13.324	16.470
	1	1.841	5.331	8.536	11.706	14.864	18.016
	2	3.054	6.706	9.969	13.170	16.348	19.513
	3	4.201	8.015	11.346	14.586	17.789	20.973
	4	5.318	9.282	12.682	15.964	19.196	22.401
	5	6.415	10.520	13.987	17.313	20.576	23.804

同理,$k_{r,1,0}$ 和 $k_{r,0,1}$ 对应着第一个周向和径向的高阶模态,因此也对应着 $\alpha_{0,1} = 3.382$ 和 $\alpha_{1,0} = 1.841$。因此,(1,0)和(0,1)模态激发的波数分别是 $1.841/a$ 和 $3.382/a$,也就是说,第一个周向模态 $ka = 1.841$ 时开始传播,而第一个径向模态在 $ka = 3.382$ 时开始传播,所以圆形管道内的(0,0)波或者平面波传播的截止频率就是

$$f_{\text{cut-off}} = \frac{1.841}{2\pi a}c \tag{5-44}$$

图 5-13 给出了圆形管道中截面声压的分布,m 代表周向,n 代表轴向,节线依然用虚线表示。注意比较其和矩形管道的不同。

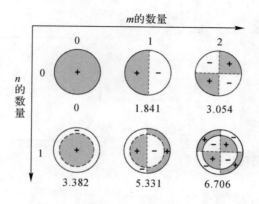

图 5-13　圆形管道中的截面声压分布

与矩形管道一样,高阶模态的声质量速度没有任何意义,这里不再赘述。如果管道的截面是轴对称的,则周向模态无法被激发,即声压分布和角度 θ 无关,此时,第一个高阶模态就是径向模态 $(0,1)$,对应的平面波截止频率就是

$$f_{\text{cut-off}}=\frac{3.832}{2\pi a}c \tag{5-44}$$

2.运动介质中的三维声波

声波的传播是由介质的惯性和弹性效应引起的,因此在运动介质中,声波相对于介质质点运动。当介质本身以均匀速度 U 运动时,声波相对于介质保持的运动速度 c 不变,所以相对于静止的参考系,前行波以绝对速度 $U+c$ 运动,而反射波则以绝对速度 $U-c$ 运动。在声波方程中,对时间的偏微分由全微分替代,因此均匀流动介质中的一维声波方程是

$$\frac{\partial^2 p}{\partial x^2}-\frac{1}{c^2}\frac{\mathrm{D}^2 p}{\mathrm{D}t^2}=0 \tag{5-45}$$

将全导数展开后,式(5-45)变为

$$\frac{\partial^2 p}{\partial t^2}+2U\frac{\partial^2 p}{\partial x\partial t}+(U^2-c^2)\frac{\mathrm{D}^2 p}{\mathrm{D}x^2}=0 \tag{5-46}$$

如果声压随时间的变化是简谐的,即 $p(x,t)=p(x)\mathrm{e}^{\mathrm{j}\omega t}$,就可以得到只含有空间坐标的微分方程

$$\frac{\partial^2 p(x)}{\partial x^2}-M^2\frac{\partial^2 p(x)}{\partial x^2}-2\mathrm{j}kM\frac{\partial p(x)}{\partial x}+k^2 p(x)=0 \tag{5-47}$$

其中,$M=U/c$ 为介质流动马赫数,于是声压和质点振速可以写为如下形式:

$$p(x,t)=\left[C_1\mathrm{e}^{-\mathrm{j}kx/(1+M)}+C_2\mathrm{e}^{-\mathrm{j}kx/(1-M)}\right]\mathrm{e}^{\mathrm{j}\omega t} \tag{5-48}$$

$$u(x,t)=\frac{1}{\rho_0 c}\left[C_1\mathrm{e}^{-\mathrm{j}kx/(1+M)}-C_2\mathrm{e}^{-\mathrm{j}kx/(1-M)}\right]\mathrm{e}^{\mathrm{j}\omega t} \tag{5-49}$$

由式(5-49)可以看出,介质的流动对两个行波的分量有流动效应,前行波和反射波的波数分别是

$$\left.\begin{array}{l}k^+=k/(1+M)\\k^-=k/(1-M)\end{array}\right\} \tag{5-50}$$

对于在矩形管道和圆形管道中运动介质的三维声波方程及其规律,在这里不做详细讨论,而是直接给出一些结论。

首先讨论矩形管道,假如存在运动介质,则高阶模态 (m,n) 能够无衰减传播的条件为

$$k^2-(1-M^2)\left[\left(\frac{m\pi}{b}\right)^2+\left(\frac{n\pi}{h}\right)^2\right]\geqslant 0 \tag{5-51}$$

同理,假设 $h>b$,则平面波截止频率为

$$f_{\text{cut-off}}=\sqrt{(1-M^2)}\frac{c}{2h} \tag{5-52}$$

如果管道横截面是圆形,则平面波截止频率为

$$f_{\text{cut-off}}=\sqrt{(1-M^2)}\frac{1.841c}{2\pi a} \tag{5-53}$$

进一步,如果进、出口的截面是轴对称的,则截止频率是

$$f_{\text{cut-off}}=\sqrt{(1-M^2)}\frac{3.832c}{2\pi a} \tag{5-54}$$

通过以上分析可知,有流动介质时的截止频率低于无流动介质时的截止频率,前行波和反射波的截止频率是相同的。当然不要忽略,这里有一个隐含的假设是马赫数 $M<1$,即介质速度 U 小于声速 c。

5.2.3 管道中的声传播

在进排气系统和消声器中最常见的管道有两种类型:等截面管道和锥形管道。对于其他类型的渐变截面管道,可以先将其划分为一系列等截面管道和锥形管道单元,然后再使用传递矩阵法求解。

1. 等截面管道

对于长度为 l 的等截面管道(见图 5-14),进、出口处的声压 p_1,p_2 和质点振速 u_1,u_2 可以表示为

$$p_1 = C_1 + C_2 \tag{5-55}$$

$$u_1 = \frac{1}{\rho_0 c}(C_1 - C_2) \tag{5-56}$$

$$p_2 = C_1 e^{-jkl/(1+M)} + C_2 e^{jkl/(1-M)} \tag{5-57}$$

$$u_2 = \frac{1}{\rho_0 c}[C_1 e^{-jkl/(1+M)} - C_2 e^{jkl/(1-M)}] \tag{5-58}$$

联立式(5-55)~式(5-58),消除 C_1 和 C_2,可以得到

$$p_1 = e^{-jMk_c l}[p_2 \cos(k_c l) + \rho_0 c u_2 j\sin(k_c l)] \tag{5-59}$$

$$\rho_0 c u_1 = e^{-jMk_c l}[p_2 j\sin(k_c l) + \rho_0 c u_2 \cos(k_c l)] \tag{5-60}$$

式中 $k_c = k/(1-M^2)$。将式(5-59)和式(5-60)写成矩阵形式为

$$\begin{bmatrix} p_1 \\ \rho_0 c u_1 \end{bmatrix} = e^{-jMk_c l} \begin{bmatrix} \cos(k_c l) & j\sin(k_c l) \\ j\sin(k_c l) & \cos(k_c l) \end{bmatrix} \begin{bmatrix} p_2 \\ \rho_0 c u_2 \end{bmatrix} \tag{5-61}$$

这里的传递矩阵没有考虑流动气体和刚性壁之间摩擦引起的声能耗散效应,如果管道非常长,则必须考虑,而对于一般的消声器管道而言,这一效应是可以忽略的。

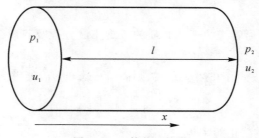

图 5-14 等截面管道

2. 锥形管道

锥形管道分为渐扩管道(见图 5-15)和渐缩管道两种,无论对于哪一种类型的锥形管,基于简谐声波的亥姆霍兹方程都可以写为

$$\frac{\partial^2 p(x)}{\partial x^2} + \frac{1}{S(x)}\frac{dS(x)}{dx}\frac{\partial p(x)}{\partial x} + k^2 p(x) = 0 \tag{5-62}$$

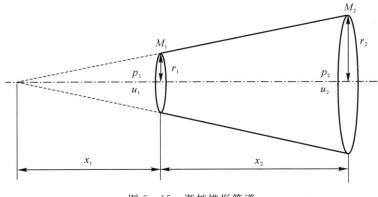

图 5-15　渐扩锥形管道

假设锥形管的渐扩管道的横截面积与轴向坐标的二次方成正比,即 $S(x) \propto x^2$,于是有以下关系:

$$\frac{1}{S(x)}\frac{\mathrm{d}S(x)}{\mathrm{d}x}=\frac{2}{x} \tag{5-63}$$

则式(5-62)可写为

$$\frac{\partial^2 p(x)}{\partial x^2}+\frac{2}{x}\frac{\partial p(x)}{\partial x}+k^2 p(x)=0 \tag{5-64}$$

于是,声压 $p(x)$ 和质点振速 $u(x)$ 的解为

$$p(x)=\frac{A}{x}\mathrm{e}^{-\mathrm{j}kx}+\frac{B}{x}\mathrm{e}^{\mathrm{j}kx} \tag{5-65}$$

$$u(x)=\frac{\mathrm{j}}{\omega\rho_0 x}\left[\left(-\mathrm{j}k-\frac{1}{x}\right)A\mathrm{e}^{-\mathrm{j}kx}+\left(\mathrm{j}k-\frac{1}{x}\right)B\mathrm{e}^{\mathrm{j}kx}\right] \tag{5-66}$$

因此,进口和出口之间的传递矩阵为

$$\begin{bmatrix} p_1 \\ \rho_0 c u_1 \end{bmatrix}=\begin{bmatrix} \dfrac{r_2}{r_1}\cos(kl)-\dfrac{1}{kx_1}\sin(kl) & \mathrm{j}\dfrac{r_2}{r_1}\sin(kl) \\ \mathrm{j}\left[\left(\dfrac{r_2}{r_1}+\dfrac{1}{k^2 x_1^2}\right)\sin(kl)-\dfrac{l}{kx_1^2}\cos(kl)\right] & \dfrac{r_2}{r_1}\left[\cos(kl)+\dfrac{1}{kx_1}\sin(kl)\right] \end{bmatrix}\begin{bmatrix} p_2 \\ \rho_0 c u_2 \end{bmatrix} \tag{5-67}$$

以上的分析适用于无流动介质的情况,下面将证明,如果存在低马赫数流动,可以从式(5-67)求得传递矩阵。现在来充分说明有流和无流时,声学传递矩阵中各个参数之间的关系。

对于各向同性的无旋低马赫数运动流体中的声传播,流场与声场的控制方程分别是

$$\nabla^2 \phi^F=0 \tag{5-68}$$

$$\nabla^2 \phi^A+2\mathrm{j}\frac{k}{c}\nabla\phi^F\cdot\nabla\phi^A+k^2\phi^A=0 \tag{5-69}$$

式中:ϕ^F 和 ϕ^A 分别为稳态速度势和声速度势。流体速度、质点振速和声压速度势分别可以表示为

$$u^F=-\nabla\phi^F \tag{5-70}$$

$$u^A=-\nabla\phi^A \tag{5-71}$$

$$p^A = \rho_0 (j\omega\phi^A - \nabla\phi^F \cdot \nabla\phi^A) \qquad (5-72)$$

对式(5-72)作如下变换：

$$\phi^A = \phi^B e^{-jk\phi^F/c} \qquad (5-73)$$

式中：ϕ^B 是静态介质中的声速度势。则式(5-69)就会变成

$$\nabla^2\phi^2 + k^2\phi^B + k^2\phi^B (\nabla\phi^F/c)^2 = 0 \qquad (5-74)$$

仔细观察式(5-74)，发现$(\nabla\phi^F/c)^2$是马赫数的二阶小量，将其忽略，所以式(5-74)就是无流时的亥姆霍兹方程。无流时，质点振速 u^B 和声压 p^B 与声速度势 ϕ^B 之间的关系可以表示为

$$\left.\begin{array}{l} u^B = -\nabla\phi^B \\ p^B = j\rho_0\omega\phi^B \end{array}\right\} \qquad (5-75)$$

把式(5-75)和式(5-73)代入式(5-71)和式(5-72)中，并忽略马赫数的二阶小量，得出

$$p^A = e^{(-jk\phi^F/c)}(p^B - \rho_0 cM \cdot u^B) \qquad (5-76)$$

$$u^A = e^{(-jk\phi^F/c)}[u^B - Mp^B/(\rho_0 c)] \qquad (5-77)$$

式中：马赫数 M 与稳态流速度势 φ^F 的关系为

$$M = -\frac{\nabla\phi^F}{c} \qquad (5-78)$$

当进、出口满足平面波和均匀流时，可以得到如下关系：

$$\begin{bmatrix} p_1^A \\ \rho_0 cu_1^A \end{bmatrix} = e^{-jk\phi_1^F/c} \begin{bmatrix} 1 & -M_1 \\ -M_1 & 1 \end{bmatrix} \begin{bmatrix} p_1^B \\ \rho_0 cu_1^B \end{bmatrix} \qquad (5-79)$$

$$\begin{bmatrix} p_2^A \\ \rho_0 cu_2^A \end{bmatrix} = e^{-jk\phi_2^F/c} \begin{bmatrix} 1 & -M_2 \\ -M_2 & 1 \end{bmatrix} \begin{bmatrix} p_2^B \\ \rho_0 cu_2^B \end{bmatrix} \qquad (5-80)$$

注意，和前面的定义一致，下标"1"和"2"分别代表进气口和排气口。

对于无流情况，进、出口的传递矩阵是

$$\begin{bmatrix} p_1^B \\ \rho_0 cu_1^B \end{bmatrix} = \begin{bmatrix} A & B \\ C & D \end{bmatrix} \begin{bmatrix} p_2^B \\ \rho_0 cu_2^B \end{bmatrix} \qquad (5-81)$$

联立式(5-80)～式(5-82)，并忽略马赫数的二阶小量，可得

$$\begin{bmatrix} p_1^A \\ \rho_0 cu_1^A \end{bmatrix} = \begin{bmatrix} A' & B' \\ C' & D' \end{bmatrix} \begin{bmatrix} p_2^A \\ \rho_0 cu_2^A \end{bmatrix} \qquad (5-82)$$

所以 A、B、C、D 和 A'、B'、C'、D' 的关系如下：

$$\begin{bmatrix} A' & B' \\ C' & D' \end{bmatrix} = e^{jk\frac{\phi_2^F-\phi_1^F}{c}} \begin{bmatrix} A-CM_1+BM_2 & B-DM_1+AM_2 \\ C-AM_1+DM_2 & D-BM_1+CM_2 \end{bmatrix} \qquad (5-83)$$

有了如上分析，可以由式(5-67)直接得到低马赫数下的传递矩阵。

5.2.3 面积不连续单元

抗性消声器普遍存在面积不连续的管腔结构。管道内的截面积突然改变造成阻抗失配，导致声波反射，从而实现了消声。典型的面积不连续单元主要为截面积突变单元和侧支管道单元。

1. 截面积突变单元

图5-16给出了几种管道截面积突变单元。简单的截面突扩和突缩过程可以看作外插进口膨胀和外插进口收缩在插管长度 $l_3 = 0$ 时的简化过程。下面给出具有插入管的突变结构在

面积不连续处传递矩阵的推导过程。

假设在管道内传播的声波是平面波，在交界面处存在声压和体积速度连续，即

$$p_1 = p_2 = p_3 \tag{5-84}$$

$$\rho_0 S_1 u_1 = \rho_0 S_2 u_2 + \rho_0 S_3 u_3 \tag{5-85}$$

对于封闭的端腔，如果壁面都是刚性的，则交界面上的阻抗是

$$Z_3 = \mathrm{j}\cot kl_3 \tag{5-86}$$

联立式(5-84)～式(5-86)，得出

$$\begin{bmatrix} p_1 \\ \rho_0 S_1 u_1 \end{bmatrix} = \begin{bmatrix} 1 & 0 \\ \mathrm{j}(S_3/c)\tan kl_3 & 1 \end{bmatrix} \begin{bmatrix} p_2 \\ \rho_0 S_2 u_2 \end{bmatrix} \tag{5-87}$$

再结合式(5-4)，可以得出截面突变单元的传递损失为

$$\mathrm{TL} = 10\lg \frac{(S_1 + S_2)^2 + (S_3 \tan kl_3)^2}{4 S_1 S_2} \tag{5-88}$$

可以看出，当 l_3 满足下述条件时，传递损失为最大值：

$$l_3 = (2n+1)\lambda/4 \tag{5-89}$$

也可以这样说，当封闭腔的长度是 1/4 声波波长的奇数倍时，该结构系统产生共振，此时管道中的声波被完全反射回去，不会继续向前行进，这是典型的抗性消声效应。当封闭腔的长度是零时，可以看出截面突扩和截面突缩的传递损失是相同的。当管道中需要考虑流体作用时，参考式(5-83)对传递方程做改写。

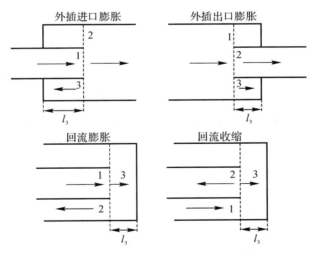

图 5-16　典型截面积突变单元示意图

2. 侧支管道单元

在主管道上旁接一个侧支管也形成了一种典型的声波反射单元，如图 5-17 所示。假设管道内都是平面波传播，在分叉处也同样满足声压和体积速度连续的条件，可以得到传递矩阵如下：

$$\begin{bmatrix} p_1 \\ \rho_0 S_1 u_1 \end{bmatrix} = \begin{bmatrix} 1 & 0 \\ \dfrac{S_3}{c} \cdot \dfrac{1}{Z_3} & 1 \end{bmatrix} \begin{bmatrix} p_2 \\ \rho_0 S_2 u_2 \end{bmatrix} \tag{5-90}$$

只要知道分叉处的声阻抗 Z_3，就可以确定侧支管道单元的传递矩阵，则该管道系统的传递损失也就可确定了。

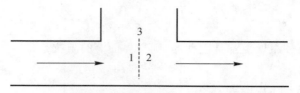

图 5-17　侧支管道单元示意图

需要了解的是，以上的分析都假设管道内是平面波传播。但实际上，即使满足截止频率条件，如果管道出现面积不连续，横截面的突变也会激发高阶模态，由于这些高阶模态在低于截止频率下是耗散的，即衰减非常快，因此在面积不连续的局部会形成非平面波。端部修正的理论非常复杂，在这里不做介绍，可以猜想其一定与不同管径的长度和半径相关。

5.3　阻性消声器

阻性消声器是利用吸声材料消声的，将吸声材料安置在气流通道的内壁或者按照一定的方式在管道中排列放置，就构成了阻性消声器。声波进入消声管道中，吸声材料会将一部分声能转化为热能而耗散掉，这就是阻性消声器的消声机理。阻性消声器结构简单，其在中高频段的消声效果较好，而在低频的消声性能相对较差。

5.3.1　消声量计算公式

一维理论基于一维平面波的假设，认为管道中传播的声波是以平面波的形式沿着管道长度方向传播的。常用的计算公式有很多，但是起源只有两个：一个是别洛夫公式，另一个是赛宾公式。其他公式都是由这两个公式衍生出来的。

1. 别洛夫公式

消声器的传递损失与吸声材料的声学性能、通道周长、横截面面积和管道长度等参量有关。假设吸声材料的声阻远大于声抗，那么由一维理论推导出的阻性直管消声器的轴向衰减（消声量）为

$$L_{\mathrm{A}} = \varphi(\alpha_0) \frac{L}{S} l \tag{5-91}$$

式中：$\varphi(\alpha_0)$ 是消声系数；α_0 是垂直入射吸声系数；l 是气流通道断面周长；L 是消声器的有效长度；S 是气流通道横截面积。

由式（5-91）可以看出，消声系数 $\varphi(\alpha_0)$ 与材料的法向阻抗密切相关，通常容易得到的是材料在垂直入射条件下的吸声系数 α_0。因此，为了计算消声量，有以下预估。当 $\alpha_0 > 0.6$ 时，消声系数 $\varphi(\alpha_0)$ 取值在 $1 \sim 1.5$ 之间比较合理。当 $\alpha_0 < 0.6$ 时，$\varphi(\alpha_0)$ 和 α_0 的近似换算关系如下：

$$\varphi(\alpha_0) = 4.34 \times \frac{1 - \sqrt{1 - \alpha_0}}{1 + \sqrt{1 - \alpha_0}} \tag{5-92}$$

根据式（5-91）可以得到以下结论：

(1)消声量和消声通道的几何尺寸有很大的关系,消声量和消声通道的有效长度以及气流通道的截面周长成正比,和气流通道的截面积成反比。所以想要提高消声量,就必须增大消声器通道长度或者缩小通道截面积。当截面积固定时,可以选择最合适的形状使得其周长增大,以达到提高消声量的目的。

(2)消声量和消声系数有很大关系,其中消声系数主要由衬贴材料的吸声系数决定。吸声系数和消声系数的函数关系如表 5-3 所示。

表 5-3　$\varphi(\alpha_0)$ 与 α_0 的换算关系

α_0		0.05	0.1	0.15	0.2	0.25	0.3	0.35	0.4	0.45	0.5
$\varphi(\alpha_0)$		0.05	0.11	0.17	0.24	0.31	0.39	0.47	0.55	0.64	0.75
α_0		0.55	0.60	0.65	0.70	0.75	0.80	0.85	0.90	0.95	1.00
$\varphi(\alpha_0)$	理论值	0.86	0.98	1.11	1.27	1.45	1.66	1.92	2.25	2.75	4.43
	经验值	0.82	0.90	1.0	1.05	1.12	1.2	1.3	1.35	1.42	1.5

式(5-91)是我国声学工作者简化后的别洛夫公式,并且对 $\alpha_0 \geqslant 0.6$ 后的消声系数进行了实验修正(见表 5-3)。由于一维理论作了多种假设,这就会与实际情况存在偏差,使用别洛夫公式计算出的消声量往往比实际值高一点。别洛夫公式虽然有不足之处,但是具有使用范围较广、参数选取基于实验研究、简单易得、对高频率仍有较好的分析精度等优点。

2.赛宾公式

赛宾公式考虑采用无规入射时的平均吸声系数 $\bar{\alpha}$,此时计算阻性消声器声衰减的经验公式为

$$L_A = 1.05 \bar{\alpha}^{1.4} \frac{L}{S} l \tag{5-93}$$

式中:$\bar{\alpha}$ 是吸声材料无规入射时的平均吸声系数,表 5-4 中列出了 $\bar{\alpha}$ 与 $\bar{\alpha}^{1.4}$ 的关系。

表 5-4　$\bar{\alpha}$ 与 $\bar{\alpha}^{1.4}$ 的换算关系

$\bar{\alpha}$	0.05	0.10	0.15	0.20	0.25	0.30	0.35	0.40
$\bar{\alpha}^{1.4}$	0.015	0.040	0.070	0.105	0.144	0.185	0.230	0.277
$\bar{\alpha}$	0.45	0.50	0.60	0.70	0.8	0.90	1.00	
$\bar{\alpha}^{1.4}$	0.327	0.329	0.489	0.607	0.732	0.863	1.00	

赛宾公式的适用条件为:吸声系数 $0.2 \leqslant \bar{\alpha} \leqslant 0.8$、频率范围为 $200\ Hz \leqslant f \leqslant 2\ 000\ Hz$、通道截面直径为 $22.5 \sim 45\ cm$、长宽比为 $1:1 \sim 1:2$ 的矩形通道。由此可见,赛宾公式比别洛夫公式有更严格的限制条件。

5.3.2　高频失效现象

1.高频失效频率

随着声波频率的增长,声波在消声器通道中传播时的方向性越来越强。当入射声波的频率高到一定程度时形成"声束",很难进入铺设在管壁上的吸声材料,消声量明显下降,这种现

象就是高频失效。对应的频率称为高频失效频率 f_u，高频失效频率可用下式表示：

$$f_u \approx 1.85 \frac{c}{d_{eq}} \tag{5-94}$$

式中：c 是声速；d_{eq} 是消声通道的等效直径。

对于圆管来说，等效直径为通道内径；对于矩形管来说，等效直径为边长平均值；对于各向尺度差异不大的其他形状，可以取截面积的二次方根作为通道内径；对于长和宽差异比较大的扁平截面，可以取宽度作为通道内径。

当 $f > f_u$ 时，频率 f 每增加一个倍频程，消声量 ΔL 下降 1/3。

$$\Delta L_n = \frac{3-n}{3}\Delta L \tag{5-95}$$

式中：ΔL_n 是高于 f_u 的频带消声量；ΔL 是 f_u 处的频带消声量；n 是高于 f_u 的倍频程频带数。

2. 高频时改善消声量的方法

改善高频时消声器消声量的原则是增加高频声波与吸声面的接触机会和接触面积，但是不能使消声器的空气动力性能变差。可以采用的方法包括：对于单通道直管式消声器来说，一般控制管径小于 300 mm；当通道直径尺寸在 300~500 mm 时，中间设一片吸声层或者一个吸声芯柱；当通道直径尺寸大于 500 mm 时，采用片式/百叶式消声器、蜂窝式消声器、折板式消声器、声流式消声器、迷宫式消声器、盘式消声器等。

5.3.3　气流影响

在 5.2 节中，讨论了气流对管道内声场的影响。鉴于消声器种类繁多、结构复杂，在这里给出气流对消声器性能的影响规律总结。气流对消声器消声性能的影响主要有三个途径：第一个是当消声器通道内存在气流时，声波的传播特性和管壁的边界条件会改变，从而影响声波的传播衰减；第二个是气流本身的湍流运动或者固体物件的受迫振动会产生再生噪声，两者的本质是不同的，相互也没有直接关联；第三个是当气流通过消声器时，气流的总压会有一定程度的降低，称之为气流的阻力损失。

1. 气流对消声量的影响

消声器的消声量一般随着流速的增加而降低，消声通道的消声系数可以近似表示为

$$\varphi_1 = \frac{\varphi}{(1+M)^2} \tag{5-96}$$

式中：φ 是无气流时的消声系数；M 是气流马赫数。气流在管道中的流动速度并不均匀，对同一个横截面来说，管道中央气流速度最高，离开中央位置越远，气流速度越低，接近管壁内侧，气流速度接近零。如果声波方向和流动速度相同，管道中心声速高，周围壁面声速低，按照声波折射原理，声波会向管壁弯曲，然而对于阻性消声器，周围壁面的多孔吸声材料就可以对这一部分的声波进行吸收。当声波方向和流动速度相反时，声波从周围壁面向管道中心弯曲，对阻性消声器吸声是不利的。

2. 气流再生噪声

气流对消声器的内部声场有影响，而且当气流通过消声器的具体结构时，一般会产生气流再生噪声。很显然，这种噪声是在原有噪声的基础上新叠加的一种噪声，它会影响消声器的实际使用效果。气流再生噪声取决于气流速度和消声器结构，一般来说，气流速度越大或者消声器内部结构越复杂，例如具有非常多的变截面单元和弯折，则产生的气流再生噪声也就越大。

气流再生噪声产生主要分为 2 个方面:一是气流经过消声器的管道时,由局部阻力和摩擦阻力产生一系列湍流,相应地辐射一些噪声;二是由气流激发消声器构件振动产生的辐射噪声。因为消声器的部件(如薄壁板件、空腔等)在气流的冲击下,有时会不可避免地发生共振从而辐射噪声,还有实际消声器不可能制作得非常光滑,所以消声器的气流再生噪声有时无法避免。

气流再生噪声的 A 声级近似服从六次方定律,相应的估算表达式为

$$L_{pA} = a + 60 \lg U \tag{5-97}$$

式中:U 是气流速度;a 是与壁面表面粗糙度有关的系数,一般取 20 dB。

消声器不能衰减气流再生噪声。气流再生噪声是由气流与壁面相互作用而产生的噪声,与入射声波声压级的大小无关。不论消声器的长度取多少,出口端的声压级极限值都是气流再生噪声的声压级。总之,在设计消声器时,消声器中的再生气流不能过高,因为如果流速太高,不仅声学性能会发生改变,同时空气动力学性能也会变差。一般对于空调消声器,流速不会超过 10 m/s,对于压缩机和鼓风机消声器,流速不会超过 30 m/s,对于内燃机消声器,流速应该在 30~50 m/s 范围内,对于大流量排气放空消声器,流速可以为 50~80 m/s。

3.气流的压力损失

当气流通过消声器时会产生机械能的损耗,在消声器的进口端和出口端气体总压存在一定的差值。这个降低量就是消声器内气流的总压损失,其与气流流速的二次方成正比,并且和通道的平直性,以及壁面的粗糙度等因素有关。按照压力损失的不同原理,可以将其分为摩擦压力损失、管道突扩产生的压力损失、管道突缩产生的压力损失、弯头的局部阻力系数。

(1)摩擦压力损失。管道内由壁面摩擦产生的压力损失可以由下式表示:

$$\Delta p = \lambda \frac{l}{d_{eq}} p_U \tag{5-98}$$

$$p_U = \frac{1}{2} \rho U^2 \tag{5-99}$$

式中:p_U 是动压;ρ 是气体密度;v 是气体速度;l 是管道长度;λ 是摩擦阻力系数;d_{eq} 是横截面的等效直径。

(2)管道突扩处的局部阻力系数。当气流由截面为 S_0 的较细管道进入截面为 S 的较粗管道时,截面积突然扩大,出现气体湍流,会产生明显的压力损失,该值与气流的动压 p_U 成正比,即

$$\Delta p = \xi p_U \tag{5-100}$$

式中:比例系数 ξ 称为局部阻力系数,一般由实验测得,可以近似表示为

$$\xi = \frac{1}{2} \left(1 - \frac{S_0}{S} \right)^2 \tag{5-101}$$

(3)当气流由截面为 S 的较粗管道突然收缩到截面为 S_0 的较细管道时,也会产生压力损失。局部阻力系数可以由下式进行估算:

$$\xi = \frac{1}{2} \left(1 - \frac{S_0}{S} \right) \tag{5-102}$$

(4)弯头的局部阻力系数。在管道突然转弯处,气流机械能在局部范围内产生耗散。常见的管道转弯结构分为圆滑弯曲和折弯两种。圆滑弯曲就是管道逐渐缓慢弯曲成圆弧形,折弯时管道直接弯曲某个角度。弯头的局部阻力系数和弯曲角度有关,弯曲角度越大,局部阻力系数越大。圆滑弯曲的局部阻力系数小于折弯的局部阻力系数,而且弯曲半径越大,局部阻力系

数越小。具体数值需要实验测定,也可以通过查阅手册确定。表 5-5 给出了弯管的局部阻力系数 ξ。如图 5-18 所示,d_0 是管道的直径,r 是弯管在弯折处的内半径,l 是弯折后的管道的过度长度。

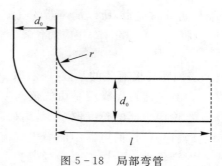

图 5-18 局部弯管

表 5-5 弯管的局部阻力系数

	局部阻力系数 ξ							
r/d_0	r/d_0							
	0	0.5	1.0	1.5	2.0	3.0	6.0	12.0
0.2	2.15	2.15	2.08	1.84	1.70	1.60	1.52	1.48
0.5	1.80	1.54	1.43	1.36	1.32	1.26	1.19	1.19
1.0	1.46	1.19	1.11	1.09	1.09	1.09	1.09	1.09
2.0	1.09	1.10	1.06	1.04	1.04	1.04	1.04	1.04

对于一个具体的消声器结构,可以将其划分为多个截面突变单元和多个弯管连接,则总体的气流压力损失可以是各个部位摩擦压力损失和局部压力损失的叠加。

5.3.4 阻性消声器的种类

阻性消声器按通道几何形状不同分为不同种类:直管式、片式、折板式、迷宫式、蜂窝式、声流式、盘式和消声弯头等。

1. 直管式消声器

直管式消声器是阻性消声器中一种最简单的结构形式,只是在管道内壁上加衬一定厚度的吸声材料或者吸声结构。直管可以是圆管、方管或者矩形管,如图 5-19 所示。直管式消声器一般适用于流量小、截面尺寸小的管道。

2. 片式和百叶式消声器

对于流量大而且需要足够大通风面积的通道,为使消声器周长与截面比增加,可以在直管里插入一定数量的平板形吸声片,将大通道分隔成几个小通道,如图 5-20 所示。当片式消声器每个通道的构造尺寸相同时,只要计算出每个通道的消声量,就可以求得该消声器的消声量。

片式消声器的消声量和每个通道的宽度有关,宽度越小,消声量就越大。片式消声器可以增加消声器的消声量,提高消声器的高频失效频率。在工程上设计片式消声器时,通道宽度通常取 100~200 mm,中间消声器厚度通常取 60~150 mm。如果主要用于消除高频噪声,片层可以薄一些,如果要兼顾消除低频噪声,则可以适当加厚片层。片式消声器的结构不会太复杂,且中、高频消声效果好,是噪声控制中常用的一种手段。为了不妨碍流体流动,片式消声器的流道截面积通常设计为管道截面积的 1.5 倍左右。

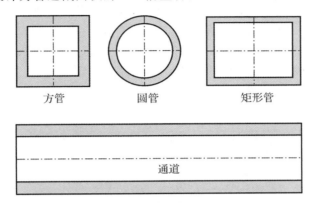

图 5-19　直管式阻性消声器

百叶式消声器实际上是一种长度很短的片式或者折板式消声器的改型,又称为消声百叶窗,长度为 200~500 mm,特点是气流阻力小,消声量一般为 5~15 dB,消声呈现中、高频特性。百叶式消声器用于大型隔声罩散热窗口,或者用于高噪声机械设备机房的进排气窗口,既有一定的消声效果,又不影响通风散热,是一种辅助的消声装置。

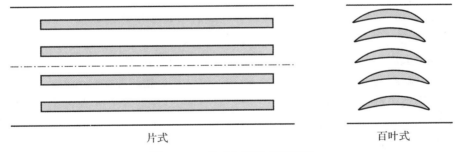

图 5-20　片式和百叶式消声器

3.折板式消声器

折板式消声器是片式消声器的变型。在给定直线长度情形下,这种消声器可以增加声波在管道内的传播路程,使材料更多地接触声波,尤其对于中、高频声波,其能够增加传播途径中的反射次数,进而使中、高频消声特性得以提升。为了不过大地增加阻力损失,片间距通常控制在 150~200 mm,曲折度以不透光为佳。对于风速过高的管道则不应该使用这种消声器。

4.迷宫式消声器

迷宫式消声器也称为室式消声器。在输气管道中加衬吸声材料或者吸声障板,就组成了迷宫式消声器,如图 5-21 所示。该种消声器除了具有阻性作用以外,通过扩大与缩小小室断面,还可以使其具有抗性作用,所以迷宫式消声器的消声频率范围较宽。迷宫式消声器具有消声频带宽、消声量较高的优点;其缺点是空间体积大、阻损较大,只适用于低风速的条件。

迷宫式消声器的消声性能与宫室尺寸、通道截面、吸声材料及其面积等因素有关。其消声量可以用下式计算：

$$L_A = 10\lg \frac{\alpha S_1}{(1-\alpha)S_2} \tag{5-103}$$

式中：α 是内衬吸声材料的吸声系数；S_1 是内衬吸声材料的表面积；S_2 是进、出口的截面积。

仅有一个小室的室式消声器称为单室消声器或者消声箱，有多个小室的室式消声器叫作多室消声器。在室式消声器的设计中，隔断分割的小室数目应该选取为 3～5 个，室式消声器内的流速应该小于 5 m/s。室式消声器虽然消声效果良好，但是气流阻力损失大、体积大，一般适用于大流量、低流速、消声量要求高的大型通风空调系统。

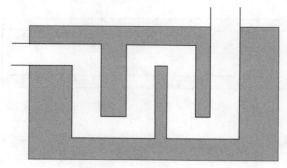

图 5-21　迷宫式消声器

5.蜂窝式消声器

将一定数量且尺寸较小的直管式消声器并列组合就构成了蜂窝式消声器，如图 5-22 所示。其管道的周长和截面积比值比直管和片式大，所以消声量较大，而且小管的尺寸很小，使得消声失效频率大大提高，从而改善了高频消声特性。但是由于其构造复杂，阻损较大，通常适用于流速低、风量较大的情况。每个单元通道的尺寸最好控制在 300 mm×300 mm 以下。如果按照原通道通流截面设计消声器，为了减小阻力损失，蜂窝式消声器的通流截面可选为原管道通流截面的 1.5～2 倍。蜂窝式消声器的优点是中高频消声特性好，缺点是结构相对复杂、阻力损失大、尺寸过于庞大，一般适用于风量较大、低流速的场合。

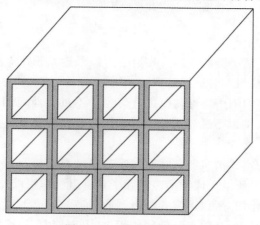

图 5-22　蜂窝式消声器

6. 声流式消声器

声流式消声器是折板式消声器的改进形式,它是将折板式的折线通道改进为平滑变化的弯曲通道,从而减小消声器的压力损失。由于消声片的截面宽度有较大的起伏,所以其不仅具有折板式消声器的优点,还能附加低频吸收。但是声流式消声器的结构复杂,制造工艺难度很大,制造成本较高。

7. 盘式消声器

在装置消声器的纵向尺寸受到限制的情况下使用盘式消声器。盘式消声器的外形呈盘状,其轴向长度和体积较小,通道截面逐渐变化,气流速度也逐渐变化,压力损失较小。此外,由于进气和出气方向互相垂直,声波发生弯折,故而中高频的消声效果得到提升。

8. 消声弯头

在管道弯头内壁铺设吸声材料即得消声弯头。没有衬贴吸声材料的弯管,管壁是近似刚性的,声波在管道中虽有多次反射,最后仍可以通过弯头传播出去,所以无衬弯头的消声作用是有限的。有吸声衬里弯头的插入损失大致与弯折角度成正比。图 5-23 所示为 180°消声弯头声压级差与衬贴材料吸声系数 α 和 N 的变化关系(其中,N 是弯头中轴线长度和吸声贴面材料表面之间距离的比值)。消声弯头有一定的消声效果,结构简单,占用建筑空间少,再加上由衬贴吸声材料附加的气流损阻不大,因此在空调通风工程中应用较广,有时的通风空调系统甚至不用另外加装消声器,而仅使用消声弯头就可以达到消声降噪的效果。

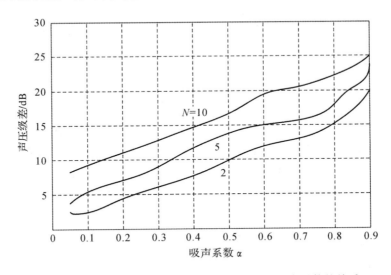

图 5-23 180°消声弯头声压级差和衬贴材料吸声系数的关系

如果多个消声弯头串联,而各个弯头之间的间隔距离比管道横截面尺寸大得多,则总消声量等于一个消声弯头的消声量乘以消声弯头个数。当然消声弯头的个数是有限的,总消声量还要考虑气流再生噪声的制约。直角弯头的气流阻力损失和气流再生噪声都大,将直角弯头的吸声内衬做成弯曲的流线型,可以大大减少气流阻力损失和气流再生噪声。表 5-6 列出了几种阻性消声器的气流阻力损失值。

表 5 - 6　几种阻性消声器的气流阻力损失

消声器类型	消声器长度/mm	风速/(m·s⁻¹)	阻力损失/Pa
片式消声器	2 400	5.1	12
蜂窝式消声器	2 400	5.0	18
声流式消声器	2 400	5.0	20
折板式消声器	2 400	5.0	24
迷宫式消声器	1 800	5.1	110

5.3.5　阻性消声器的设计要点

1. 确定空气动力设备噪声的基本参数

确定需要消声的空气动力机械的噪声级和各倍频带声压级,可以采用测量、估算或者查找资料的方式;选定消声器的装设位置;确定允许噪声级和各倍频带的允许声压级(根据国家相应的标准规范规定的噪声限制值确定),通过测量出的噪声级和频带声压级减去国家相应的标准规范允许的噪声级和频带声压级计算得到。

2. 合理选择消声器的结构形式

消声器的结构形式主要根据气体通道截面积尺寸来确定。如果进、出气管道直径小于300 mm,那么可以选择单通道的直管式;如果管道直径大于 300 mm 而小于 500 mm,可以在中间放置一片吸声层或者吸声芯,此时,消声器通道有效截面积应该扣除吸声层或者吸声芯所占的面积,以保证消声器中的流速不会高于原来输气道中的流速;如果进、出气管道直径大于500 mm,就要设计成片式、蜂窝式或者声流式。对于片式,片间距不要大于 250 mm,对于蜂窝式,每个蜂窝尺寸不要大于 300 mm×300 mm。不管是片式还是蜂窝式,都要注意流速不要超过 20 m/s。

当需要获得比片式消声器更高的高频消声量时,可以选择折板式消声器,折板式消声器适用于压力较大的高噪声设备消声;当需要获得较大消声量和较小压力损失时,可以选用消声通道为正弦波形、流线型或者菱形的声流式消声器;在通风管道系统中,可以利用沿途的箱、室,设计室式消声器;对于风量不大、流速不高的通风空调系统,可以选用消声弯头;对于缺少安装空间位置的管路系统,可以选用百叶式消声器。

3. 合理选择吸声材料

吸声材料是影响阻性消声器消声性能的重要因素,在同样长度和横截面的条件下,消声器的消声值大小取决于吸声材料的吸声系数,而吸声材料吸声系数的大小,不仅和材料的种类有关,还与其密度和厚度密切相关。

吸声材料的种类很多,例如超细玻璃棉、泡沫塑料、膨胀珍珠岩等。这类材料柔软多孔,而且孔隙相互串联,在 500 Hz 以上有良好的吸声效果。在选用吸声材料时,除了考虑吸声性能以外,还要考虑施工方便、经济耐用,在特殊环境下,还要考虑耐热、防潮、耐腐蚀等问题。

吸声层的厚度设计,由需要消除的频率决定。如果只是为了吸收高频噪声,吸声层可以做得薄一些,例如超细玻璃棉,取 25~30 mm 就可以了;如果只是为了加强低频噪声的吸收,那么可以适当厚一些。

每种吸声材料都有其最佳密度,例如超细玻璃棉填充至密度为 $20 \sim 30$ kg/m³ 最为合适,也就是说比自然密度稍大一些即可。由实践工程经验可知,其吸收峰会向低频方向移动,对低频声的吸收有好处,但是整个吸收峰会下降。

4.合理选择吸声材料的护面材料

阻性消声器是在气流中工作的,所以在设计时必须用牢固的护面将吸声材料固定起来。如果护面选择不合理,那么吸声材料会被气流吹走,或者护面装置激起振动,这些都会导致消声器性能下降。采用何种护面形式要根据消声器通道内气流的速度来决定。

护面材料和结构有玻璃纤维布、窗纱、金属网、穿孔板等。在噪声控制工程实践中,最常用的吸声材料护面结构是玻璃纤维布加金属穿孔板。气流速度越大,孔径越小。孔的布置可以按照正方形排列,也可以按照正三角形排列。

5.根据降噪要求确定消声器的长度

在通道截面确定的情况下,增加消声器长度可以提高消声值。要根据噪声级大小和现场的降噪要求计算、确定所需消声器的长度。例如一个风机噪声远高于车间其他设备的噪声或者要求有较大的消声值,那么就要将消声器设计得长一些。

6.验算和修正消声效果

考虑高频失效和气流再生噪声的影响验算消声效果。由于消声器的消声效果和所需要消声的频率范围有关,也和气流再生噪声有关,所以必须对高频失效频率和再生噪声进行验算。如果设备对消声器的压力损失有一定的要求,就应该计算压力损失是否在允许范围内。如果消声器的设计方案不能满足消声要求,那么就要考虑修改设计,直到达到要求为止。

例 5-1　选用同一种吸声材料(平均吸声系数为 0.46)衬贴的消声管道,管道有效长度为 2 m,管道有效截面积为 1 500 cm²。当截面形状分别为圆形、正方形和长宽比为 1:5 的矩形时,哪种截面形状的声衰减最大?

解:(1)当管道为圆形时,可求得管道有效直径 $d=0.437$ m,则管道断面有效周长 $L_1=1.372$ m。由赛宾公式

$$L_A = 1.03 (\bar{\alpha})^{1.4} \frac{L}{S} l$$

可得圆形管道声衰减为

$$L_{A1} = 1.03 \times 0.46^{1.4} \times \frac{1.372}{0.15} \times 2 = 6.4 \text{ dB}$$

(2)当管道为正方形时,可求得管道断面有效周长 $L_2=1.549$ m,则正方形管道声衰减量为

$$L_{A2} = 1.03 \times 0.46^{1.4} \times \frac{1.549}{0.15} \times 2 = 7.2 \text{ dB}$$

(3)当管道为长宽比为 1:5 的矩形时,可求得管道断面有效周长 $L_3=2.078$ m,则

$$L_{A3} = 1.03 \times 0.46^{1.4} \times \frac{2.078}{0.15} \times 2 = 9.6 \text{ dB}$$

因此,矩形管道声衰减最大。

例 5-2　阻性消声器内的流速是 30 m/s。将气流再生噪声当作点声源,评估该再生噪声对消声器的影响,其中气流再生噪声距离进口 1.5 m。

解:根据式(5-97),可以得出气流再生噪声 $L_{pA}=98$ dB。如果将气流再生噪声当作点声

源,则 $L_A = L_{pA} - 20 \lg r - 11 = 98 - 20 \lg 1.5 - 11 = 83$ dB。

5.4 抗性消声器

抗性消声器是通过控制声抗的大小来消声的,它不使用吸声材料,而是依靠声传播过程中管道截面的突变或者旁接共振腔,通过声波的反射、干涉来降低向外辐射的声能量。对于减弱窄频带的噪声和明显不连续的噪声,采用抗性消声器可以得到良好的消声效果。从能量角度来看,阻性消声器的原理是能量转换,而抗性消声器的原理主要是声能量的转移。常用的抗性消声器有扩张式消声器、共振式消声器、无源干涉式消声器和有源干涉式消声器等。这类消声器中除了微穿孔板消声器具有宽频带消声特性以外,其他消声器的频率选择性都比较强,适用于对窄带噪声和中低频噪声的控制,比较适合在高温、潮湿、气流速度较大、洁净度要求较高的场所使用。

5.4.1 扩张式消声器

扩张式消声器的消声原理:声音在突变截面管道中传播时,管道截面的突然扩张或者收缩导致通道内声阻抗突变,使得沿管道传播的某些频率的声波被反射回声源,由此产生传递损失。

1. 扩张式消声器的消声原理

扩张式消声器也称为膨胀式消声器,是由管和室两种基本元件组成的,其最基本形式是单节扩张式消声器,如图 5-24 所示。主管截面积为 S_1,扩张部分管道截面积为 S_2,扩张部分管道长度为 l,消声器的扩张比为 $m = S_2 / S_1$。

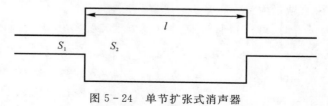

图 5-24 单节扩张式消声器

当声波的波长远大于消声器各部分尺寸时,管子里面的空气柱像活塞一样运动,不同的管子和扩张室的组合,就相当于不同的声质量和声顺的组合。适当的组合可以阻止某些频率成分的噪声通过消声器,从而达到消声的目的。

由前面的学习可以知道如下内容:

声压反射系数为

$$\gamma_p = \frac{p_r}{p_i} = \frac{S_1 - S_2}{S_1 + S_2} = \frac{1-m}{1+m} \tag{5-104}$$

声强反射系数为

$$\gamma_1 = \gamma_p^2 = \left(\frac{S_1 - S_2}{S_1 + S_2}\right)^2 = \left(\frac{1-m}{1+m}\right)^2 \tag{5-105}$$

声强透射系数为

$$\tau_1 = 1 - \gamma_1 = \frac{4S_1 S_2}{(S_1 + S_2)^2} = \frac{4m}{(1+m)^2} \qquad (5-106)$$

2. 扩张式消声器的消声特性

(1)单节扩张式消声器的消声量。单节扩张式消声器的消声量可以用下式计算：

$$\Delta L = 10\lg\left[1 + \frac{1}{4}\left(m - \frac{1}{m}\right)^2 \sin^2 kl\right] \qquad (5-107)$$

式中：m 是扩张比，$m = S_2/S_1$，S_1 是扩张前的面积，S_2 是扩张后的面积；l 是扩张室消声器的长度；k 是波数。

(2)消声频率特性。根据式(5-107)可以画出图 5-25 所示的扩张式消声器的消声频率特性。

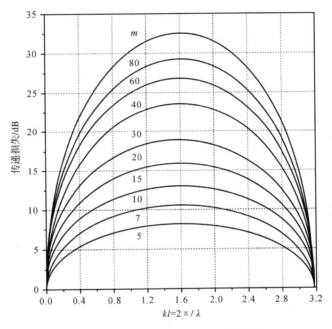

图 5-25　扩张式消声器的消声特性

由式(5-107)可以看出，消声量和 $\sin kl$ 有关，而 $\sin kl$ 是周期函数，所以消声量随 kl 作周期性变化(见图 5-26)。当 $\sin kl = \pm 1$ 时，消声量达到最大，也就是说当 kl 为 $\frac{\pi}{2}$ 的奇数倍，即 $kl = \frac{(2n+1)\pi}{2}$ 时，消声量达到最大值，此时，消声量为

$$\Delta L l_{\max} = 10\lg\left[1 + \frac{1}{4}\left(m - \frac{1}{m}\right)^2\right] \qquad (5-108)$$

由式(5-108)可以看出，单节扩张式消声器的消声量主要由扩张比决定，通常 $m > 1$。一般来说，当 $m > 5$ 时消声器才有明显的消声效果。当 $m > 5$ 时，消声量计算公式可以近似取为

$$\Delta L_{\max} = 20\lg\frac{m}{2} = 20\lg m - 6 \qquad (5-109)$$

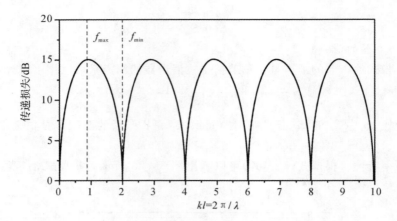

图 5-26 单节扩张式消声器的频率特性

单节扩张式消声器的消声量最大值 ΔL_{max} 与扩张比 m 的关系如表 5-7 所示。

表 5-7 单节扩张式消声器的消声量最大值 ΔL_{max} 与扩张比 m 的关系

扩张比 m	ΔL_{max}	扩张比 m	ΔL_{max}	扩张比 m	ΔL_{max}
1	0.0	10	14.1	19	19.5
2	1.9	11	14.8	20	20.0
3	4.4	12	15.6	22	20.8
4	6.5	13	16.2	24	21.6
5	8.5	14	16.9	26	22.3
6	9.8	15	17.5	28	22.9
7	11.1	16	18.1	30	23.5
8	12.2	17	18.6		
9	13.2	18	19.1		

当 $kl=\dfrac{(2n+1)\pi}{2}$ 时,单节扩张式抗性消声器的消声量达到最大值。此时,$2\pi fl/c=(2n+1)\pi/2$。由此可以得到最大消声频率和扩张室长度的关系,即

$$f_{max}=(2n+1)\frac{c}{4l} \tag{5-110}$$

式中:n 为 $0,1,2,\cdots$。

当 $n=0$ 时,得到第一个最大消声频率 $f_{max}=\dfrac{c}{4l}$,代入式(5-27)可得扩张室长度的表达式为

$$l=\frac{(2n+1)c}{4f_{max}}=(2n+1)\frac{\lambda}{4} \tag{5-111}$$

由式(5-111)可以知道,当扩张室长度等于声波 1/4 波长的奇数倍时,可以在这些频率上得到最大的消声效果。

当 kl 为 π 的整数倍时,消声器的消声量为零,在这种情况下,声波可以无衰减地通过消声器。相应的频率称为通过频率,其表达式为

$$f_{min} = 2n\frac{c}{4l} = \frac{nc}{2l} \tag{5-112}$$

将式(5-112)化简,得扩张室长度的表达式为

$$l = \frac{nc}{2f_{min}} = \frac{n\lambda}{2} \tag{5-113}$$

由此可以看出,当扩张室长度等于声波 1/2 波长的整数倍时,在这些频率上无消声效果。在这种情况下,声波会无衰减地通过消声器,消声器不起作用。

(3)气流对单节扩张式消声器消声性能的影响。气流对单节扩张式消声器消声性能的影响,主要是降低了有效扩张比,因此降低了消声量。其计算公式为

$$\Delta L = 10\lg\left[1 + \left(\frac{m}{2}\right)^2 \sin^2 kl\right] \tag{5-114}$$

式中:m_c 是等效扩张比。

当马赫数 $M<1$ 时,对于扩张管来说

$$m_c = \frac{m}{1+mM} \tag{5-115}$$

对于收缩管来说

$$m_c = \frac{m}{1+m} \tag{5-116}$$

式中:m 是无气流时的扩张比;M 是马赫数。

(4)上、下截止频率。扩张室直径增大到一定程度后,高频声波以窄束形式从扩张室中央穿过,阻抗失配程度大幅减小,使得传递损失急剧下降。此时的声波频率称为扩张室有效消声的上限截止频率,有

$$f_{上} = 1.22c/D \tag{5-117}$$

式中:c 是声速;D 是扩张室的当量直径。

对于低频声波,当波长远大于扩张室或者连接管长度时,消声器的连接管与扩张室就组成了一个声振动系统,当外力声波激发这个系统共振时,声音被放大,其固有频率为

$$f_0 = \frac{c}{2\pi}\sqrt{\frac{S_1}{Vl_1}} \tag{5-118}$$

式中:S_1 是接管截面积;l_1 是接管长度;V 是扩张室体积。

当声波 $f=f_0$ 时,系统产生共振,传递损失大幅度下降。当 $f=\sqrt{2}f_0$ 时,系统完全进入共振区,其下限截止频率为

$$f_{下} = \frac{c}{\pi}\sqrt{\frac{S_1}{2Vl_1}} \tag{5-119}$$

3. 改善扩张式消声器消声频率特性的方法

前面介绍的扩张式消声器的主要缺点非常明显,即存在多个通过频率。为了消除这些不消声的通过频率,一般采用内联管法、多节扩张式串联法和内插管开孔法,如图 5-27 所示。

(1)内联管法。内联管一端插入深度为 $l/2$,另一端插入深度为 $l/4$,其原理是在通过频率处,由内插管的作用使消声量得到补偿。

（2）多节扩张式串联法。通过多节扩张室串联，错开通过频率，使各节消声量在通过频率上有互补作用。由于各节之间有耦合现象，所以总的消声量要小于各节消声量的和。

（3）内插管开孔法。由于通道截面的突变，气流阻力增大，为了减少阻损、改善空气动力性能，可以用穿孔管连接内插管。它可以使气流顺畅流动，而声波仍可穿孔扩散，保持声波通道截面的突变性，各得其所。

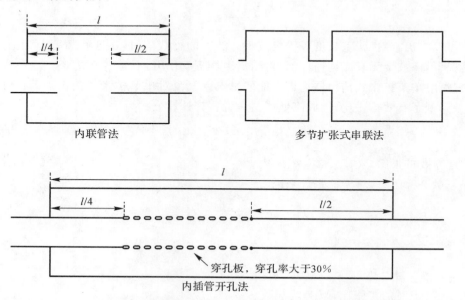

内联管法　　　　　　　　多节扩张式串联法

穿孔板，穿孔率大于30%

内插管开孔法

图 5-27　改善扩张式消声器消声频率特性的三种方法

例 5-3　某空气压缩机进气管的直径是 200 mm，进气噪声在 125 Hz 有一个峰值。现在需要设计一个扩张式消声器，将其装在空气压缩机的进气管上，要求在 125 Hz 处有 15 dB 的消声量。

解：首先确定扩张管的长度

$$l = \frac{c}{4f_{max}} = \frac{340}{4 \times 125} = 0.68 \text{ m}$$

查表 5-7 可知，$m=12$。因为进气口的直径为 200 mm，相应的横截面积 $S_1 = 0.031\ 4$ m²，扩张管的横截面积 $S_2 = mS_1 = 0.376\ 8$ m²，所以可以求出扩张管的直径 $D=693$ mm。根据式（5-117）和式（5-119），得出 $f_上 \approx 600$ Hz，$f_下 = 34$ Hz。可见，消声的频率范围是包含 125 Hz 的，因此设计合理。

4.扩张式消声器的设计程序

（1）确定最大消声频率，根据需要的消声量确定扩张比。

（2）根据扩张比 m，设计扩张室各部分截面尺寸；由最大消声频率设计各节扩张室及其插入管的长度。

（3）验算所设计的扩张式消声器上、下截止频率之间是否包含所需要的消声频率范围，否则重新修改设计方案。

（4）验算气流对消声量的影响，检查在给定气流速度下，消声量是否能满足要求。如果不能，就需要重新设计，直到达到要求为止。

5.4.2 共振式消声器

共振式消声器，从本质上看，也是一种抗性消声器。管道管壁开孔和管壁外一个密闭的空腔连接，这个空腔从声学角度来说就是一个亥姆霍兹共振器。管道和亥姆霍兹共振器构成一个声学共振系统，这就是共振式消声器中的旁支式，如图 5-28 所示。

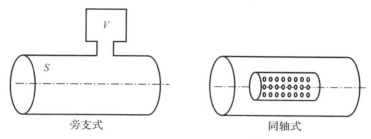

旁支式   同轴式

图 5-28 单腔共振式消声器

1. 旁支式共振式消声器工作原理

旁支式共振式消声器的消声原理和穿孔板共振结构相似，当声波的波长比共振器的几何尺寸大得多时，可以将共振器看作一个声学集总元件。内管上小孔孔颈中有一具有一定质量的空气柱，其在声波的作用下像活塞一样做往复运动。由于质量的惯性作用，它抗拒运动速度的变化（一定容积的空腔可以充气和放气），空气柱振动时的摩擦和阻尼使一部分声能转变为热能。

由电声类比可以得到其声阻抗为

$$Z_a = R_a + jX_a = R_a + j\left(\omega M_a - \frac{1}{mC_a}\right) = R_a + j\frac{\rho c}{\sqrt{GV}}\left(\frac{f}{f_r} - \frac{f_r}{f}\right) \quad (5-119)$$

当 X_a 时，发生共振，此时 $f = f_r$（共振器固有频率）和 $\omega = \omega_r$，那么可得

$$X_a = \omega_r m_a - \frac{1}{\omega_r C_a} = 0 \quad (5-120)$$

式中：$\omega_r = 2\pi f_r$；M_a 是声质量，$M_a = \rho l_k/S_0$，C_a 是声顺，$C_a = V/(\rho c^2)$。

根据以上分析可得该消声结构的固有频率为

$$f_r = \frac{1}{2\pi}\frac{1}{\sqrt{M_a C_a}} = \frac{c}{2\pi}\sqrt{\frac{S_0}{Vl_k}} = \frac{c}{2\pi}\sqrt{\frac{G}{V}} \quad (5-121)$$

式中：G 是声传导率；V 是共振器空腔体积。其中，孔颈有效长度为

$$l_k = l + t_k \quad (5-122)$$

式中：l 是小孔孔颈的长度；t_k 是修正项，对于直径为 d 的圆孔，$t_k = 0.8d$。

传导率是一个具有长度量纲的物理参量，它是孔颈的截面积和有效长度之比，即

$$G = S_0/l_k \quad (5-123)$$

式中：S_0 是穿孔截面积；l_k 是小孔孔颈的有效长度。

在噪声控制工程实践中，共振器很少是一个孔的，绝大多数是多个孔组成的穿孔板吸声结构。当共振器有 n 个小孔时，传导率为

$$G = \frac{S_0}{l_k} = \frac{nS_0}{t + 0.8d} \quad (5-124)$$

当外界声波的频率和旁支式共振式消声器的固有频率相同时,这个系统就产生共振,此时振动幅值最大,孔颈中的气体运动速度也最高,由于摩擦和阻尼,大量的声能转化为热能,从而达到消声的目的。所以可以知道,旁支式共振式消声器在固有频率及其附近有最大的消声量。当偏离共振频率时,消声量就显著下降。因此,旁支式共振式消声器只在低频一个狭窄的频率范围内具有显著的消声效果。旁支式共振式消声器的消声特性曲线如图5-29所示。

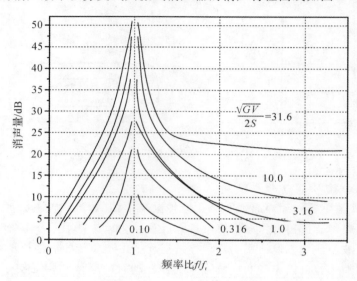

图 5-29　旁支式共振式消声器的消声特性曲线

2.共振式消声器的消声特性

(1)共振式消声器的传递损失。如果孔颈处不敷设吸声材料,那么可以忽略 R_a 的影响。可得共振式消声器对频率 f 的声波(纯音)的消声量为

$$\Delta L = 10 \lg \left[1 + \left(\frac{\sqrt{\dfrac{GV}{2S}}}{\dfrac{f}{f_r} - \dfrac{f_r}{f}} \right)^2 \right] \qquad (5-125)$$

式中:S 是气流通道的横截面积;G 是传导率;V 是空腔体积。

如果要考虑共振吸声结构声阻的影响,那么其消声量为

$$\Delta L = 10 \lg \left[1 + \frac{1+4r}{4r^2 + \left(\dfrac{f}{f_r} - \dfrac{f_r}{f} \right)^2} \right] \qquad (5-126)$$

式中:$r = SR/(\rho c)$,R 为声阻。

由式(5-126)可知,共振频率越接近固有频率 f_r,消声量越大,偏离共振频率时,消声量显著下降。这就说明共振式消声器具有良好的频率选择性,适用于消除某些带有峰值频率的噪声。共振频率和消声频率确定以后,传导率和空腔容积越大,气流通道面积越小,消声量就越大。

式(5-126)用于对纯音的消声量进行计算,而在工程实践中通常需要计算的是某一倍频带的消声量。为了使估算简单,可以用倍频带距共振频率较远的那个截止频率的消声量来表

示倍频带的消声量。当共振频率是该倍频带的中心频率时,该倍频带的消声量为

$$\Delta L = 10\lg(1+2K^2) \tag{5-127}$$

$$K = \sqrt{GV}/2S \tag{5-128}$$

与其相邻的 2 个倍频程的消声量为

$$\Delta L = 10\lg(1+0.16K^2) \tag{5-129}$$

1/3 倍频带的消声量为

$$\Delta L = 10\lg(1+19K^2) \tag{5-130}$$

与其相邻的 4 个 1/3 倍频程的消声量为

$$\Delta L_1 = 10\lg(1+2K^2) \tag{5-131}$$

$$\Delta L_2 = 10\lg(1+0.67K^2) \tag{5-132}$$

$$\Delta L_3 = 10\lg(1+0.31K^2) \tag{5-133}$$

$$\Delta L_4 = 10\lg(1+0.16K^2) \tag{5-134}$$

为方便计算,将共振式消声器在不同频带下的消声量 ΔL 与 K 值的关系列于表 5-8 中,以供查阅。

表 5-8　共振式消声器在不同频带下的消声量 ΔL(单位:dB)与 K 值

各频带类型的 ΔL	K								
	0.2	0.6	0.8	1.0	1.5	2	3	4	5
$10\lg(1+2K^2)$	1.1	2.4	3.6	4.8	7.5	9.5	12.8	15	17
$10\lg(1+19K^2)$	2.5	9.0	11.2	12.9	16.4	19.0	22.6	25.1	27
$10\lg(1+0.16K^2)$	0	0.2	0.4	0.8	1.5	2.2	3.9	5.5	7.0
$10\lg(1+0.67K^2)$	0	1.0	1.6	2.2	4.0	6.5	8.5	10.8	12.5
$10\lg(1+0.31K^2)$	0	0.5	0.9	1.2	2.2	3.5	5.8	8.8	9.5

本小节以上分析针对旁支式共振型消声器。对于同轴式共振型消声器(见图 5-28),消声量为

$$\Delta L = 10\lg\left[1+\frac{1}{4}\left(\frac{S_0/S}{S_0/KG-S_c/S_0\cot kl_c}\right)\right] \tag{5-135}$$

式中:S_0 是管壁上开孔的总面积;S 是内管道横截面积;S_c 是共振腔横截面积;l_c 是有效长度,如果孔开在空腔中心附近,则 $l_c = l/2$。

3. 共振式消声器消声性能的提升方法

共振式消声器适用于低、中频成分突出的气流噪声消声,消声频带范围窄,改善其消声性能的方法如下:

(1)在孔颈处衬贴薄而透声的织物或者在腔内填充吸声材料来增加声阻,使有效消声频率范围展宽。

(2)选定较大的 K 值。在偏离共振频率时,消声量的大小和 K 值有关,K 值越大,消声量也越大。因此,想要使得消声器在较宽的频率范围内获得明显的消声效果,必须将 K 值设计得足够大。

（3）多节共振腔串联。把不同共振频率的几节共振腔消声器串联，可以使各节的共振频率相互错开，从而拓宽消声频率范围。每一节的通道内直径 $D_内 < 250$ mm，腔体深度为 $100\sim 200$ mm，$D_外/D_内 \leqslant 5$，穿孔板厚度为 $1\sim 5$ mm，孔径为 $3\sim 10$ mm，穿孔率为 $0.5\%\sim 5\%$，穿孔位置应该集中在共振腔中部，穿孔尺寸应该小于共振频率相应波长的 1/12。

4. 共振式消声器的设计

（1）根据需要消声的主要频率和消声量，确定相应的 K 值。

（2）确定 K 值以后，由通道截面积 S 和消声主频 f_r，求出共振腔的体积 V 和声传导率 G：

$$G = \left(\frac{2\pi f_r}{c}\right)^2 V \qquad (5-136)$$

$$V = \frac{cKS}{\pi f_r} \qquad (5-137)$$

其中，气体通道截面积 S 应该在条件允许的情况下尽可能地小，一般通道截面直径不应超过 250 mm。

（3）设计消声器的几何尺寸。对于某一确定的共振腔体积值可以有很多种几何尺寸，对于某一确定的传导率值，也有多种孔径、板厚的组合。在实际设计中，应该根据现场条件和所用的板材，确定板的厚度和腔深等参数，再进一步设计其他参数。

（4）验算共振频率和截止频率。在共振式消声器中上、下限截止频率都存在，可以使用阻性消声器的公式计算高频失效频率。

（5）为了保证共振式消声器有良好的消声效果，各部分的尺寸（长、宽、高）都应该小于共振波长的 1/3，只有满足该条件，才可以将共振系统当作声学集总元件处理。

例 5-4 气流通道内径 $D_内$ 为 100 mm，请设计一个单腔同轴共振消声器，使其在 125 Hz 的倍频带上有 15 dB 的消声量。选择钢板的厚度是 2 mm，孔径是 6 mm。

解：由式（5-127）可知，$\Delta L=10\lg(1+2K^2)=15$，因此 $K\approx 4$。再由式（5-136）和式（5-137）可以得到 V 和 G，经计算，$V=0.027$ m³，$G=0.144$ m。因为要求共振腔体截面和管道截面是同心圆，根据经验设定 $D_内 = 100$ mm，根据穿孔尺寸应该小于共振频率相应波长的 1/12 和 $D_外/D_内 \leqslant 5$，选取 $D_外=400$ mm。因此共振腔的长度 $l=230$ mm。再根据式（5-124）确定开孔数 $n=35$ 个，其中厚度 $d_0=2$ mm。

经验算，该共振器无高频失效，因此设计合理，符合要求。

5.5 阻抗复合式消声器

阻性消声器具有优良的中、高频消声性能，但是低频消声性能较差；共振式消声器具有良好的中、低频消声性能，而高频消声性能一般比较差。将两者结合就可以获得相当宽的消声频率范围。在噪声控制工程中，噪声以宽频带居多，通常将阻性和抗性两种结构结合起来，获得良好的宽频带消声性能，常见的形式有阻性扩张室复合式、阻性共振腔复合式和阻性扩张室和共振腔复合式等。图 5-30 所示为几种常见的阻抗复合式消声器，可以将其看作阻性消声器和抗性消声器在同一频带内的消声量相叠加。但是声波在传播过程中总会发生反射、绕射、折射和干涉等现象，所以消声量并不是简单的叠加关系。尤其对于频率较低的声波来说，消声器以阻性、抗性的形式复合在一起将会产生声的耦合作用，因此互相影响。

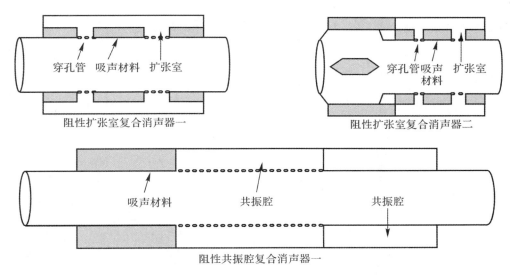

图 5 - 30 常见的阻抗复合式消声器

5.5.1 阻性扩张室复合式消声器

在扩张室内壁敷设吸声层,这样就成了最简单的阻性扩张室复合式消声器。由于声波在两端反射,这种消声器的消声量比两个单独的消声器的消声量相加要大一些。

敷设吸声层的扩张室,其传递损失可以用下式计算:

$$\Delta L = 10\lg\left\{\left[\cosh\left(\frac{\sigma L_e}{8.7}\right) + \frac{1}{2}\left(m + \frac{1}{m}\right)\sinh\left(\frac{1}{n}\frac{\sigma L_e}{8.7}\right)\right]^2\cos k L_e + \right.$$

$$\left.\left[\sinh\left(\frac{\sigma L_e}{8.7}\right) + \frac{1}{2}\left(m + \frac{1}{m}\right)\cosh\left(\frac{1}{n}\frac{\sigma L_e}{8.7}\right)\right]\sin^2(kL_e)\right\} \tag{5-138}$$

式中:σ 是粗管中吸声材料单位长度的声衰减,这里忽略端点反射;L_e 是粗管的长度;$\cosh x$、$\sinh x$ 是 x 的双曲余弦函数、双曲正弦函数;$m = S_2/S_1$ 是扩张比,这里忽略了吸声材料所占据的面积,而且吸声材料的厚度远小于通过它的声波的波长,S_1、S_2 分别为消声器内管(细管)和外管(粗管)的横截面积。

5.5.2 阻性共振腔复合式消声器

这种消声器的阻性部分以泡沫塑料为吸声材料,粘贴在消声器的通道周壁上,用来消除压缩机噪声的中、高频成分;共振腔部分设置在通道中间,由具有不同消声频率的三对共振腔串联组成,以消除 350 Hz 以下的低频成分。在共振腔前、后两端各有一个尖劈(由泡沫塑料组成),既可以改善消声器的空气动力性能,又可以加强对高频声的吸收作用,进一步提高消声器的消声效果。图 5 - 31 是将消声器安装在螺旋杆压缩机上,用插入损失法测得的消声性能。消声值为 27 dB,在低、中、高频的宽频范围内具有良好的消声性能。

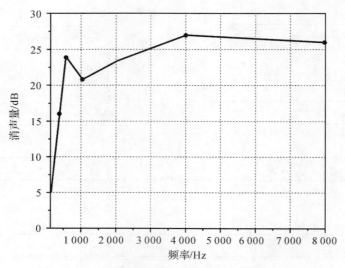

图 5 - 31　阻性共振腔复合式消声器的消声性能

5.6　微穿孔板消声器

　　微穿孔板消声器是在共振式吸声结构的基础上发展而来的,其特点是不用任何多孔吸声材料,而是在较薄的金属板上钻许多微孔,在这里将它归类为损耗型消声器。这些微孔的孔径一般在 1 mm 以下。为了加宽吸收频带,微孔的孔径应该尽可能地小,但是受到制作工艺的限制且微孔易堵塞,常用孔径为 0.5～1 mm,穿孔率 1%～3%。微穿孔板一般用厚为 0.20～1.0 mm 的铝板、钢板、不锈钢板、镀锌钢板、PC 板、胶合板以及特殊纸板等制作。

　　由前面的介绍可以看出,不管是阻性消声器还是共振腔消声器都和孔密切相关。阻性消声器采用多孔吸声材料,共振腔消声器在共振腔上有开孔和管道相连通,形成亥姆霍兹共振器,不仅共振时会在管道截面上造成声阻抗的突变,而且发生消声作用时,还能将声能转换成热能耗散掉。所以如果开孔适当的话,这些小孔不仅可以产生阻性作用,还可以产生抗性作用。这就产生了一种新型的消声器——阻抗复合式消声器。其中,微穿孔板消声器的典型结构如图 5 - 32 所示。

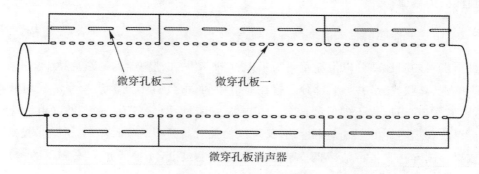

微穿孔板二　　微穿孔板一

微穿孔板消声器

图 5 - 32　微穿孔板消声器

5.6.1　消声原理

微穿孔板消声器是一种高声阻、低声质量的吸声元件。由吸声技术可以知道,声阻和穿孔板的孔径成反比。和一般穿孔板相比,由于微穿孔板消声器的孔很小,声阻就大得多,从而提高了吸声系数。低的穿孔率降低了其声质量,使依赖于声阻和声质量比值的吸声频带得到拓展,同时微穿孔板后面的空腔能够有效地控制共振吸收峰的位置。为了保证在宽频带有较高的吸声系数,可以用双层微穿孔板结构。

5.6.2　消声量的计算

根据声波频率的不同,可以按照低、中、高不同的频段计算微穿孔板消声器的消声量。

(1)对于低频声,声波波长大于共振段的几何尺寸,可以用共振式消声器的计算公式进行消声计算:

$$a = r_a S, \quad b = \frac{Sc}{2\pi f_r V} \tag{5-139}$$

$$f_r = \frac{c}{2\pi}\sqrt{\frac{P}{t_c H}} \tag{5-140}$$

$$t_c = t + 0.8d + \frac{PH}{3} \tag{5-141}$$

$$\Delta l = 10\lg\left[1 + \frac{a + 0.25}{a + b(f_r/f - f/f_r)^2}\right] \tag{5-142}$$

式中:r_a 是相对声阻;S 是通道截面积;V 是空腔体积;c 是空气中声速;t 是微穿孔板厚度;P 是穿孔率;H 是空腔深度;d 是小孔直径;f 是入射声波频率;f_r 是微穿孔板结构的共振频率。

(2)对于中频声,消声量可以使用阻性消声器的计算公式[式(5-93)]计算。

(3)对于高频声,可以用经验公式估算共振时的消声量:

$$\Delta L = 75 - 34\lg v \tag{5-143}$$

式中:v 是气体流速。

可见,消声量和流速有关,流速增大,消声性能变差。金属微穿孔板消声器可承受较高的气流冲击,当流速为 70 m/s 时,仍有 10 dB 以上的消声量。要想拓展微穿孔板消声器的吸收频带宽度,就需要采用很小的孔径。

微穿孔板消声器结构采用金属材料制造,因此具有耐高温、防潮、防火、防腐蚀等特性,还可以避免气流吹散纤维材料的问题。但是微穿孔板消声器仍旧存在高频失效和气流再生噪声的局限。

5.6.3　阻性材料的作用

为了拓展微穿孔消声器的消声频带,提高消声效果,可以合理增置阻性材料,首先可以在穿孔板上粘贴吸声无纺布或者其他阻性薄层材料。该措施的目的是调节共振结构的相对声阻。合理的设计可以提高消声器消声量的有效频带宽度和幅值。其次在空腔内填充阻性吸声材料能够明显改善微穿孔板共振结构的吸声性能。通过对共振结构的共振频率、吸声系数峰值和吸声系数带宽等评价量的对比分析,建议优先采用将一定厚度的吸声材料安装在空腔中部合适位置的微穿孔式吸声复合结构。

5.7　消声器的选用与安装

由于产生空气动力性噪声的设备种类多、应用广泛,并且压缩空气作为仅次于电力的第二大动力能源,具备多种用途,因而形成了一个规模可观的消声器市场。很多生产企业在生产气动设备的同时,也提供配套的消声器。由于消声器单件设计与制作的成本很高,因此除了特殊要求的应用场景,大多数用户都选择市场上成熟的消声器产品。由于消声器标准化的工作至今仍然不完善,所以针对具体需求,必须要综合考虑多种因素。安装和调试是消声器使用寿命的关键一步,也间接影响消声器的使用效果。

5.7.1　影响消声器选用的因素

选择消声器需要综合考虑以下 4 个方面。

1. 噪声源特性调查与分析

在具体选择消声器之前,必须搞清楚需要降低的是什么性质的噪声,如是机械噪声、电磁噪声还是空气动力性噪声。根据前述分析可知,消声器只适用于降低空气动力性噪声,对其他噪声是不适用的。

噪声源的声压级和相对应的频谱特性不同,消声器的消声性能也各不相同,在选择消声器前应对噪声源进行测量和分析,这一步骤非常关键,而标准的选择为 A 声级、C 声级、倍频程和 1/3 倍频程特性。根据噪声源的频谱特性和消声器的性能特点,两者要互相匹配,也就是说,噪声源的峰值频率应与消声器最理想的、消声量最高的频段相对应。

按照压力不同,空气动力设备可以分为高压、中压和低压 3 种;按照流速不同,可以分为高速、中速和低速 3 种;按照输送气体性质不同,可以分为空气、蒸汽和废气设备。所以,要按照不同的流体性质,选择合适的消声器。

应该对噪声源周围的使用环境进行考察。有无可能安装消声器,消声器安装在什么位置,都应该事先考虑清楚,以便正确地选择合适的消声器。

2. 消声量的计算

要按照噪声源测试结果和噪声表的允许标准来计算消声器的消声量。消声器的消声量要适中,过高过低都不恰当。消声量过高,设计上可能做不到,或者成本过高,或者影响其他性能;消声量过低则达不到要求。消声器的消声量一般指的是 A 声级消声量。例如,噪声源 A 声级为 100 dB,噪声允许标准 A 声级为 85 dB,则消声量至少是 15 dB。

在计算消声量的过程中,还应该考虑以下 2 个因素的影响。首先是背景噪声的影响。有些待安装消声器的噪声源,使用环境较为恶劣,背景噪声很高或有诸多其他因素干扰,因此这时对消声器的消声要求就不要过于苛刻,只要安装消声器后的噪声低于背景噪声即可。其次是自然衰减量的影响。声波随着距离的增加而自然衰减。例如,在自由声场,点声源、球面声源的衰减规律符合反平方率,即声波传播距离增加 1 倍,声压级缩小 6 dB,因此,在计算消声器的消声量时,应该减去从噪声源到控制区沿途的噪声自然衰减量。

3. 选型与适配

正确选型是保证获得良好消声效果的关键。如前所述,应该按照噪声源性质、频谱、使用环境的不同,选择不同类型的消声器。例如,风机类的噪声,一般可以选用阻性消声器或者阻抗复合型消声器;空压机和柴油机的噪声,一般可以选用抗性消声器或者以抗性为主的阻抗复合型消声器;锅炉蒸汽放空或者高温、高压排气放空,可以选用节流减压或者小孔喷注消声器;对于风量特别大、流速特别高或者气流通道面积很大的噪声源,例如高速风洞,可以设置消声塔、消声房或者由特制消声元件组成的大型消声器。

对于微穿孔板消声器,在材料选型时要注意,如果要求阻力损失小,一般可以采用直通式;如果阻力损失有一定余量,则可以采用声流式或者多室式;如果流速很大,达到 $50\sim100$ m/s 时,应该在消声器的入口段安装一个变径管接头,以降低入口流速,当流速很低时,可以适当提高进入消声器气流的流速,从而减小消声器的尺寸。

消声器一定要与噪声源相互匹配,例如,风机安装消声器后,既要保证设计要求的消声量,又要能满足风量、流速、压力损失等性能要求。一般来说,消声器的额定风量应该等于或者稍大于实际风量。如果消声器不是直接与风机进口相连接,而是安装于密闭隔声室的进风口,此时消声器的设计风量必须大于风机的实际风量,以避免密闭隔声室内形成负压。消声器的设计流速应等于或者小于风机的实际风量,以避免产生额外的气流再生噪声。另外,消声器的阻力应该小于设备的允许阻力。

4.全面考虑、综合治理

安装消声器是降低管道中空气动力性噪声最有效的方法,但不是唯一的方法。消声器只能降低空气动力设备进、排气口或者管道内的噪声,而对设备的机壳、管壁等构件的振动辐射噪声无能为力。因此,在选用和安装消声器时,应该全面考虑,根据噪声源的大小、分布、传播途径、污染程度和降噪要求,采取隔声、隔振、吸声、阻尼等综合治理措施,才能取得较为理想的效果。

5.7.2　消声器安装的注意事项

消声器的安装一般应该注意以下几个问题。

1.装有消声器的设备的维修、清理和调试

对于新安装的设备,应该先对设备进行调试,清除异常;对于已经使用的设备,应该停机清除污垢、润滑、加固松动的连接零部件,确保正常运转后,方能安装消声器。维修和调试也是一个降噪过程。

2.消声器的安装接口要稳固

消声器往往安装于需要消声的设备或者管道上,消声器与设备或者管道的连接一定要牢靠,重量较大的消声器应该支承在专门的承重架上,如果依附在其他的管道上,应该注意支承结构的强度和刚度。

3.在消声器前后加接变径管

对于风机消声器,为减小机械噪声对消声器的影响,消声器不能与风机接口直接相连,应该在中间加接变径管。无论是按照要求选择还是用户自行设计加工,变径管的当量扩张角都不得大于 20°,因此消声器的接口尺寸应大于或者等于风机接口尺寸。

4.防止其他噪声传入消声器的后端

消声器的外壳、管道的辐射噪声有可能会传到消声器的后端,致使消声器的消声效果下降,必要时可以在消声器外壳或者部分管道上进行隔声处理。消声器法兰和风机管道法兰连接处应加弹性垫,并注意密封,以避免漏声或者由刚性连接引发固体传声。在通风空调系统中,消声器应该尽量安装于靠近使用房间的地方,排气消声器应该尽量安装在气流平稳的管道段。

5. 消声器的安装场所需要采取防护措施

消声器露天使用时要加装防雨罩;作为进气消声器使用时,应该加装防尘罩;在含有粉尘的场所,应该加装过滤装置。对于一般通风消声器,通过它的气体含尘量应低于 150 mg/m³,不允许含水雾、油雾或者腐蚀性的气体通过,气体的温度应该低于 150°。在寒冷的使用环境中,应该防止消声器孔板表面结冰。防护装置应该与消声器进风口保持一定距离,以不影响风量、风压为原则。

6. 消声器中的流速要适当

对于风机消声器,其平均流速可以选择为风机的管道流速。对于民用建筑,消声器的平均流速可以是 2~3 m/s;对于工业设备,消声器的平均流速可以是 12~25 m/s,最大不超过 30 m/s。流速不同,消声器内部的护面也不同,当平均流速小于 10 m/s 时,多孔材料的护面可采用布或者金属丝网罩起来;当平均流速为 10~23 m/s 时,应该用金属穿孔板作为护面;当平均流速为 23~45 m/s 时,应该用金属穿孔板和玻璃丝布作为护面;当平均流速为 45~120 m/s 时,应该用双层金属穿孔板和钢丝棉护面,且穿孔率应该大于 20%。

习 题 5

1. 消声器的评价指标有哪些?

2. 长、宽分别是 45 mm 和 60 mm 的矩形管道的平面波截止频率是多少?

3. 半径为 45 mm 的圆形管道的平面波截止频率是多少?

4. 流动气体和刚性壁之间摩擦引起的声能耗散效应对管道中的传递矩阵有哪些影响?

5. 流体的马赫数对于声场的传递矩阵有哪些影响?

6. 对于外插进口膨胀的管道而言,当入射频率是多少时会使得管道内发生全反射?

7. 阻性消声器的消声系数 $\varphi(\alpha_0)$ 与哪些因素有关?

8. 阻性消声器的消声频率有什么特点?

9. 阻性消声器高频失效的原因是什么? 改善高频失效的方法有哪些?

10. 阻性消声器有哪些种类? 各自的特点是什么?

11. 气流对于阻性消声器的影响可以分为哪些类型?

12. 抗性消声器的消声原理是什么? 常用的有几类?

13. 设计一个单节扩张式抗性消声器,要求在 300 Hz 处的最大的消声量为 20 dB。进气口的直径为 180 mm,管长是 3 m,管内气流温度是常温。

14. 某风机进、出口直径为 200 mm,在 250 Hz 处有一个噪声峰值。设计一个扩张式消声器与风机配合使用,要求在 250 Hz 处有 20 dB 的消声量。

15. 某常温气流通过空调管道(直径是 100 mm)。设计一个单腔共振式消声器,要求在中心频率 63 Hz 处有 12 dB 的消声量。

16. 有一直径为 150 mm 的管道。设计一个单腔共振式消声器,要求在中心频率为 125 Hz 处有 15 dB 的消声量。

第6章 隔振与阻尼减振技术

6.1 振动的危害与控制方法

6.1.1 振动及噪声的危害

振动是一种普遍的物理现象,多数情况下,机械振动会造成严重的危害,所以需要采取有效的方法来控制振动的产生。振动造成的主要危害有以下方面。

1. 振动可能损坏机械结构,破坏机械正常工作的条件

振动可以通过共振、冲击或者疲劳对机械结构造成损坏。比如在地震时,建筑物因为承受不了共振响应而造成损坏。细长的激光管在运输过程中常常会承受冲击,因此,激光管装箱后,应在八个角上用弹簧将其与金属框架相连,以使激光管在运输途中受到弹簧保护,振动还使材料产生交变的内应力而造成疲劳损坏,在频率较高的情况下,结构因振动产生疲劳损坏的问题尤为突出。

2. 振动降低仪器及相关工具的精度

振动会降低机床的加工精度。如,在轴承液道磨床上磨削滚道时,砂轮和工件的相对振动使加工表面产生波纹度并增大表面粗糙度,因而滚道的波纹度是轴承工作时产生振动及噪声的主要原因之一。

振动不仅会降低测量读数的稳定性,而且会减小仪器的动态测量范围。例如对于膜板式测力仪,在膜板的不同位置上粘贴应变片,可以测量空间三个不同方向上的切削力 P_x,P_y,P_z。测量动态力时,膜板的动态响应会使动态力的测量误差增大。假设测量的是垂直于膜板方向的法向力 $P_y(\omega)$,那么 P_y 是测力仪的输入,将弹性力 K_x 作为规力仪的输出[当然 K_x 的实际值要经过电阻应变片(作为传感元件),并由测量放大器将信号放大,再由读数或记录装置读值并标定]。测出的力 K_x 和应测的力 P_y 是不相等的,且两者幅值有相位差:

$$P_y = K_x \sqrt{\left[1 - \left(\frac{\omega}{\omega_0}\right)^2\right]^2 + 4\xi^2 \left(\frac{\omega}{\omega_0}\right)^2}$$

式中:K_x 为弹性力;ω 为被测力的角频率;P_y 为正弦被测力的幅值;ω_0 为测力仪的固有频率;ξ 为测力仪的阻尼率。

由于被测力 P_y 和仪器测量出的力 K_x 不相等,所以就会产生动态测量误差:

$$\varepsilon = \frac{K_x - P_y}{P_y} = \frac{1}{\sqrt{\left[1 - \left(\frac{\omega}{\omega_0}\right)^2\right]^2 + 4\xi^2 \left(\frac{\omega}{\omega_0}\right)^2}} - 1$$

当测力计在误差范围内工作时,其测量频率范围为

$$0 \leqslant \omega \leqslant \omega_0 \sqrt{\frac{\varepsilon}{1+\varepsilon}}$$

因此,测力计的模板在产生振动后会产生动态测量误差 ε,而且会限制动态测量的频率范围。

3. 振动产生的噪声会严重污染环境

各种机械设备在运转及工作过程中产生的振动噪声严重地污染环境,是危及人体健康的危害之一。交通运输、工厂生产、建设施工以及其他社会活动是城市噪声的主要污染源。其中各类交通运输工具所带来的噪声约占 75%,各类工厂在生产过程中产生的噪声对工人有直接危害,有些机器,如发动机、泵、冲压机、织布机等机器的单机噪声,可达到 100 dB 左右。据调查,一个织布车间内的平均噪声为 104 dB,导致有不同程度耳聋的工人占 32%,心脏病、高血压、神经衰弱症的发病率是一般车间工人的好几倍。

4. 振动会增加机械磨损,降低机器的寿命

机械振动会使相互配合表面(主要包括活动配合表面和静止配合表面)磨损增大,从而降低机器的使用寿命。各种交通工具在不同的路面(如平整路面和高低不平的路面)上行驶时,行驶里程可能相差 3~5 倍,甚至 10 倍。所以,工业发达的国家很重视修筑高标准公路,以代替一般水平公路,这正是从延长交通工具的寿命而产生更大的经济效益角度考虑的。

6.1.2 振动噪声控制的一般方法

目前,振动控制分为实时控制、在线控制以及自动的主动控制三种。振动和噪声控制主要从消除振源、隔离振源与环境之间的联系及减少结构本身的响应这三个方面来控制振动噪声。

1. 消除振源(噪声源)

最根本的减振降噪方法当然是消除振源或噪声源,或尽可能降低它们的能量。因为振动按其性质可以分为强迫振动和自激振动,所以消除振源也要按其性质的不同采用不同的方法。强迫振动的振源有:旋转部件不平衡产生的离心力;啮合运动不均衡产生的脉冲力,如齿轮的啮合振动与噪声;机构运转产生的惯性力,如凸轮与连杆运转产生的强迫力。此外,也有其他原因产生的各种强迫力。自激振动是由振动系统内部特性所决定的,在系统内部存在负阻尼的情况下,系统可以从不变的能源中取得能量,产生自激振动。为了消除自激振动,就要破坏产生自激振动的条件,如排除负阻尼。例如,加工金属时产生的切削颤振就是一种自激振动,用带有负刀刃的刀具进行切削加工可以抑制颤振的发生。这里通过改变颤振发生条件来消除振源。

2. 隔离振源与环境之间的联系

振动在振源和工作执行机构之间传输时,它的能量传输方式有直接传输和间接传输两种。能量传输的介质分为固体、液体和气体。

振动或者说声波的直接传输,是指不经过其他介质的作用,直接传给执行机构或者接收器;如果在不同介质中经过能量转换,就是振动或者声波的间接传输。噪声的直接传播是声源产生的空气声,它直接传给接收器。噪声的间接传播是声源产生的声音,它以固体、液体或气体声的形式在介质中传播,通过受激构件以空气声传给接收器。

在对机械结构的振动和固体声的隔离中,合理选择阻尼值是十分重要的。例如在能量传

播路径上插入高阻尼材料,就可以明显降低能量的传输。

3.减少结构本身的响应

控制振动的另一个方法就是控制振动的响应,即使机械结构在受到激励后产生较小的响应或者产生较小的噪声辐射,这就要求将结构设计为抗振结构或者降噪结构。图 6-1 所示的变速箱结构,如果制造成方箱容易产生振动并发声,如果制造成大圆角的结构就会有较好的减振降噪性能。

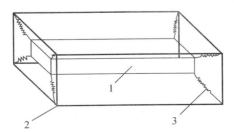

图 6-1　变速箱结构示意图

1—激光管包装箱；　2—框架；　3—保护用弹簧

机械结构的减振降噪设计需要注意以下问题:

(1)首先要设计合理的结构刚度。即结构的刚度要合理且平衡分配,尽量提高机械结构部件及系统的刚度,以此来降低振动响应和提高共振频率。但是提高了刚度可能会破坏局部的质量平衡而产生新的共振峰,还会增加结构的重量和体积。所以主要还是要维持刚度的平衡来最大限度地提高结构的抗振能力。

(2)其次增加机械结构的阻尼。在进行抗振减噪设计时,应该使用阻尼值较高的材料,或者通过增加阻尼涂层及夹层结构、阻尼插入结构、阻尼消振器及阻尼动力消振器等,抑或提高结合面阻尼,对机械结构进行动态优化设计。

(3)最后进行机械结构的解谐与解耦。机械结构具有非常多的共振峰,所以为了防止被保护对象的过量振动,要使其固有频率和机械零部件的固有频率分开,以及使激励源的主频率和结构的共振频率分开,这就是解谐。

(4)振动的能量通过振动系统传输给产生响应的机械零部件,这就是振动的耦合。解耦就是要改变振动系统的参数,破坏系统能量传输的条件,从而达到减振降噪的效果。

6.2　隔　振　原　理

考虑隔振的出发点是从一个源头到某个结构的传播振动会辐射噪声。实际上,这种结构传播与从振动源自身而来的直接辐射同等重要,或者说可能更加重要。几乎所有的弦乐器演奏都为这一点提供了很好的例子。在任何情况下,振动弦是明显的能量源,但是所听到的声音却很少源于弦,因为弦是一个很差的辐射体;相反地,声音源自作为辅助手段的共鸣板、腔体或电子系统,它们是非常有效的声辐射器。

当解决噪声控制问题时,噪声源的定位很明显,但是辐射噪声的路径可能是不清楚的。事实上,确定传播路径可能是要解决的主要问题。不幸的是,并不能给出采取简单步骤来完成这个任务的一般性规范。另外,如果所考虑的是一个嘈杂机器的隔声罩,那么机器与隔声罩之间、机器与任何管道或其他与隔声罩的机械连接、隔声罩与通过它的任何突出物之间的良好隔振被认为是理所当然的事。换句话说,结构传播振动会导致性能最好的隔声罩无效。因此,为了达到噪声控制要求,控制所有可能的振动结构路径以及空气传播路径是很重要的。

振动或者力从一个结构到另一个结构的传播可以通过在两个结构之间插入一个相对柔性的隔振元件来减弱,这就是所谓的隔振。当进行合理的隔振设计时,被驱动结构的振动幅值很大程度上由它的惯性决定。一个重要的设计依据是隔振底座上的被隔振结构的共振频率。在这个频率处,隔振元件将显著增大结构及其底座之间的力传递。只有当频率大于 1.4 倍的共振频率时,力传递才会降低。因此,必须将共振频率设计在远低于所需隔振的频率范围之下。出于在共振频率处减小振动响应的目的,为振动系统增加的阻尼会影响隔振的效果,使系统在更高频率处才能达到同样的隔振性能。

这里考虑两种隔振的应用:其一是为了防止振动或力从机器传递到基座;其二是为了减少基座向固定在上面的设备的运动传递。例如,电机、风机、涡轮机等固定在隔振器上的转动设备是第一种例子,医院地下室中被弹性元件固定的电子显微镜就是第二种例子。

为了理解隔振原理,熟悉图 6-2 所示的单自由度系统是非常必要的。在图中,两种情况用一个弹簧、一个质量块和一个减振器来实现。在第一种情况下,质量块被一个外部施加的力 $F(t)$ 来驱动,而在第二种情况下,假设基底移动了某个指定的振动位移 $y_1(t)$。

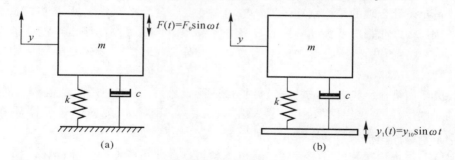

图 6-2 单自由度系统

(a)受迫运动的质量块、刚性基底; (b)振动的基础

如图 6-2(a)所示,质量为 m、阻尼系数为 c、刚度为 k、位移为 y、周期激励函数为 $F(t)$ 的单自由度振动的运动方程为

$$m\ddot{y}+c\dot{y}+ky=F(t) \tag{6-1}$$

对于正弦运动,$\ddot{y}=-\omega^2 y$ 且 $\dot{y}=j\omega y$。在没有任何激振力 $F(t)$ 或者阻尼 c 的情况下,一旦受到扰动,系统将在其无阻尼共振频率 f_0 处以恒定的振幅进行正弦运动。在 $c=0$ 的条件下解式(6-1),可以给出无阻尼共振频率:

$$f_0=\frac{1}{2\pi}\sqrt{\frac{k}{m}} \tag{6-2}$$

质量块的静态位移压缩量 d 由 $d=mg/k$ 给出,因此式(6-2)还可以写为

$$f_0=\frac{1}{2\pi}\sqrt{\frac{g}{d}} \tag{6-3}$$

代入 $g\approx 9.81$ m/s,可以给出以下公式:

$$f_0=0.5/\sqrt{d} \tag{6-4}$$

前面的分析针对的是一个理想系统,其中弹簧无质量,但是这并不能反映实际情况。如果弹簧质量为 m_s,而且质量沿着其长度均匀分布,利用瑞利法并令质量块 m 加上弹簧质量 m_s 的最大动能等于弹簧的最大势能,可以得到弹簧的质量对于质量弹簧系统的共振频率的第 1 阶近似。此处省略具体推导过程,下面给出考虑弹簧质量的系统共振频率:

$$f_0 = \frac{1}{2\pi}\sqrt{\frac{k}{m + m_s/3}} \qquad (6-5)$$

弹簧的质量 m_s 为有效线圈的质量,对于一个具有平形端座的弹簧,有效线圈数比线圈总数少 2。对于一个总直径为 D、线直径为 d、材料密度为 ρ_m 的具有 n_C 圈有效线圈的弹簧,其质量为

$$m_s = n_C \frac{\pi d^2}{4}\pi D \rho_m \qquad (6-6)$$

对于图 6-2 的系统,非常重要的是(临界阻尼率)$\xi = c/c_c$,其中 c_c 为临界阻尼系数,定义如下:

$$c_c = 2\sqrt{km} \qquad (6-7)$$

当阻尼系数小于 1 时,瞬态响应是有周期的,但是当阻尼系数大于或者等于 1 时,瞬态响应不再有周期。

当不存在任何激振力 $F(t)$,但系统阻尼 $c < 1$ 时,图 6-2 的系统一旦受到扰动,将在其有阻尼共振频率 f_d 处近似正弦振荡,利用式(6-1)的解以及 $F(t)=0$ 且 $c\neq 0$ 给出有阻尼的共振频率为

$$f_d = f_0 \sqrt{1 - \xi^2} \qquad (6-8)$$

当激振力 $F(t) = F_0 e^{j\omega t}$ 服从正弦曲线时,图 6-2 中的系统会在驱动频率 $\omega = 2\pi f$ 处产生正弦响应。令 $f/f_0 = X$,那么用式(6-1)的解可以给出频率 f 处的位移振幅 $|y|$:

$$\frac{|y|}{|F|} = \frac{1}{k}\frac{1}{\sqrt{(1-X^2)^2 + 4\xi^2 X^2}} \qquad (6-9)$$

对式(6-9)进行微分得到最大位移对应的频率为

$$f_{\max,\text{dis}} = f_0 \sqrt{1 - \xi^2} \qquad (6-10)$$

对式(6-9)进行微分得到速度振幅 $|\dot{y}|$($|\dot{y}| = 2\pi f|y|$):

$$\frac{|\dot{y}|}{|F|} = \frac{1}{\sqrt{km}}\frac{1}{\sqrt{\left(\frac{1}{X} - X\right)^2 + 4\xi^2}} \qquad (6-11)$$

观察式(6-11),最大速度振幅对应的频率为无阻尼共振频率,即

$$f_{\max,\text{vel}} = f_0 \qquad (6-12)$$

同理,可以看出最大加速度振幅对应的频率为

$$f_{\max,\text{acc}} = f_0 \frac{1}{\sqrt{1 - 2\xi^2}} \qquad (6-13)$$

另外,如果图 6-2 的系统是滞后衰减的(这实际上是更普遍的情况),那么上述的阻尼模型并不适合。

以上的分析是基于图 6-2 的系统中的衰减是非滞后的,但是在现实情况下,更常见的是振动系统的振幅衰减是滞后的。为了描述这一情况,通常将式(6-1)中的 k 用复数 $k(1+j\eta)$

代替,其中 η 是结构损失因子。由修改后的式(6-1)的解可以给出滞后衰减系统的位移振幅 $|y'|(f)$:

$$\frac{|y'|}{|F|} = \frac{1}{k} \cdot \frac{1}{\sqrt{(1-X^2)^2 + \eta^2}} \tag{6-14}$$

由式(6-14)可以看出,对于滞后衰减系统,最大位移对应的频率发生在系统无阻尼共振频率处。同理可以得到滞后衰减系统中最大速度和最大加速度对应的频率。

上述分析清楚地表明,最大响应不仅取决于所测量的是什么,而且取决于所研究的系统中阻尼的本质。当已知阻尼的本质时,利用适当的计算公式可以确定无阻尼共振频率和阻尼系数。然而,一般而言,当阻尼很大时,共振频率只能通过由频率响应数据拟合的曲线来确定,另外,对于小阻尼的情况,不同的最大响应频率基本上都等于无阻尼共振频率。

参考图6-2(a),关注激振力 F_0 作用于质量块 m 上,通过弹簧传递到支座的那部分;另外,再参考图6-2(b),关注基础位移传递到质量块上的部分。这两种情况都可以使用一个传递率 T_F 来表达。对于图6-2(a),T_F 是传递到基础的力与作用于机器上的力 F_0 之比;而对于图6-2(b),T_F 是机器的位移和基础的位移之比。T_F 可以使用下式计算得到:

$$T_F = \sqrt{\frac{1+(2\xi X)^2}{(1-X^2)^2 + (2\xi X)^2}} \tag{6-15}$$

图6-3给出了以传递率 T_F 表达的激振力从振动体通过隔离弹簧传递到支承结构的部分,对应图6-2(a),同时也表示了激励位移从基础通过弹簧传递到被支承的质量块 m 上的部分,因此可以用图6-3评估隔离系统对一个单自由度系统的有效性。

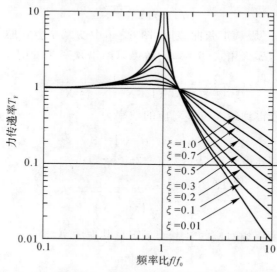

图6-3 有阻尼的质量块-弹簧系统的力或者位移的传递率 T_F

单自由度系统的振动幅值取决于它的刚度、质量、阻尼特性以及激振力的振幅。这个结论可以推广到多自由度系统上。式(6-15)还表明,随着 X 趋向于0,力的传递率趋向于1,响应由刚度 k 控制;当 X 近似为1时,力的传递率近似与阻尼率成反比,响应由阻尼 c 控制;当 X 趋向于较大值时,力的传递率 T_F 以 X^2 的速率趋向于0,响应由质量块 m 控制。

从图6-3中还可以看出,小于共振频率(水平轴上1的左侧)时,力的传递率大于1,并没有达到隔振的效果。实际上,频率比 $\lambda < 0.5$ 时,所获得的放大效果很不明显,因此在低频处虽然无法从隔振系统中获益,但是也不会受到很大的影响。然而,在 $0.5 \sim 1.4$ 的频率比范围内,隔振器的存在明显地增加了所传递的力和被固定物体的运动振幅,因此在实际中,应该避免这个频率比区间。当频率比 $\lambda > 1.4$ 时,通过隔振器传递的力小于无隔振器时传递的力,导致振动隔离。频率越高,隔振效果越好。在实际应用中,所有的隔振器都具有一定的阻尼。图 6 - 3 给出了阻尼的作用,即增加阻尼率将减弱获得的隔振效果。为了获得最佳的隔振效果,无阻尼是最理想的,但是另一方面,特别是涉及转动设备时,阻尼是必要的,因为在开机和关机时设备转速的不断增加导致的受迫振动频率将通过共振频率区域,在这种情况下,所传递的力的振幅将大大超过激振力,可能会带来非常严重的后果。可以让转动速度快速通过共振区域,使所传递的力的振幅没有时间达到图 6 - 3 中的稳态,但是在有些设备中,系统的速度只能平稳地增加,如果隔振器的阻尼不足,将会导致灾难性的后果,此时可能需要的阻尼很大,有时会达到 $\xi = 0.5$ 的阻尼率。

通常可以通过安装一个外部阻尼器来增加隔振器必要的阻尼,但这是以牺牲高频减振效果为代价的。使用高衰减隔振器的一个替代方案是利用橡胶缓冲器来限制机器在共振频率处的过量振动,它的优点是不会影响高频隔振效果。在某些情况下,也会使用主动阻尼器,其对高频隔振也几乎没有影响。

在隔振器中常用到螺旋弹簧,而螺旋弹簧的湍振是高频振动传递时发生在线圈波动中对应共振的一种现象。湍振会限制高频隔振性能,在实际应用中,采用在弹簧的上方或下方插入橡胶来尽量减小这种影响。注意,在隔振器的设计中,要确保系统的共振频率与弹簧的湍振频率不一致。湍振频率的表达式如下:

$$f_s = \frac{n}{2}\sqrt{\frac{k}{m_s}} \tag{6-16}$$

式中:n 为正整数。

6.3　隔振元件与设计

有 4 种弹性材料最常用于隔振器:橡胶(以压缩垫或者剪切垫的形式)、金属(以各种形状的弹簧或者网眼的形式)、软木和毛毡(以压缩垫的形式)。对于一个给定的应用场景,材料的选择取决于所需的静态压缩量以及预期的环境类型。表 6 - 1 给出了几种隔振材料和结构的性能比较。

表 6 - 1　几种隔振器和隔振垫的性能比较

性能特点	金属螺旋弹簧	橡胶隔振器隔振垫	空气弹簧	毛毡	软木
适用频率范围/Hz	2~10	5~100	0~5	25	25~30
多方向性	良	优	良	良	良
简便性	良	优	中	良	良
阻尼特性	差	良	优	中	良
高频隔振及隔声性	差	良	优	良	良

续表

性能特点	金属螺旋弹簧	橡胶隔振器隔振垫	空气弹簧	毛毡	软木
载荷特性的直线性	优	良	良	差	差
耐高低温性能	优	中	中	良	良
耐油性	优	中	中	良	良
耐老化性	优	中	良	良	良
产品质量均匀性	优	中	良	中	中
耐松弛性	优	良	良	良	良
耐热膨胀性	优	中	良	良	良
价格	中	中	高		
重量	重	中	重	轻	轻
设计难易程度	优	良	良	差	中
安装难易程度	中	良	差	优	中
使用寿命	优	中	良	良	中

6.3.1 橡胶

基于橡胶的剪切性能或压缩性能制作的隔振器形式有很多种，但是很少会用到橡胶的张力性能，因为拉伸状态下橡胶的疲劳寿命很短。隔振器的制造厂商通常会提供产品的刚度和阻尼特性参数。由于橡胶的动态刚度通常大于静态刚度（前者为后者的 1.3～1.8 倍），因此应该尽可能获得动态数据。橡胶可以在压缩态或剪切态下使用，但后者有更长的使用寿命。

阻尼特性的优劣由橡胶的成分控制，但是阻尼所消耗的最大能量往往受到橡胶的生热特性限制，生热特性导致磨损。橡胶的阻尼特性通常与振动幅值、频率和温度相关。

压缩垫的橡胶通常用来支承较大载荷，并应用于较高频率场合。一个压缩垫的刚度取决于它的大小以及侧向膨胀的端部约束。通常使用有凸起肋纹的压缩垫，肋纹将导致切向变形和压缩变形的结合。

橡胶减振座最常用于隔离轻质量机器和中间物，橡胶此时处于剪切态，对于中频隔振非常有效。

6.3.2 金属弹簧

在隔振器中金属弹簧是用量仅次于橡胶的次常用材料。弹簧隔振器的承载范围从最轻的机器到最重的建筑。弹簧可以大规模、批量化生产，并且它们之间的特性差异很小，可以用于低频隔振，这是因为通过选择合适的材料和结构设计就可以获得很大的静态压缩量。

金属弹簧用以提供几乎任何频率处的隔振。然而，当设计低频隔振时，它们会容易影响高频声传播。如前所述，在弹簧的末端和支承点之间插入橡胶垫和毛毡垫可以减少高频声波的传递，并确保弹簧与支承结构之间没有金属和金属的接触。弹簧的设计必须谨慎，以避免侧向不稳定。金属弹簧几乎没有有效的内部阻尼，可以引入流体阻尼、摩擦阻尼等。

钢弹簧包括螺旋弹簧、扭转弹簧、螺旋钢丝绳弹簧、丝网弹簧以及悬臂弹簧和单叶或者多叶结构的梁弹簧。螺旋钢丝绳弹簧阻尼非常小,如果需要提供足够的隔振,必须根据与实践中所经历的相似的振动级进行谨慎的设计。在多叶结构中,叶片之间的接触面摩擦力可以提供摩擦阻尼,从而减小高频传递。丝网弹簧是由一块预压缩的丝网块构成的,它如同一个非线性弹簧与阻尼器的结合体。有时丝网弹簧与钢弹簧连接起来使用,以承受一部分负载。

6.3.3　软木

软木是用于隔振的最古老的材料之一。使用时它通常处于压缩态,有时处于压缩态和剪切态的组合态。软木的动态刚度与阻尼非常依赖于频率,此外,它的刚度随着负载的增加会减小。

一般来说,被隔离的机器或者结构固定于大型混凝土基础上,通过几层 $2\sim18$ cm 厚的软木板将混凝土与周围的地基隔离开来。为了获得最佳性能,软木应该加载到 $50\sim150$ kPa。增加软木块的厚度可以有效降低隔振频率的下限,然而厚度也和稳定性相关。尽管油、水及中等温度对软木的使用特性几乎没有非常大的影响,但是随着时间的增加,软木会被外在的负载所压缩。在室温下,软木的工作特性可以保持数十年,但是在极高温度(90℃)下,软木的寿命不足 1 年。

6.3.4　毛毡

为了充分利用毛毡的隔振特性,应当使用最小可能面积的最柔软毛毡,但同时要保证没有结构稳定性损失,或者在静态载荷作用下不会有过量的压缩。毛毡的厚度应该尽可能地大。对于一般用途,建议厚度为 $1\sim2.5$ cm,其面积为机器基础总面积的 5%。对于无过量的振动装置,没有必要将毛毡固定在机器上。毛毡具有很高的内部阻尼($\xi=0.13$),且阻尼与负载无关,因此毛毡非常适用于减少固定安装机器的共振。在大多数情况下,毛毡只是在 40 Hz 以上才为有效的隔振器。毛毡对在可听声频率范围内减少振动传递特别有效,因为它的机械阻抗很难与大部分工程材料相匹配。

6.3.5　空气弹簧

虽然空气弹簧可以在频率非常低的应用场景下使用,但是随着所需要的共振频率的降低,制造变得越来越难,成本也越来越高。0.7 Hz 似乎是一个频率下限,对该频率隔声很难实现,但是对于 1 Hz 共振频率的应用就越来越常见了。

空气弹簧由封闭体积的空气构成,受到后面的活塞或者隔膜的压缩(隔膜通常为首选,避免了与活塞相关的摩擦问题的发生)。空气弹簧的静态刚度通常小于动态刚度,这是由空气的热力学性质引起的。环境温度的变化将导致空气体积的变化,而由空气体积变化引起的机器高度变化可以通过增加伺服控制器或减少空气来维持。

6.4　阻尼减振原理

6.4.1　阻尼减振的定义

目前,研究者围绕阻尼的产生机理展开了大量研究。从减振降噪角度看,阻尼是指损耗振动能量的能力,或者说将机械振动或声振动的能量转变为热能等其他可以损耗的能量,以此达到减振降噪的目的。

阻尼减振降噪技术在材料、工艺、设计等方面充分运用阻尼耗能的一般规律,以此提高机械结构的抗振性,降低机械产品的噪声,增强机械系统的动态性能。

6.4.2 阻尼减振的研究范围

阻尼技术属于应用技术,它的研究范围与基础理论及产品开发息息相关。阻尼技术的研究范围大致有以下几方面。

1. 阻尼技术的基础理论

力学界尚未探明阻尼的产生机理,在宏观上,主要从能量损耗、转换、传输等方面研究阻尼产生机理,认为其将机械能转成可以耗散的能量,这就是阻尼作用。就像机床这样具有很多固定结合面和可动结合面的机器,其阻尼的 90% 来自结合面阻尼。

阻尼技术的理论基础不仅指阻尼的产生机理,而且是这项技术的基础理论。研究阻尼技术的目的就是要改善这项技术的工程应用,或者说是要在工程应用中更加有效地掌握和运用其一般规律。

2. 阻尼的力学特性

研究阻尼要选择合理的衡量指标,该指标要体现阻尼的物理本质、数量关系及各相关因素的联系。阻尼特性主要指其力学特性,即频域和时域特性。研究阻尼特性的目的就是取得较好的减振降噪能力。所以为了清楚不同结构的阻尼特性,需要研究各种阻尼特性值的测量方法。

3. 阻尼材料及其性能

在阻尼技术层面研究材料主要有两个方面:一是研究材料的物理机械性能,以便按材料的实际性能最大程度地发挥其减振降噪的能力;二是从阻尼技术本身出发,按工程应用的实际需求制定材料性能指标,以便研发、制造适用的材料。

4. 阻尼技术的工程应用

要使阻尼技术得到广泛应用,就要解决材料、设计、工艺、测量、实验等一系列的问题,例如,材料老化和寿命问题、工程设计中的简化问题、黏弹材料的粘贴工艺问题、测量误差问题、从实验室实验到工业实验的过渡问题,等等。

6.4.3 阻尼减振技术的应用案例

(1)阻尼可以有效降低共振振幅,例如位移、速度、加速度等,所以机械结构在增加阻尼后可以有效避免应力达到极限而造成破坏。

在机械结构中,当激励的频率 ω 等于共振频率 ω_n 时,它的位移响应的幅值 X 与各阶模态的结构损耗因子 η_n 成反比,即

$$X \propto \frac{1}{\eta_n} \tag{6-17}$$

所以,动态位移在频率远离共振频率时受弹性项和惯性项的影响,在接近或等于共振频率时受阻尼项的影响。根据式(6-17),增大阻尼的损耗因子 η_n 值,可以有效降低共振的位移幅值 X。

例如电视铁塔,假如铁塔高 100 m,四周用钢索拉紧来保证铁塔稳定。但是在钢索受到风

力激励后,因为共振,钢索容易断裂而影响铁塔的稳定。经研究,在钢索上装上图 6-4 所示的阻尼动力消振器可有效避免钢索受风力激励后的共振损坏,保证了电视塔的安全。该消振器用阻尼橡胶作为弹簧及阻尼器,外圈固定具有一定质量的两个半环状钢套(它们作为消振质量),用螺钉来调节阻尼橡胶的预压力及改变弹簧常数。参考钢索的长度、张力、固有频率等参数来设计阻尼消振器,使阻尼消振器处于有效工作状态。

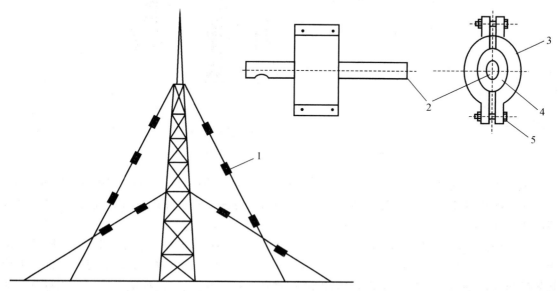

图 6-4　电视塔的结构示意图

1—阻尼动力消振器;　2—钢索;　3—半环状钢套;　4—阻尼橡胶;　5—螺钉

(2)在机械结构受到冲击后,阻尼可使其快速恢复至稳定状态。

机械结构受到冲击后的振动水平如下:

$$L = 10\lg\left(\frac{X^2}{X_{\text{ref}}^2}\right) \qquad (6-18)$$

式中:X 为受到冲击时瞬间达到的位移值(m);X_{ref} 为位移的参考值(m)。

用 Δt 表示振动水平 L 的降低率,则

$$\Delta t = -\frac{\mathrm{d}L}{\mathrm{d}t} = 8.69\xi\omega_n = 54.6\xi f_n \qquad (6-19)$$

所以在机械结构受到冲击后,可以通过增加降低率来使振动水平快速下降,或者提高结构的阻尼率 ξ 将振动水平下降到参考水平。

(3)阻尼可有效减少机械振动所产生的机械噪声。机械噪声按性质可以分为空气动力性噪声和机械性噪声,此外还有电磁性应力作用形成的电磁噪声。一些抑制空气动力性噪声的消声器也可以通过阻尼的耗能作用来消声。

印刷机械、纺机以及车间的铆接、冲剪等工序所产生的噪声主要是机械性噪声。例如切割花岗岩、木材等的圆锯在切割过程中,由于锯齿和材料的剧烈冲击而使锯片振动发声,其噪声可达 105 dB。如果在锯片两侧涂以大阻尼涂层和铝制约束层,锯片切割时产生的噪声可下降 12~18 dB。其原理图如图 6-5 所示。

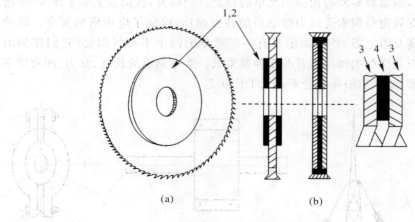

图 6-5　锯片降噪示意图

1,2—大阻尼涂层；　3—阻尼层；　4—铝制约束层

阻尼也可以使脉冲的持续时间加长,从而降低峰值噪声强度,还可以有效抑制脉冲噪声。产生机织噪声的主要原因便是脉冲噪声,在使用阻尼方法对机织噪声进行处理后,其噪声可以下降 10～15 dB。

(4)阻尼可提高机械加工精度,降低结构振动。加工有色金属的镜面车床、加工轴承的镜面磨床应该具有良好的抗振性。现在已经有部分机床改用阻尼值较大的环氧混凝土部件来代替铸铁机床的部件。其以石子作基体,以环氧树脂作黏结剂,经过搅拌定模后制成床身及其他部件。该材料的损耗因子比铸铁高 6～10 倍,比花岗岩高 3 倍。用该材料制成的部件可在很长时间内保持精度稳定。又如导弹上使用的惯性平台,近年来通过使用阻尼结构来代替隔振结构,重量和体积减少,且具有良好的减振作用。

读值精度是测量领域中的普遍问题,阻尼明显有助于读值的稳定和精度的提高。例如模板式测力仪,如果加入阻尼夹层结构,或用阻尼合金制造模板,测力计的固有频率测量范围便会增大。

(5)阻尼可以减少结构传递的振动,阻隔能量传递。减振器的结构设计包括参数设计和结构设计。为了防止地震对建筑物的破坏,隔离具有宽频域的地震波,可以采用增大阻尼的方法。此外,对于高压输电线,也可以用高阻尼材料进行隔振保护。对于齿轮箱,在轴承和箱体之间插入一只由阻尼合金制成的隔振隔声环,可以有效减小齿轮到箱壁的振动和固体声传递。

6.5　阻尼的数学关系描述与物理性能

6.5.1　阻尼的数学关系描述

机械结构的阻尼是指机械结构将机械振动的能量转换为可以耗散的能量,从而达到减振目的。从物理作用上分,阻尼可分为以下几类:

1.材料的内摩擦

材料阻尼即为材料的内摩擦,其是由材料内部分子或金属晶粒的相互运动产生的摩擦而损耗能量所产生的阻尼。所有材料在运动时都可以产生材料阻尼,但材料的阻尼值存在很大差异,表 6 - 2 列出了各种材料在室温和声频范围内的损耗因子值。

表 6 - 2　各材料损耗因子值

材料	损耗因子值 β
钢、铁	$1 \times 10^{-4} \sim 6 \times 10^{-4}$
铜	2×10^{-3}
铝	$0.5 \times 10^{-3} \sim 2 \times 10^{-3}$
锌	3×10^{-4}
塑料	$0.6 \times 10^{-3} \sim 2 \times 10^{-3}$
软木塞	$1.3 \times 10^{-1} \sim 1.7 \times 10^{-1}$
干砂	$1.2 \times 10^{-1} \sim 6 \times 10^{-1}$
黏弹材料	$2 \times 10^{-1} \sim 5$

多数金属材料和建筑材料的损耗因子值不随振幅、频率和温度的改变而变化,但是黏弹材料的阻尼则会发生改变。金属材料的阻尼损耗因子值很低,接近绝对弹性体,而阻尼合金具有较大的阻尼损耗因子值,可以在机械振动的交变应力与应变下耗散能量。耗散能量的原因可分为磁弹效应、晶界效应、涡流效应、热点效应。阻尼合金是由铁基合金及有色金属作为基体材料的合金。

2. 摩擦阻尼

材料的外摩擦即为摩擦阻尼,其耗能方式包括两结合面在相对运动中的干摩擦及黏性流体的摩擦两种。摩擦使振动的机械能转化为热能,从而耗散在介质中产生阻尼作用。

例如利用金属表面干摩擦制成的阻尼消振器,其由互相贴合的一组钢板制成,通过金属表面的相互摩擦而产生阻尼,可以通过增加产生损耗能量的面积来增加阻尼,也可以将钢板改为钢丝束来增加阻尼。

3. 能量转换形成阻尼效应

通过能量转换形成阻尼效应的方法有很多,例如机械能与电能的转换、机械能与热能的转换等。它们的共同点便是通过转换将机械能变为可以耗散的能量,从而实现消振作用。

例如一种机械能与电能的转换器,其通过导体运动切割磁感线而产生涡流,涡流在磁场作用下产生与运动方向相反的作用力而阻止运动,这会产生能量损失而造成阻尼作用。再如空气泵动这一种能量转换方式,在其两接触面之间留有空气缝隙,当振动使两个连接面接近或者远离时,缝隙中的空气就产生了如同气泵中的空气排入或者排出的运动,这就是泵动。泵动将振动的机械能转换为热能,并向外界发散。

4. 结合面阻尼

对于机械结构中的固定连接面,除了一部分连接面之间产生的相对运动可以看作干摩擦耗能外,大部分的结合面阻尼来自结合面力与位移的非线性关系。

两机械零件在固定连接时,接合面上存在很大的静态正压力,使接合面上突峰产生较大的接触变形。如果对其中一个面施加切向力,则切向力与切向位移之间并非线性关系,而是图

6-6 曲线 OA 所示的非线性关系。若施加切向交变力,则交变力与交变位移形成一个滞回曲线,滞回曲线的面积便是交变力损耗的能量。结合面便通过上述机理产生非线性的阻尼作用,称之为接合面阻尼。

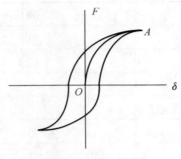

图 6-6 滞回曲线

阻尼特征值是一个衡量振动系统中损耗能量的能力的指标。阻尼特征值的数学描述方法通常与阻尼的物理现象相联系,也与表现实际机械结构的阻尼特性相联系。阻尼特性即为某特征值与某些因素(主要是频率和振动幅值)成函数关系的特性曲线或由数学公式表达的函数。阻尼特征值的数学描述包括选用怎样的特征值及该特征值数学模型所描述的阻尼特性。

阻尼特征值的数学描述方法可分为以下几类:

(1)自由振动法:振动系统在外部激励停止后进行自由振动,阻尼值决定着振幅衰减速度。对单自由度系统,其做自由振动时,外力为零,振动系统微分方程可写为

$$M\ddot{x} + c\dot{x} + Kx = 0 \tag{6-20}$$

其通解可以写为

$$x = x_0 e^{-\xi \omega_0} \cos(\omega_d t - \varphi) \tag{6-21}$$

式中:ω_0 为无阻尼固有频率;ω_d 为阻尼固有频率;ξ 为阻尼率,$\xi = \dfrac{c}{c_0} = \dfrac{\delta}{\omega_0}$,$c$ 为黏性阻尼系数,c_0 为临界阻尼系数,δ 为自由振动的对数衰减率,可表示为

$$\delta = \ln \frac{x_0}{x_1} = \ln e^{2\pi\xi} = 2\pi\xi \tag{6-22}$$

则阻尼率 ξ 为

$$\xi = \frac{\delta}{2\pi} \tag{6-23}$$

至今为止描述阻尼的普遍方法仍是自由振动法,特别是针对欠阻尼结构,由于其阻尼小,自由振动衰减时间较长,可较好地确定阻尼特征值。

应用自由振动法中,常测量对数衰减率 δ,其测量框图如图 6-7 所示。被测试件受正弦力作用,信号发生器产生正弦信号,功率放大器放大电流后,激振器对试件施加激励,最后试件所受激励经放大器放大进入记录器。离散的或连续的振动系统,其基频和最初的几阶模态阻尼值都可以用自由振动法来测量。

用自由振动法测量机械结构的阻尼值需要考虑以下几个方面的问题:①施加激励的性质。对振动系统施加的力可分为脉冲力、阶跃力、随机力和正弦力。可以在得到响应信号之后加一个滤波器以求得各阶模态阻尼值。施加外力的大小不应使振动系统超出线性范围,且要注

意初期响应,以免计入非线性波形。②响应的波形。为了得到某试件的阻尼值,可将试件悬吊起来,使附加系统的固有频率远低于振动系统的固有频率,同时减少能量损失。如果不加入滤波器,衰减波通常叠加在低频波上。可以通过将单幅值测量(自平均线至封顶)改为双振幅(自波峰至波谷)的方式排除低频波对测量数据的干扰。③附加阻尼。试件做自由振动时,振动杆和振动器的线圈一起在磁场中运动,因为磁电效应产生附加阻尼,测量阻尼值远大于试件的结构阻尼。为消除该误差,可以采用非接触式电磁振动器或者机械断开方式,如此,试件做自由振动时就不会带动振动器的线圈一起运动了。

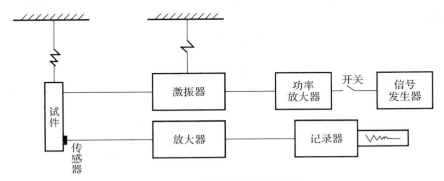

图 6 - 7　自由振动法测量框图

(2)模态法:任何一个机械系统都可以看作一个多自由度系统。求解该机械系统的结构力学问题,可以采用模态矩阵作变换矩阵的方法来求解振动的运动方程。可以在模态坐标下运用模态参数来表示模态特性,多自由度系统的模态特性参数与动柔度之间的关系可用下式表示:

$$H_{ij}(\omega)=\frac{x_i}{F_j}=\sum_{i=1}^{n}\frac{\phi_{ih}\phi_{jh}}{m_k\omega_{nk}^2\left[1-\left(\frac{\omega}{\omega_{nk}}\right)^2+\mathrm{j}\eta_k\right]}=\sum_{i=1}^{n}\frac{\phi'_{ih}\phi'_{jh}}{1-\left(\frac{\omega}{\omega_{nk}}\right)^2+\mathrm{j}\eta_k} \quad (6-24)$$

式中:$H_{ij}(\omega)$ 表示结构 j 点处施加频率为 ω 的激励 F_i,在 i 点上的测量响应;ω_{nk} 为 k 阶模态的无阻尼固有频率;η_k 为 k 阶模态的阻尼损耗因子;m_k 为 k 阶模态质量;ϕ_h 为振型矢量。

根据式(6-24),在测得结构的动柔度后,就可求得各阶模态的模态参数。阻尼的特征值与模态参数相联系,用模态分析来测量阻尼值的方法即为模态法。

(3)能量法:根据对阻尼机理的分析可知,阻尼特征值用来衡量损耗的振动能量与总的振动能量的比值,符合阻尼消振的物理本质。用能量法能够更加直观地分析机械结构的阻尼特性并且对阻尼特性进行计算分析,其对提高机械结构的抗振能力、降低结构受激励后产生的噪声等都有较好效果。

对单自由度系统,其运动微分方程可写为

$$M\ddot{x}+c\dot{x}+Kx=F \quad (6-25)$$

由于惯性力 $\boldsymbol{F}_m$、阻尼力 $\boldsymbol{F}_c$、弹性力 $\boldsymbol{F}_k$ 之间均有 $\pi/2$ 的相位差,所以它们与外力的平衡方程为

$$\boldsymbol{F}_m+\boldsymbol{F}_c+\boldsymbol{F}_k=\boldsymbol{F} \quad (6-26)$$

在正弦振动时,阻尼力损耗能量,其在一个周期损耗的能量由下式表示:

$$E_d = c \int_0^{\frac{2\pi}{\omega}} X^2 \omega^2 \cos^2(\omega t + \varphi) dt = \pi c X^2 \omega \qquad (6-27)$$

机械系统的振动能包括动能与位能,每个周期的机械能可以表示为

$$E_{vib} = \int_0^{\frac{2\pi}{\omega}} (E_k + E_p) dt = 2\pi \frac{1}{2} K X^2 = \pi K X^2 \qquad (6-28)$$

损耗能与机械振动的比值为结构损耗因子 η',由下式表示:

$$\eta' = \frac{E_d}{E_{vib}} = \frac{c\omega}{K} \qquad (6-29)$$

对黏性阻尼:

$$\eta' = \frac{\pi c X^2 \omega_0 / 2\pi}{\frac{1}{2} K X^2} = \frac{c\omega_0}{K} = 2\xi \qquad (6-30)$$

令阻尼耗能比为

$$\varphi = \frac{E_d}{W} \qquad (6-31)$$

则

$$\eta' = \frac{\varphi}{2\pi} \qquad (6-32)$$

式中:E_d 为机械结构在一个振动周期损耗的能量;W 为一个振动周期最大弹性变形能。

对多个零部件组成的机械系统,可按同样的方法分析、计算结构损耗因子。对于各类阻尼消振器及复杂的机械结构,用能量法可以准确地分析结构损耗因子及与其相关因素的联系,这是一种很有效的分析方法。

6.5.2 阻尼特征值的相互关系研究

结构损耗因子 η' 作为一项阻尼特征值,在一般情况下是频率的函数,其也可以是振幅 x 的函数。研究阻尼及其结构的主要问题便是阻尼特性的非线性性质,对于由大阻尼黏弹性材料形成的机械结构,求其动态响应要采取一些近似算法。在分析模态或者运用有限元方法时,正确处理好非线性阻尼是一个值得研究的问题。

在小阻尼情况下,线性系统的共振点附近有如下数学关系:

$$\eta' = \frac{\varphi}{2\pi} = 2\xi = 2\frac{c}{c_0} = \frac{2.20}{f_n T_0} = \frac{\Delta_t}{Q_{max}} = \frac{\delta}{\pi} = \frac{\Delta f}{f_n} = \frac{1}{Q_{max}} \qquad (6-33)$$

式中:η' 为结构损耗因子;φ 为阻尼耗能比;ξ 为阻尼率;c 为黏性阻尼系数;c_0 为临界黏性阻尼系数;f_n 为无阻尼固有频率;T_0 为混响时间;Δ_t 为衰减速度;δ 为对数衰减率;Δf 为半功率带宽;Q_{max} 为共振点放大比。

式(6-33)适用于黏性阻尼情况,同时,滞后阻尼和库仑摩擦阻尼也可以折算为黏性阻尼。具体方法是在能量相同时把其他两种阻尼等价为黏性阻尼。

1. 黏性阻尼

在阻尼减振中最常见的一种阻尼便是黏性阻尼,其阻尼力大小与速度大小成正比,阻尼力方向与速度方向相反。其力学公式可描述为

$$F = -c \frac{dx}{dt} \qquad (6-34)$$

黏性阻尼可看作物体在气体和液体中做低速运动而产生的介质阻尼。当运动速度过高时,阻尼特性便会表现为非线性。

可用能量法求解结构损耗因子:

$$\eta' = \frac{1}{Q_{\max}} = 2\frac{c}{c_0} \tag{6-35}$$

式(6-35)求得的结构损耗因子用黏性阻尼系数与临界黏性阻尼系数的比值表示,与之前的计算公式相同。

2. 滞后阻尼

滞后阻尼的阻尼力大小与位移大小成正比,方向与速度方向相同,其可表示为下式:

$$\frac{c}{\omega}\dot{x} = \mathrm{j}cx \tag{6-36}$$

用 g 代替 c,式(6-36)转化为

$$F = -\mathrm{j}gx \tag{6-37}$$

式中:j 表示阻尼力与速度同相;g 为滞后阻尼系数。

滞后阻尼的结构损耗因子可由下式表示:

$$\eta' = \frac{\pi g X_{\max}^2/2\pi}{\frac{1}{2}KX_{\max}^2} = \frac{g}{K} \tag{6-38}$$

将滞后阻尼等价为黏性阻尼的计算公式为

$$c = \frac{gc_c}{2K} \tag{6-39}$$

3. 摩擦库仑阻尼

摩擦库仑阻尼由表面摩擦产生阻尼力,其阻尼力方向与速度方向相反,可由下式表示(h 为常数):

$$F = -\mathrm{j}h \tag{6-40}$$

可用能量法求解等价黏性阻尼,其阻尼损耗因子可表示为

$$\eta'' = \frac{4hX_{\max}/2\pi}{\frac{1}{2}KX_{\max}^2} = \frac{4h}{\pi KX_{\max}} \tag{6-41}$$

式中:h 为库仑摩擦力的幅值。其等价黏性阻尼可由下式表示:

$$c = \frac{2hc_c}{\pi KX_{\max}} \tag{6-42}$$

6.5.3　阻尼材料的分类

现在阻尼材料包括阻尼黏弹材料、阻尼合金、阻尼复合材料及库仑摩擦阻尼材料,此外在广义上说,阻尼材料还包括液态和气态阻尼材料,其中阻尼黏弹材料使用范围最广。一种好的阻尼材料需要满足以下条件:材料的损耗因子峰值高,峰值温度应该和工作温度一致;当材料损耗因子大于 0.7 的温度范围时,$\Delta T_{0.7}$ 要宽;阻尼材料要有合适的模量;阻尼材料不容易老化和燃烧,且容易粘贴;等等。

为了满足以上要求,现在研究在高分子聚合物中加入添加剂以使材料内部分子弯曲或滑变;也可限制分子运动,增加应力及应变之间的相位滞后,从而增加材料损耗因子;或者加入颗

粒状石墨,增加材料结构内部摩擦,增加能量的转换,从而增大损耗因子。

各种阻尼材料可以制造成喷涂型、平板型、浇筑型、泡沫型等,或者用黏结剂黏结成胶片形状,用压敏胶黏结成泡沫片状。国内外常用的几种阻尼材料如下。

1. 热塑性塑料及热固性塑料

目前常用的热塑性塑料或者热固性塑料如聚氨酯、环氧树脂或者有机硅橡胶等。3M 公司研制的阻尼胶有 ISD830,ISD113,ISD110,ISD112 这几种类型,前三种胶厚度为 0.125 mm。该公司生产的几类阻尼胶的使用温度范围如表 6-3 所示。

表 6-3 公司几类阻尼胶使用温度范围

材料	使用温度范围/℃	老化稳定性
ISD113	−28.9~1.0	较好
ISD112	10.0~37.8	较好
ISD110	23.9~51.7	较好

通用电气公司用 SMRD 阻尼材料为基体生产的环氧树脂,现在广泛应用于航天空间技术的相关仪器仪表及其他结构中,它可使共振幅值下降。

美国海军研制了用于舰艇船壳的阻尼材料 MRC-OG4。它以片状石墨作为填料,以经过增塑的氯乙烯/醋酸乙烯共聚物为基本材料。经过实际测定,该材料的阻尼率达到海军对材料提出的要求。表 6-4 为该材料的配方表。

表 6-4 阻尼材料配方

成分	作用	占比/(%)
氯乙烯/醋酸乙烯共聚物	黏结聚合物	34.5
BBP	增塑剂	20.5
氯化锑	阻火剂	1.8
钡镉酚盐	稳定剂	0.6
SRP	增强填料	1.5
环氧化豆油	稳定剂	0.6
片状石墨	阻尼填料	40.5

2. 泡沫型塑料

声涂料公司、SC 公司、Antiphone 公司和 EAR 公司研制了许多用于噪声控制的泡沫型塑料,其中主要是聚氨酯泡沫。例如,EAR 公司生产的 C-3002 材料同时具有隔声、吸声性能,SC 公司生产的 Tufcote 与 Antiphone 公司生产的 Antiphone LA 可以用于消除气动噪声。

3. 阻尼复合材料

因为在振动的同时会产生噪声,所以许多公司用剪切阻尼消振的塑料、压敏胶和泡沫塑料结合在一起形成阻尼复合材料。这类复合材料减振效果很好,在管道、车辆外壳、机械工具上有着广泛的应用。目前我国一些单位研制了阻尼复合材料,并将其应用于电视铁塔、吸尘器、洗衣机或者空调、电锯等结构的减振降噪中,复合材料也应用在航空、航天、航海领域,并取得了较好的效果。表 6-5 列出了 ZN 系列阻尼黏弹材料的主要性能指标。

表 6-5　系列阻尼材料性能指标

类型	最大阻尼损耗因子	温度范围/℃
ZN-1	1.4	-15-50
ZN-2	1.1	-14-47
ZN-3	1.1	-14-47
YZN-4	1.45	-21-70
YZN-5	1.85	-15-50
YZN-6	1.85	10-75

阻尼黏弹材料的缺点主要是弹性模量较低,所以它一般作为附加材料而不作为结构材料,或者用作减振器的弹簧、阻尼材料。有足够强度及刚度且弹性模量高的阻尼材料是各类阻尼合金材料。因此,将不同物理性质的阻尼黏弹材料组成阻尼复合材料,这样可以具备更为优异的减振效果。

6.5.4　阻尼材料的物理性能

阻尼黏弹材料,其性能受环境条件影响较大。阻尼黏弹材料是一种具有黏性液体和弹性固体特性的材料,黏性液体在一定受力情况下可以损耗能量却不能储存能量,而弹性固体可以储存能量但不损耗能量,阻尼黏弹材料的性质介于两者之间,当其产生动态应力或应变时,一部分能量被储存,一部分能量转化为热能被耗散。这种能量的储存和耗散,展现出机械阻尼特性,具有减振降噪作用。

黏弹材料在受到外力时,材料中的分子链会发生变形,此外还会产生分子与分子之间链段的滑移。当外力消失后,变形的分子链恢复原状,释放外力对其做的功,这就是黏弹材料的弹性;如果分子链的滑移不能完全恢复,则会产生永久变形,该部分做的功转变为热能耗散,这就是黏弹材料的黏性。

对黏弹材料施加交变力,材料内部的应力与应变几乎同时改变,两者相位几乎相同,但其力学性能表现为应变滞后于应力,滞后相位角为 α,形成滞回曲线,曲线包围的面积即为交变过程中损耗的能量。黏弹材料交变应力-应变图如图 6-8 所示。

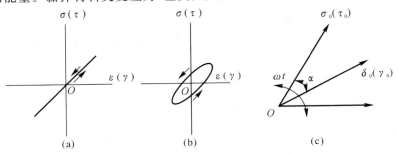

图 6-8　黏弹材料交变应力-应变图

在交变应力与应变作用下,黏弹材料单位体积每周所做的功可表示为

$$\Delta W = \iint \tau \alpha \gamma \, dV = \pi \tau_0 (\gamma_0 \sin\alpha) = \pi \gamma_0^2 G'' \qquad (6-43)$$

弹性材料的最大弹性能为

$$W = \frac{1}{2} \tau_0 (\gamma_0 \cos\alpha) = \frac{1}{2} \gamma_0^2 G' \qquad (6-44)$$

则

$$\frac{\Delta W}{W} = 2\pi \frac{G''}{G'} = 2\pi\beta \qquad (6-45)$$

$$\beta = \frac{\Delta W / 2\pi}{W} \qquad (6-46)$$

式中:β 表示材料在受到交变力后耗散振动能量的能力;G' 代表材料刚度指标 J。

影响材料性能的主要因素是温度、频率和应变幅值,因此,滞回曲线不再是椭圆形。当材料在大应变情况下使用已测的数据和曲线时,将会导致非线性误差。但大多数设计的阻尼结构应变幅值在小范围内变化,所以阻尼材料的性能主要受温度及频率影响。

在不同温度下,材料性能表现出三个不同的区域:第一个区域便是低温区(玻璃态区),高分子聚合物分子结构在受力后不易产生相对运动,损耗因子 β 很低;第二个区域便是玻璃态区与高弹态区之间的过渡区,称作玻璃态转换区,该温度区域使材料能量逐步加大,同时损耗因子 β 急剧变大;第三个区域是高温区,也叫高弹性区。

频率同样对黏弹材料起着重要作用,在一定条件下,剪切模量的实部随频率的增加而增加,且损耗因子在一定频率下有最大值,低于或者高于这一频率,β 值变小。

测定阻尼材料的物理机械性能时,需要在材料研制过程中,通过性能测定调整配方,还要比较不同性能的材料,让其符合使用要求,最后精确测定材料性能,以此作为参数和结构设计的依据。测试方法如下。

1. 正弦力激励法

可以通过国产 DM-1 动态模量仪、使用正弦激励法测定阻尼材料的物理机械性能。该测量仪的物理模型是一个简单的单自由度系统,黏弹材料的物理性能可用复刚度 $k'(1 + j\beta)$ 表示。

可通过测定激励幅值 P、试件的交变位移 x、P 与 x 的相位 φ、实际激振频率 ω、系统的当量质量 M 来求得材料损耗因子 β。其计算公式为

$$\beta = \frac{k''}{k'} = \frac{P\sin\varphi}{P\cos\varphi + M\omega^2 x} \qquad (6-47)$$

在实际使用正弦力激振法测定材料性能时,可以采用正弦力扫频测量法、峰值共振法以及半功率法三种方法。其中使用正弦力扫频测量法时,若频率发生变化,位移响应在远离共振频率处很小,且由于黏弹材料模量低、试件刚度小,大部分频率远大于共振频率,使 x 值有较大的测量误差。所以在测量时需要选择共振频率附近的测量点,这就使测量受到限制。当激振频率等于共振频率时,x 有极大值 x_{max},此时损耗因子可表示为

$$\beta = \frac{P}{M\omega_n^2 x_{max}} = \frac{P}{x_{max}} \frac{1}{k_s} = \frac{k_d}{k_t} = \frac{1}{Q} \qquad (6-48)$$

式中:k_s 为试件的静刚度;k_d 为试件在共振点处的动刚度;Q 为动态放大比。

在共振点附近用半功率法求损耗因子的公式如下：

$$\beta = \frac{1}{Q} = \frac{\Delta\omega}{f_n} = \frac{\Delta f}{f_n} \tag{6-49}$$

当阻尼损耗因子较大时，可改用下面的公式：

$$\left.\begin{aligned} \beta &= \frac{\Delta\omega}{\omega_n}\left(1 - \frac{11}{32}\frac{\Delta\omega}{\omega_n}\right) \\ \beta &= \frac{\Delta f}{f_n}\left(1 - \frac{11}{32}\frac{\Delta f}{f_n}\right) \end{aligned}\right\} \tag{6-50}$$

在温度改变时，试件刚度会发生改变，同时共振频率也会发生变化，如果认为共振频率不变，则在计算损耗因子 β 值及材料剪切模量 G 值时，会引入新的误差。

2. 振动杆法

振动杆法的测量原理与正弦激励法相似，不同点是试件受力后产生弯曲振动，而不是拉压或剪切应变。

当测量系统受到激振器激荡时，成为一个单自由度系统，系统纵向刚度包括两端的两根片弹簧的刚度及中间黏弹材料试样的刚度。两弹簧刚度可表示为 $2 \times 12E_1 I_1/l_1^2$，其中 I_1 为片弹簧的惯性矩。由于金属具有很小的阻尼损耗因子，所以 E_1 取实数。系统纵向刚度可表示为

$$k = 24\frac{E_1 I_1}{l_1^2} + 12\frac{EI}{Sl^3} = R(k) + \mathrm{j}I_\mathrm{m}(k) \tag{6-51}$$

式中：S 为形状因子；E 为复数。

$$R(k) = \frac{24E_1 I_1}{l_1^2} + \frac{12EI}{Sl^3} \tag{6-52}$$

$$I_\mathrm{m}(k) = \frac{12E\beta I}{Sl^3} \tag{6-53}$$

形状因子随 h/l 变化，在 $h/l > 0.7$ 时符合实际情况，表达式为

$$S = 3\left(\frac{h}{l}\right)^2\left(1 + 2\frac{h^2}{l^2}\right) \tag{6-54}$$

此外，还可以用自由衰减法来测量材料的损耗因子及杨氏模量实部，实验方法及仪器设备都比较简单。使用较广泛还有振梁法，该方法为一种间接测定法，对配有精确测定振动响应的仪器及编好计算程序的用户来说尤为方便。最后还有相位法，其和前四种方法的主要区别是：阻尼损耗因子值的测量仅依靠测量系统的相位信号；通过随频率变化的相位值得到材料损耗因子的连续频谱；提高测量精度。

6.6　附加阻尼技术

6.6.1　附加阻尼结构概述

可以通过附加阻尼结构提高结构阻尼。附加阻尼结构是在不同的构件上附加一种包括阻尼材料的结构层，可以提高构件阻尼性能，从而提高构件抗振性、稳定性并降低噪声水平。对于薄壁型构件，附加阻尼结构能很好地减振降噪。

附加阻尼结构可以分为自由阻尼层结构、约束阻尼层结构、阻尼夹层或多层结构以及阻尼

插入结构。从阻尼耗散理论上看,附加阻尼结构又可分为自由阻尼层结构、约束阻尼层结构、阻尼插入结构,上述的阻尼夹层结构可以归入约束阻尼层结构一类。这三种结构的示意图如图 6-9 所示。

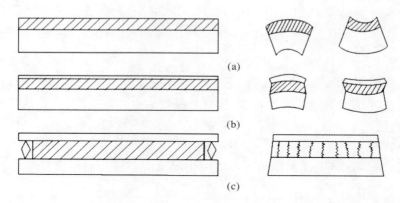

图 6-9　自由阻尼层结构、约束阻尼层结构、阻尼插入结构示意图

自由阻尼层结构一般是将阻尼黏弹材料附着于需要做减振处理的机械零部件上,这层黏弹材料也叫自由阻尼层。机械振动时,阻尼层会产生弯曲振动,材料内部会产生交变应力、交变应变,损耗机械振动的能量,从而达到减振降噪效果。

约束阻尼层结构是在黏弹材料阻尼层上覆盖一层弹性层。一般用大阻尼黏弹材料层做约束阻尼层,约束层在基本结构层受到弯曲振动时伸长,但其远小于阻尼层的伸长,所以它阻止了阻尼层的伸长;同理,当阻尼层压缩时,约束层阻止阻尼层的压缩。在阻尼层的伸长和压缩受到约束层阻止时,阻尼层内部就产生了剪切应力和剪切应变。因为约束阻尼层比自由阻尼层的结构复杂,耗散的能量更多,所以其具有良好的减振作用。如果将阻尼层、金属层黏结在一起,就会形成阻尼多层结构,增加减振作用。

阻尼插入结构是在厚度不同的基本结构层和弹性层之间插入一层阻尼材料,其不和黏弹层粘在一起,阻尼材料可以选择黏弹材料或者依靠库仑摩擦产生阻尼的纤维材料。当阻尼结构产生振动时,它的两层金属层之间产生不同的机械振动,这就会产生横向拉应力,从而耗散能量。

对以上三种阻尼结构的分析与计算,首先是分析不同阻尼结构的耗能原理及与耗能相关的因素;其次是设计合适的参数,按不同条件设计阻尼结构;最后是对阻尼结构减振降噪效果进行判断,以便进行阻尼结构的设计。

自由阻尼结构理论诞生于 20 世纪 50 年代初期,其后研究者分别对阻尼损耗因子及相关因素进行了理论分析及计算。美国研究者最先对约束阻尼层的剪切阻尼做出分析,随后的研究者对计算式进行改善并将其应用于其他类型的阻尼多层结构。英国研究者运用模态分析法计算阻尼损耗因子,并对阻尼插入结构进行了理论分析。

现有的理论分析方法包括复刚度法、变形能法和模态分析法。其中复刚度法用材料力学或弹性力学的方法计算阻尼结构的复刚度。对拉伸或扭转刚度也可以用复刚度法做分析。变形能法计算结构在机械振动时的能量损耗比。其阻尼结构损耗因子可用结构耗散能和总弹性变形能之比来表示,表达式为

$$\eta = \frac{\sum\limits_{j=1}^{N} W_j}{\sum\limits_{i=1}^{M} W_i} \qquad\qquad (6-55)$$

式中：$\sum\limits_{i=1}^{M} W_i$ 为所有结构的总变形能；$\sum\limits_{j=1}^{N} W_j$ 为耗能结构所耗散的总能量。

　　模态分析法或有限元方法主要分析附加阻尼结构，在能量法中使用模态参数，可得附加阻尼结构参数与结构损耗因子的关系式为

$$\eta = \frac{D_d + D_0}{2\pi(U_d + U_0)} \qquad\qquad (6-56)$$

式中：D_d，D_0 分别表示原始结构和阻尼处理结构所耗散的能量；U_d，U_0 分别表示原始结构和阻尼处理结构的变形能。

6.6.2　新型附加阻尼结构

　　为了进一步提高附加阻尼的减振效果，人们设计了多种多样的新型结构，以便最大限度地发挥阻尼材料的耗能潜力。研究发现，对于一个管状结构或者曲面薄壳结构，整体约束层[见图 6-10(a)]往往不能获得理想的结构损耗因子，而如果将约束层隔开[见图 6-10(b)]，结构损耗因子会有显著的提高。因此可以对多层阻尼的约束层采取分隔的处理方法。此外还有很多新设计，下面就其中的两种进行分析。

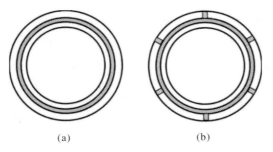

(a)　　　　　　(b)

图 6-10　约束层

1. 多层间隔处理

　　多层间隔处理是将约束阻尼层的约束层由整块板改成间隔的板，并按图 6-11 的方式作交叉排列。当机械结构振动时，附加阻尼层随着振动产生了具有交变规律的动态变形，大量被分开的小单元变成隔离开的约束阻尼层，从而使损耗的能量显著增加。

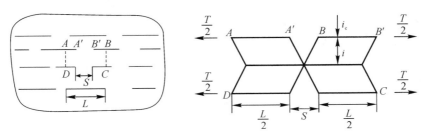

图 6-11　多层间隔处理

分析图 6 - 11 中的一个小单元 $ABCD$，单元长度为 L，阻尼层的厚度为 I，如果忽略约束层的厚度 i_c，并且假设阻尼层中存在的应力是均布的，即 $\tau = G^* \gamma$，那么，纵向的拉力 $\dfrac{T}{2}$ 可以写作

$$\frac{T}{2} = \frac{L}{2} \cdot \tau \cdot b \tag{6-57}$$

式中：b 为阻尼层宽度。

对于小单元，长 $AB = l + s$，其伸长量为

$$\Delta = 2\gamma t \tag{6-58}$$

单元中总的纵向力为

$$T = bLG^* \gamma \tag{6-59}$$

如果将横截面 $2tb$ 中的平均应力、应变之比看成当量的复拉伸模量，并用 E_{eff}^* 表示，则

$$E_{\text{eff}}^* = \frac{\sigma_{\text{ave}}}{\varepsilon_{\text{ave}}} = \frac{bLG^* \gamma}{2bt} \cdot \frac{(L+s)}{2\gamma t} = \frac{G^*}{4} \frac{(L+s)}{t^2} \tag{6-60a}$$

式中：σ_{ave}，ε_{ave} 是应力和应变的平均值。

考虑 t_c，同时 $L + s \approx L$，那么有

$$E_{\text{eff}}^* = \frac{G^* L^2}{4t(t_c + t)} \tag{6-60b}$$

由于实际的耗能是材料的剪切应变耗能以及间隔处部分材料的拉伸应变耗能，而且这种处理方法使得材料的耗能效果提升，因此其比普通多阻尼结构有更好的减振作用。

2. 多层铰接处理

另一种提高结构损耗因子的方式是采用多层铰接处理结构。其结构原理如图 6 - 12(a) 所示，在需要减振的结构上固接一个支桩 1，和支桩相连的是相互约束的两个约束板 2，中间粘贴阻尼层 3。当结构产生弯曲振动时，设支桩连接点有数量为 θ 的交变角位移[见图 6 - 12 (b)]，那么，两约束板之间的相对位移为 $2l\theta$[见图 6 - 12(c)]。由于臂长 l 的放大作用，阻尼层产生的剪切应变比直接黏附在结构表面上的应变要大得多，因此具有更大的耗能作用。

用复刚度法计算多层铰接处理结构的结构损耗因子。由图 6 - 13，约束层的纵向拉力为

$$T = \tau b L \tag{6-61}$$

阻尼层的变形量为

$$\Delta = \frac{L}{R}\left(s + \frac{H}{2} + \frac{t}{2} - \delta\right)$$

式中：R 为弯曲振动至最大振幅位置的曲率半径；δ 为组合结构中性面至基础结构中性面的距离；S 为位移振幅。有

$$\tau = G^* \frac{\Delta}{t} \tag{6-62}$$

弯矩 M 可以用下式表示：

$$M = b \int_{-\delta - \frac{H}{2}}^{-\delta + \frac{H}{2}} z E_b \frac{z}{R} \mathrm{d}z + T \cdot \left(s + \frac{H}{2} + \frac{t}{2} - \delta\right) \tag{6-63}$$

式中：z 为梁的横向坐标。

确定中性面的位置要先求 δ，有

$$\delta = \frac{2TR}{E_b Hb} \tag{6-64}$$

式中：E_b 为当量模量。

对以上公式进行代数运算，可得

$$T = G^* \frac{bL^2}{Rt}\left(s + \frac{H}{2} + \frac{t}{2} - \delta\right) \tag{6-65}$$

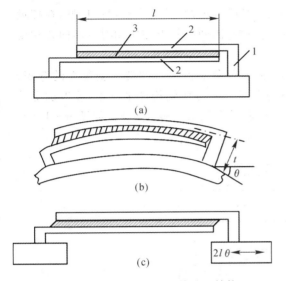

图 6-12　简单的多层铰接处理结构

1— 支柱；　2— 约束板；　3— 阻尼层

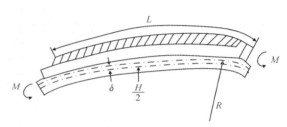

图 6-13　铰接处理结构的几何参数

将式(6-64)代入式(6-65)，有

$$T = \frac{bL^2 G^*}{Rt}\left(s + \frac{H}{2} + \frac{t}{2}\right)\left(1 + \frac{2G^* L^2}{E_b Ht}\right)^{-1} \tag{6-66}$$

将式(6-66)代入式(6-63)并进行积分，有

$$M = \frac{E_b b H^3}{12} + \left(\frac{bL^2 G^*}{Rt}\right)\left(s + \frac{H}{2} + \frac{t}{2}\right)^2 \frac{\left(1 + \dfrac{4G^* L^2}{E_b Ht}\right)}{\left(1 + \dfrac{2G^* L^2}{E_b Ht}\right)} \tag{6-67}$$

由 $\dfrac{G^* L^2}{E_b Ht} \ll 1$，并且注意到 $M = (EI)^* \dfrac{\partial \theta}{\partial x}$，$\dfrac{\partial \theta}{\partial x} = \dfrac{1}{R}$，可以得到

$$(EI)^* = \frac{E_b H^3 b}{12} + \left(s + \frac{H}{2} + \frac{t}{2}\right)^2 \frac{bL^2 G^*}{t} \tag{6-68}$$

式(6-68)是多层铰接处理结构的复刚度，结构损耗因子是它的虚部和实部之比，即

$$\eta'_s = \frac{\mathrm{Im}\ (EI)^*}{\mathrm{Re}\ (EI)^*} \tag{6-69}$$

当 $s = 0$ 时，式(6-69)就是非铰接处理的结构损耗因子 η'，相当于直接黏附阻尼材料到基础层的 η，其与铰接处理的 η'_s 的关系如下：

$$\frac{\eta'_s}{\eta'} = \frac{\left(s + \dfrac{H}{2} + \dfrac{t}{2}\right)^2}{\left(\dfrac{H}{2} + \dfrac{t}{2}\right)^2} \tag{6-70}$$

显然，由于使用了铰接处理结构，结构损耗因子 η_s 将随着 s 的增大而显著提高。

基于约束阻尼处理的理论分析可以知道，结构损耗因子随波数 k^2 的增大而增大，也就是说对低阶模态尤其是首阶模态而言，其结构损耗因子较小。但是从减振的要求来看，首阶模态的位移响应大，意味着这是需要加以控制的振动模态。克服这一矛盾的方法之一就是采用多层铰接处理。梁、板或者其他一些结构的首阶模态（即基频共振模态）是一次弯曲振型，在接近边界的距离较远处设置支桩点，就能够扩大阻尼层的应变[因两支桩点在振动时的转向是相反的（即图 6-12 中为 $\pm\theta$）]。

多层铰接处理的实际结构如图 6-14(a)所示，为了避免支桩的悬伸端承受很大的弯矩，可以将结构设计成图 6-14(b)中的形状。中间的空隙可以用金属结构件来支承，或者加上填充物，例如聚氨酯硬泡沫塑料等。当然也可以制作成多层阻尼层的铰接结构，如图 6-14(c)所示。

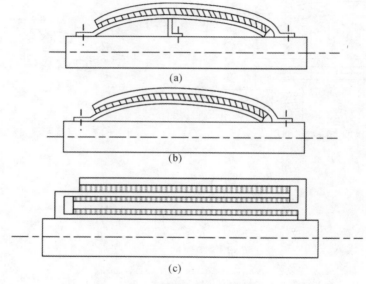

图 6-14　多层铰接处理的实际结构

6.6.3　附加阻尼结构的应用

1. 在导弹及卫星上的应用

附加阻尼结构在导弹、卫星等航天领域的应用十分广泛。它可以提高飞行器的阻尼值，从而增加飞行的稳定性和安全性；可以对大应力构件作过载保护，从而降低这些构件的动态应力；当然，最重要应用还是保护导弹、卫星上的电子仪器，从而使这些仪器能够正常工作而不失效。例如在洲际导弹中，控制电子仪器舱的托板是一块直径 508 mm、重 3.5 kg、厚 12.7 mm 的玻璃纤维板，它的四周与导弹的鼻锥 4 相连接，可以支承 16.3 kg 的电子仪器设备，如图 6-12 所示。

在导弹升空过程中，电子仪器会有三个随机激励源，它们分别是来自发动机燃烧喷气过程中的激励、升空时和空气摩擦产生的激励以及强大的声振激励。电子仪器比较精密，其任何一个器件在受激励后损坏都会影响导弹的正常控制。因此，需要将共振传递率降到最低限度。

加速度传递率指板结构最大响应处测量的加速度响应$\ddot{x}$与板结构圆周处测量的响应$\ddot{\alpha}$之比。实心的玻璃纤维板结构的基本共振频率为 160 Hz,共振传递率为 38(如图 6 - 12 中的曲线 B)。

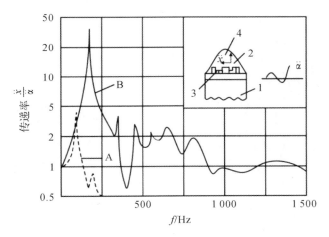

图 6 - 15　电子仪器舱板的法向传递率曲线

1—壳体；　2—玻璃纤维板；　3—电子仪器；　4—鼻锥

采用三层玻璃纤维板,并在其中夹有由薄层剪切型阻尼黏弹材料组成的多层约束阻尼结构,共振传递率明显降低,并且其在高频处具有良好的隔振效果。这种多层约束阻尼结构板的共振频率为 80 Hz,共振传递率为 4.6,降低到原本的 1/8(如图 6 - 12 中的曲线 A)。

在航天和空间技术中采用附加阻尼结构和大阻尼材料来进行减振的实例很多。例如飞行器上的惯性平台,各种探测仪器的照相机支架,仪器的电路板、电路箱、支座和支架,以及安装在飞行器上的计算机等,在采用了附加阻尼结构后,不仅起到了可靠的减振、防振作用,而且由于减少了空间和重量,对飞行器的小型化和轻量化也有着显著作用。对导弹线路箱采用综合的阻尼减振措施后,最大传递率降低到 2 以下,和减振器减振方案相比,重量减轻了 10%～15%,体积缩小了 15%～20%,其他指标也都满足要求。

在印刷电路板上按优化处理原则对约束阻尼进行了处理,在底插板的全面积上进行了同样处理,此外,还采用了一种新的边界阻尼处理方法,使导弹线路箱的电子仪器得到了良好的抗振保护。

2. 在航空设备上的应用

从目的上看,在飞机上附加阻尼结构的应用可用于防止振动破坏、作为仪器设备的抗振保护以及消除和降低结构噪声等很多方面。图 6 - 16 是空军战斗机上的涡轮喷气式发动机的进气导向叶轮,由于振动产生裂纹,每飞行 60 h,就需要大修、更换零件,后来在叶片上包覆了约束阻尼层,试飞了 650 h,仍未发现叶片上出现裂纹,这表明约束阻尼层的黏附使叶轮的使用寿命提高了 10 倍以上。裂纹产生的主要原因是叶片在气流作用下,在共振区内的动应力疲劳。经过试验测定,黏附约束阻尼层之后,其动应力下降到原有水平的 20%(见图 6 - 17)。

解决共振破坏的另一个实例是飞机分配器的振动问题。分配器连接在飞机机翼和机身下面,释放贮存物(导弹、炸弹)之前,贮存装置因装在分配器箱形腔室里面,保持光滑的气流接触表面,但在释放贮存物时,腔室呈开启状,这时飞机仍然在高速飞行产生共振,继而引起整个飞机的过度共振。破坏速率高到分配器几乎不能实现一次完整的任务飞行,在腹板中因应力上升而出现裂纹。在腹板上粘贴五层约束阻尼层,每层的黏弹材料为 3M - 428 型阻尼带,厚度为 0.06 mm,约束层为铝箱,厚度为 0.14 mm,仅在腹板中心位置做局部阻尼处理,就解决了分配器的振动破坏问题。

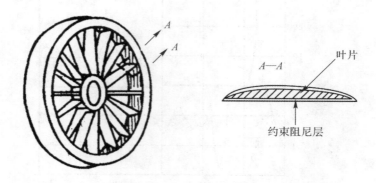

图 6 - 16   进气导向叶片的阻尼处理

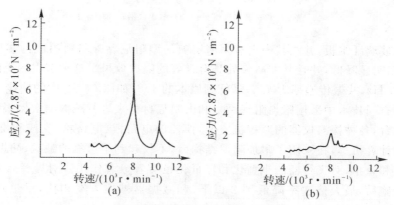

图 6 - 17   进气导向叶片阻尼处理前、后的动应力比较

(a)阻尼处理前;   (b)阻尼处理后

高速飞行中的喷气式飞机上安装有大量的电子仪器、计算机、陀螺惯性平台等需要进行减振保护的设备,附加阻尼结构处理可以有效"承担"这项任务。例如,喷气式飞机上用以安装通信电子仪器组件的铝质电子仪器盘,其尺寸约为 400 mm×250 mm×38 mm,重 2.7 kg,承重为 15 kg 的电子仪器组件,结构共振使加速度传递率大幅度提高,引起邻近的仪器设备无规则碰撞。采用阻尼处理的加强筋和角件来降低仪器的振动,结果使基频的加速度传递率(放大比)由 17 降为 4,保证了仪器的正常工作。

现代飞机的机舱内,存在大功率发动机振动的噪声、发动机排气的噪声和附层面内气流扰动的噪声。如果不对这些噪声采取控制措施,舱内声压级会超过 90 dB。针对军用或民用直升飞机,在机舱的蒙皮内壁上粘贴约束阻尼层以后,机舱内的噪声就被控制在 75 dB 以下[见图 6 - 18(a)]。对波音 747 至波音 767 飞机的机身前段内侧,阻尼处理可以控制附面层扰动引起的机身蒙皮的再次发声。上述措施也能降低外界噪声通过蒙皮向机舱内的传播。贴阻尼材料时,要根据框桁到蒙皮形状的具体分割情况来裁剪阻尼材料的形状,如图 6-18(b)所示。

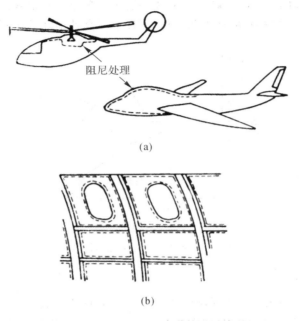

(a)

(b)

图 6-18　用于飞机降噪的阻尼处理

3. 在陆路运输机械上的应用

城市噪声的主要来源之一是交通车辆噪声,特别是汽车和拖拉机产生的噪声,因此,内燃机的振动及噪声控制问题引起了人们的关注。研究结果表明:气阀的罩子、油箱、排气管、齿轮箱、散热器等处是产生结构振动和噪声的主要部位,利用附加阻尼处理可有效地控制结构噪声。图 6-19 是油箱盖采用附加阻尼处理前、后的对比,对其他部分,像曲臂连杆罩子、排气管壁等也都可以进行阻尼处理以降低结构振动所产生的噪声。

为了改善车厢内的环境,阻尼减振技术还用来封闭和隔离由发动机和高速行驶的车轮所产生的噪声。可以用阻尼夹层的钢板、铝板以及木板做车厢底板、底盘、座椅和发动机舱壁的内衬。不仅如此,还可以用可吸声的泡沫型阻尼材料作为驾驶室的衬料。

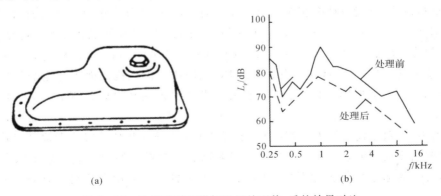

(a)

(b)

图 6-19　油箱盖采取附加阻尼处理前、后的效果对比

　　为了降低地下轨道交通的噪声,可以在车轮的内侧安装阻尼夹层的圆环,该方案可以使车轮的噪声从 120 dB 下降到 85 dB。图 6-20 表明这种处理方法有很好的降低高频声辐射的效果。另外,用阻尼夹层板作车厢的外壳和底板,同样可以高效地降低车厢内部的噪声级。

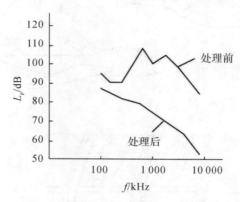

图 6-20　地铁车轮的阻尼消声效果

　　4.在军舰船舶上的应用

　　附加阻尼结构及其他阻尼技术对降低舰船噪声有着重要意义,尤其是对于降低潜艇周围水域的噪声而言,可以防止潜艇被敌方声呐发现。一些国家采用附加阻尼来处理潜艇的齿轮箱、大功率的液压部件和管道以及潜艇的船体等,成功地降低了潜艇的噪声。此外,还需要减少舰船轮机舱的噪声对乘员舱和客舱的影响。阻尼夹层板具有很好的减振、降噪和隔声作用。这种阻尼夹层板往往是多层复合材料,由金属或塑料的结构板、黏弹材料的阻尼层、泡沫型阻尼材料组成的吸声层以及装饰面板复合在一起,产生了综合的减振降噪效果。采用这种阻尼夹层板,当轮机舱的噪声达到 115 dB,如果再隔一层复合板,乘员舱的噪声就直接下降到 87 dB。近些年来广泛使用的气垫船,由于铝制的船体尺寸比较薄,由发动机、鼓风机等引起整个船体的结构振动,产生了高达 120 dB 以上的巨大噪声,这也需依靠阻尼技术对该噪声进行控制和治理。

　　5.阻尼覆盖层的作用

　　某些机械结构,如内燃机机架、齿轮箱箱体等,其厚度与面积比要比一般的薄壁构件略大,粘贴阻尼材料以后,其能量耗损相对减小。经过测定,可以在其声辐射显著的表面加上阻尼覆盖物。如图 6-18 所示的内燃机,在图中 D 位置处,敷上了阻尼覆盖物,它是由厚度为 0.8 mm 的钢壳[加入了 19~25 mm 的玻璃纤维(密度为 6.75 kg/m³)]构成的。采用这种方案,在敷设阻尼覆盖层之后,噪声可降低 15 dB。实际中对内燃机表面不可能全部敷设阻尼覆盖物,按照图 6-21 中那样,对辐射声能量比较明显的表面敷设阻尼覆盖物,噪声可以降低 5 dB 左右。

　　到目前为止,对于齿轮箱的噪声控制,主要的关注点还是齿轮修缘或者提高齿轮精度等方面,即从这些角度去降低发声源的声功率。但是降低齿轮系统的噪声应该采用综合治理的方法,尤其是对于高速重载的齿轮系统,在齿轮箱外壁加上阻尼覆盖物可以经济、有效地降低噪声。

　　阻尼覆盖物之所以能够减低噪声,一方面是因为振动时众多纤维表面因为摩擦耗能作用产生了结构阻尼,这就是前面提到的插入阻尼结构的阻尼原理;另一方面是因为声波通过玻璃纤维组成的开放型微孔时,损耗了声能而产生了吸声作用。此外,声波在外层隔板处产生反射,在穿过阻隔层时有隔声作用。所以采用阻尼覆盖物具有高效的降噪作用。

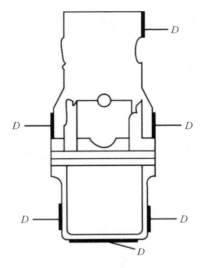

图 6 - 21　内燃机上的阻尼覆盖物

阻尼覆盖物除了用玻璃纤维,还可以用矿渣棉或者其他人造纤维。在需要发散热量的场合,也可以采用金属纤维,如不锈钢丝等。外层金属板除了用钢板以外,也可以采用铝板或者其他塑料板。外层板与箱体或者机械结构的连接部分要采用柔性连接,以免受激励振动产生额外的声辐射。

习　题　6

1.简述振动噪声控制的一般方法。

2.简述阻尼在隔振设计中的作用。

3.隔振器中的螺旋弹簧的湍振频率是多少?

4.材料中阻尼作用产生的原因分为哪几种?

5.简单描述阻尼的滞回曲线。

6.请画出自由振动法测量框图。

7.怎样将滞后阻尼和库仑摩擦阻尼折算为黏性阻尼?请列出具体表达式并给予说明。

8.简述阻尼材料的分类以及各自的适用性。

9.可用哪些方法测量材料的损耗因子及杨氏模量?并加以说明。

10.请画出经典的附加阻尼结构,并加以说明。

第7章 噪声与振动测量

7.1 声与振动信号处理

声学研究与信号测试与处理密切相关,伴随着电子技术和信号分析处理的快速发展,测试分析技术水平和设备能力有了很大的提高,特别是快速傅里叶变换技术和数字信号处理理论与方法的完善,使得噪声与振动信号从原来的模拟分析处理系统,发展到数字分析系统,丰富了测量分析方法,拓宽了仪器设备的测试应用领域。因此,在全面学习噪声与振动测试知识前,应该做到对信号分析处理的有关基础理论和方法的掌握。

7.1.1 信号分类与性质

信号可以描述相当广泛范围的物理现象,它是信息的一种物理传递,所有信号都需要通过传感器进行转换,绝大多数体现为电压的形式。按照传感器传感对象的不同,信号可以分为声信号、振动信号、光信号等。在数学上,信号可以表示为一个或者多个变量的函数,并可以在频域和时域上分别描述。声与振动信号处理与绝大多数信号的分类是一致的,不同类型的信号应该采用不同的分析参数、分析方法和设备。

如果根据信号的特征来分,声与振动信号可以划分为确定性信号和随机信号两大类。确定性信号的每一个值都可以用有限个参量唯一地加以描述。随机信号不能用确定的数学解析式来描述其变化历程,但是可以用统计的方法加以描述,主要的数字特征量有均值、方差、概率密度函数、功率谱密度、自相关函数、互相关函数等。在信号处理领域,噪声是相对有用信号而言的,是一种典型的随机信号。

按照频域特性,噪声分为窄带噪声、宽带噪声、白噪声和粉红噪声。窄带噪声和宽带噪声是以噪声的频域宽窄来划分的。白噪声是指在较宽的频域范围内,各等带宽的频带所含噪声能量相等的分布特性,与白光的频谱类似。粉红噪声是指在较宽的频率范围内,各等带宽所含的噪声能量相等。若以对数分布的频率为横坐标,白噪声和粉红噪声的频谱特性基本上呈水平分布;若横坐标采用等比带宽的滤波通带,白噪声的频谱特性基本上每倍频程上升 3 dB,而粉红噪声每倍频程下降 3 dB,所以粉红噪声在低频内的噪声能量分布较多。

按照时域特性,噪声可以分为无规噪声和脉冲声,相对应的信号为随机信号和脉冲信号。无规信号的瞬时参量(声压、声功率等)无法确定性表达,只能按照概率分布函数给出某一时刻的相对量,它对时间的分布满足高斯分布曲线。无规噪声的频谱不一定是均匀的,因此,无规噪声不一定是白噪声或者粉红噪声。脉冲声是指持续时间短促(通常 1 s 以内)的噪声,如机床的冲击声、枪击声、碰撞声等都是脉冲声。

对随机信号的分析,需要掌握均值、方差、概率密度函数等数字特征量,具体描述如下。

1. 均值、均方根值和方差

在随机信号中,表示随机现象的单个时间历程,称为样本函数。在有限区间上观察时,称为样本记录,或称子集。随机现象是各态历经可能产生的全部样本的函数的集合,也称总集。如果一个随机函数的任一时刻所得到的集平均都是相同的,那么就称之为平稳随机过程。平稳随机过程可以用某一时刻的集平均来代表所有时刻的集平均,这样就使问题得到了简化。

在随机样本的总体中,随机过程在某一时刻 t_1 上的平均值,可以通过将总体中 t_1 时刻的瞬时值相加,除以样本函数的个数而得到,即平均值 $u_x(t_1)$ 为

$$u_x(t_1) = \lim_{N \to \infty} \frac{1}{N} \sum_{k=1}^{N} x_k(t_1) \qquad (7-1)$$

在大多数情况下,也可以使用有限长时间内的周期平均来确定平稳随机信号的特征,因此随机过程的均值 u_x 可以写为

$$u_x = \lim_{N \to \infty} \frac{1}{T} \int_0^T x(t) \mathrm{d}t \qquad (7-2)$$

式(7-2)表达了随机信号的中心趋势,或称直流分量。将此概念推广至周期信号,则取一个周期长度作计算就能反映整个周期信号的均值。

除式(7-2)之外,随机信号的均方值表示了信号的强度或者功率,在有限长的时间周期内,用下式表达随机信号的均方根值:

$$\psi_x^2 = \lim_{T \to \infty} \frac{1}{T} \int_0^T x^2(t) \mathrm{d}t \qquad (7-3)$$

均方根值用以描述随机信号的平均能量或者平均功率,其正均方根值又被称为有效值(RMS)。

随机信号的方差定义为

$$\sigma_x^2 = \int_0^T \left[x(t) - u_x \right]^2 \mathrm{d}t \qquad (7-4)$$

从式(7-4)可以看出,由于去除了直流分量,方差是对信号波动分量强度的表示。

2. 相关函数

相关函数表示了随机过程中某两种特征量之间联系的紧密程度。

(1)自相关函数。自相关函数描述信号不同时刻 t 和 $t+\tau$ 之间的相关性,对 t 和 $t+\tau$ 两个时刻瞬时值乘积的总体平均取极限可以得到自相关函数 $R_{xx}(\tau)$:

$$R_{xx}(\tau) = \lim_{T \to \infty} \frac{1}{T} \int_0^T x(t) x(t+\tau) \mathrm{d}t \qquad (7-5)$$

自相关函数 $R_{xx}(\tau)$ 是以延时 τ 为自变量的实值偶函数,即 $R_{xx}(\tau) = R_{xx}(-\tau)$。随机噪声信号的自相关函数 $R_{xx}(\tau)$ 随着 τ 的增大而快速衰减。

(2)互相关函数。互相关函数表示两个信号彼此相关的程度,将两个随机信号样本 $x(t)$ 和 $y(t)$ 的互相关函数 $R_{xy}(\tau)$ 定义为

$$R_{xy}(\tau) = \lim_{T \to \infty} \frac{1}{T} \int_0^T x(t) y(t+\tau) \mathrm{d}t \qquad (7-6)$$

互相关函数 $R_{xy}(\tau)$ 是以延时 τ 为自变量的实值函数,但不一定是偶函数。

3. 相关系数

相关函数的取值与信号本身的取值有直接的关系,而比较不同的随机信号相关程度时仅以相关函数值的大小来评价相关性的高低是充分的。例如,一对小信号虽然相关程度很高,但是相关函数值很小;相反,一对大信号的相关程度很低,而相关函数值却很大。为了避免信号本身幅值对其相关性度量的影响,将相关函数进行归一化处理,引入互相关系数,如下:

$$\rho_{xy}(\tau) = \frac{R_{xy}(\tau)}{\sqrt{R_{xx}(0)R_{yy}(0)}} \tag{7-7}$$

这是一个无量纲的系数。如果 $\rho_{xy}(\tau) = 1$,说明 $x(t)$ 和 $y(t)$ 完全相关;如果 $\rho_{xy}(\tau) = 0$,说明 $x(t)$ 和 $y(t)$ 完全不相关。

则自相关系数 $\rho_{xx}(\tau)$ 可表示为

$$\rho_{xx}(\tau) = \frac{R_{xx}(\tau)}{R_{xx}(0)} \tag{7-8}$$

式(7-8)反映了原信号 $x(t)$ 和时移后的原信号 $x(t+\tau)$ 之间的相关程度。

在应用方面,自相关函数可用于检测随机噪声中的确定信号。利用互相关函数检测时,对于周期信号,在任意给定的输入信噪比和样本记录长度下,互相关函数提供的信噪比要比自相关函数大,因此前者可以用于识别传输通道,如测定地下水管或输油管的裂痕位置,以及寻找主要的振动源和噪声源。

4. 概率密度函数

概率密度函数表示随机信号瞬时值落在指定范围内的概率。假设在时间间隔 T 内,$x(t)$ 值落在 x 和 $x + \Delta x$ 范围内的概率为 T_x/T。T_x 是在时间 T 内 $x(t)$ 落在 $(x, x + \Delta x)$ 范围内的总时间,当 $T \to \infty$ 时,就可以得到准确的概率值 $P(x)$ 为

$$P(x) = \lim_{T \to \infty} \frac{T_x}{T} \tag{7-9}$$

当 Δx 很小时,其概率密度函数可以表示为

$$P(x) = \lim_{\Delta x \to 0} \frac{1}{\Delta x} \left[\lim_{T \to \infty} \frac{T_x}{T} \right] \tag{7-10}$$

利用概率密度函数可以判别随机信号的性质,也可以将随机信号 $x(t)$ 的均值、均方根值和方差使用概率密度函数来表示,即

$$u_x = \int_{-\infty}^{\infty} x P(x) \mathrm{d}x \tag{7-11}$$

$$\psi_x^2 = \int_{-\infty}^{\infty} x P(x) \mathrm{d}x \tag{7-12}$$

$$\sigma_x^2 = \int_{-\infty}^{\infty} (x - u_x)^2 P(x) \mathrm{d}x \tag{7-13}$$

5. 功率谱密度函数

在频域上对随机信号的分析,使用功率谱密度函数,简称为功率谱。功率谱分为自功率谱和互功率谱两种。

(1)自功率谱。自功率谱密度函数是对随机信号自相关函数进行傅里叶变换,表达了信号的功率密度沿着频率轴的分布,用 $S_x(f)$ 表示。有

$$S_x(f) = \int_{-\infty}^{\infty} R_{xx}(\tau) \mathrm{e}^{-2\pi \mathrm{j} ft} \mathrm{d}t \tag{7-14}$$

平稳随机信号的自相关函数与自功率谱构成了一个傅里叶变换对,自相关函数含有过程变化频率的信息,可以从自功率谱中表现出来。

(2)互功率谱。互功率谱密度函数是对两个随机信号的互相关函数进行傅里叶变换对,用 $S_{xy}(f)$ 表示。有

$$S_{xy}(f) = \int_{-\infty}^{\infty} R_{xy}(\tau) \mathrm{e}^{-2\pi \mathrm{i} ft} \, \mathrm{d}t \tag{7-15}$$

互功率谱反映了两个信号中共同的频率成分,保留了原信号的频率、幅值和相位差的信息,因而在状态检测与故障诊断中得到广泛的应用。

6. 相干函数

为了检验 $x(t)$ 和 $y(t)$ 两个信号在频域内的线性度和相关的程度,使用相干函数,用下式表示:

$$r_{xy}^2(f) = \frac{|S_{xy}(f)|^2}{S_x(f)S_y(f)} \tag{7-16}$$

当两个信号线性相关时,相干函数等于 1。当两个信号完全无关时,相干函数等于 0。若 $x(t)$ 表示系统的输入,$y(t)$ 表示系统的输出,当系统为线性系统时,相干函数为 1,当系统存在非线性时,相干函数小于 1。在一般的测试中,通常是

$$0 < r_{xy}^2(f) < 1 \tag{7-17}$$

式(7-17)说明有第三种可能:系统不完全是线性的,系统的输出 $y(t)$ 是由 $x(t)$ 和其他信号共同引起的,输入端存在噪声干扰。

7. 倒频谱

倒频谱是频谱的再次谱分析,它对于具有同种谐波或者异种谐波以及多成分的频谱分析十分有效,可以用于分离和提取原信号或者传输系统特性。因此,倒频谱分析可以用于振动和噪声源识别、故障诊断和语音分析等。倒频谱可以分为功率倒频谱 $C(\tau)$ 和复倒频谱 $C_a(\tau)$,表达式分别如下:

$$C(\tau) = |\Gamma^{-1}[\lg S_x(f)]|^2 \tag{7-18}$$

$$C_a(\tau) = \Gamma^{-1}[\lg S_x(f)] \tag{7-19}$$

从定义上看,倒频谱与自相关函数一样,也是从频率到时域的一种转化。与自相关函数相比,倒频谱具备的优点是:第一,应用倒频谱分析比较容易测量出声与振动信号中所含有的周期分量,并能把自谱图上的一系列等间隔的谐波集成到倒频谱图的一条谱线上,其谱线的横坐标是原信号中的周期;第二,应用倒频谱分析可以把各种影响因素分离出来,便于提取所关心的信号成分。

7.1.2　信号采样定理

传统的声学与振动测量是将连续变化的量变为连续的电压信号,并进行显示、记录或进一步分析处理。这些连续变化的信号称为模拟信号,模拟信号的缺点是显示和记录的精度较低,抗干扰能力差,而且不便于进一步分析处理。以数字技术代替原来的模拟分析对信号进行实时分析,不仅能进行频率分析,而且能进行对相关函数的多种测量,同时数字信号便于存储、传输和分析处理,并拓宽了仪器的使用功能。

对模拟信号进行数字处理,首先需要将模拟信号在时域上离散化,使之成为数字信号,这种过程是采样过程。实现采样的装置称为采样开关。

对于模拟信号 $x_a(t)$，采样周期是 T_s，采样后的时间离散信号为 $x(t)$，有

$$x(t) = x_a(nT_s) \quad (n = -\infty, \cdots, -1, 0, 1, \cdots, +\infty) \tag{7-20}$$

以周期 T_s 的采样是对模拟信号的调制，所以将得到周期的脉冲序列记为 $\delta_s(t)$，则有

$$\delta_s(t) = \sum_{-\infty}^{\infty} \delta(t - nT_s) \tag{7-21}$$

按照采样频率对原始连续模拟信号 $x_a(t)$ 采样后，采样信号 $x(t)$ 可以看作是 $x_a(t)$ 和脉冲序列 $\delta_s(t)$ 的乘积，即

$$x(t) = x_a(t) \sum_{-\infty}^{\infty} \delta(t - nT_s) \tag{7-22}$$

对式（7-22）作傅里叶变换，得到

$$X(f) = \sum_{n=-\infty}^{\infty} f_a X_a(f - nf_s) \tag{7-23}$$

式中：$X_a(f)$ 为原始连续信号（简称"原信号"）的频谱；f_s 为采样频率；f_a 为原始连续信号频率。采样信号的频谱包含原信号频谱以及无限个经过平移的原信号频谱。

当原信号的最大频率 $f_m \leqslant f_s/2$ 时，在 $0 \leqslant f \leqslant f_m$ 范围内，采样信号的频谱 $X(f)$ 与原信号频谱完全一样，即采样信号无失真。但是，当 $f_m > f_s/2$ 时，平移谱将与原信号频谱重叠，使得某些频带的幅值与原信号频谱不同，这种现象称为频率混叠。频率混叠使得采样信号产生失真，造成偏差。从物理概念解释，即采样频率太低，采样点太少，以致不能复现原信号。

为了使采样过程不丢失信息，就必须要求从采样信号的频谱中提取原信号频谱。这时，采样频率 f_s 和原信号最大频率 f_m 之间必须满足如下关系：

$$f_s \geqslant 2f_m \tag{7-24}$$

式（7-24）就是奈奎斯特采样定理。为了解决在采样前并不知道原信号的最大频率 f_m，而确定的采样频率 f_s 很大，产生大量的离散数据而增加所需内存容量的问题，以及再进一步进行数字谱分析时，由谱线数有限而造成的频率分辨率不足的问题，一般采取的做法是：首先根据动态测试任务的需要确定频率上限，然后对原信号进行低通滤波，限制信号带宽，并由此按照采样定理确定采样频率。

经过采样后，模拟信号转变为时间离散，但是幅值仍然连续的离散信号。量化的目的就是将幅值连续的离散信号变为幅值离散的数字信号，然后使用二进制数码表示出来。量化的分挡单位，即两个相邻量化水平的差，称为量化单位 q。归一化后的量化单位与二进制数的位数 b 的关系为

$$q = 1/2^b \tag{7-25}$$

当模拟量不等于量化单位 q 的整数倍时，量化后就会产生误差，称之为量化误差。最大量化误差与量化的分挡直接相关。对于截断误差的情况，可能产生的最大误差为 q。当采取舍入处理时，由于舍入误差是对称分布的，则最大误差变为 $\pm q/2$。

对于一般的采样信号 $x(n)$，在量化点附近的分布是随机的，量化误差也是随机的。因此对于量化误差的分析应采用统计的方法。

对于测量信号 $x(n)$，量化误差 $\varepsilon(n)$ 相当于一个叠加的随机噪声。这样，可以用信号功率与噪声功率之比 —— 信噪比（SNR）衡量量化误差的大小，并且 SNR 是反映量化过程的主要精度指标。

设二进制的总位数是 $N=b+1$，则

$$q=1/2^{N-1} \tag{7-26}$$

信噪比是信号的方差与量化误差的方差之比：

$$\text{SNR}=10\lg\frac{\sigma_x^2}{\sigma_z^2}=6.02b+10.79+10\lg\sigma_x^2 \tag{7-27}$$

这时数模转换器的动态范围和二进制总位数 N 的关系为

$$\text{DR}=10\lg\frac{2}{q}=20\lg2^N\approx6N \tag{7-28}$$

例如，二进制的总位数为 12，量化动态范围是 $0\sim72$ dB。由以上分析可知，在满量程信号的前提下，只要量化分挡足够细或者二进制位数足够大，量化误差就很小，量化的信噪比就高。而且，可以得到足够大的量化动态范围。

7.1.3　傅里叶变换方法

傅里叶变换是动态信号分析的基础，它不仅可以实现线性谱分析，而且还可以实现均方谱分析，即功率谱估计的关键环节。通过傅里叶反变换，可以由功率谱密度求出相关函数。此外，傅里叶变换还是卷积、数字滤波等信号处理的中间环节。现在对动态信号的分析采用数字化方式实现，其核心是离散傅里叶变换（DFT）。

1. 离散傅里叶变换

将一个时域信号 $x(t)$ 的无限傅里叶变换定义为

$$X(f)=\int_{-\infty}^{\infty}x(t)\mathrm{e}^{-2\pi\mathrm{j}ft}\mathrm{d}t \tag{7-29}$$

这里以频率 f 为傅里叶变换的自变量。理论上，式（7-29）所描述的无限傅里叶变换可能不存在。当 $x(t)$ 是平稳随机信号时，情况就是如此。在实际进行信号分析时，信号的样本长度总是有限的。设信号的样本长度为 T，则可计算有限傅里叶变换：

$$X(f)=\int_0^T x(t)\mathrm{e}^{-2\pi\mathrm{j}ft}\mathrm{d}t \tag{7-30}$$

信号 $x(t)$ 经过数据采集后，变为离散化数据 $x(nt_s)$，其中 t_s 为采样时间间隔。如果在时间 T 内采集 N 个数据，则有 $x(t_n)=x(nt_s)$，$n=0,1,2,3,\cdots,N-1$，简称为 $x(n)$。对于离散数据，使用积分运算转化求和，其结果是离散频率 $f_k=k\Delta f$ 的序列。

$$X(f_k)=X(k\Delta f),\quad k=0,1,2,\cdots,N-1 \tag{7-31}$$

离散频率 f_k 可以表示为

$$f_k=k\Delta f=\frac{k}{T}=\frac{k}{Nt_s} \tag{7-32}$$

式中，$\Delta f=1/T$。于是，有限连续傅里叶变换可以改写为离散形式：

$$X(k\Delta f)=\sum_{n=0}^{N-1}x(nt_s)\mathrm{e}^{-2\pi\mathrm{j}\frac{nk}{N}t_s} \tag{7-33}$$

常用的离散傅里叶变换采用归一化形式（$t_s=1$）：

$$X(k)=\frac{X(k\Delta f)}{t_s}=\sum_{n=0}^{N-1}x(n)\mathrm{e}^{-2\pi\mathrm{j}\frac{nk}{N}} \tag{7-34}$$

由式（7-34）可知，离散傅里叶变换将 N 个时域数据变换成 N 个频域数据。对于有限连

续傅里叶反变换,同样可以导出归一化的离散数据:

$$x(n) = \frac{1}{N}\sum_{k=1}^{N-1} X(k)\mathrm{e}^{2\pi\mathrm{j}\frac{nk}{N}} \tag{7-35}$$

在采样点数 N 确定以后,指数项 $\mathrm{e}^{-\mathrm{j}\frac{2\pi}{N}}$ 为常数,令其为 W_N。于是,傅里叶变换和反变换可以分别表示为

$$X(k) = \sum_{k=1}^{N-1} x(n)W_N^{nk} \tag{7-36}$$

$$x(n) = \frac{1}{N}\sum_{k=1}^{N-1} X(k)W_N^{-nk} \tag{7-37}$$

离散傅里叶变换的一个基本特性是具有周期性,周期数为 N。设 l 为正整数,有

$$X(k) = X(k \pm lN) \tag{7-38}$$

由于离散傅里叶变换的周期性,无法区别 $f_k = k/T$ 和 $f_{k+nl} = (k+nl)/T$ 的频谱值,也可以说,是高频信号混叠到低频中。

离散傅里叶变换还有一个基本特性是折叠性。折叠性的数学公式可表示为

$$X(k) = X^*(N-k) \tag{7-39}$$

式中:上标"$*$"为复数共轭符号。根据周期性,式(7-39)可以表示为

$$X(k) = X^*(-k) \tag{7-40}$$

也就是说,傅里叶变换为共轭对称序列。由 $|X(k)| = |X^*(-k)|$ 可知,离散傅里叶变换的幅值相应于 $N/2$ 折叠。折叠性在频率特性曲线上表现为对称性,即实频特性曲线呈对称,虚频特性曲线呈反对称。

作为傅里叶变换,离散傅里叶变换具有连续傅里叶变换的所有性质。现在给出傅里叶变换时移性和频移性的离散傅里叶变换形式。离散傅里叶变换的时移性是

$$\mathrm{DFT}[x(n-n_0)] = W^{n_0 k}X(k) \tag{7-41}$$

离散傅里叶变换的频移性是

$$\mathrm{DFT}[x(n)W^{n_0 k}] = X(k+k_0) \tag{7-42}$$

总体来说,傅里叶级数将周期连续时间信号变换为离散频谱,连续傅里叶变换将非周期连续时间信号变换为连续频谱,而离散傅里叶变换将离散时间信号变换为离散频谱。注意,离散傅里叶变换也可以由傅里叶级数导出。

对有限长信号样本进行傅里叶分析时,相当于加了一个矩形窗,从而导致泄漏,在功率谱密度估计时将产生严重偏差。从物理角度上讲,泄漏也可以看成是由有限长信号样本在采样开始和末尾部分不连续而引起的。例如,当采样长度 T 是信号周期的整数倍时,两端连续,无泄漏。否则,两端不连续,产生泄漏。因此,抑制泄漏的一个常用方法就是采用特别设计的窗函数(又称时域加权或者时域加窗),以消除采样开始和末尾的不连续性。

目前使用的窗函数多达数十种,其中应用最普遍的窗函数为汉宁窗,表达式如下:

$$w_{\mathrm{H}}(t) = \begin{cases} \dfrac{1}{2}\left(1 - \cos\dfrac{2\pi t}{T}\right), & 0 \leqslant t \leqslant T \\ 0, & \text{其他} \end{cases} \tag{7-43}$$

2. 快速傅里叶分析

由离散傅里叶变换公式可知,计算一个包括 N 点的傅里叶变换的频域数据需要进行 N 次乘法运算,计算 N 个频域数据需要进行 N^2 次乘法运算。对于振动噪声中的快速变化信号,一般至少需要 $N = 1\,024$ 个采样数据,完成 DFT 分析所需要的乘法运算达 $N^2 \approx 10^6$ 次。在计

算机上进行乘法运算比进行加法运算慢得多,这就是为什么在 20 世纪 60 年代中期之前,数字信号分析一直没能在振动噪声等快速变化信号领域得到应用的缘故。1965 年提出的离散傅里叶变换的快速算法,称为快速傅里叶变换(FFT),其使运算速度提高了两个数量级,从而使基于傅里叶变换的动态信号分析进入了一个崭新的时期。

现在快速傅里叶变换已发展了多种形式,目前应用最广泛、最基础的还是"基-2"算法,该算法要求采样数据量为 2 的整次幂,即 $N=2^L$(L 为正整数)。快速傅里叶变换的核心特点是利用 DFT 的周期性和对称性,减少乘法和加法运算次数。基-2 算法首先将 N 个数据一分为二,即将 $x(n)(n=0,1,2,\cdots,N-1)$ 分为两段:

$$x(n),x\left(n+\frac{N}{2}\right),\quad n=0,1,2,\cdots,\left(\frac{N}{2}-1\right) \tag{7-44}$$

于是,可将 N 个数据的 DFT 写为

$$X(k)=\sum_{N=0}^{N-1}x(n)W_N^{nk}=\sum_{N=0}^{\frac{N}{2}-1}\left[x(n)W_N^{nk}+x\left(n+\frac{N}{2}\right)\right]W_N^{\left(n+\frac{N}{2}\right)k} \tag{7-45}$$

再由指数函数性质

$$W_N^{\frac{N}{2}k}=\exp\left(-\mathrm{j}\frac{2\pi}{N}\right)^{\frac{N}{2}k}=\exp(-\mathrm{j}\pi k)=(-1)^k \tag{7-46}$$

将 $X(k)$ 的计算分为奇数和偶数分别进行。

当 k 为偶数时,可令

$$k=2l,\quad l=0,1,2,\cdots,\frac{N}{2}-1 \tag{7-47}$$

此时

$$W_N^{\frac{N}{2}k}=(-1)^{2l}=1 \tag{7-48}$$

令

$$g(n)=x(n)+x\left(n+\frac{N}{2}\right) \tag{7-49}$$

并注意到

$$W_N^2=\exp\left(-\mathrm{j}\frac{2\pi}{N}\right)^2=\exp\left(-\mathrm{j}\frac{2\pi}{N/2}\right)=W_{N/2} \tag{7-50}$$

此时,式(7-45)可以化简为

$$X(2l)=\sum_{n=0}^{\frac{N}{2}-1}g(n)W_N^{2nl}=\sum_{n=0}^{\frac{N}{2}-1}g(n)W_{N/2}^{nl} \tag{7-51}$$

当 k 为奇数时,令

$$k=2l+1,\quad l=0,1,2,\cdots,\frac{N}{2}-1 \tag{7-52}$$

这时

$$W_N^{\frac{N}{2}k}=(-1)^{2l+1}=-1 \tag{7-53}$$

令

$$y(n)=x(n)-x\left(n+\frac{N}{2}\right),\quad h(n)=y(n)W_N^n \tag{7-54}$$

此时,式(7-45)可以化简为

$$X(2l+1) = \sum_{n=0}^{\frac{N}{2}-1} y(n) W_N^{(2l+1)n} = \sum_{n=0}^{\frac{N}{2}-1} h(n) W_{N/2}^{nl} \qquad (7-55)$$

于是 N 点 DFT 运算变为两个奇、偶序列的 $N/2$ 点 DFT 运算,乘法运算减少了一半。事实上,对于 $N/2$ 个数据的 $g(n)$ 和 $h(n)$,还可以进一步对分,即再分为偶数组和奇数组,变为在 4 个 $N/2$ 点 DFT 运算。依此类推,直到最后进行 $N/2$ 个 2 点数据运算。

快速傅里叶变换是动态信号分析的核心,可以通过计算机、FFT 软件、专用硬件或者数字信号处理器(DSP)等方式实现。动态信号分析仪(也称为 FFT 分析仪),采用硬件或 DSP+软件完成 FFT、加窗函数、功率谱分析等功能。动态信号分析系统实际上是一种计算机辅助分析系统。由软件实现信号分析功能或者由 DSP 完成 FFT、加窗等信号预处理,然后由计算机软件完成信号分析,适用于多通道信号分析。无论是动态信号的仪器或系统,都要以数据采集系统为前端。

由此可见,FFT 算法实际上很简单,基本上由蝶形运算加循环语句实现。FFT 的要点可以归纳如下:FFT 的基本运算为复数加/减/乘/蝶形运算;每级的运算由蝶形运算循环 N/2 次完成;为了完成 L 级运算,只需要在级间循环 L 次,注意到最后一级无需做乘法,故可以将最后一级分开运算;由频率抽取 FFT 算法得出的序列 $X(k)$ 是乱序的,最后还需要进行输出结果的整序。

7.2 测 量 规 范

噪声标准是环境标准的一种,是具有法律性质的技术规范,具有法律约束力。我国已经颁布实施了新修订的《中华人民共和国噪声污染防治法》,详见附录 2。具体到噪声污染问题,噪声及其测量标准可分为三类:声学测量基础标准、噪声测量标准和噪声限值标准。本节列举了一部分噪声限值标准,并介绍了它们的应用范围。

7.2.1 环境噪声限值标准

1.《声环境质量标准》(GB 3096—2008)(具体见附录 3)

该标准对于不同区域的使用功能和环境质量,规定了声环境功能区的环境质量标准限值(噪声等效声级限值)L_{eqA},具体如表 7-1 所示。

表 7-1 功能区声环境质量标准限值　　　　　　　　　　　　　　单位:dB(A)

类别	声环境功能区		昼间	夜间
0	康复疗养区等特别需要安静的区域		50	40
1	居民住宅、医疗卫生、文教、科研设计等安静区域		55	45
2	居住、商业和工业混杂,需要维护住宅安静的区域		60	50
3	以工业生产、仓储物流为主,需要防止工业对周围产生影响的区域		65	55
4	道路两侧一定距离内,防止交通噪声对周围环境产生严重影响的区域	高速公路、城市快速路、主干路	70	55
		铁路干线两侧	70	60

值得注意的是,表 7-1 中的五类声功能区若与机场周围重叠,则适用的标准为《机场周围飞机噪声环境标准》(GB 9660—1988)。

2.《工业企业厂界环境噪声排放标准》(GB 12347—2008)

工业企业厂界环境噪声指的是工业生产活动中使用固定设备等产生的干扰周围生活环境的噪声,能够反映噪声污染特征以及居民的主观感受。《工业企业厂界环境噪声排放标准》(GB 12347—2008)包括厂界环境噪声排放限值、结构传播固定设备室内噪声排放限值两部分,既有室外声环境质量要求,也有对固定设备结构传声的室内声环境质量的要求。另外,对室内不仅有等效连续 A 声级的要求,还有低频段的噪声限值要求。

厂界环境噪声排放限值与 GB 3096—2008 中规定的声环境功能区的噪声限值相同。夜间频发噪声的最大声级不得超过限值 10 dB(A),夜间偶发噪声的最大声级不得超过限值 15 dB(A)。

当固定设备排放的噪声通过建筑物结构传播至噪声敏感建筑物的室内时,对噪声敏感的建筑物室内噪声限值分两类情况讨论:一类是需要保证夜间安静、以睡眠为主要目的的 A 类房间;一类是需要保证昼间不被打扰,以办公、学习等为主要目的的 B 类房间。表 7-2 和表7-3分别列出了两类房间的室内噪声限值和低频段噪声的倍频带声压级限值。

表 7-2　通过建筑物结构传播至室内的等效声级限值 L_{eqA}　　单位:dB(A)

建筑物所处声环境功能区类别	A 类房间		B 类房间	
	昼间	夜间	昼间	夜间
0	40	30	40	30
1	40	30	45	35
2、3、4	45	35	50	40

表 7-3　室内低频段噪声的倍频带声压级限值　　单位:dB

噪声敏感建筑所处声环境功能区类别	时段	房间类型	室内倍频带声压级限值				
			31.5 Hz	63 Hz	125 Hz	250 Hz	500 Hz
0	昼间	A、B 类房间	76	59	48	39	34
	夜间	A、B 类房间	69	51	39	30	24
1	昼间	A 类房间	76	59	48	39	34
		B 类房间	79	63	52	44	38
	夜间	A 类房间	69	51	39	30	24
		B 类房间	72	55	43	35	29
2、3、4	昼间	A 类房间	79	63	52	44	38
		B 类房间	82	67	56	49	43
	夜间	A 类房间	72	55	43	35	29
		B 类房间	76	59	48	39	34

3.《社会生活噪声排放标准》(GB 22337—2008)

《社会生活噪声排放标准》(GB 22337—2008)规定了文化娱乐场所或商业经营活动中排

放的噪声限值,与《工业企业厂界环境噪声排放标准》(GB 12347—2008)中规定的低声压级限值相同。

4.《建筑施工场界环境噪声排放标准》(GB 12523—2011)

《建筑施工场界环境噪声排放标准》(GB 12523—2011)适用于周围有噪声敏感建筑物时对施工噪声排放的管理、评价及控制,例如学校、医院、科研机构和住宅等区域。其规定了建筑施工场界环境噪声排放限值和测量方法,其中噪声排放限值见表7-4。此外,该标准中还规定了夜间噪声最大声级不得超过限值 15 dB(A)。若场界距噪声敏感建筑物较近,则可以在噪声敏感建筑物室内进行测量,评判依据为标准中规定的噪声限值减去 10 dB(A)。

表 7-4　城市建筑施工场界噪声排放值 L_{Aeq}　　单位:dB(A)

适用时间	标准值
白天	70
夜间	55

7.2.2　交通运输噪声限值标准

交通运输噪声限值标准包括飞机、铁路、船舶、摩托车、汽车、拖拉机等多种交通运输工具的噪声限值及测试方法,本节仅介绍飞机和铁路噪声限值这两种较为常用的标准。

1.《机场周围飞机噪声环境噪声标准》(GB 9660—1988)

《机场周围飞机噪声环境噪声标准》(GB 9660—1988)适用于机场周围受到飞机噪声影响的区域噪声评价。标准中将受影响区域划分为两种:一类区域包括特殊住宅区、居民区和文教区;二类区域是指除一类区域以外的生活区。具体的噪声标准限值如表7-5所示。

表 7-5　机场周围飞机噪声环境噪声标准限值 L_{WECPN}　　单位:dB

适用区域	标准值
一类区域	≤70
二类区域	≤75

2.《铁路边界噪声限值及其测量方法》(GB 12525—1990)

该标准中规定的铁路边界噪声限值如表7-6所示,适用于城市铁路边界距铁路外侧轨道中心线 30 m 处的噪声评价。

表 7-6　铁路边界噪声标准限值 L_{Aeq}　　单位:dB(A)

适用时间	标准值
白天	70
夜间	70

7.2.3　噪声控制限值标准

1.《声学　低噪声工作场所设计指南　噪声控制规划》(GB/T 17249.1—1998)

该标准给出了对需要保证安静的各种工作场所进行设计时,为达到噪声控制的背景噪声级,以稳态 A 声级表示。不同场所的背景噪声级要求不同,具体如表7-7所示。

表 7 – 7　推荐的各种工作场所背景噪声级

房间类型	L_A/dB(A)	备注
会议室	30～35	背景噪声是指室内技术设备(如通风设备)引起的噪声或者是由室外传进来的噪声,此时对工业性工作场所而言生产用机器设备没有启动
教室	30～40	
个人办公室	30～40	
多人办公室	35～45	
工业实验室	35～50	
工业控制室	35～55	
工业性工作场所	65～70	

2.《工业企业噪声控制设计规范》(GBJ 87—1985)

该标准适用于工业企业中的新建、改建、扩建与技术改造工程的噪声(除脉冲噪声外)的控制设计。工业企业厂区内各类地点具体噪声标准限值如表 7 – 8 所示。

表 7 – 8　工业企业厂区内各类地点噪声标准

序号	地点类别		限值/dB	备注
1	生产车间及作业场所(工人每天连续接触噪声 8 h)		90	1. 本表所列噪声限值,均按现行国家标准测量测定 2. 对于工人每天接触噪声不足 8 小时的场合,可根据实际接触时间减半噪声限值增加 3 dB 的原则,确定其噪声限制值 3. 本表所列的室内背景噪声级,指在室内无声源发声的条件下,从室外经由墙、门、窗(门、窗处于常规状态)传入室内的室内平均噪声级
2	高噪声车间设置的值班室、观察室、休息室(室内背景噪声级)	无电话通信要求时	75	
		有电话通信要求时	70	
3	精密装配线、精密加工车间的工作地点、计算机房(正常工作状态)		70	
4	车间所属办公室、实验室、设计室(室内背景噪声级)		70	
5	主控制室、集中控制室、通信室、电话总机室、消防值班室(室内背景噪声级)		60	
6	厂部所属办公室、会议室、设计室、中心实验室(包括试验、化验、计量室)(室内背景噪声级)		60	
7	医务室、教室、哺乳室、托儿所、工人值班室(室内背景噪声级)		55	

注:新建、改建、扩建工程的噪声控制设计必须与主体工程设计同步进行。

国内外各种机构已经公布了许多有关声学测量的标准,其中详细地阐述了测量方法、测量设备和测量程序,用于规范声学测量技术。声学测量基础标准、噪声测量标准和噪声限值标准详见附录 4。

7.3　声　学　仪　器

7.3.1　测量传声器

传声器是一种将声信号转换为电信号的换能器。传声器的分类方法有很多,按指向特性,可分为无指向性传声器、单指向性传声器和双指向性传声器(包括心形和钳形指向性)等;按换能方式,可分为电动式传声器、电容式传声器和压电式传声器等;按声波接收原理,可分为声压式传声器、压差式传声器、声压与压差复合式传声器。在声学测量中,传声器能够接收声信号,其性能对测量精度有着非常重要的影响。由于电容传声器具有灵敏度高、稳定性好、频率响应宽且平直的特点,被广泛应用于声学测量中。在扩声系统和音响工程中,一般使用的是动圈传声器和柱极体电容传声器。

1.电容传声器的工作原理

电容传声器的结构示意图如图7-1所示。其中,振动膜片和后极板组成一个电容。振动膜片接触到声波后,会随着声波的运动发生振动,导致其与后极板的距离发生变化,从而引起电容量和电容阻抗的变化。由于与电容器串联的负载电阻的阻值是固定不变的,故而电容阻抗的变化以输出电位的变化来体现。电容传声器的静电容容量非常小(几十皮法),在测量音频的频率范围内具有很高的阻抗,需要用阻抗变换器与衰减器和放大器连接匹配,所以在声学测量中传声器总是与前置放大器相连接。前置放大器的主要作用有两点:一是对电容传声器输出的信号进行预放大;二是将电容传声器的高输出阻抗转换为低输出阻抗,达到与后续放大电路阻抗匹配的效果,以便于信号的传输。

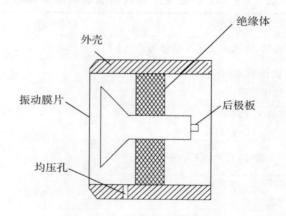

图 7-1 电容传声器的结构示意图

根据质点振动理论,可以近似地认为电容传声器的振动系统处于弹性控制区。在弹性控制区内,当外力激励频率远小于振动系统的固有频率时,振动系统的位移与外力振幅成正比,与系统的弹性系数成反比,并且与外部激励频率无关。

电容传声器的类比电路和简化等效电路如图7-2所示。由简化等效电路可知,传声器的输出电压为

$$V_0(t)=\frac{C(t)}{C}E_0\frac{j\omega RC}{1+j\omega RC}\qquad(7-56)$$

式中:E_0为极化电压;$C(t)$为由声压引起的电容量变化;总电容 $C=C_t+C_s+C_i$,其中 C_t 为传声器头的电容,C_s 为杂散电容,C_i 为前置放大器的输入电容。如图7-2所示,C_c 为前置放大器的耦合电容,$R=R_iR_c/(R_i+R_c)$,R_c 为充电电路电阻,R_i 为前置放大器的输入电阻。由此,可以推导出电容传声器的灵敏度为

$$S=\frac{V_0(t)}{p(t)}=\frac{C(t)}{C\cdot p(t)}E_0\frac{j\omega RC}{1+j\omega RC}\qquad(7-57)$$

式中：$p(t)$是随时间变化的声压。高频时，$\omega RC \gg 1$，传声器的灵敏度与极化电压 E_0 成正比，与总电容 C 成反比；而低频时，$\omega RC \ll 1$，此时传声器的灵敏度可以写为

$$S \approx \frac{C(t)}{C \cdot p(t)} E_0 \cdot j\omega RC \qquad (7-58)$$

此时，传声器的灵敏度与频率有关，灵敏度下降 3 dB 对应的频率被称为截止频率，其表达式为

$$f_c = \frac{1}{2\pi RC} \qquad (7-59)$$

因此，只有前置放大器的输入电阻较大，才能保证传声器的下限工作截止频率较低。

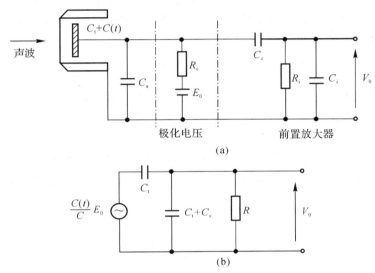

图 7-2　电容传声器的类比电路和简化等效电路图
(a)类比电路；　(b)等效电路

　　近年来，声学测量中广泛使用的声学仪器已经由传统的需要加极化电压的电容传声器转变为驻极体电容传声器。驻极体电容传声器采用有机高分子驻极体材料作为振动膜片，经电场处理后，保留极化状态，相当于永磁体的绝缘材料，两面分别带有正、负电荷。驻极体膜片正电荷面镀金属，与外壳形成一个电极，负电荷面与后极板构成另一个电极，其工作原理与电容传声器基本相同，但是不需要极化电压，因此前置放大器和测量放大器供电电路可以适当简化。

　　2. 传声器的灵敏度

　　声压是描述声波传播规律的基础，声学中其他一些参量与声压也有着一定关系，例如声强和声功率，都可以通过测量声压来获得。从声学测量的角度而言，测量工作大部分是测量声压随时间、频率以及空间的变化规律。因此，虽然声学研究和应用中需要用到声压、声强和声功率等声学参量，但其中应用最广泛、最基本的声学量是声压。

　　声压的测量需要使用一个灵敏度已知的传声器，保证测量结果准确的关键是传声器的灵敏度经过严格校准。因此，传声器灵敏度的校准，在声学测量中具有非常重要的意义。

　　传声器的灵敏度是指传声器输出的开路电压与作用在振动膜片上的声压之比。只要知道了传声器的灵敏度，就可以利用传声器在声场中某点处产生的开路电压，求出该点的声压或声

压级。但是,实际操作中,当传声器放入自由声场中的某点时,必然会引起声场散射,实际作用在振动膜片上的声压是声场声压和传声器引起的散射声压的叠加,而不是传声器未置于声场时的声场声压。因此,传声器的灵敏度可分为声场灵敏度和声压灵敏度。声场灵敏度一般又可分为平面自由声场灵敏度(简称自由场灵敏度)以及扩散声场灵敏度。这说明对于不同的测量场合,应当使用不同类型灵敏度的传声器,否则测出的数据没有意义。传声器灵敏度是复数,当不计相位时,灵敏度可用其模量来表示,单位为 V/Pa(伏每帕)。对不同使用场合和测量用途的传声器的灵敏度定义如下:

(1)平面自由声场灵敏度。平面自由声场灵敏度 M_f 是指在自由声场环境条件下,对于给定频率的正弦声波,传声器的开路输出电压与传声器放入声场前传声器声中心(或特定的参考点)上的平面自由声场声压之比,表达式为

$$M_f = \frac{e}{p_f} \tag{7-60}$$

式中:e 为传声器开路输出电压(V)。由于电容传声器输出阻抗较高,必须由前置放大器作阻抗变换。这里的开路输出电压一般指电容传声器极头的开路输出电压。p_f 为传声器放入声场前,声场中传声器声中心(或特定参考点)上平面自由声场声压(Pa)。

(2)扩散声场灵敏度。扩散声场灵敏度 M_d 是指在给定环境条件下,对给定频率的正弦信号,传声器的开路输出电压与传声器放入声场前传声器声中心(或特定参考点)上扩散声场声压之比,即

$$M_d = \frac{e}{p_d} \tag{7-61}$$

式中:e 为传声器开路输出电压(V);p_d 为传声器放入声场前,声场中传声器声中心上的扩散声场声压(Pa)。

(3)传声器声压灵敏度。声压灵敏度 M_p 是指在给定环境条件下,对给定频率的正弦信号,传声器输出端的开路电压与均匀作用在传声器振动膜片表面上的声压之比,即

$$M_p = \frac{e}{p_p} \tag{7-62}$$

式中:e 为传声器开路输出电压(V);p_p 为实际作用在传声器振动膜片上的声压(Pa)。

(4)灵敏度级。传声器的灵敏度通常用"级"来表示,称为灵敏度级。灵敏度级是测得的灵敏度模量与参考灵敏度 M_r 之比,参考灵敏度 M_r 的值为 1 V/Pa。上述平面自由声场灵敏度、扩散声场灵敏度和声压灵敏度对应的灵敏度级如下:

自由声场灵敏度级为

$$L_{M_f} = 20\lg\left(\frac{M_f}{M_r}\right) \tag{7-63}$$

扩散声场灵敏度级为

$$L_{M_d} = 20\lg\left(\frac{M_d}{M_r}\right) \tag{7-64}$$

声压灵敏度级为

$$L_{M_p} = 20\lg\left(\frac{M_p}{M_r}\right) \tag{7-65}$$

传声器灵敏度是随频率变化的函数,传声器灵敏度与频率之间的关系曲线称为频率响应

曲线。同时,传声器的平面自由声场灵敏度也随着声波入射角的变化而变化,当声波的入射角等于零时,其灵敏度称为轴向灵敏度。一般情况下,可用传声器的轴向灵敏度表示传声器的灵敏度特性,往往略去"轴向"二字。

通常传声器声中心位置与传声器振动膜片的中心位置有一定距离,当进行一般测量时,由于测试距离较大,精度要求不高,传声器声中心和振动膜片中心位置间的距离对测量结果影响不大。当对传声器灵敏度进行校准时,传声器间距(20～100 cm)比较小,且精度要求非常高,这时就应当考虑声中心位置带来的影响。

按照不同的工作用途和准确度等级,目前传声器可分为实验室标准传声器、工作标准传声器和测试工作传声器。

实验室标准传声器(LS)又称基准传声器,我国发布的《空气声声压计量器具检定系统表》中明确规定了使用实验室标准传声器的灵敏度(声压灵敏度和自由场灵敏度)进行空气声声压值的复现和传递时,用互易法校准。对于 20 Hz～2 kHz 频率范围,用耦合腔互易法校准的不确定度为 0.05～0.1 dB;对于 1～20 kHz 频率范围,用自由场互易法校准,不确定度为 1 dB。

工作标准传声器(WS)属于计量标准器具的一种,主要用作次级标准,一般采用比较法或是互易法校准、测量。当频率处于 20 Hz～2 kHz 范围内时,不确定度为 0.1～0.2 dB;当频率处于 1～20 kHz 范围内时,不确定度为 0.4～0.5 dB。

测试工作传声器是普通传声器,被广泛用于各种目的的空气声学测量中,一般采用比较法或声校准器法测量。当频率处于 20 Hz～20 kHz 范围内时,校准测量的不确定度为 0.3～1.0 dB。

3.测量传声器的校准

校准传声器灵敏度的方法包括自由场互易法、耦合腔互易法、声校准器法和标准声源法。自由场互易法用来校准传声器的声场灵敏度,耦合腔互易法用于校准传声器的声压灵敏度。由于耦合腔互易法的准确度较高,已被国际标准组织(ISO)建议为传声器绝对校准的标准方法。此外,在保证校准准确度的情况下,由于声校准器法使用起来快捷、方便,往往被用于现场校准。

(1)自由场灵敏度的互易校准。根据国际电工委员会发布的一系列标准 IEC 61094 - 1—2000 Measurement microphones - Part 1：Specifications for laboratory standard microphones、IEC 61094 - 2—1992 Measurement microphones - Part 2：Primary method for pressure calibration of laboratory standard microphones by the reciprocity technique 和 IEC 61094 - 3—2016 Electroacoustics — measurement microphones - Part 3：Primary method for free-field calibration of laboratory standard microphones by the reciprocity technique,将互易技术用于实验室标准传声器的声压灵敏度和自由场灵敏度的校准。利用互易技术对传声器的自由场灵敏度进行校准有两种方法:第一种是有三个互易传声器,其中至少有一个自由场灵敏度已知的实验室标准传声器作为参考传声器(称为三个传感器互易校准方法);第二种是仅有一个自由场灵敏度已知的互易传声器,其他为一个非互易的待校准传声器,以及一个作为辅助声源的换能器(称为自由场辅助声源法)。

1)三个互易传声器校准方法。假设有三个互易传声器,分别用 1、2、3 表示,它们的平面自由场灵敏度分别为 $M_f^{(1)}$、$M_f^{(2)}$ 以及 $M_f^{(3)}$。

首先,将传声器 1,2 相对置于自由场中,确保它们的参考轴(垂直于膜片中心的直线)在同一条直线上,如图 7 - 3 所示。两传声器之间的距离为 d_{12},传声器 1 在电流 i_1 的激励下发出声波,在距离 d_{12} 处产生声压 p_f,传声器 2 在这个声压的作用下产生一个开路电压为 e_2。由互易原理可得

$$e_2 = M_f^{(2)} p_f = \frac{\rho_0 f}{2 d_{12}} M_f^{(1)} M_f^{(2)} i_1 \tag{7-66}$$

式中:ρ_0 为空气密度;f 为频率。设空气中的吸收对声波的衰减系数为 α,则有

$$M_f^{(1)} M_f^{(2)} = \frac{2 d_{12}}{\rho_0 f} \left| \frac{e_2}{i_1} \right| e^{\alpha \cdot d_{12}} \tag{7-67}$$

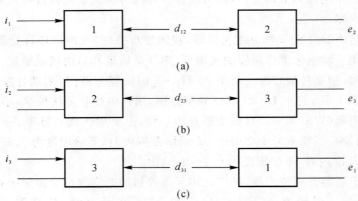

(a)

(b)

(c)

图 7 - 3　三只互易传声器自由场互易校准

其次,将传声器 2,3 相对置于自由场中,电流 i_2 激励传声器 2 发出声波,传声器 3 接收并产生开路电压 e_3,可得到

$$M_f^{(2)} M_f^{(3)} = \frac{2 d_{23}}{\rho_0 f} \left| \frac{e_3}{i_2} \right| e^{\alpha \cdot d_{23}} \tag{7-68}$$

式中:d_{23} 为传声器 2 和传声器 3 声中心之间的距离。

最后,将传声器 1,3 相对置于自由场中,电流 i_3 激励传声器 3 发出声波,传声器 1 接收并产生开路电压 e_1,可以得到

$$M_f^{(3)} M_f^{(1)} = \frac{2 d_{31}}{\rho_0 f} \left| \frac{e_1}{i_3} \right| e^{\alpha \cdot d_{31}} \tag{7-69}$$

式中:d_{31} 为传声器 2 和传声器 3 声中心之间的距离。

将式(7 - 69)中电压与电流的关系定义为系统的电转移阻抗的模量,分别为 $R_{12} = |e_2/i_1|$,$R_{23} = |e_3/i_2|$,$R_{31} = |e_1/i_3|$,那么三个传声器的灵敏度分别为

$$M_f^{(1)} = \left[\frac{2}{\rho_0 f} \frac{d_{12} d_{31}}{d_{23}} \frac{R_{12} R_{31}}{R_{23}} e^{\alpha(d_{12}+d_{31}-d_{23})} \right]^{1/2} \tag{7-70}$$

$$M_f^{(2)} = \left[\frac{2}{\rho_0 f} \frac{d_{12} d_{23}}{d_{31}} \frac{R_{12} R_{23}}{R_{31}} e^{\alpha(d_{12}+d_{23}-d_{31})} \right]^{1/2} \tag{7-71}$$

$$M_f^{(3)} = \left[\frac{2}{\rho_0 f} \frac{d_{23} d_{31}}{d_{12}} \frac{R_{23} R_{31}}{R_{12}} e^{\alpha(d_{23}+d_{31}-d_{12})} \right]^{1/2} \tag{7-72}$$

每次测试距离为定值 d,即 $d_{12} = d_{23} = d_{31} = d$,测出三个电转移阻抗后,可计算出三个传声器在频率为 f 时的自由场开路灵敏度级,则

$$L_{\mathrm{f}}^{(1)} = 10\lg\frac{2d}{\rho_0 f} + 10\lg R_{12} + 10\lg R_{31} - 10\lg R_{23} + \frac{1}{2}\Delta_A d \qquad (7-73)$$

$$L_{\mathrm{f}}^{(2)} = 10\lg\frac{2d}{\rho_0 f} + 10\lg R_{12} + 10\lg R_{23} - 10\lg R_{31} + \frac{1}{2}\Delta_A d \qquad (7-74)$$

$$L_{\mathrm{f}}^{(3)} = 10\lg\frac{2d}{\rho_0 f} + 10\lg R_{23} + 10\lg R_{31} - 10\lg R_{12} + \frac{1}{2}\Delta_A d \qquad (7-75)$$

式中：$\Delta_A = 8.686\alpha$ 为空气衰减的修正值，可以通过查表或公式计算得到。

综上所述，三个互易传声器校准方法仅通过测量力学量和电学量就可以计算出传声器的灵敏度，避开了易受干扰的声压量的测量，得到的结果可达到较高的精度。

2)辅助声源法。该法要求有一个互易传声器 1、一个待测传声器 2 和一个辅助声源 3，如图 7-4 所示。

首先将传声器 1、2 相对置于自由场中，两传声器声中心位置相距为 d，电流 i_1 激励传声器 1 发出声波，传声器 2 接收声波后产生开路电压 e'_2，则

$$M_{\mathrm{f}}^{(1)} M_{\mathrm{f}}^{(2)} = \frac{2d}{\rho_0 f}\frac{e'_2}{i_1}\mathrm{e}^{\alpha d} \qquad (7-76)$$

将传声器 1 放置于由辅助声源 3 辐射的声场内，保持传声器 1 和辅助声源 3 间距为 d，电流 i_3 激励声源 3 发出声波，传声器 1 接收声波并产生的开路电压为

$$e_{\mathrm{f}}^{(1)} = M_{\mathrm{f}}^{(1)} \cdot \frac{i_3 \cdot S_{i3}}{d} \qquad (7-77)$$

式中：S_{i3} 为发送响应。

将传声器 2 置于辐射声源 3 的辐射声场中，保持二者间距为 d，并且激励声源的电流 i_3 不变，传声器 2 接收声波后的开路输出电压为

$$e_{\mathrm{f}}^{(2)} = M_{\mathrm{f}}^{(2)} \frac{i_3 \cdot S_{i3}}{d} \qquad (7-78)$$

由式（7-77）和式（7-78）可得到

$$\frac{e_{\mathrm{f}}^{(1)}}{e_{\mathrm{f}}^{(2)}} = \frac{M_{\mathrm{f}}^{(1)}}{M_{\mathrm{f}}^{(2)}} \qquad (7-79)$$

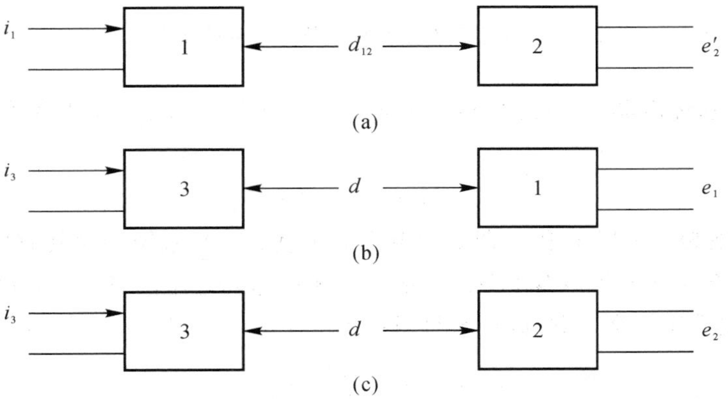

图 7-4 辅助声源法自由场互易校准

由式（7-76）和式（7-79）可得，传声器 1、2 的灵敏度分别为

$$M_{\mathrm{f}}^{(1)}=\left(\frac{2}{\rho_0 f}d_{12}\frac{e'_2}{i_1}\frac{e_1}{e_2}\mathrm{e}^{\alpha d_{12}}\right)^{1/2} \tag{7-80}$$

$$M_{\mathrm{f}}^{(2)}=\left(\frac{2}{\rho_0 f}d_{12}\frac{e'_2}{i_1}\frac{e_2}{e_1}\mathrm{e}^{\alpha d_{12}}\right)^{1/2} \tag{7-81}$$

式中：$e'_2/i_1=R_{12}$ 即为电转移阻抗（Ω）。测出电转移阻抗后，可计算出两个传声器在频率为 f 时的自由场开路灵敏度级。计算公式为

$$L_{\mathrm{f}}^{(1)}=10\lg\frac{2d}{\rho_0 f}+10\lg R_{12}+10\lg\frac{e_1}{e_2}+\frac{1}{2}\Delta_A d \tag{7-82}$$

$$L_{\mathrm{f}}^{(2)}=10\lg\frac{2d}{\rho_0 f}+10\lg R_{12}+10\lg\frac{e_2}{e_1}+\frac{1}{2}\Delta_A d \tag{7-83}$$

（2）耦合腔互易法。由于声场存在一定的波动，自由场互易校准法准确度有限，校准过程也相对复杂。相比之下，耦合腔互易法操作较为方便，普通实验室就可以进行。

采用耦合腔互易法对传声器灵敏度进行校准：采用三个传声器时，其中必须有两个传声器是互易的，且至少有一个是作为参考的实验室标准传声器，此法称为三传声器法；当采用耦合腔辅助声源法时，两个传声器中必须有一个是互易的。

1）三传声器法用两个传声器耦合到耦合腔，其中一个作为发射端，另一个作为接收端，测试原理图如图 7-5 所示。

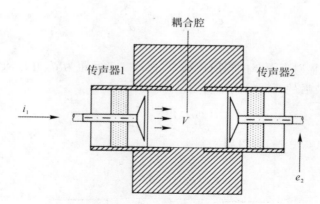

图 7-5　耦合腔互易法校准传声器灵敏度示意图

用电流 i_1 激励传声器 1 发出声波，传声器 2 接收声波，声压 p 作用在膜片上产生的开路电压 e_2 为

$$e_2=M_2 p=M_2 M_1 i_1 Z_{12} \tag{7-84}$$

式中：M_1，M_2 分别为传声器 1、传声器 2 的声压灵敏度；Z_{12} 是系统的声转移阻抗，为作用在传声器 2 膜片上的声压 p 与传声器 1 向外辐射时的体积速度之比。当耦合腔尺寸远小于声波波长时，可将耦合腔看作一个声顺，则声转移阻抗为

$$Z_{12}=\frac{\gamma p_0}{\mathrm{j}\omega[V+V_{\mathrm{e}}^{(1)}+V_{\mathrm{e}}^{(2)}]} \tag{7-85}$$

式中：γ 是空气的定压热容量与定容热容量之比；p_0 为大气压，$V_{\mathrm{e}}^{(1)}$ 和 $V_{\mathrm{e}}^{(2)}$ 分别为传声器 1 和传声器 2 的前腔与振动膜片的等效体积之和。定义 $R_{12}=e_2/i_1$ 为系统的电转移阻抗，由式（7-84）得

$$M_1 M_2 = \frac{e_2}{i_1} \frac{1}{Z_{12}} = R_{12} \frac{1}{Z_{12}} \qquad (7-86)$$

同样地,当传声器 2 发射声波,传声器 3 接收声波时,测得的传声器 3 的开路输出电压 e_3 为

$$e_3 = M_3 p = M_3 M_2 i_2 Z_{23} \qquad (7-87)$$

$$M_2 M_3 = R_{23} \frac{1}{Z_{23}} \qquad (7-88)$$

其中,$R_{23} = e_3 / i_2$。

重复上述过程,以电流 i_3 激励传声器 3 发射声波,传声器 1 接收时,测得的传声器 1 的开路输出电压 e_1 为

$$e_1 = M_1 p = M_1 M_3 i_3 Z_{31} \qquad (7-89)$$

$$M_3 M_1 = R_{31} \frac{1}{Z_{31}} \qquad (7-90)$$

式中:$R_{31} = e_1 / i_3$。

由式(7-86)~式(7-90)可得,三个传声器的灵敏度分别为

$$M_1 = \left(\frac{R_{12} R_{31}}{R_{23}} \frac{Z_{23}}{Z_{12} Z_{31}} \right)^{1/2} \qquad (7-91)$$

$$M_2 = \left(\frac{R_{12} R_{23}}{R_{31}} \frac{Z_{31}}{Z_{12} Z_{23}} \right)^{1/2} \qquad (7-92)$$

$$M_3 = \left(\frac{R_{23} R_{31}}{R_{12}} \frac{Z_{12}}{Z_{23} Z_{31}} \right)^{1/2} \qquad (7-93)$$

用灵敏度级表示为

$$L_p^{(1)} = 10 \lg R_{12} + 10 \lg R_{31} - 10 \lg R_{23} + C_{VC} + C_{FV1} + C_{PS} + S_{ref} (dB) \qquad (7-94)$$

$$L_p^{(2)} = 10 \lg R_{12} + 10 \lg R_{23} - 10 \lg R_{31} + C_{VC} + C_{FV2} + C_{PS} + S_{ref} (dB) \qquad (7-95)$$

$$L_p^{(3)} = 10 \lg R_{31} + 10 \lg R_{23} - 10 \lg R_{12} + C_{VC} + C_{FV3} + C_{PS} + S_{ref} (dB) \qquad (7-96)$$

式中:C_{VC} 为耦合腔体积修正值;C_{FV1}、C_{FV2} 和 C_{FV3} 分别为三个传声器的前腔体积修正值;C_{PS} 为气压修正值;S_{ref} 为参考灵敏度级。

2)耦合腔辅助声源法与前面介绍的自由场辅助声源法类似。首先将两个传声器置于耦合腔内,得到它们声压灵敏度的乘积;其次利用辅助声源在耦合腔内建立一个恒稳的声场,将两个传声器依次放入耦合腔内,测出两只传声器的开路输出电压。由于两个传声器接收到的声压相同,此时测得的两开路输出电压之比就等于两传声器的灵敏度之比。则待校准传声器 1 的声压灵敏度级为

$$L_p^{(1)} = 10 \lg R_{12} + 10 \lg \left| \frac{e_1}{e_2} \right| + C_V + C_{FV1} + C_{PS} + S_{ref} (dB) \qquad (7-97)$$

(3)声校准器校准。进行现场测试时,从方便操作的角度考虑,一般使用声校准器法对传声器进行校准。常用的声校准器有活塞发声器和声级校准器。

1)活塞发声器包括一个刚性壁空腔,空腔内的一端装待校准传声器,另一端装圆柱形活塞。活塞用凸轮或弯曲轴推动做简谐运动,测定活塞运动的振幅就可以求出腔内声压的有效值,其工作原理如图 7-6 所示。活塞发声器运动的频率上限受机械振动允许速度的影响,故而活塞发声器仅适用于低频校准。

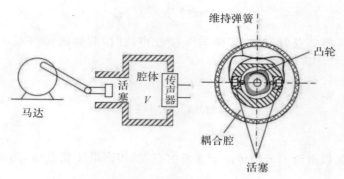

图 7 - 6　活塞发声器的工作原理图

待测传声器与活塞发声器耦合后,接通活塞发声器的电源,此时腔内产生声压 p。设活塞面积为 S,做简谐振动的位移为 $\xi = \xi_0 e^{j\omega t}$,其中 ξ_0 表示位移幅值,活塞运动引起的体积速度 $U = j\omega S \xi_0 e^{j\omega t}$。若体积速度的变化远小于腔体的体积 V,腔内的声压 p 为

$$p = U Z_a \tag{7-98}$$

式中,Z_a 为腔体的声阻抗。当腔体的几何尺寸远小于声波波长时,可将腔体看作声顺,$Z_a = \dfrac{1}{j\omega C_a}$,即低频时声压为

$$p = j\omega S \xi_0 \frac{\gamma p_0}{j\omega V} = S \xi_0 \frac{\gamma p_0}{V} e^{j\omega t} \tag{7-99}$$

式中:γ 是空气的定压热容量与定容热容量之比;p_0 为大气压;V 为腔体体积。由式(7-99)可得到声压的有效值为

$$p_{\text{RMS}} = \gamma p_0 \frac{S \xi_0}{\sqrt{2} V} \tag{7-100}$$

传声器接收到腔内的声压后产生的输出电压,可以用具有声压级刻度的电压表来测量。断开活塞发声器,将和活塞发声器产生的声压频率相同的电压接入传声器,调节电压大小以获得相同的输出电压。待测传声器的灵敏度等于外接电压和腔内声压的比值。根据式(7-100),如果大气压发生变化,应当进行修正。使用活塞发声器时气压的修正曲线如图 7-7 所示。

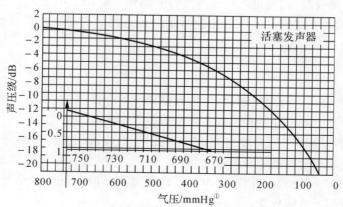

图 7 - 7　活塞发声器校准气压修正曲线

① 1 mmHg = 133.322 Pa

目前,实验室用的活塞发声器校准的准确度可达到±0.12 dB。由于活塞发声器校准的准确度高,因此其又被称为标准声源。

2)声级校准器包括一个性能稳定的频率为 1 kHz 的振荡器、压电元件及振动膜片。使用时,振荡器的输出馈送至压电元件,带动膜片振动并在耦合腔内产生 1 Pa 的声压(94 dB)。上述系统工作在共振频率,其等效耦合体积约为 200 cm³,所以产生的声压与传声器的等效容积无关。使用声级校准器校准传声器的准确度达到±0.3 dB。

近年来,为了克服单一频率校准的缺点,将振荡器设计成有多个输出频率,如 B&K 公司的 4226 型多功能声级校准器,可以产生 94 dB、104 dB 和 114 dB 三种声压级,在 11 个频率上对传声器及其接收系统进行校准,不仅有线性频率响应和 A 计权响应,还可以进行声压、自由场和混响场频率响应的实验,是一种用途比较广泛的校准设备。

目前常用的几种声校准器的主要指标性能列于表 7-9 中。

表 7-9　几种常用声校准器的主要性能指标

类型	活塞发声器	活塞发声器	声级校准器	声级校准器	多用途声校准器
型号	4228 型 (B&K)	AWA6011 型 (杭州爱华)	4231 型 (B&K)	ND9 型 (红声器材)	4226 型 (B&K)
等级	0	1	1	1	1
标称声压级/dB	124	124	94 和 114	94	94、104 和 114
声压级准确度/dB	±0.12	±0.2 (−10~+50℃)	±0.3 (−10~+50℃)	±0.3 (20~25℃)	±0.2 (对 94 dB,1 000 Hz 参考条件)
标称频率/Hz	250	250	1 000	1 000	31.5 Hz~16 kHz 按倍频程加上 12.5 kHz
频率准确度/Hz	±0.1	±2	±0.1	±2	±0.1
谐波失真/(%)	≤3	≤3	≤1	≤2	≤1

4.用静电激励器测量声压灵敏度频率响应

传声器灵敏度的频率响应是指将不同频率点的灵敏度连成的一条曲线。由于声学测量会在不同类型的声场中进行,测量传声器的灵敏度以及频率响应时都应考虑声场的类型。

静电激励器包含一块开槽金属板,该金属板安装在传声器的振动膜片前面。其工作原理图如图 7-8 所示。在开槽金属板与膜片之间加直流电压 E 和交变信号 $e=e_0\sin\omega t$,e_0 为交变信号,是电压幅值。当 $E \gg e_0$ 时,膜片受库仑力的作用产生一个频率与 e 相同的交变压力,等效瞬时声压大小为

$$p=\frac{8.85Ee_0a}{d^2}\times10^{-12}(\text{Pa}) \tag{7-101}$$

式中,d 为开槽金属板与膜片间的距离;a 为有效激励器面积与有效膜片面积之比。

由式(7-101)可知,静电激励器产生的声压与频率无关,可用电压表测量传声器产生的开路电压进而得到传声器的灵敏度响应。测量的频率范围可高达 0~200 kHz。当输入电压 $E=800$ V,$e_0=30$ V 时,传声器膜片上的有效声压约为 1 Pa(94 dB)。如果已知待测传声器的

自由场和扩散场的修正值,只需要在测得的声压频率响应上逐个频率叠加修正值,就可以得到待测传声器在自由场和扩散场的频率响应。另外,在高频时,测量的准确度会受到辐射阻抗的影响,通常在板后增加长度为 1/4 波长的空腔以降低它的干扰。

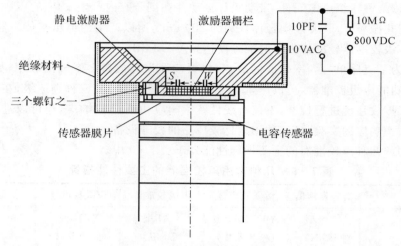

图 7 - 8 静电激励器的工作原理图

7.3.2 声级计

声级计(SLM)是一种根据国家标准,依据人耳听力特性,按照一定时间计权和频率计权测量声音声压级的仪器。声级计具有体积小、重量轻、便于携带等特点,是声学测量中最常用的基本仪器。声级计的分类方法有很多种:按使用用途,可分为测量指数时间计权声级的常规声级计,测量时间平均声级的积分声级计,测量声暴露级的积分声级计、脉冲声级计以及统计声级计等;按使用形式,可分为便携式声级计和袖珍式声级计;按指示方式,可分为模拟指示声级计和数字指示声级计;按照电路的组成方式,可分为模拟声级计和数字声级计。根据 IEC 651《声级计》标准,声级计可分为 0 型、1 型、2 型和 3 型声级计。其中,0 型声级计为标准声级计,1 型声级计为实验室用精密声级计,2 型声级计为一般用途的普通声级计,3 型声级计为噪声监测用的普查型声级计。

1. 声级计的工作原理

各个种类声级计的工作原理基本相同,不同之处往往在于附加的一些特殊性能,可用作不同的测量。声级计通常由传声器、放大器、衰减器、计权网络、检波器、指示器以及电源等部分组成,其工作原理如图 7 - 9 所示。被测声信号由传声器接收后转变为电信号,经前置放大器传至输入衰减器和输入放大器。若输入的电信号较大,则由衰减器衰减,若电信号较小,则由放大器放大,最终使指示器获得合适的指示,同时扩大测量量程。在计权网络上对经衰减器和放大器处理后的电信号进行频率滤波,使声级计的整机频率响应符合规定的频率计权特性要求。再次输出信号后,经过放大器和衰减器到达检波器,进行检波,交流信号变为直流信号,并在显示器显示均方根声压级值(分贝)。检波器具有"快""慢""脉冲"以及"保持"等时间计权特性,以使声级计适用于不同时间特性的声音测量。

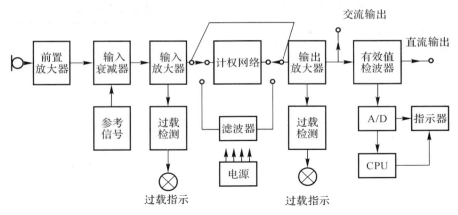

图 7 - 9　声级计工作原理框图

2.声级计的频率计权和频率响应特性

一般,声级计至少应具有一种频率计权特性电网络,用频率计权特性电网络测量到的声压级称为声级。其中 A 声级计权应用最为广泛,声级计中都具有 A 计权特性电网络。此外,还有 B 计权、C 计权、D 计权以及线性计权,D 计权专门用于航空噪声的测量,"线性"表示声级计在一定的频率范围内其频率响应是平直的,线性计权往往用来测量声音的总声压级。在国际电工委员会(IEC)制定的声级计相关标准中,对声级计的电声特性和计权网络特性等指标进行了规范。几种计权网络曲线如图 7 - 10 所示。

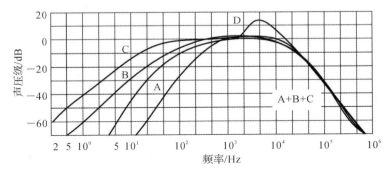

图 7 - 10　计权网络曲线

频率计权特性是声级计在自由场中参考入射方向上的相对响应,不仅与计权网络的频率特性有关,也与传声器的频率响应、放大器和检波器的频率响应有关。

2002 年国际电工委员会颁布了标准 IEC 61672.1《声级计》,其代替了原来的 IEC 60651《声级计》和 IEC 60804《积分声级计》标准,我国也根据 IEC 标准制定了《声级计》(GB/T 3785—2010)。新标准最大的变化是将原来的三种计权网络 A、B、C 频率计权特性曲线更改为 A、C、Z 三种频率计权特性曲线,同时规定声级计的频率计权特性中均有 A 计权特性。此外,新标准还将声级计分为 1 级和 2 级两种性能。通常 1 级和 2 级声级计有相同的技术要求,它们的主要区别是误差极限和工作温度范围不同。1 级声级计应有频率计权 C 或不计权(ZERO,简称 Z)以及平直特性(FLAT,简称 F)。几种频率计权特性如表 7 - 10 所示。

表 7 - 10　频率计权值和允差(包括最大测量扩展不确定度)

标称频率/Hz	频率计权值/dB			允差/dB	
	A	C	Z	1 级	2 级
10	−70.4	−14.3	0.0	+3.5~−∞	+5.5~−∞
12.5	−63.4	−11.2	0.0	+3.0~−∞	+5.5~−∞
16	−56.7	−8.5	0.0	+2.5~−4.5	+5.5~−∞
20	−50.5	−6.2	0.0	±2.5	±3.5
25	−44.7	−4.4	0.0	+2.5~−2.0	±3.5
31.5	−39.4	−3.0	0.0	±2.0	±3.5
40	−34.6	−2.0	0.0	±1.5	±2.5
50	−30.2	−1.3	0.0	±1.5	±2.5
63	−26.2	−0.8	0.0	±1.5	±2.5
80	−22.5	−0.5	0.0	±1.5	±2.5
100	−19.1	−0.3	0.0	±1.5	±2.0
125	−16.1	−0.2	0.0	±1.5	±2.0
160	−13.4	−0.1	0.0	±1.5	±2.0
200	−10.9	0.0	0.0	±1.5	±2.0
250	−8.6	0.0	0.0	±1.4	±1.9
315	−6.6	0.0	0.0	±1.4	±1.9
400	−4.8	0.0	0.0	±1.4	±1.9
500	−3.2	0.0	0.0	±1.4	±1.9
630	−1.9	0.0	0.0	±1.4	±1.9
800	−0.8	0.0	0.0	±1.4	±1.9
1 000	0	0.0	0.0	±1.1	±1.4
1 250	+0.6	0.0	0.0	±1.4	±1.9
1 600	+1.0	−0.1	0.0	±1.6	±2.6
2 000	+1.2	−0.2	0.0	±1.6	±2.6
2 500	+1.3	−0.3	0.0	±1.6	±3.1
3 150	+1.2	−0.5	0.0	±1.6	±3.1
4 000	+1.0	−0.8	0.0	±1.6	±3.6
5 000	+0.5	−1.3	0.0	±2.1	±4.1
6 300	−0.1	−2.0	0.0	+2.1~−2.6	±5.1
8 000	−1.1	−3.0	0.0	+2.1~−3.1	±5.6

续 表

标称频率/Hz	频率计权值/dB			允差/dB	
	A	C	Z	1 级	2 级
10 000	−2.5	−4.4	0.0	+2.6～−3.6	+5.6～−∞
12 500	−4.3	−6.2	0.0	+3.0～−6.0	+6.0～−∞
16 000	−6.6	−8.5	0.0	+3.5～−17.0	+6.0～−∞
20 000	−9.3	−11.2	0.0	+4.0～−∞	+6.0～−∞

表 7-10 中给出的频率计权值,可以通过数学表达式计算得到。对于 C 频率计权值,有

$$C(f) = 20\lg\left[\frac{f_4^2 f^2}{(f^2+f_1^2)(f^2+f_4^2)}\right] - C_{1\,000} \text{(dB)} \qquad (7-102)$$

A 频率计权值计算公式为

$$A(f) = 20\lg\left[\frac{f_4^2 f^4}{(f^2+f_1^2)(f^2+f_2^2)^{1/2}(f^2+f_3^2)^{1/2}(f^2+f_4^2)}\right] - A_{1\,000} \text{(dB)} \qquad (7-103)$$

Z 频率计权值计算公式为

$$Z(f) = 0$$

式中: $C_{1\,000}$ 和 $A_{1\,000}$ 为由分贝表示的常数,一般取 $C_{1\,000} = -0.062$ dB, $A_{1\,000} = -2.000$ dB,相当于 1 000 Hz 处 0 dB 频率计权的增益。 f_1、 f_2、 f_3、 f_4 通常取近似值: $f_1 = 20.6$ Hz, $f_2 = 107.7$ Hz, $f_3 = 737.9$ Hz; $f_4 = 12\,194$ Hz。

由于声级计的使用场景多种多样,因此要求声级计所具有的频率计权和频率响应中,至少有一个可以在自由场中用声信号测量。当用电信号检测频率响应或频率计权时,应附加传声器的标称频响、传声器外壳的反射和周围的绕射产生的影响。当用声信号检测时,频率范围是 10～20 000 Hz,然而消声室的自由场下限频率无法达到频率范围的下限,因此低于消声室低频下限的频率可在耦合腔内测量。目前,受技术限制,实验室标准传声器的自由场灵敏度级不能直接得到,传递的量值是压力场灵敏度级。在自由场测试声级计频率计权或频率响应时,对 500 Hz 以上的频率范围必须进行自由场灵敏度级与压力场灵敏度级的差值修正。在自由场中进行声信号测量的方框图如图 7-11 所示。

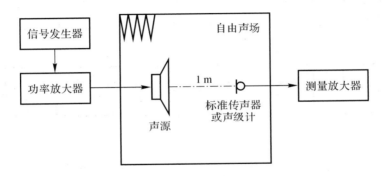

图 7-11 在自由场中测量频率计权和频率响应示意图

3.声级计的使用步骤

将声级计的量程控制器置于参考级量程,将时间计权置于"F(快)"挡。如果使用的声级计具有 C 计权或 Z 计权,则声信号测试优先使用 C 计权或 Z 计权。

在 10～20 000 Hz 频率范围内,在标称 1/3 倍频程间隔上进行 1 级声级计的频率计权检测;在 20～8 000 Hz 频率范围内,在标称倍频程间隔上进行 2 级声级计的频率计权检测。

将标准传声器放入自由场中,调节输出声源,产生一个参考声压级,并在测试频率范围(500 Hz 及以上)内保持该声压级,记录所有声压级对应的信号发生器输出的电信号幅值。

用声级计替换实验室标准传声器,保持声级计与实验室标准传声器的参考点位置相同。调整信号发生器的输出,保证在每个测试频率(500 Hz 及以上)上与测量实验室标准传声器时的电压幅值相同,并记录每个测试频率上声级计的指示声压级。

在每个测试频率上,用测得的声级计不同计权位置的指示声级减去用实验室标准传声器测试到的没有频率计权的声压级,计算得到声级计的自由场频率响应特性或频率计权特性。

对于 400 Hz 及以下的频率,将声级计的传声器和实验室标准传声器置入耦合腔内,重复上述步骤,计算得到低频时传声器的自由场频率响应或频率计权。

被测声级计的频率计权与理论值的偏差应在表 7 - 10 给出的允差范围内。另外,在测试频率范围内,声源工作时的声压级至少比声源不工作时的声压级大 20 dB。

为了使声级计的测试结果反映出人对声音的主观感觉,除频率计权外,声级计还必须具有相应的时间计权以配合使用。声级计的时间计权特性包括"快"(F)"慢"(S)和"脉冲"(I)。

"快""慢"检波特性主要用于对连续信号的测试,"快"特性的检波电路的时间常数为 125 ms,"慢"特性的检波电路的时间常数为 1 000 ms,其方框图如图 7 - 12 所示。对于连续稳定的噪声,两种检波特性之间的差别不大;对于起伏较大的声音,用"慢"时间计权特性得到的指示结果在平均值附近摆动,但是在峰值和谷值处误差较大;选择用"快"时间计权特性测量,能够更准确地掌握声音的峰、谷值。

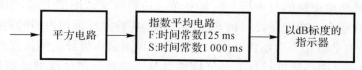

图 7 - 12　具有"快""慢"检波特性的声级计的方框图

人耳对脉冲声和稳态声的响度感觉不同,脉冲宽度越大,人耳感觉到的响度越接近稳态声。根据 IEC 的规定,适合测试脉冲声的时间计权特性为脉冲(I)检波指示特性,其方框图如图 7 - 13 所示。

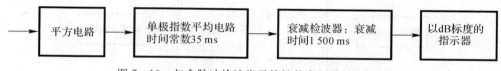

图 7 - 13　包含脉冲检波指示特性的声级计的方框图

在实际应用中,尤其对于非稳态噪声,需要用噪声的等效连续声级 L_{eq} 对噪声进行评价。但是,一般的声级计无法直接测得等效连续声级,只能通过测量不同声级下噪声的暴露时间,计算得到等效连续声级。积分声级计具有较长的线性平均时间,可以直接测得某一测量时间内噪声的等效连续声级。

对上述时间平均特性,采用稳态正弦电信号、猝发声电信号和重复猝发声电信号进行测试。

猝发声也称为正弦波列,是指从稳态正弦信号中提取的一种脉冲声,波形起始点和终点均在零点上,并且包含一个或多个完整周期的正弦信号。猝发声响应是指测量正弦电猝发生信号得到的最大时间计权声级、时间平均声级或声暴露级,减去稳态正弦输入信号输入测量时的声级。具体测量方法如下:用稳态的 4 kHz 的正弦电信号测量声级计的 F 和 S 指数衰减时间常数时,中断输入信号并测量指示声级的衰减速率,F 时间计权的下降速率至少为 25 dB/s,S 时间计权的下降速率为 3.4～5.3 dB/s。如果用 1 kHz 的电信号,F 和 S 时间计权测量声级之间的偏差应小于 ± 0.3 dB。

对于声级计 F 和 S 时间计权的不同频率计权猝发声响应的最大声级 δ_{ref},可用下式计算:

$$\delta_{ref} = 10 \lg(1 - e^{-T_b/\tau}) \qquad (7-105)$$

式中:T_b 为规定的猝发声持续时间(s);τ 表示规定的时间指数常数,F 为 0.125 s,S 为 1 s。计算获得的 4 kHz 猝发声响应理论值如表 7-11 所示。

表 7-11　参考 4 kHz 猝发声响应和允差

猝发声持续时间 T_b/ms	相对稳态声级的参考 4 kHz 猝发声响应 δ_{ref}/dB		允差/dB	
	$L_{AFmax} - L_A$ $L_{CFmax} - L_C$ $L_{ZFmax} - L_Z$	$L_{AE} - L_A$ $L_{CE} - L_C$ $L_{ZE} - L_Z$	1 级	2 级
1 000	0.0	0.0	± 0.8	± 1.3
500	-0.1	-3.0	± 0.8	± 1.3
200	-1.0	-7.0	± 0.8	± 1.3
100	-2.6	-10.0	± 1.3	± 1.3
50	-4.8	-13.0	± 1.3	$+1.3; -1.8$
20	-8.3	-17.0	± 1.3	$+1.3; -2.3$
10	-11.1	-20.0	± 1.3	$+1.3; -2.3$
5	-14.1	-23.0	± 1.3	$+1.3; -1.8$
2	-18.0	-27.0	$+1.3; -2.8$	$+1.3; -2.8$
1	-21.0	-30.0	$+1.3; -2.3$	$+1.3; -3.3$
0.5	-24.0	-33.0	$+1.3; -2.8$	$+1.3; -4.3$
0.25	-27.0	-36.0	$+1.3; -3.3$	$+1.3; -5.3$
—	$L_{ASmax} - L_A$ $L_{CSmax} - L_C$ $L_{ZSmax} - L_Z$	—	—	—
1 000	-2.0	—	± 0.8	± 1.3
500	-4.1	—	± 0.8	± 1.3
200	-7.4	—	± 0.8	± 1.3
100	-10.2	—	± 1.3	± 1.3

续表

猝发声持续时间 T_b/ms	相对稳态声级的参考 4 kHz 猝发声响应 δ_{ref}/dB		允差/dB	
	$L_{AFmax} - L_A$	$L_{AE} - L_A$	1 级	2 级
	$L_{CFmax} - L_C$	$L_{CE} - L_C$		
	$L_{ZFmax} - L_Z$	$L_{ZE} - L_Z$		
50	−13.1	—	±1.3	±1.3;−1.8
20	−17.0	—	±1.3;−1.8	+1.3;−2.3
10	−20.0	—	+1.3;−2.3	+1.3;−3.3
5	−23.0	—	+1.3;−2.8	+1.3;−4.3
2	−27.0	—	+1.3;−3.3	+1.3;−5.3

测量 F 和 S 时间计权猝发声响应时,将声级计的时间计权分别调至 F 挡和 S 挡,再分别使用持续时间为 500 ms、200 ms、50 ms 和 10 ms 的 4 kHz 的正弦电猝发声信号进行测试。不同持续时间的猝发声响应是用猝发声信号在 F 挡和 S 挡的最大指示声级,减去相应连续稳态信号在 F 挡和 S 挡的稳态声级得到的。猝发声响应应小于表 7-11 中的允差。

一般声级计具有的指数平均特性持续时间较短,而积分声级计的线性平均时间要长得多,甚至可达几小时。一般使用积分声级计测定时变噪声的时间平均特性。

传声器以及机体本身具有一定的方向特性,未达到对任意入射方向的声波产生相同响应的理想效果。为此,国际电工委员会规定了各类传声器的方向特性,如表 7-12 和表 7-13 所示。

表 7-12　偏离基准方向±30°角范围内灵敏度的最大变化　　　单位:dB

频率/Hz	0 型	1 型	2 型	3 型
31.5～1 000	0.5	1.0	2.0	4.0
1 000～2 000	0.5	1.0	2.0	4.0
2 000～4 000	1.0	1.5	4.0	8.0
4 000～8 000	2.0	2.5	9.0	12.0
8 000～12 500	2.5	4.0		

表 7-13　偏离基准方向±90°角范围内灵敏度的最大变化　　　单位:dB

频率/Hz	0 型	1 型	2 型	3 型
31.5～1 000	1.0	1.5	3.0	8.0
1 000～2 000	1.5	2.0	5.0	10.0
2 000～4 000	2.0	4.0	8.0	16.0
4 000～8 000	5.0	8.0	14.0	30.0
8 000～12 500	7.0	16.0		

4.声级计的校准

为了保证测量数据的可靠性,在测量前、后都需要对声级计进行校准,常用的校准方法包括电信号校准方法和声学校准方法。

一般声级计或测量放大器上均设有用于校准的参考电压,数值对应于 50 mV/Pa(灵敏度级为−26.0 dB)。校准时,根据传声器灵敏度的修正值进行放大器指示刻度的校准。电信号校准法操作简单、快捷,但是忽略了前置放大器输入电容的影响和对信号的衰减作用,并且默认本机校准电信号的频率与幅度均没有变化。但是由于传声器负载的前置放大器的输入阻抗并不是无限大,并且前置放大器具有一定的传输损失,因此使用电信号校准易产生误差。

使用已知声压级的活塞发生器或声级校准器可以对传声器整机(包括前置放大器、连接电缆和测量放大器电路)进行校准,校准结果更为准确。

7.3.3　滤波器

滤波器是一种把信号中各个分量按频率进行分离的设备,与声级计配合可以用来进行频率分析。滤波器通常分为低通滤波器、高通滤波器、带通滤波器和带阻滤波器,其中,在声学测量领域使用最广泛的是带通滤波器。

带通滤波器只允许一定频率范围内的信号通过,超出该频率范围的部分均不能通过。带通滤波器的幅频特性曲线如图 7−14 所示。其中虚线代表理想情况下的带通滤波器,信号在 $f_1 \sim f_2$ 的频率范围内不存在衰减,超出该频率范围的信号全部衰减至 0。f_1 和 f_2 被分别称为带通滤波器的下限截止频率和上限截止频率。实际中,幅度下降至为原来的 0.707 时所对应的 f_1 和 f_2 分别为下限截止频率和上限截止频率。

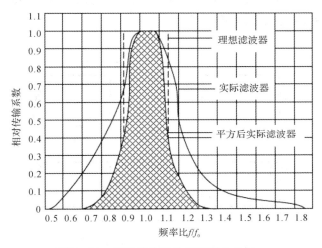

图 7−14　带通滤波器的幅频特性曲线

将若干组同样形式、不同中心频率的滤波器组成一台仪器,可以对一定频率范围内的信号进行频率分析。

7.3.4　声强测量系统

1.声强测试原理

声强是指通过垂直于声波传播方向上单位面积的声功率,可以通过测得的声压级计算出声强和声强级。但是在测量声强时,非常容易受到环境的干扰,往往需要对测量结果进行修正,并且其对测试环境要求较高。声强比声压量更能反映出声场的动态规律,因而催生了各种直接测量声强的声学仪器的发展。

从时间上声强可以分为瞬态声强和平均声强,从功率传输上声强可以分为无功声强和有功声强。在声辐射研究中,声强一般指的是有功声强。瞬态声强的数学表达式为

$$I_i = pu = I_{ia} + jI_{ir} \tag{7-106}$$

式中:p 和 u 分别表示声波传播方向上某一点的瞬时声压和瞬时质点速度;I_{ia} 为瞬态有功声强;I_{ir} 为瞬态无功声强。

瞬态声强的时间平均即为平均声强矢量:

$$I = \frac{1}{T}\int_T I_i \,\mathrm{d}t = \frac{1}{T}\int_T pu \,\mathrm{d}t = \langle pu \rangle_t \tag{7-107}$$

由式(7-107)可知,声强值可以通过测量声场中的声压与质点速度来确定。声场中某点的质点速度的测量可以通过由两只传声器组成的探头来进行。根据测量质点振速的方式,声强测量技术可分为直接测量技术和间接测量技术,其典型代表分别为 P-U 技术和 P-P 技术。P-U 技术直接测得声场中某点的质点振速,属于直接测量技术;P-P 技术基于有限差分原理,通过测量两相邻点的声压信号,近似估计声场中的质点振速,属于间接测量技术。

2. P-U 技术与 P-P 技术

(1)P-U 技术是根据声强的定义式设计出来的,P-U 声强仪由 1 只压力传感器和 1 只速度传感器组成,测量时声强仪直接输出声压和质点振速信号,二者相乘得到瞬态声强值,其构造示意图如图 7-15 所示。图中 S 和 R 分别代表超声波束发射器和接收器,d 表示发射器和接收器之间的距离,M 表示压力传感器。

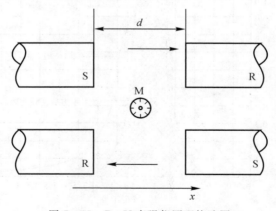

图 7-15 P-U 声强仪原理构造图

测量时,将声强仪轴线方向设为 x 轴,将压力传感器放置在被测点。两发射器同时发射平行超声波束,经过距离 d 后到达接收器。当被测声场内没有声波时,两超声波束由发射到接收的时间 $t = d/c_0$ 应该相同。若声强仪所在空间内有声波传播,超声波束的传播速度应为

$$v(x,t) = c \pm u_x(t) \tag{7-108}$$

式中:c 表示声速;u_x 为质点振速在 x 轴方向上的分量。

由于发射器和接收器之间的距离 d 远小于声波波长,稳态声场中 $u_x(x,t)$ 可以用中心点

处质点振速在 x 轴方向上的分量 u_x 近似表示,则两平行超声波束由发射到接收的时间分别为

$$t_+ = \frac{d}{c+u_x}, \quad t_- = \frac{d}{c-u_x} \tag{7-109}$$

两平行超声波束到达接收器时的相位差为

$$\Delta\varphi = \omega_n t = \left(\frac{1}{c-u_x} - \frac{1}{c+u_x}\right)\omega_n d = \frac{2u_x\omega_n d}{c^2-u_x^2} \tag{7-110}$$

式中:ω_n 是超声波束的角频率。

当 $u_x \leqslant c$ 时,式(7-110)可简化为

$$\Delta\varphi \approx \frac{2u_x\omega_n d}{c^2} \tag{7-111}$$

从而计算出质点振速在 x 轴方向上的分量 u_x 为

$$u_x \approx \frac{c^2\Delta\varphi}{2\omega_n d} \tag{7-112}$$

需要注意的是,当超声波束的传播速度 c 为空间坐标位置的函数时,超声波束的传播时间不能根据式(7-109)计算,必须通过数值积分方法计算 t_+ 和 t_-。

若 P-U 声强仪中有三个正交轴向质点振速传感器,则它们可以用于测量流体声场中的瞬态声强矢量。若 P-U 声强仪中只有一个质点振速传感器,则其只能用于测量稳态声场中的声强矢量。

为了减小实际测量中由相位失配引起的误差,对声强仪中两个测量通道的幅度和相位匹配程度要求非常高。与测量声压的仪器相比,P-U 声强仪具有体积大、测量结果受传感器相位匹配程度影响大等缺点,并不适合于近场、抗性声场和非稳态声场的声强测量。

(2)P-P 声强仪由两个压力传感器组成,通过测量两相邻点处的声压计算得到声场中的瞬态声强及其时间平均值。声压可通过声级计直接测量得到,但是声压梯度只能根据有限差分原理,通过声场中两相邻点处的声压值近似估算得到。

如图 7-16 所示,0 点为被测声场中的某点,参考点 1 和 2 之间的距离为 d,且参考点 1 和 2 到 0 点的距离相等,设两参考点间的轴向方向为 x 轴,则声场中 0 点沿 x 轴方向上的声压梯度为

$$\frac{\partial p}{\partial x} = \frac{p_1 - p_2}{d} \tag{7-113}$$

式中:p_1 和 p_2 分别代表参考点 1 和 2 处测得的声压值。两参考点之间的距离 d 应远小于声波波长,否则式(7-113)不成立。

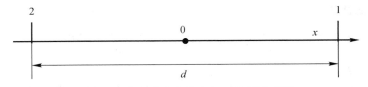

图 7-16　场点和参考点相对位置示意图

由运动方程可得,质点振速与声压之间的关系为

$$\boldsymbol{u} = -\frac{1}{\rho_0}\int_{-\infty}^{t} \nabla\, p\mathrm{d}\tau \tag{7-114}$$

由式(7-113)和式(7-114)可得出 0 点处的质点振速在 x 轴方向上的投影分量为

$$u_x = -\frac{1}{\rho_0}\int_{-\infty}^{t}\frac{\partial p}{\partial x}\mathrm{d}\tau \approx \frac{1}{\rho_0 d}\int_{-\infty}^{t}(p_2-p_1)\mathrm{d}\tau \qquad (7-115)$$

0 点处的声压值可近似表示为两参考点处声压值的平均,即 $p \approx (p_1+p_2)/2$,所以 0 点处的瞬态声强矢量在 x 方向上的分量近似为

$$I_{i,x} \approx \frac{1}{2\rho_0 d}(p_2+p_1)\int_{-\infty}^{t}(p_2-p_1)\mathrm{d}\tau \qquad (7-116)$$

一般情况下,测量瞬态声强需要借助积分器来完成。在简谐稳态声场中,参考点 1 和 2 处的声压分别为

$$p_1 = p_{A1}\cos(\omega t+\varphi_1) \qquad (7-117)$$
$$p_2 = p_{A2}\cos(\omega t+\varphi_2) \qquad (7-118)$$

式中:p_{A1} 和 p_{A2} 分别为参考点 1 和 2 处的声压幅值;φ_1 和 φ_2 分别为两参考点处声压的初始相位。当 $t\to-\infty$ 时,$p_1=p_2=0$。

将式(7-117)和式(7-118)作算术平均,可以获得瞬态声强矢量在 x 轴方向上的投影分量:

$$I_{i,x} \approx \frac{1}{4\rho_0\omega d}\left[p_{A2}^2\sin 2(\omega t+\varphi_2) - p_{A1}^2\sin 2(\omega t+\varphi_1) + 2p_{A1}p_{A2}\sin(\varphi_2-\varphi_1)\right]$$

$$(7-119)$$

式(7-119)表明瞬态声强的 x 轴方向分量围绕一常数做简谐运动,波动角频率为 2。

若不考虑瞬态声强矢量而要得到其时间平均值,声强矢量在 x 轴方向上的投影分量为

$$I_x = \lim_{T\to\infty}\frac{1}{T}\int_T I_{i,x}\mathrm{d}t = -\frac{1}{\rho_0 d}\left[p_2(t)\int_{-\infty}^{t}p_1(\tau)\mathrm{d}\tau\right]_t \qquad (7-120)$$

用声场中的声压近似表示两参考点声压的算术平均,则声强矢量在 x 轴方向上的投影分量为

$$I_x = \frac{p_{A1}p_{A2}}{2\rho_0\omega d}\sin(\varphi_2-\varphi_1) \qquad (7-121)$$

由于参考点间距远小于声波波长,故 $\varphi_2-\varphi_1 \leqslant 1$,则式(7-121)可化简为

$$I_x \approx \frac{p_{A1}p_{A2}}{2\rho_0\omega d}(\varphi_2-\varphi_1) = -\frac{p_{A1}p_{A2}}{2\rho_0\omega}\frac{\delta\varphi}{d} \qquad (7-122)$$

式中:$\delta\varphi = \varphi_1-\varphi_2$。

当 $\delta\varphi=0, I_x=0$ 时,瞬态声强等于其无功分量。由式(7-119)得到的在 x 轴方向上瞬态声强无功分量的幅值为

$$J_x = \frac{1}{4\rho_0\omega d}(p_{A2}^2-p_{A1}^2) = -\frac{p_{A1}+p_{A2}}{4\rho_0\omega}\frac{\delta p_A}{d} \qquad (7-123)$$

式中:$\delta p_A = p_{A1}-p_{A2}$。

综上所述,瞬态声强及其时间平均值可以由两个压力传感器相邻两点处的声压信号来估算。声强值与两参考点处的声压相位差成正比,而瞬态声强无功分量幅值与测得的两处压强幅值差成正比。但是,组成 P-P 声强仪的两个传感器应"完全相同",即具有相同的频率响应特性,相位和幅值完全匹配。相位和幅值失配越大,测量到的声强误差也越大。为了消除由传感器特性差异引起的测量误差,在稳态声场中可以用压力传感器和高分辨率的相位计依次、分

别测量各参考点的相位,由测到的相位计算参考点间的相位差 $\delta\varphi$。

由于声强矢量的方向是无法预估的,在稳态声场中可用 P-P 声强仪依次测量三个正交轴向上的声强仪,然后求出声强矢量。但是在非稳态声场中,必须要使用六个压力传感器,将它们两两分布在三个正交方向上,才能测量声强矢量。

在空气声场中,P-P 声强仪的压力传感器排列方式有很多种,包括并列式、顺置式、背靠背式和面对面式,其中最常见的是面对面式。

面对面形式是指把两个性能相同、灵敏度一致的传声器面对面地放置在一根轴线上,保证测量时传声器中心轴线与声波传播方向一致。如图 7-17 所示,由于传声器之间装有分隔垫块,声波只能沿传声器的径向边缘入射。目前已有专用的 P-P 声强仪校准器,例如丹麦 B&K 公司的 3541 型声强仪校准器,使用一种特制的双静电激发器校准结构,可以在整个频率范围内同时校准两个传声器。

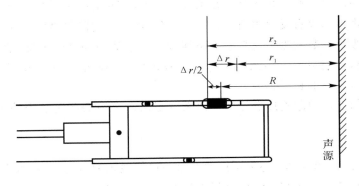

图 7-17　面对面安装的声强探头

声强仪中两传声器之间的距离 Δr 直接影响声强探头测量的频率范围,不同间距的声强探头的测量频率范围如表 7-14 所示。间隔越小,测量的上限频率越高,低频时的测量误差越大,测量的下限频率越高。为了满足实际中测量频率范围的要求,往往将声强探头做成多种结构尺寸。

表 7-14　不同 Δr 的声强探头的测量频率范围

		Δr/mm			
		6	12	25	50
传声器外径	1/4 in	250 Hz~10 kHz	125 Hz~5 kHz		
	1/2 in		125 Hz~5 kHz	63 Hz~2.5 kHz	31.5 Hz~1.25 kHz

注:1 in=2.54 cm。

7.3.5　声学设施

由于部分声学测量需要特定的测试环境,为了满足测试要求,消声室和混响室应运而生。一般而言,混响室内可以测量材料的吸声系数、金属板材的声致疲劳特性等;消声室内进行需要完全避免反射干扰的测量。还有一些测试,例如声源输出功率的测量,在消声室和混响室内都可以进行。

1. 消声室

消声室分为全消声室和半消声室两种类型,它们分别为声学测量提供一个自由场空间和一个半自由场空间。自由场是指声波在无限大空间内传播时,不存在任何反射体和反射面。声波在自由场或半自由场中传播时,声波对点声源声压随距离衰减,声压级在常温常压下等于声强级。自由场要求声场中只有直达波而没有反射波。一般在实际测量中,保证反射声波相比直达声可忽略不计就认为是自由场。室外的空旷场所可近似看作一个自由场,但是室外测量易受天气变化等因素的影响,而消声室处于室内,不存在这些干扰因素。

消声室的主要评价标准有两项:本底噪声和截止频率。根据《声学噪声源声功率级的测定消声室和半消声室精密法》(GB 6882—1986),测试频率范围内,背景噪声至少要比被测声源的声压级低 6 dB,最好低 12 dB,要求消声室的壁面吸声系数在 99% 以上,要求半消声室地面的反射系数在 95% 以上。但是使用的吸声材料在低频上的吸收效果并不是很好,不可能实现全频带内的“完美吸声”。截止频率是指在该频率以上,墙面的吸声系数保证在 0.99 以上。

为了保证消声室内没有反射声波,除了要求室内没有任何障碍物外,还要求室内的所有壁面都敷设具有高吸声系数的吸声材料或吸声结构。为了消除外界的干扰,消声室必须做好隔声和隔振处理。目前消声室大多采用尖劈作为吸声体,一般而言,尖劈的长度对应于 1/4 波长,截止频率越低,尖劈的长度越大。

一般用声压与点声源距离成反比的定律来鉴定消声室内的声场是否是自由声场,允许误差为 ±0.5 dB。

2. 混响室

混响声场不仅指扩散声场,还表示声源在室内稳定地辐射声波时,室内声场中离声源某个距离外混响声比较均匀的区域。若一空间内各点的声能密度均匀,从各方向到达某一点的声波相位是无规的,则称之为扩散声场。混响室就是能够产生扩散声场的声学实验室,混响室的特点是吸声系数很小,混响时间很长,室内声波经过多次反射后空间内的声能分布均匀,并且不同位置的声压级几乎是恒定的。

在声学测量中,有几种情况需要在扩散声场中进行:需要测量电声换能器的扩散场灵敏度特性,用混响室法测量声源输出功率,测量材料的吸声系数,用混响室法测隔层的透射损失,在某些高噪声环境下进行实验研究。

与消声室的壁面需要敷设吸声材料不同,混响室要求各个壁面的吸声系数很小,经常使用的壁面材料有磨石子水泥、大理石、瓷砖等。另外,混响室同样需要做隔声、隔振处理以消除外界干扰。根据 ISO - R354 Acoustics — measurement of sound absorption in a reverberation room 标准,混响室的体积应大于 180 m³,最好接近 200 m³,房间形状应满足 $l_{max} < 1.9V^{1/3}$,其中 l_{max} 是房间边界内最长直线的长度(若在矩形房间中,l_{max} 为最长的对角线)。此外,ISO - R354(1963 年)还给出了混响室的混响时间应超过各频率对应的数值建议,如表 7-15 所示。

表 7-15 推荐的混响时间

混响时间/s	5.0	5.0	5.0	4.5	3.5	2.0
倍频程中心频率/Hz	125	250	500	1 000	2 000	4 000

鉴定混响室的方法是测量声场的衰变曲线。混响声场内各点的混响时间和声压应该相

同,衰变曲线应符合指数衰减律。一般来说,混响时间越长越好。

7.4　噪 声 测 量

7.4.1　噪声级的测量

1. 稳态噪声测量

稳态噪声的声压级用声级计就可以测量。选用不同的时间计权网络,得到的测量结果也有所不同。如果用 F 挡读数,对于 1 000 Hz 的纯音,仅需 200～250 ms 就可以得到其真实声压级;如果选用 S 挡读数,则需要等待一段时间才能得到被测声音的平均声压级。

若被测噪声是稳态的,当 F 挡读数的起伏小于 6 dB 时,倍频带声压级比邻近的倍频带声压级大 5 dB,说明该噪声中有纯音或窄带噪声。若起伏小于 3dB,则可以测量 10s 内噪声的声压级;若起伏大于 3 dB 且小于 10 dB,则每 5 s 读一次声压级并求出其平均值。

在实际测量的情况下,往往存在背景噪声,并且对实际测得的噪声级产生影响。测得的总声压级包含所测噪声声压级和背景噪声声压级两部分,若背景噪声的声压级与所测噪声的声压级相差不大,则应对测量结果进行修正,以获得所测噪声的真实声压级。设含背景噪声的总声压级为 L_T,背景噪声声压级为 L_B,所测噪声声压级为 L_N,则

$$L_N = L_T - K_B \tag{7-124}$$

$$K_B = -10\lg(1 - 10^{-\Delta L/10}) \tag{7-125}$$

式中,$\Delta L = L_T - L_B$,表示总声压级和背景噪声声压级的差值。根据式(7-124)可以计算出背景噪声的修正值,如表 7-16 所示。

表 7-16　背景噪声的修正值 单位:dB

ΔL	1	2	3	4	5	6	7	8	9	10
K_B	7.0	4.3	3.0	2.2	1.65	1.26	1	0.75	0.59	0.46
取近似值	7	4	3	2	2	1	1	0.8	0.6	0.5

注:表中给出的修正值同样适用于每个倍频带或 1/3 倍频带声压级的背景噪声修正。

由表 7-16 可以得出,当背景噪声的声压级与总声压级相差超过 10 dB 时,背景噪声的影响可以忽略不计。如果背景噪声声压级与总声压级相差不超过 3 dB,说明此时背景噪声声压级大于被测噪声声压级,应该在安静环境中重新测量。

测得 n 个声压级 L_i 后,可以求得平均声压级为

$$\overline{L}_p = 20\lg\left(\frac{1}{n}\sum_{i=1}^{n} 10^{L_i/20}\right) \tag{7-126}$$

当测得的 n 个声压级(分贝)非常接近时,可根据下列两式近似求出其平均值和标准方差:

$$\overline{L}_p = \frac{1}{n}\sum_{i=1}^{n} L_i \tag{7-127}$$

$$\delta = \frac{1}{\sqrt{n-1}}\left(\sum_{i=1}^{n} L_i - n\overline{L}_p\right)^{1/2} \tag{7-128}$$

根据式(7-127)和式(7-128),若 n 个声压级 L_i 的数值差小于 2 dB,则计算误差小于 0.1 dB;若数值差达到 10 dB,则误差达到 1.4 dB。

2.非稳态噪声测量

对于不规则噪声,可以测量其声压级的时间-频率分布特性,具体测量的值包括:

(1)最大值、最小值和平均值;

(2)声压级的统计分布(如累积百分声级 L_x);

(3)等效连续声级;

(4)噪声的频谱分布。

非稳态噪声还包括脉冲噪声,即大部分能量集中在持续时间短于 1 s 而间隔时间长于 1 s 的猝发声。极限情况下,如果脉冲时间无限短而间隔时间无限长,则称为单个脉冲。

脉冲噪声对人的影响取决于能量,与持续时间、峰值和脉冲数量无关。因此,对于连续的猝发声序列,应该测量声压级和声功率,对于有限个猝发声应该测量其暴露声级。

通常,使用脉冲声级计测量脉冲噪声,可以用数字示波器测量脉冲噪声的峰值声压和持续时间。

7.4.2 噪声源声功率的测量

由于声压级的测试结果与测试位置和测试环境有关,所以声压级并不能完全反映出噪声源辐射声波的强度及特性。而声功率是描述单位时间内辐射声波平均能量的物理量,因此在声学测量中占据重要的地位。声功率单位为瓦(W),若转换为对数,则声功率级为

$$L_w = 10\lg\frac{W_A}{W_0} = 10\lg W_A + 120 \tag{7-129}$$

式中,L_w 表示声功率级;W_A 表示被测声源向外辐射的声功率;$W_0 = 10^{-12}$ W,为基准声功率。声源声功率级的频率特性和指向特性可用声功率级、频率函数或频谱表示。

目前,我国已制定了 10 多项与测量噪声源声功率相关的国家标准。噪声源声功率的测量方法包括声压法、声强法和振速法,测量环境主要分为自由场(消声室和半消声室)、混响场(专用混响室或硬壁测试室)、户外声场,测量精度分为精密精度、工程精度和简易精度。每种测量方法适用于不同的测量环境和测试精度,如表 7-17 所示。

表 7-17 我国颁布的噪声源声功率测试标准简况

方法分类	标准编号	精度分类	测量环境及方法	声源体积	对应的 ISO 标准
声压法	GB 6881.1—2002	精密	混响室精密法	小于混响室体积的 1%	ISO 3741:1999
	GB 6881.2—2002	工程	硬壁测试室中比较法	小于测试室体积的 1%	ISO 3743-1:1994
	GB 6881.3—2002	工程	专用混响室中工程法	小于混响室体积的 1%	ISO 3743-2:1994
	GB 6882—2008	精密	消声室和半消声室精密法	小于消声室体积的 0.5%	ISO 3745:2003
	GB 3767—1996	工程	反射面上方近似自由场的工程法	由有效测试环境限定	ISO 3744:1994

续 表

方法分类	标准编号	精度分类	测量环境及方法	声源体积	对应的 ISO 标准
声压法	GB 3767—1996	简易	反射面上方采用包络测量表面	由有效测试环境限定	ISO 3746:1995
	GB 16537—2008	简易	标准声源现场比较	无限制	ISO 3747:2000
声强法	GB 16404.1—1996	精密	离散点上的测量	无限制,测量表面由声源尺寸确定	ISO 9614-1:1993
	GB 16404.2—1999	精密	扫描测量	无限制,测量表面由声源尺寸确定	ISO 9614-2:1996
	GB 16404.3—2006	精密	扫描测量精密法	无限制,测量表面由声源尺寸确定	ISO 9614-3:2002
振速法	GB 16539—1996	精密	封闭机器测量	无限制	ISO 7849:1987

1.声压法测量噪声源声功率

声压法是指通过测量声压级得到声功率的测量方法,是测量声功率的常用方法,总体上可分为自由场法和混响场法两类。

(1)消声室或半消声室,以及满足自由场条件的室内或户外,都可以作为自由场法的测量环境,不同测量环境对应的测量精度也有所不同。测量精度一般分为三级:精密精度、工程精度和简易精度,又称为 1 级、2 级和 3 级精度。

在消声室中测噪声源声功率时,测试传声器阵列的位置采用球面布置,一般用在半径为 r 的球面上占有相等面积的 20 个固定测点获得球面表面的声压级。国家标准中规定了每一个测点的位置坐标,如图 7-18 所示。表 7-18 给出了 20 个固定测点在对应的以声源中心为原点的直角坐标(x, y, z)的位置。在半消声室进行测量时,可选用的测量方法有两种:第一种采用在半径为 r 的半球面上布置 20 个测点的方式,但每个传声器的位置与消声室中的不同;第二种使单个传声器在不同高度以同轴圆的路径连续移动,不同路径的圆环面积相等,对声压级做时间和空间的平均,如图 7-19 所示。

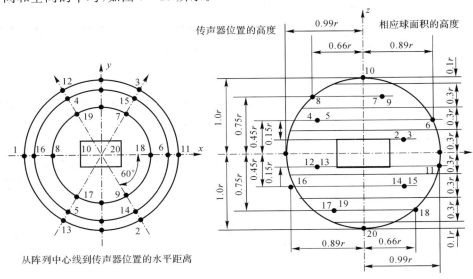

图 7-18　自由场中测量声功率的测点位置

表 7-18　自由场测量声功率时的传声器位置坐标

测点	$\dfrac{x}{r}$	$\dfrac{y}{r}$	$\dfrac{z}{r}$	测点	$\dfrac{x}{r}$	$\dfrac{y}{r}$	$\dfrac{z}{r}$
1	−0.99	0	0.15	11	0.99	0	−0.15
2	0.50	−0.86	0.15	12	−0.50	0.86	−0.15
3	0.50	0.86	0.15	13	−0.50	−0.86	−0.15
4	−0.45	0.77	0.45	14	0.45	−0.77	−0.45
5	−0.45	−0.77	0.45	15	0.45	0.77	−0.45
6	0.89	0	0.45	16	−0.89	0	−0.45
7	0.33	0.57	0.75	17	−0.33	−0.57	−0.75
8	−0.66	0	0.75	18	0.66	0	−0.75
9	0.33	−0.57	0.75	19	−0.33	0.57	−0.75
10	0	0	1.0	20	0	0	1.0

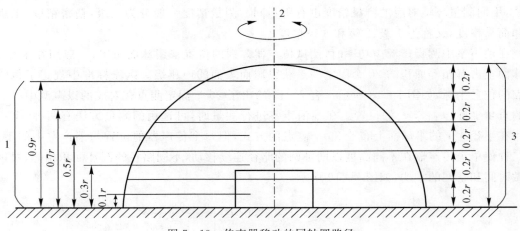

图 7-19　传声器移动的同轴圆路径

1—传声器高度；　2—半圆的轴心或机械转轴；　3—圆的高度

　　声功率的测量并不总是在消声室或半消声室中进行的,当噪声源所处位置的反射面上方近似为自由场时,在反射面上使用包络表面法测定噪声源声功率。在半消声室或近似自由场的反射面上使用包络表面法的主要特性和要求如表 7-19 所示。

表 7-19　在反射面上使用包络表面法测定噪声源声功率的特性及要求

项目	精密精度/1 级	工程精度/2 级	简易精度/3 级
测量环境	半消声室	室内或室外	室内或室外
声源体积	小于测量房间体积的 0.5%	无限制,由有效测试环境限定	无限制,由有效测试环境限定

续表

项目	精密精度/1 级	工程精度/2 级	简易精度/3 级
评判标准	$K_r \leqslant 0.5$ dB	$K_r \leqslant 2$ dB	$K_r \leqslant 7$ dB
背景噪声限定	$\Delta L \geqslant 10$ dB，最好大于 15 dB	$\Delta L \geqslant 6$ dB，最好大于 15 dB	$\Delta L \geqslant 3$ dB，最好大于 15 dB
测量点数目	$\geqslant 10$	$\geqslant 9$	$\geqslant 4$

表 7-19 中 ΔL 表示测得表面平均声压级和背景噪声声压级之间的差值，背景噪声修正值如表 7-16 所示。K_r 表示声学环境的修正值，可通过测量混响时间或采用标准声源比较法获得。

若得到测量环境的混响时间，则 K_r 为

$$K_r = 10 \lg \left(1 + \frac{4S}{A} \right) \tag{7-130}$$

式中：S 表示测量表面积；$A = 0.161 V / T_{60}$ 表示测量环境的吸声量，其中 V 表示测量时所在房间的体积，T_{60} 表示混响时间。

当使用标准声源比较法获得修正值 K_r 时，需要将标准声源放置在与被测噪声源相同的位置，并采用相同的测量方法，用所测得的标准声源声功率级 L_w 减去标准声源校准的声功率级 L_{wr}，得到的差值就是修正值 K_r，即

$$K_r = L_w - L_{wr} \tag{7-131}$$

对于不同指向特性的声源，测量其声功率及指向性的方法主要有三种：无指向性声源辐射的声功率测量、指向性声源的声功率测量以及指向性指数和指向性因数的测量。

对于自由场空间中的各向均匀辐射声源，只需要在声源的远场处某个位置测量其声压级 L_p，就可以通过下式计算得到声源的声功率级：

$$L_w = L_p + 10 \lg \frac{S}{S_0} + C \tag{7-132}$$

式中：C 为测量环境气压和温度的修正值，若测量时环境条件与标准气象差别不大，则可以忽略不计；S 和 S_0 分别表示测量面积和参考面积，$S_0 = 1$ m^2。对于半径为 r（声源与测点的距离）的球面的声功率，式（7-132）可化简为

$$L_w = L_p + 20 \lg r + 11 \tag{7-133}$$

对于在消声室内进行的精密测量，要求消声室内各个壁面的吸声系数大于 0.99，且传声器距声源的距离应为 2~5 倍被测声源的尺寸，通常应大于 1 m。传声器距壁面的距离不得小于声波波长的 1/4。

对于指向性声源，当其处于半自由场时，一般将声源放置在半消声室的地面，用传声器测出反射面上半球面规定的测点声压级；当声源处于自由声场中时，需要使用 20 个传声器测量声源周围的声压级，如图 7-18 所示。相较于无指向性声源的声功率计算，此时需要将式（7-132）中的声压级 L_p 替换为 20 个测点的平均声压级 $\overline{L}_p$，有

$$\overline{L}_p = 10 \lg \frac{1}{n} \sum_{i=1}^{n} 10^{0.1 L_{pi}} \tag{7-134}$$

式中：L_{pi} 为第 i 个测点测得的声压级；n 为总测点数。

为了描述噪声的指向性，提出了指向性指数和指向性因数这两个量。若距声源某方向给定距离的声强为 I，距声源相同距离的各方向平均声强为 $\bar{I}$，则声源的指向性因数为

$$Q = \frac{I}{\bar{I}} \tag{7-135}$$

指向性指数为

$$D_{\mathrm{I}} = 10\lg Q = L_{\mathrm{p}\theta} - \bar{L}_{\mathrm{p}} \tag{7-136}$$

式中，$L_{\mathrm{p}\theta}$ 和 $\bar{L}_{\mathrm{p}}$ 分别代表半径为 r 球面上角度为 θ 处的声压级和球面上的平均声压级。

沿特定方向（由 θ 和 φ 角决定）的指向性指数 $D_{\mathrm{I}}(\theta, \varphi)$ 与在距离 r 处测得的声压级 $L_{\mathrm{p}}(r, \theta, \varphi)$ 的关系如下：

$$D_{\mathrm{I}}(\theta, \varphi) = L_{\mathrm{p}}(r, \theta, \varphi) - \bar{L}_{\mathrm{p}} \tag{7-137}$$

自由场中，声源在反射面上的指向性图案一般较为复杂，但是当声源安装在坚硬反射面上时，可以认为反射面也是声源的一部分。当声源反射面上方为自由场时，声源的指向性指数 D_{I} 为

$$D_{\mathrm{I}} = L_{\mathrm{p}i} - \bar{L}_{\mathrm{p}} + 3 \tag{7-138}$$

式中：$L_{\mathrm{p}i}$ 为指向性指数方向上测得的距声源距离 r 的声压级；$\bar{L}_{\mathrm{p}}$ 代表半径为 r 的测试半球上的平均声压级。

（2）由于混响室测量声功率所要求的测试条件比自由场法简单很多，所以实际测量中混响室法使用得更为广泛。在混响室内，测得噪声源的室内平均声压级就可以计算得到噪声源的声功率级。除非在距离声源非常近、距离壁面小于半波长的区域，混响室内其他区域的声压级应该处处相同。将测点布置在扩散声场内，声压和声功率的关系为

$$W = \frac{S\alpha}{4} \frac{p^2}{\rho_0 c_0} \tag{7-139}$$

式中：S 为房间壁面总表面积；α 为房间壁面的吸声系数。空气中 $\rho_0 c_0$ 可以近似为 400，则噪声源声功率级为

$$L_{\mathrm{w}} = \bar{L}_{\mathrm{p}} + 10\lg(S\alpha) - 6 \tag{7-140}$$

式中：$S\alpha$ 为室内总吸声量；$\bar{L}_{\mathrm{p}}$ 为室内平均声压级。在式（7-140）中加入空气吸收高频声的修正值，即得

$$L_{\mathrm{w}} = \bar{L}_{\mathrm{p}} + 10\lg(S\alpha + 4mV) - 6 \tag{7-141}$$

在混响室内测量时，传声器位置距墙边和墙角的距离应大于 0.75 倍声波波长，距壁面的距离应大于 0.25 倍波长，距声源的距离应大于 1 m。测点位置和数量与噪声源的频谱有关，一般情况下设 3~8 个测点，如果噪声存在离散频率，则需要适当增加测点数量。将式（7-141）中的总吸声量用混响时间表示，则声功率级可以写为

$$L_{\mathrm{w}} = \bar{L}_{\mathrm{p}} + 10\lg \frac{V}{T_{60}} + 10\lg\left(1 + \frac{S\lambda}{8V}\right) - 14 \tag{7-142}$$

式中：V 是混响室的体积；T_{60} 是测得的混响时间；S 是混响室内的表面积；λ 是被测中心频率对应的声波波长。需要注意的是，混响时间需要根据衰变曲线从开始下降 10 dB 的斜率计算，否则计算出的声功率级会比实际低很多。

（3）除上述介绍的方法外，声压法测量噪声源声功率还有一种简易方法，就是标准声源比较法。测量时已知标准声源的声功率级 L_{w}，测得标准声源和被测声源在同样条件、同样位置产生的声压级 L_{pr} 和 L_{px}，则被测声源的声功率级为

$$L_{wx} = L_{wr} + L_{px} - L_{pr} \qquad (7-143)$$

对于多个测点位置,噪声源的声功率级为

$$L_{wx} = L_{wr} + 10\lg\left(\frac{1}{n}\sum_{i=1}^{n}10^{\Delta L_{pi}/10}\right) \qquad (7-144)$$

式中,$\Delta L_{pi} = L_{px} - L_{pr}$。

标准声源比较法包括置换法、并摆法和类比法。置换法是指把机器移开,用标准声源代替它进行测量;并摆法是指机器不便移动时,把标准声源放在其对称位置进行测量;类比法则是将标准声源放置在厂房的其他区域,使其周围反射面位置与被测机器周围相同。

由标准声源比较法得到的声功率级是噪声源的频带声功率级或 A 计权声功率级。为了尽量消除声源的指向性对测量结果的影响,测量环境必须有足够的混响。需要注意的一点是,标准声源的声功率输出,会随着声源到邻近反射面的距离有所改变,尤其对于低频声输出更是如此。

2. 声强法测量声源声功率级

与声压法测噪声源声功率相比,声强法的优势在于不需要消声室或混响室等声学条件,并且在多个声源辐射叠加的声场中能区分出不同声源的辐射功率。应用声强法测量噪声源声功率的方法有两种:定点式测量和扫描式测量。

(1)定点式测量是通过对包围声源的封闭曲面上多个测量面元的声强法向分量值进行测量,得到每个面元的局部声功率 W_i,由 N 个测量面元的局部声功率计算得到噪声源的辐射声功率级:

$$L_w = 10\lg\left(\sum_{i=1}^{N}\frac{W_i}{W_0}\right) \qquad (7-145)$$

式中:$W_0 = 10^{-12}W$ 为基准声功率。

定点式测量的准确度取决于测点数目的多少、布置测点的位置和声强测量误差的大小。一般情况下,测点数目越多,声功率的测量更准确。图 7-20 给出了实验室条件下正方形平面(5 个等面积正方形平面和刚性地面组成的封闭测量曲面,声源放置在地面上)上的几种测点数目、位置与声功率级测量误差的关系。图中"●"代表测点位置,ΔL_w 代表测量的误差级,正方形平面均为 1 m × 1 m 大小。

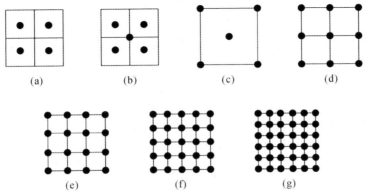

图 7-20 测点位置和测点数目与声功率级测量误差的关系

(a)$\Delta L_w = 1.0$ dB; (b)$\Delta L_w = 0.9$ dB; (c)$\Delta L_w = 1.4$ dB; (d)$\Delta L_w = 1$ dB;
(e)$\Delta L_w = 0.9$ dB; (f)$\Delta L_w = 0.8$ dB; (g)$\Delta L_w = 0.7$ dB

由图 7-20 可以看出,如果测点布置合理,即使测点数目少也可以获得较高的准确度;反之,如果测点布置不合理,增加再多的测点数目也不会提高测量的准确度。一般情况下,曲面上测点面密度至少为 $1\ \mathrm{m}^{-2}$。

(2) 扫描式测量声功率是用声强探头沿一条连续路径对覆盖噪声源的包络表面的每个面元进行扫描,测量每个面元的局部声功率 W_i,由 N 个测量面元的局部声功率计算得到噪声源的辐射声功率级:

$$L_\mathrm{w} = \sum_{i=1}^{N} W_i = \sum_{i=1}^{N} \bar{I}_{ni} S_i \tag{7-146}$$

式中:$\bar{I}_{ni}$ 表示第 i 个面元上测得的平均法向声强幅值;S_i 为面元的面积。

声强探头在各个面元上的移动路径为正交平行线,在数学表达上声功率流测量值等价于两次曲面积分平均值。声功率流测量的准确度主要取决于声强探头运动速度和运动路径的形状。对于宽频带声功率的测量,应根据分析仪中谱线带宽选择声强仪移动速度,声强仪移动的最大极限速度为 $3\ \mathrm{m/s}$,在测量中一般选择 $0.1\sim0.5\ \mathrm{m/s}$。

在扫描式测量中,由于声强法向分量的曲面积分是由曲线积分近似代替的,所以产生了声功率流的估算误差。与定点式测量相比,扫描式测量具有测量速度快、操作简便等优点,更适合工程测量。

3. 振速法测量噪声源声功率级

在实际测量中,往往会遇到背景噪声高于被测噪声的情况,此时需要确定整个声源的结构噪声是来自机器的结构噪声还是来自机组的另一部分,或是需要确定机器负载的噪声同时又要排除被拖动负载及其他噪声的影响,或是需要将结构噪声与空气动力噪声区分开。遇到上述这些情况,尤其是机械结构振动主要通过封闭于机器外表面的壳体辐射的设备,可以通过测量各部分的振速来确定整个机器结构振动辐射的声功率。

测量时需要将振动传感器安装于机器表面,当测量宽频率范围的振动时,优先采用压电加速度计。在规定的运行条件下,每个测点在规定的频率范围内按频带测定振动速度级,则第 i 个测点的振动速度级 $L_{\mathrm{V}i}$ 为

$$L_{\mathrm{V}i} = L'_{\mathrm{V}i} - K_{1i} + K_{mi} \tag{7-147}$$

式中:$L'_{\mathrm{V}i}$ 是实际测得的振动速度级;K_{1i} 是附加结构修正因数;K_{mi} 是传感器质量修正因数。

测点布置可以分为均匀分布和不均匀分布两种。当从初始结果中得知振动测试面的某些部分比其他区域振动得更为强烈时,则应该在振动强烈区域增加一些测点,这就属于不均匀分布。此时平均速度级为

$$\bar{L}_\mathrm{V} = 10\lg\left(\frac{1}{S_\mathrm{S}} \sum_{i=1}^{N} S_{\mathrm{S}i}\, 10^{0.1 L_{\mathrm{V}i}}\right) \tag{7-148}$$

式中:S_S 表示振动测量面积;$\bar{L}_\mathrm{V}$ 的参考基准速度为 $50\ \mathrm{nm/s}$。

对于均匀分布的测点,平均速度级为

$$\bar{L}_\mathrm{V} = 10\lg\left(\frac{1}{N} \sum_{i=1}^{N} 10^{0.1 L_{\mathrm{V}i}}\right) \tag{7-149}$$

式中:N 为总测点个数。

$$L_{\mathrm{wS}} = \bar{L}_\mathrm{V} + \left[10\lg\frac{S_\mathrm{S}}{S_0} + 10\lg\sigma + 10\lg\frac{\rho_0 c_0}{(\rho c)_0}\right] \tag{7-150}$$

式中：$\rho_0 c_0$ 为空气特性阻抗，$(\rho c)_0 = 400 \text{ N} \cdot \text{s/m}^3$；$S_0 = 1 \text{ m}^2$ 为参考面积；$10\lg\sigma$ 为辐射指数。

对大多数情况而言，机器振动速度的分布取决于相应频率振动模态、机器结构特性和激励力等因素，辐射指数还与辐射面尺寸、声波波长有关。如果被测振源的尺寸远小于主要振动波长，则将其看作零阶振动球形声辐射模式。辐射指数的理论计算公式为

$$10\lg\sigma = -10\lg\left[1 + 0.1\frac{c_0^2}{(fd)^2}\right] \tag{7-151}$$

式中：f 和 c_0 分别为频率和空气中的声速；$d \approx \sqrt{S/\pi}$ 或 $d \approx \sqrt[3]{2V}$，表示声源特征尺寸，S 为声源近似的辐射面积，V 为声源体积。

7.4.3　噪声源的识别与定位

噪声源识别的本质是正确判断并确定作为主要噪声源或主要辐射部位的具体发声零部件，同时确定噪声源的特性，包括声源类别、频率特性、变化规律和传播通道等。确定声源后，从声源上进行噪声控制不仅可以大大减少噪声控制的工作量，还可以促进低噪声产品的研制，提高产品质量。

噪声源识别方法大体上可以分为两类：声学测量分析法和声信号处理法。实际测量中，可以根据声源的复杂程度和测量的具体要求选择合适的识别方法。

1. 声学测量分析法

声学测量分析法包括分部运行、选择覆盖、近场测量、表面速度测量等方法。这里对其中使用较为广泛的几种方法进行介绍。

(1)用近场测量法测量时用声级计在紧靠机器的表面扫描，根据声级计的指示值大小来确定声源的位置。为了保证测量结果的正确性，使用近场测量法的前提是传声器测得的声压级主要是由靠近的某个噪声源引起的，其他噪声源对测量值没有影响或影响很小。但是实际测量中是很难达到这一要求的，声场中的任意一点总会受到其他噪声源的影响，所以近场测量法并不能提供非常精准的测量值，只能用于粗略判断机器噪声源的位置。

(2)分部运行法是按测量要求，将机器中需要识别的部件逐级连接或逐级分离，分别进行运转或单独运转，测得部分零件的声级以及在机器整体运行时的总声级，从而确定主要噪声源的位置。这种方法主要适用于复杂的机器，尤其是多级齿轮传动机器噪声源的识别。

(3)对于一些机器而言，部分零件无法单独运行，此时就可以采用选择包覆法，用隔声罩或隔声材料将需要测量部位以外的其他区域包覆起来，测量未覆盖区域的噪声，再将机器各部位测得的噪声进行比较就可以得出主要噪声源的位置。由于隔声罩或隔声材料对中、高频噪声的降噪效果较好，所以选择包覆法并不适用于低频噪声源的识别。

(4)声强矢量是有效声强矢量与声强偏差的矢量和。声强偏差是表征声场中局部区域内声能流的物理量。对窄频带噪声来说，声强偏差通常是非零有旋矢量，不一定沿径向背离声源；而对于宽频带噪声而言，声强偏差可以忽略，声强矢量就等于有效声强矢量。声强矢量代表声场中的实际声功率，其流线是从声源出发到无限远区域或功率吸收点。声强法就是基于这个原理，根据不在一个平面上的几点的声强矢量判断出声源所在位置，但是用于声源定位的分析频率带宽不应小于一个 1/3 倍频程带宽。若 3 个正交轴上的声强测量值分别为 I_x，I_y，I_z，则声强矢量的幅值为

$$I = \sqrt{I_x + I_y + I_z} \tag{7-152}$$

声强矢量与 x,y,z 轴的夹角分别为

$$\varphi_x = \arccos\left(\frac{I_x}{I}\right), \quad \varphi_y = \arccos\left(\frac{I_y}{I}\right), \quad \varphi_z = \arccos\left(\frac{I_z}{I}\right) \tag{7-153}$$

当使用少数几点声强矢量定位声源时,定位精度与测点位置和流场特性有关。当声场是几个声源辐射场的叠加时,可以按辐射声功率大小顺序排列声源,从而确定主要辐射声源。对于复杂机器的声辐射,可以用扫描式测量法测量机器各部分的辐射声功率,找出主要辐射声源。对于阻性声场,声源定位精度通常较高。

需要注意的是,在点声源或点声源组合声源辐射的近场中,瞬态声强无功分量远大于其有功分量,但是当某物体附近的瞬态声强无功分量大于有功分量时,并不意味着该物体一定是声源。近场中的瞬态声强无功分量不能反映声源辐射的强弱,因此瞬态声强无功分量不能用来直接确定声源的位置。

(5)阵列法是将多个相同的传声器按一定方式排列组成的阵列,用来测定声源的位置和强度。对于分布在一条线上的声源,可以使用线阵列传声器进行测定;如果需要同时分析几个方向上的声源分布情况,则需要使用几个传声器阵列或方阵。

2.声信号处理法

声信号处理法是基于近代信号分析理论发展起来的,表面强度法、谱分析、倒频谱分析、互相关与互谱分析、相干分析等都属于这一类方法。

(1)时域分析法根据记录的各声源或声源各部分噪声时间特性的差别来识别声源,更适用于具有离散谱的信号。在噪声和振动的时间过程中,由于背景噪声太高,难以区分离散重复事件,一般将背景噪声按机器工作时间周期分段,再用许多工作周期信号求平均。一般而言,无周期的背景噪声信号多次求平均后增长缓慢,而周期信号求平均后增长较快,从而可分辨出周期信号与非周期信号。通常取 $10\sim100$ 个工作周期信号求平均,以明显区分出重复事件。

(2)若噪声源的噪声分布在不同频率区域,可以采用窄带频谱分析法。频谱分析法是指用加速度计测量噪声源的振动,用传感器测量某点的声压,若某噪声源的振动信号频谱的主要部分和声信号频谱的主要部分均位于相同频率区域,或峰值在相同频率,则可以认为该噪声源是主要噪声源。

(3)若同时存在许多噪声源,用相关分析法测量声源处和观察点之间的声信号与某波形或滤波包络的互相关函数识别出噪声源对观察点总噪声的贡献,从而判断出主要噪声源。通常,较强的互相关性所对应的机器为主要噪声源。

(4)相干分析法就是将噪声源信号 $x(t)$ 作为整个系统的输入,将噪声信号 $y(t)$ 作为系统的输出,在频域上辨识总噪声频谱出现的噪声峰值频率与各个噪声源特征频率之间的相干函数,相干函数的值越大,表明该声源对总噪声的影响越大,通过比较可以确定主要噪声源。在噪声源识别中,由于会有外界噪声的影响,以及同一机器上各个噪声源之间的相互影响,所以选择系统的输入输出、保证系统建模的正确性是使用相干分析法的关键。

7.4.5 声学材料测量方法

在振动噪声控制与建筑声学工程中要使用大量的声学材料和结构,其声学性能的测量是声学测量的主要内容。这主要包括 3 个方面,即吸声、隔声和消声性能的测量。下面分别简述。

1.吸声测量

吸声系数为描述声学材料或结构的吸声性能的物理量,其定义为吸声材料吸收的声能与入射声能之比。在我国,与吸声系数和声阻抗率有关的国家标准是:《驻波管法吸声系数与声阻抗率测量规范》(GBJ 88—1985)、《声学　混响室吸声测量》(GB/T 20247—2006)、《声学　阻抗管中吸声系数和声阻抗的测量　第 1 部分:驻波比法》(GB/T 18696.1—2004)和《声学　阻抗管中吸声系数和声阻抗的测量　第 2 部分:传递函数法》(GB/T 18696.2—2002)。

(1)驻波比法测量吸声系数。驻波比法用于测量吸声材料或吸声结构在垂直入射时的吸声系数。图 7 - 21 所示为驻波比法吸声系数测量装置,其测量的原理是由信号发声器带动装置在阻抗管一端的扬声器,在阻抗管内辐射平面波,当平面波在管中传播遇到阻抗管另一端时将产生一反射平面波,入射平面波与反射平面波相互叠加后形成驻波,进而在管中形成固定的波腹和波节。因此,阻抗管也叫作驻波管。移动传声器的探管,测出管中的驻波声压的极大值 $P_{\max}$ 和极小值 $P_{\min}$,那么驻波比 s 为

$$s = \frac{P_{\max}}{P_{\min}} \tag{7-154}$$

吸声材料或结构的吸声系数 α_0 可以表示为

$$\alpha_0 = \frac{4}{s + \frac{1}{s} + 2} = \frac{4s}{(s+1)^2} \tag{7-155}$$

用驻波比法测量必须保证在管道内形成平面波,而形成平面波的条件与管道尺寸相关。为了保证管中是平面波,管子的截面尺寸要比所测的最高频率声波的波长小。如果测试频率高于上限频率,那么管中就会出现高次波。

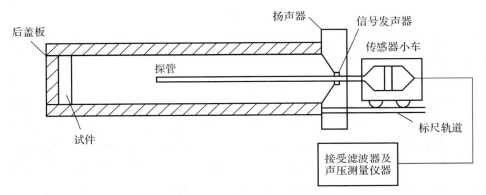

图 7 - 21　驻波比法吸声系数测量装置

阻抗管的下限频率 f_1 是由管的长度决定的,为了能在反射平面波的相位不利于测量两个声压极小值的情况下测量,阻抗管测量段的长度 l 就必须满足

$$l \geqslant 0.75c_0 / f_1 \tag{7-156}$$

除了平面波外,扬声器中也常常会激发高次波,那些频率低于第一个高次波截止频率的非平面波模式,会在圆形管 3 倍直径或矩形管 3 倍长边边长的路程内衰减掉。横向的声学性能有变化的试件会产生对反射波有贡献的高次波。阻抗管测试段既要避免高次波的产生,又要能在有不利的反射波的情况下进行测量。为了满足上述条件,从试件前表面到扬声器之间的管长 l,与工作频率的下限频率 f_1 和圆形管道直径 d 或矩形管道长边边长 d' 应满足如下

关系：

$$l \geqslant 0.75c_0/f_1 + 3d \tag{7-157}$$

$$l \geqslant 0.75c_0/f_1 + 3d' \tag{7-158}$$

（2）传递函数法测量吸声系数。利用传递函数法直接在阻抗管中测量材料的吸声系数和声阻抗是一种更加方便、快捷的方法。该方法能同时测量一定频率范围内所有频率处材料的复反射系数、法向声阻抗和吸声系数。图 7-22 所示为传递函数法吸声系数测量装置图。

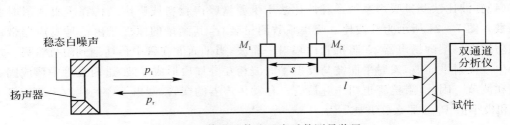

图 7-22　传递函数法吸声系数测量装置

传递函数法的原理是将稳态白噪声信号输入扬声器，在管内形成驻波声场，由管壁上的传声器 M_1 和 M_2 同时测量声压的瞬态信号 $p_1(t)$ 和 $p_2(t)$，对两个信号进行傅里叶变换分析得到两个测量点之间的传递函数 $H_{12}(f)$：

$$H_{12}(f) = \frac{p_2(t)}{p_1(t)} \tag{7-159}$$

根据声波的叠加原理可以得到被测材料的复反射系数 γ 为

$$\gamma = \frac{H_{12} - e^{-jks}}{e^{jks} - H_{12}} e^{2jkl} \tag{7-160}$$

式中：s 是两测量传声器之间的距离；l 是从试件表面到较远一个测点 M_1 的距离；k 是角波数。

由复反射系数 γ 可求得材料的垂直入射吸声系数为

$$\alpha_0 = 1 - |\gamma|^2 \tag{7-161}$$

（3）混响室法测量无规入射吸声系数。用混响室法测量吸声材料或吸声结构的吸声系数时，混响室要满足如下条件：室内各边界要能够有效地反射声波，并且让各方向来的声波尽可能相等，形成扩散声场。如此除了靠近声源的范围外，室内各点处的声压级变化不大。一般混响室的体积应大于 200 m³，所需的试件面积大，要求在 10 m² 左右，混响室可用测量频率下限 $f_1 \approx 1\,000/\sqrt[3]{V}$。由于声波在混响室内大多是无规入射到物体及室内表面的，所以无规入射吸声系数更加符合实际声场条件。为了使混响室各墙面尽可能反射声波，混响室内墙面不采用平行墙面，形状可以是不规则的，也可在室内随机悬挂扩散体，且混响室的地面、墙面、顶棚应是混凝土磨光面、瓷砖、水磨石、油漆面，并尽可能做成刚性的。

在放入待测的吸声材料或吸声结构前，应测取空室的混响时间。接下来，把待测的材料或结构放在混响室内地面中心部位进行测量。一般要求材料或结构的放置形式与实际使用形式相同，试件的边界距混响室至少 1 m，声源为白噪声，发出与接收均经过 1/3 倍频程滤波器或倍频程滤波器，测得放入试件后的混响时间。于是可由下式求得无规入射的吸声系数：

$$\bar{\alpha}_T = \bar{\alpha}_1 + \frac{0.163V}{S_2}\left(\frac{1}{T_2} - \frac{1}{T_1}\right) \tag{7-162}$$

$$\bar{\alpha}_1 = \frac{0.163V}{S_1 T_1} \qquad\qquad (7-163)$$

式中：$\bar{\alpha}_T$ 是材料或结构的吸声系数；$\bar{\alpha}_1$ 是混响室放置吸声材料前的平均吸声系数或结构；S_1 是混响室内表面的总面积；S_2 是吸声材料或结构的面积；V 是混响室的体积；T_1 是未放置吸声材料或结构的混响时间；T_2 是放置吸声材料或结构后的混响时间。

混响时间是指声源在室内停止发声后，由初始的声压级降低 60 dB（相当于平均声能密度降为 10^{-6}）所需要的时间。声源在室内衰减的过程称为混响过程。房间的混响时间长短是由其吸声量和体积大小所决定的：体积大且吸声量较小的房间混响时间长；吸声强且体积小的房间，其混响时间就短。如果混响时间过短，则声音听起来枯燥不自然；如果混响时间过长，则声音听起来含糊不清；混响时间合适，声音听起来就圆润动听了。如果声能密度衰减 d（dB），需要时间 t，则混响时间可以用下式计算：

$$T = 60t/d \qquad\qquad (7-164)$$

2. 隔声测量

隔声测量就是对隔声材料或结构的隔声量的测量，总体上分为混响室法和现场测量法两种。与隔声相关的国家标准有：《建筑隔声测量规范》（GBJ 75—1984）、《声学　隔声罩的隔声性能测定　第 1 部分：实验室条件下测量（标示用）》（GB/T 18699.1—2002）、《声学　隔声罩的隔声性能测定　第 2 部分：现场测量（验收和验证用）》（GB/T 18699.2—2002）和《声学　隔声间的隔声性能测定　实验室和现场测量》（GB/T 19885—2005）。

(1) 混响室法。用于测量隔声量的混响室一般称为隔声室。实际上，隔声室是由两个相邻的混响室组成的，如图 7-23 中的 A、B 两室。其中，A、B 两室之间有一个安装待测结构的窗口。实验证明，当结构的面积较小时，由于边界条件的改变，边界对声场的影响会导致结构隔声性能测量不准确。另外，使用隔声室测量结构的隔声量时，结构表面某点处的振动只与该处声压有关，而与其他点上的声压无关，即测量频率要高于结构的弯曲振动的最低频率。因而为保证测量的准确性，结构的尺寸不可能太小，在 $100\sim4\,000$ Hz 的范围内，按照 ISO140 的规定，固定的基准面积是 10 m^2，并且较短边的长度不得小于 2.3 m。

为了能在隔声室内获得混响声场，每个混响室都应该具有坚硬的壁面和足够大的面积，按照 ISO140 的规定，每个混响室的体积不得小于 50 m^3。

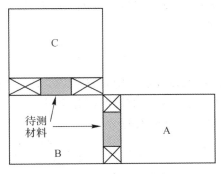

图 7-23　隔声室分布

在测量隔声量时与通过结构的传声相比，任何间接传声都应该忽略，因此必要措施是保证声源室和接收室之间要有足够的隔振，最好是将它们分别造在独立的弹性基础上。另外，在两个房间的整个表面上覆盖一层降低辐射的衬壁以减少侧向传声。隔声测量的理论基础可以回顾第四章,下面介绍混响室法的实验步骤和计算过程。

　　首先要保证室内声源场是稳定的,并且在所考虑的频率范围内有一个连续的频谱。室内声功率要足够高,使得任何一个待测频带在接收室内的声压级都比环境噪声级至少高出 10 dB。假设声源是多个扬声器,并且同时工作,则这些扬声器应该装在一个音箱(通常它的最大尺寸应不超过 0.7 m)内,各个扬声器应该同相位驱动,并且扬声器放置合理,以产生一个尽可能扩散的声场,且和实验结构保持一定的距离。因为它对结构的辐射不能占主要成分,所以通常将声源扬声器放在角落。

　　可以按照下式计算在声源室和接收室内不同点的测量结果的平均声压级:

$$L=10\lg\frac{p_1^2+p_2^2+p_3^2+\cdots+p_n^2}{np_0^2} \tag{7-165}$$

式中:$p_1,p_2,\cdots,p_n$ 是室内 n 个不同位置上的有效均方根声压;p_0 是参考声压;n 是测点数目。

　　当然,所有的测点和声源之间的距离都应该大于声源的扩散距离,且和壁面之间的距离都要大于 $\lambda/4$。可以使用位置固定的无指向性传声器获得测量的平均声压级。采用中心频率为 $100\sim3\,150$ Hz 的 1/3 倍频程滤波器。房间的等效吸声量 A 是

$$A=S\bar{\alpha} \tag{7-166}$$

式中:S 是结构的面积;$\bar{\alpha}$ 是室内平均吸声系数,一般较小。

　　根据第三章中介绍的赛宾混响时间公式[式(3-115)]可知

$$A=0.161\frac{V_2}{T_2} \tag{7-167}$$

式中:V_2 和 T_2 是接收室的体积和混响时间。

　　结合式(7-167),可根据下式计算出结构的隔声量:

$$TL=L_1-L_2+10\lg\frac{S}{A} \tag{7-168}$$

式中:L_1 和 L_2 是声源室和接收室的声压级,按照式(7-165)得出测量结果。

　　根据声源室和接收室的测量点与结构的距离,分为以下三种情况:

　　第一种情况是声源室的测点非常接近结构表面,接收室测点仍然在混响声场中。由于隔声结构的表面吸声系数一般较小,可以近似将其看成反射面,所以靠近壁面的声压级比混响室多 3 dB,因此可将式(7-168)改写为

$$TL=L_1-L_2+10\lg\frac{S}{A}-3 \tag{7-169}$$

　　第二种情况是声源室的测点处在混响场中,而接收室的测点非常靠近结构表面。此时,在接收室测点附近的声能密度由直达声和混响声两部分组成,同时,考虑到从声源室传过来的声波分布在半球面中,因此可将式(7-168)改写为

$$TL=L_1-L_2+10\lg\left(\frac{1}{4}+\frac{S}{R_2}\right)+3 \tag{7-170}$$

式中:R_2 是接收室的房间常数。

　　第三种情况是声源室和接收室的测点都非常靠近结构表面,可将式(7-168)改写为

$$TL=L_1-L_2+10\lg\left(\frac{1}{4}+\frac{S}{R_2}\right) \tag{7-171}$$

（2）现场测量法。现场测量法是用于测量在特殊声学条件下建筑结构（如玻璃窗）的隔声特性和判定已建设完成的建筑物外墙的隔声特性。在现场测量中,声源室就是露天场所,声源可以采用交通噪声,也可以采用扬声器发出的噪声。下面介绍使用扬声器作为噪声源讲解建筑结构的隔声测量步骤。

测试的声场由扬声器产生,为尽可能均匀地激发实验结构,要合理地选择扬声器的位置布放,使得实验结构表面各个部分的声压级差别不超过 5 dB。扬声器尽可能地接近地面放置。反馈给扬声器的测试信号应该至少使用 1/3 倍频程滤波器所限制的白噪声。扬声器与实验结构有一个夹角。假设扬声器辐射声波为平面波,则声波入射角 θ 由下式确定:

$$\cos\theta = \frac{1}{\sqrt{h^2 + d^2 + b^2}} \qquad (7-172)$$

式中:h 是结构的高度;d 是扬声器和外墙立面的距离;b 是扬声器与结构的横向距离。一般 θ 选择为 45°,另外也可以选择 0°、15°、30° 和 75° 加测。

现场隔声量可使用下式得出:

$$TL = L_1' - L_2 + 10\lg\frac{4S\cos\theta}{A} \qquad (7-173)$$

式中:L_1' 是没有实验结构反射效果的平均声压级;L_2 是接收室的平均声压级;A 是房间的等效吸声量;S 是结构的面积。

平均声压级 L_1' 是从自由场内扬声器所辐射的声波得到的。传声器到结构的距离为结构到声源的距离,声压级应该在相应的实验结构表面的面积上做平均处理。接收室的平均声压级 L_2 的计算与混响室法测量隔声的方法相同。需要注意的是,当任何频带在接收室内的声压级高出环境噪声声压级不足 10 dB 时,应该立即测量正在确定声源声压级之前或以后的环境噪声级,并且使用表 7-20 进行修正。

表 7-20　声压级读数修正

声源工作时测量的声压级和单独的 环境噪声声压级之间的差值/dB	从声源工作时测量的声压级中减去修正 值后得到仅由声源产生的声压级/dB
3	3
4~5	2
6~9	1

如果修正的差值低于 3 dB,即声压级 L_2 比环境噪声声压级低,则不能确切地定出 L_2。另外,测量的频率范围以及等效吸收面积的测量和计算,都与混响室法相同。

需要注意的是,建筑结构隔声量的现场测量设备简单,不可能做到实验室测量那么精密,并且在现场测量中,结构侧面的透射现象无法避免。

3. 消声测量

消声器的插入损失和传递损失是评价消声器作用大小的关键指标。在我国国家标准中,与消声器测量有关的有《消声器测量方法》（GB/T 4760—1995）和《消声器现场测量》（GB/T 19512—2004）,其中分别规定了消声器的实验室测量方法和现场测量方法。在本小节,将分别介绍插入损失和传递损失的测量原理和步骤。

(1)插入损失测量。消声器插入损失的测量实际上就是安装消声器前、后管口辐射声压级的测量,二者之差即为插入损失。由于消声器的应用领域广泛、结构形式多样、尺寸规格范围广,设备的工作状态各不相同,因此要考虑多种因素的影响。

严格意义上,消声器的插入损失的测量应该在消声室内进行,以避免环境噪声对测量结果的影响。最理想的情况就是把噪声源(发动机、鼓风机等)安放在消声室外,而把消声器和连接管道引到消声室内。由于消声室内的背景噪声很低,测量时的主要噪声来源是管口辐射噪声,因此测量结果的精度很高。

在工程实践中,消声器插入损失的测量往往只能在室外或者现场条件下进行。在这种情况下,测试环境非常复杂,测量时必须保证背景噪声满足要求,即除管口辐射噪声外,其他噪声源产生的总声压级要至少低于管口辐射噪声 10 dB。另外,测量消声器插入损失时,需要在比较开阔的空间进行,尽量避免反射物的影响。在现场测量时,室外环境对测量精度和准确度的影响也要加以考虑。

由第 5 章内容可知,消声器的插入损失与噪声源的特性密切相关。同一个消声器安装在不同类型的设备上所达到的实际消声效果可能不一样;同一个消声器安装在同一台设备上,当设备的工作状态不同时,消声器的插入损失也可能不同。因此,在测量消声器的插入损失时,必须保证设备的声源特性和工作状态相同。

关于测点的选择,图 7-24 给出了消声器的插入损失测量示意图。通常情况下,将传声器放置在与管道轴线成 45°夹角的方向上以避免气流冲击传声器,传声器与管口的距离取决于管道的直径,管径越大,传声器与管口的距离越大。一般地,传声器到管口的距离是管道直径的 5~10 倍。

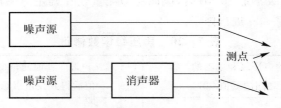

图 7-24　消声器插入损失测量示意图

具有两个排气口的消声器在汽车的排气系统中被经常使用。为了测量其插入损失,通常将传声器放置在两个出口管中间的平面上,该平面与两个出口管的轴线组成的平面垂直,传声器的方向与两个出口管的轴线仍然呈 45°夹角。

(2)传递损失测量。消声器传递损失的测量方法主要有脉冲法、声波分解法、两负载法和两声源法。其中两负载法和两声源法都是基于传递矩阵建立起来的测量方法,是通过调整声源安装位置和改变出口的边界条件来描述消声器上游和下游关系的。测量消声器的传递损失,必须在实验室给定的工况下分别在消声器的两端进行测量。在消声器的进、出口两端测出对应于入射声的倍频带或 1/3 倍频带的声功率级,在出口端测出对应于透射声的声功率级。各个频带传递损失等于分别在两端测得的声功率级之差。基于各个方法的详细过程在这里不再详述,在测量实施过程中,可以参考 GB/T 4760—1995 的规定。以上提到的四种方法各有优缺点。脉冲法只需要两个传声器就可以测量消声器的传递损失,但是为了避免反射波的干扰,需要比较长的上、下游管道,数据处理相对复杂。声波分解法测量过程简单,难点在于在实验中要保证一个完美的无反射端。两负载法和两声源法不仅可以测量消声器的传递损失,还可以描述消声器声学特性的四级参数,这两种方法不需要完美的无反射端,测量结果较准确,但是测量过程较为复杂。

7.4.6　声环境噪声测量方法

1.测量基本要求

测量的气象条件是无雨雪、无雷电,风力小于 5 m/s。

测量时段分昼间和夜间两个时段,一般昼间为 6:00—22:00,夜间为 22:00—6:00,或者根据当地具体情况进行划分。

测量仪器为声级计或者环境噪声自动检测仪,其性能符合《声级计》(GB/T 3875—2010)的规定,并进行定期校验,在测量前、后使用满足《电声学　声校准器》(GB/T 15173—2003)的 1 级声进行校准,灵敏度相差不应超过 0.5 dB,否则测量数据不可信。测量时应该在传声器表面加装风罩,以降低干扰。将测量仪器的时间计权特性设定为 F 挡,采样时间间隔应该不大于 1 s。为了保持稳定,可以将声级计或者其他传声单元固定在测量三脚架上,注意传声器距离地面的高度应大于 1.2 m,并远离其他反射体。如果在室外,传声器和被测敏感建筑物的墙壁和窗户距离保持在 1 m 左右;如果在室内,传声器和被测敏感建筑物的墙壁保持至少 1 m 距离,与窗户保持 1.5 m 左右距离。

2.声环境质量监测

声环境质量的监测分为定点监测和普查监测两类。

(1)定点监测,就是选择可以反映各类功能区声环境质量特征的若干个监测点,进行长期定点监测。对于 0 类、1 类、2 类和 3 类声功能区,监测点应该选在室外长期稳定区域且距离地面高度为声场空间垂直分布的最大处,并且避开反射面和附近固定的噪声源;但是对于 4 类声功能区,应该选在第一排噪声敏感建筑物的室外,同时也是交通噪声垂直分布的最大处。每次至少进行一昼夜 24 h 的连续监测,测量得出每小时及昼夜间的等效声级和最大声压级。最后对各个监测点的测量结果进行独立评价,并且以昼间和夜间的等效声级作为基本依据。

(2)普查监测,是将某一个声环境功能区划分为多个相等的正方格,覆盖被普查的区域的有效网格应该多于 100 个,测点设定在每一个网格的中心,作为室外条件。监测依然在昼间和夜间分别展开,在测量时间内,每次测量每个监测点 10 min 的等效声级,同时记录噪声主要来源。将由全部测点测得的 10 min 的等效声级做算术平均运算,计算标准偏差,得到的平均值即代表该声环境功能区的总体环境噪声水平。根据每个网格中心的噪声值以及对应的网格面积、同级不同噪声影响水平下的面积百分比以及昼间和夜间的达标面积比,还可以估算受噪声影响的人口分布。

3.边界排放噪声测量

根据具体噪声源场景不同,边界噪声分为工业厂界噪声边界、建筑施工场界、铁路边界以及社会生活场所边界等。

(1)工业厂界噪声边界的测量,监测点应该选择在厂界外 1 m、高度 1.2 m 以上。当厂界有围墙且周围有受影响的敏感建筑物时,监测点应该选择在厂界外 1m、高于围墙 0.5 m 以上的位置。另外,为了全面评估一个企业的厂界噪声分布,应该用等间隔或者等声压级方法在整个厂界布点。测量时段包含昼间和夜间两个时段,夜间有频发、偶发噪声影响时,同时测量最大声压级。对于稳态噪声,测量 1 min 的等效声级;对于非稳态非周期噪声,测量被测噪声源中有代表性时段的等效声级,必要时测量被测噪声源整个正常工作时段的等效声级。

(2)建筑施工场界的噪声测量,参考并采用《建筑施工场界环境噪声排放标准》(GB/T 12523—2011)的方法。应该根据城市建设部门提供的建筑方案或者建筑施工过程中实际使用的施工场地边界,选择监测点,测量并标出边界线与噪声敏感区域之间的距离。另外,还应根据建筑施工场地的建筑作业方位和活动形式,确定噪声敏感建筑或者区域的方位,并在建筑施工场地边界上选择距敏感物较近、噪声影响较大的点作为监测点。注意,由于敏感建筑物的方位不同,所以同一个建筑施工场地,可以同时具有几个监测点。当在建筑施工场界无法测量噪声源的实际排放时,如噪声源位于高空、场界有声屏障、噪声敏感建筑物高于场界围墙等情况时,可以将监测点设在噪声敏感建筑物室外 1 m 处。在施工期间测量连续 20 min 的等效声级。测量期间,各个施工机械应处于正常运行状态,并应包括不断进入或者离开场地的车辆以及在施工场地上运转的车辆,这些都属于施工场地范围内的建筑施工活动。

(3)铁路边界的噪声测量,是指在距离铁路外侧轨道 30 m 处的噪声测量,应采用《铁路边界噪声限值及其测量方法》(GB 12525—1990)的方法。监测点的选择原则是在铁路边界高于地面 1.2 m 处,且距离反射物不小于 1 m 处。测量时间的选择原则是,在昼间和夜间,分别选择接近机车车辆运行平均密度的某一小时,必要时,昼间和夜间分别进行全时段测量。使用声级计测量 1 h 的等效声级。

对于社会生活噪声排放的测量,应采用《社会生活环境噪声排放标准》(GB 22337—2008)的方法,主要对营业性文化娱乐场所和商业经营活动中产生的环境噪声进行测量。根据社会生活噪声排放源、周围噪声敏感建筑物的布局以及毗邻的区域类别,在社会生活噪声排放源边界布置多个测点,其中,包括距离敏感建筑物较近以及受到被测噪声源影响大的位置。一般情况下,监测点应该选择在社会生活噪声排放源边界外 1 m、高度 1.2 m 以上、距离任一反射面距离不小于 1 m 的位置。当边界有围墙且周围存在噪声敏感建筑物时,监测点应该选择在边界外 1 m、高于围墙 0.5 m 以上的位置。测量时间分为昼间和夜间两个时段,夜间有频发、偶发噪声影响时同时测量最大等效声级。当被测噪声源是稳态噪声时,采用 1 min 的等效声级;当被测噪声源是非稳态噪声时,测量被测噪声源有代表性时段的等效声级,必要时测量被测噪声源整个正常工作时段的等效声级。

7.5 振动测量

物体振动会向外辐射声音,振动在固体中传播时又会引起墙体、建筑物基础、管道等的振动,从而产生噪声。此外,振动容易造成机械系统的损坏和材料的疲劳损坏,还会引起人体内部器官的振动或者共振,从而危害到人体健康。准确地测量噪声是有效控制噪声的基础。

物体的振动是相对于物体某一参考状态下的振荡。描述振动的物理量包括位移 s、速度 v 和加速度 a。对于简谐振动,三个物理量之间的关系如表 7-21 所示。

表 7－21　位移、速度、加速度的关系

已知量	变换		
	s（位移）	v（速度）	a（加速度）
s	—	$v = \dfrac{\mathrm{d}s}{\mathrm{d}t}$	$a = \dfrac{\mathrm{d}^2 s}{\mathrm{d}t^2}$
$s = s_0 \sin\omega t$	—	$v = \omega s_0 \cos\omega t$	$a = -\omega^2 s_0 \sin\omega t$
v	$s = \int v \mathrm{d}t$	—	$a = \dfrac{\mathrm{d}v}{\mathrm{d}t}$
$v = v_0 \sin\omega t$	$s = -\dfrac{1}{\omega} v_0 \cos\omega t$	—	$a = \omega v_0 \cos\omega t$
a	$s = \iint a \mathrm{d}t^2$	$v = \int a \mathrm{d}t$	—
$a = A_0 \sin\omega t$	$s = -\dfrac{1}{\omega^2} A_0 \sin\omega t$	$v = -\dfrac{1}{\omega} A_0 \cos\omega t$	—

在描述振动的三个物理量中,位移多用于研究机械结构的强度和变形,常被作为判断旋转机械失衡及其损坏的依据。加速度与作用力负载呈线性关系,常用来研究机械的疲劳、冲击性能等,现在也普遍将其用于评价振动对人体的影响。测量加速度可获得丰富的高频振动成分,所以当测得的频率处于高频段,尤其是很多振动测量的频率上限高达 10 000 Hz 甚至更高时,应优先使用加速度。由于振动的速度与振动的动能有关,所以振动速度的大小直接影响向外辐射噪声的大小。振动测量参量的选择,应取决于振动研究的对象和目的。

7.5.1　振动传感器

振动测量中,除某些特定情况下需要采用光学法测量外,一般将振动参量转变为电学信号再进行分析,将振动参量转换为电学或其他物理量信号的装置就是振动传感器。振动传感器的分类方法有很多。按照被测振动参量的类型,可以将振动传感器分为位移传感器、速度传感器和加速度传感器;根据将力学量转变为电学量的传感器敏感组件的换能原理,振动传感器可以分为电感型、电动型、电涡流型和压电型等。

目前使用较多的相对式位移传感器是电涡流传感器,其具有结构简单、灵敏度高、线性好、频率范围宽(0～100 kHz)、抗干扰性强等特点,广泛用于非接触式振动位移测量,尤其是用在大型旋转机械上监测轴系的径向振动和轴向振动。

由表 7－21 可以看出,位移可以由速度积分得到,加速度可以由对速度的微分得到,因此速度传感器还可以用于测量位移和加速度。速度传感器中应用较广的是电动式速度传感器,包含相对式和绝对式两种。这种传感器的灵敏度较高,特别是在几百赫兹以下的低频范围内,输出电压比较大。

测量振动加速度的传感器中使用最广泛的是压电式传感器,又称之为加速度传感器或加速度计。这种传感器具有体积小、重量轻、频响宽、耐高温、稳定性好以及无需参考位置等优点,能将振动或冲击的加速度转换为与之成正比的电压(或电荷),是振动测量的主要换能器,并且与积分电路相配合,可以在宽频范围内获得振动的速度和位移量。

压电加速度计的结构简图如图 7-25 所示。换能组件包括两个压电片,压电片上放置一重的质量块,且事先用硬弹簧压住质量块,整个系统放置在具有厚底的金属壳中。加速度计接收到振动时,质量块在压电片上产生的交变压力正比于质量块的加速度,即 $F = ma$。压电片两侧产生的极性相反的电荷 Q_a 为

$$Q_a = \frac{em_s}{E}a \tag{7-174}$$

式中:e 为压电材料的压电模量;m_s 为质量块的质量;E 为压电晶片的弹性模量;a 为振动物体的加速度。

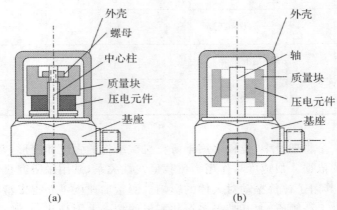

图 7-25 压电加速度计结构简图

(a)压缩型; (b)剪切型

电荷 Q_a 与加速度 a 之比称为加速度计的电荷灵敏度 S_q,即

$$S_q = \frac{Q_a}{a} = \frac{em_s}{E}[\text{pC}/(\text{m} \cdot \text{s}^{-2})] \tag{7-175}$$

另外,两面平行的压电晶片可以看作一个平板电容器。若压电晶片的厚度为 d、面积为 S,则这个电容器的电容量为

$$C_a = \frac{\varepsilon S}{d} \tag{7-176}$$

式中:ε 表示压电材料的介电常数。

若测试频率远低于质量块与整个加速度计系统的谐振频率,则实际上质量块的加速度与整个换能器的加速度相同。由于压电片上产生的电压正比于整个换能器的加速度,电容器两端的电压输出 V_0 为

$$V_0 = \frac{Q_a}{C_a} = \frac{S_q}{C_a}a \tag{7-177}$$

加速度计的电压灵敏度为

$$S_V = \frac{S_q}{C_a} \tag{7-178}$$

式中:S_q 为加速度计的电荷灵敏度。

位移传感器、速度传感器和加速度传感器中,加速度传感器具有体积小、重量轻、频率范围和动态范围非常宽的优点,在实际测量中总是被优先考虑。使用和安装加速度计需要注意以

下几方面。

　　尽管从理论上来说,传感器灵敏度越高越好,但是灵敏度高,压电元件叠层厚,导致传感器自身的谐振频率下降,最终影响测量的频率范围。另外,加速度计灵敏度越高就意味着自身的质量越大,不利于轻小结构的测量。随着技术的发展,大部分测量系统都能够接收到低振级的信号,所以不再追求灵敏度越高越好。

　　加速度计安装在相对质量非常大的刚性结构上时,固有频率为

$$f_m = \sqrt{\frac{k}{m_s}} \tag{7-179}$$

式中:k 为压电元件的等效刚度;m_s 为传感器中质量块的质量。

　　安装谐振频率决定了加速度计的测量频率范围,一般取测量频率范围为安装谐振频率的 1/3。为了提高测量精度,测量频率上限可小于安装谐振频率的 1/5～1/10。

　　当被测构件质量很小时,加速度计对被测试件而言是一个附加质量,加速度计的质量大小会影响测点的振级和频率,得到的测量结果可能无效。附加质量对被测结构固有频率的影响可近似用下式估算:

$$f_s = f_m \sqrt{1 + \frac{m_a}{m_s}} \tag{7-180}$$

式中:f_m 表示带有加速度计的结构固有频率;m_s 表示被测结构在固有频率 f_m 下的等效质量;m_a 表示加速度计的质量。一般来说,为保证测量结果的有效性,加速度计的质量应小于等效质量的 1/10。

　　测量中选择加速度计时还应注意加速度计可测的动态范围,当测量很大的加速度(包括冲击)时,应该选择动态范围足够宽的加速度计。加速度计测量加速度的动态范围下限,由连接电缆的噪声和配用的电子仪表的本底噪声决定。对于通用型宽带测量仪器,其可测下限可低于 0.01 m/s²,使用滤波器进行频率分析时还可以测得更低的振级。加速度计的动态范围上限由加速度计本身的结构强度决定。对于测量振动的加速度计,规定灵敏度线性变化在 5% 以内的最大加速度为其可测上限,通常可以达到 50 000～100 000 m/s²;对于测量冲击的加速度计,规定灵敏度变化在 10% 以内的最大加速度为其最大可测上限。

　　加速度计的横向灵敏度是指垂直于主轴平面的灵敏度,通常用主轴灵敏度的百分数来表示。横向灵敏度越小越好,普遍为 3%～5%。

　　选择加速度计时除了要考虑上述参数外,还需要考虑测试环境,尤其是测试温度。一般使用加速度计的温度上限为 200℃ 左右,如果温度继续升高,压电元件的压电效应开始减弱,会导致加速度计灵敏度的永久下降。目前,特制的高温加速度计使用温度上限可达 400℃。

　　为了保证测试结果的精确度,必须使用合适的安装方法。一般在安装时,要求加速度计和被测机件之间的安装表面平直光滑,机械连接越紧密,加速度计的使用上限越高。如图 7-26 所示,加速度计可以用螺栓、磁性夹头、胶黏等方法来安装。螺栓连接能充分保证加速度计的使用频率范围;若指示仪器没有浮动地线,最好采用绝缘安装方法,以尽可能地减小回路噪声。还需注意的一点是,测试时应将电缆线固定,防止电缆屏蔽层和绝缘材料之间的摩擦产生电荷而引起噪声。

　　在实际测量中,加速度计的谐振频率往往处于指示仪表的频率范围内,如果被测振动中包含这一频率,就有可能由受迫作用产生谐振。若被测振动的频谱中包含高振级的高频成分,则

在测量低频低振级时,低频成分可能被高频成分掩盖而无法测量。在测量窄带振动信号时,前置放大器容易过载而产生较大的测试误差,且瞬时的高强度振动或冲击有可能损坏加速度计。而在加速度计和被测物体之间放置一个机械滤波器,就可以很好地避免上述问题。机械滤波器在两极间填充黏弹性阻尼材料——丁基橡胶,能将高频限降低至 $0.5 \sim 5$ kHz。

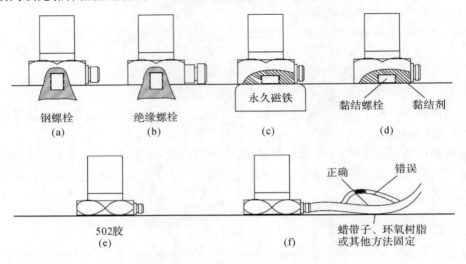

图 7-26　加速度计的安装方法

7.5.2　振动前置放大器

振动测量的前置放大器是把压电加速度计的高阻抗转换为低输出阻抗的仪器,振动信号通过前置放大器后可以直接输送至测量仪器或分析仪器。与压电加速度计配用的前置放大器有两种:电荷放大器和电压放大器。

1. 电荷放大器

电荷放大器并不对电荷进行放大,而是给出一个与输入电荷成正比的输出电压。电荷放大器的优势在于,整个系统的灵敏度与使用的电缆长度无关,因此在测试中优先选用电荷放大器。

电荷放大器采用一个运算放大器,在运算放大器的反馈回路上接一只电容器以形成一个积分网络对输入电流进行积分,从而形成与电荷、最终与加速度计的加速度成比的输出电压。输入电流是由加速度计内部的高阻抗压电元件上产生的电荷形成的。电荷放大器与压电加速度计相连的等效电路如图 7-27 所示,图中,Q_a 表示压电加速度计产生的电荷,C_a 表示加速度计的电容量,R_a 表示加速度计的电阻值,C_c 和 R_c 分别为电缆和连接插头的电容量和电阻值,C_p 和 R_p 分别为前置放大器的输入电容量和输入电阻值,C_f 和 R_f 分别为反馈电容量和反馈电阻值,A 为运算放大器增益,V_0 为放大器输出电压。

由于加速度计的阻值、放大器输入电阻值和反馈电阻值都很大,所以图 7-27 所示电路可以简化为图 7-28 所示电路,放大器的输出电压为

$$V = \frac{-AQ_a}{C_t + (1+A)C_f} \tag{7-181}$$

式中:$C_t = C_a + C_c + C_p$。

当运算放大器的增益足够大时,由于 AC_f 远远大于 C_t,所以电荷放大器的输出电压为

$$V_0 = -\frac{Q_a}{C_f} \tag{7-182}$$

由式(7-182)可以看出,输出电压与输入电荷成正比,即输出电压与加速度计的加速度成正比。前置放大器的增益由反馈电容值决定,而输入电容值对输出电压没有影响,因此改变电缆长度并不影响整个系统的灵敏度。所以,电荷放大器不仅能在测振仪内作为前置放大器使用,还可以作为单独产品与加速度计配合使用,具有加速度计灵敏度适配、放大、积分以获得速度信号和位移信号、输入输出过载报警以及低频和高频滤波去除无用信号等功能。

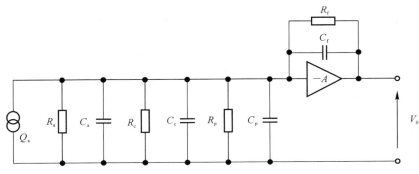

图 7-27　压电加速度计和电荷放大器相连接的等效电路图

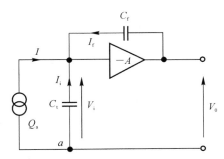

图 7-28　压电加速度计和电荷放大器相连的简化等效电路图

2. 电压放大器

电压放大器可以检测由振动引起的加速度计电容上的电压变化,并产生与其成比例的输出电压。电压放大器与压电加速度计连接的等效电路图如图 7-29 所示,与电荷放大器不同,这里运算放大器连接增益为 1 的电压缓冲器。当加速度计不连接电缆也不连接前置放大器时,具有一个输出电压 V_0,见式(7-177)。根据式(7-178)加速度计的电压灵敏度和电荷灵敏度的关系,可以得到

$$S_V = \frac{S_q}{C_a + C_c + C_p} = S_{VO} \frac{C_a}{C_a + C_c + C_p} \tag{7-183}$$

式中,S_{VO} 表示压电片的开路灵敏度。

由于 C_a 和电荷灵敏度 S_q 都是加速度计的常数,所以电压灵敏度 S_V 取决于电缆的电容量,若更换电缆,电压灵敏度会发生变化,需要重新校准。另外,如果连接电缆太长,信噪比会相应降低,因此电压放大器必须与加速度计配合校准后使用。

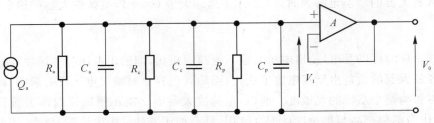

图 7 - 29　压电加速度计作为电源与电压放大器相连的等效电路图

7.5.3　加速度计校准

加速度计校准是振动测量前的一个重要环节,校准加速度计的方法一般有三种:激光干涉技术的绝对校准、比较法校准和振动激励器校准。

1. 激光干涉技术的绝对校准

该测量装置以迈克尔逊干涉仪为中心,激光束发射至待校准的标准加速度计上表面,并沿一光路反射回来。干涉仪的分束器(半反射平面镜放置在该光路上)使从加速度计反射回来的部分光束射向光敏晶体管,激光在光敏晶体管处产生干涉条纹,放大后的光敏二极管的输出被馈送至频率计数器的输入端。测量每一周期的条纹数,此条纹数正比于加速度计峰-峰位移量。

校准时,将待校加速度计放置在标准振动台上,由正弦波发生器产生的信号经功率放大器放大后驱动振动台。激光干涉仪绝对校准装置如图 7 - 30 所示。用数字电压表测量加速度计的输出电压 e,用激光测振装置测量加速度计的振动幅值 ξ_a,再通过频率计数器读出频率数 f,就可以得到灵敏度 S_a,即

$$S_a = \frac{\sqrt{2}e}{(2\pi f)^2 \xi_a} (\text{mV} \cdot \text{s}^2/\text{m}) \tag{7 - 184}$$

使用的激励频率一般为 160 Hz,加速度为 10 m/s²,校准的不确定度为 0.6%。

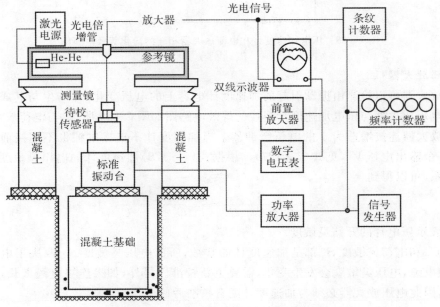

图 7 - 30　激光干涉仪绝对校准装置

2.比较法校准

比较法校准是先将待校准的加速度计和已知灵敏度的标准加速度计以背靠背的方式固定在一起,再把它们安装在振动台上,如图 7-31 所示。

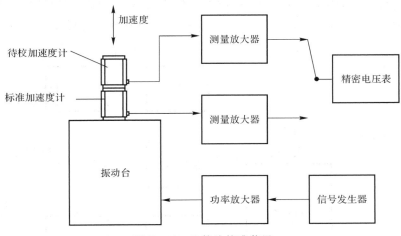

图 7-31 比较法校准装置

由于激励两个加速度计的频率相同,两个加速度计的输入加速度也是一样的,输出的信号经过前置放大器(电荷或电压模式,取决于测量的量是电荷还是电压)。分别用已知精确度的数字电压表测量其输出电压,则待校加速度计的灵敏度为

$$S_a = \frac{E}{E_0} S_{a0} \tag{7-185}$$

式中:E 和 E_0 分别代表待校加速度计和标准加速度计的输出电压;S_{a0} 代表标准加速度计的灵敏度。

通常,校准时使用的频率为 160 Hz,加速度为 10 m/s²。由于加速度计正常工作时在频率范围和动态范围内具有非常好的线性特性,因此在某一频率及一定的加速度下校准得到的灵敏度可以推广至整个工作频段。另外,若测量的是电压灵敏度,需要将加速度计和电缆看作一个整体,如果更换了电缆,需要重新进行校准。

3.振动激励器校准

目前,使用最广泛、最方便的一种校准方法是应用一台已校准过的振动激励器,在现场和实验室对加速度计进行测量前的校准。这种振动激励器体积小、质量轻,由电池供电。例如丹麦 B&K 公司生产的 4294 型校准激励器,当频率为 159.2 Hz(1 000 rad/s)时,产生均方根值为 10 m/s² 的固定加速度,相当于均方根速度为 10 mm/s,均方根位移为 10 mm,校准精度为 ±3%。振动激励器不仅可以对加速度计的灵敏度进行校准,还可以校准从加速度计到分析仪的整个测量系统的灵敏度。

我国生产的振动传感器校准设备,集正弦信号发生器、功率放大器、标准传感器和振动台于一体,具有体积小、精度高、使用方便等优点,在现场和实验室均可使用。其功能和特点包括:可校准多种类型的振动传感器,例如压电式加速度计、磁电式速度传感器和电涡流式速度传感器;可对包含振动传感器的各种振动测试仪表、振动监测系统、振动状态分析系统等进行校准;校准设备内部通常可以产生 10Hz、20 Hz、40 Hz、80 Hz、160 Hz、320 Hz、640 Hz 和

1 280 Hz 的正弦信号；输出的位移、速度、加速度三种振动参量的幅值可通过电位器改变，并用数字显示出来；可以校准垂直、水平两个方向的加速度计。

另外，有时还需要在振动测量前测得加速度计的频率响应。在 20 Hz～50 kHz 范围内，振动校准激励台的运动部件上有一个带螺纹的安装孔，安装好加速度计后，应用正弦信号驱动振动校准激励台，对加速度计以及整个振动测量系统的频率响应进行测量，测量框图如图 7-32 所示。

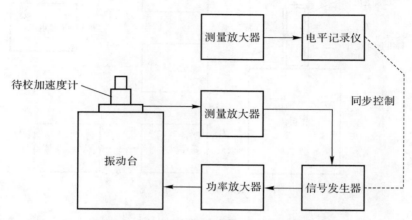

图 7-32　测量加速度计频率响应框图

为了保证振动校准激励台在整个测量频率范围内的输出幅度恒定，激励台内的小型加速度计要对振动实时采样，产生一个与实际加速度相关的信号，经反馈回路输送至信号发生器的压缩器部分，用于调节发生器的输出电平。待校加速度计的输出信号经过前置放大器和测量放大器后输送至电平记录仪，由信号发生器的同步软轴驱动电平记录仪，在记录仪上描绘出频率响应曲线。

7.5.4　振动计

通用振动计是用来测量振动位移、速度和加速度的仪器，可以测量出机器振动或冲击的有效值、峰值等，测量频率范围为从零点几赫兹到数千赫兹。通用振动计一般由加速度传感器、电荷放大器、积分器、高/低通滤波器、检波器、校准信号振荡器以及电源等组成，其工作原理框图如图 7-33 所示。

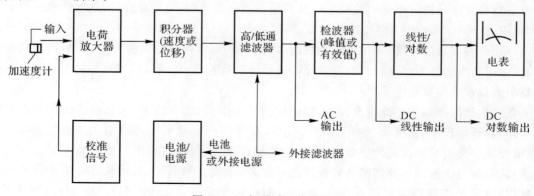

图 7-33　振动计工作原理图

从图 7-33 可以看出,加速度计拾取的振动信号经过电荷放大器,电荷信号转变为电压信号,馈送至积分器并经过积分后得到位移和速度信号;信号从积分器输出后,进入高/低通滤波器,滤波器的上、下限截止频率由开关选定;经过滤波器的信号到达检波器,检波器可以是峰值检波或有效值检波,一般测量加速度时选择峰值检波,测量速度时选择有效值检波,测位移时选择峰-峰值检波。交流信号经检波器处理后变为直流信号,被送至表头或数字显示器,可以直接读出被测振动的加速度、速度和位移。振动计与外接滤波器组合就可以进行振动的频率分析。

由于通用振动计内部包含校准信号,因此振动计具有自校功能,还可以根据传感器灵敏度来调整整机的灵敏度。有的振动计具有加速度灵敏度适调功能,经过灵敏度适调设置可以直接测量并读数。

选择振动计时需要考虑测量对象的振动类型(周期振动、随机振动和冲击振动)以及振动的幅度,根据被测物体确定合适的测量项目(位移、速度、加速度、波形分析、频谱分析),确定振动测试系统或分析系统。另外,还需要考虑测量的频率范围、幅值的动态范围和仪器的最小分辨率。对于冲击测量,还应考虑振动测量仪的相位特性,因为在冲击振动频谱分量所确定的频率范围内,测量设备的频率响应必须是线性的,设备的相位响应也不能发生转变。

随着科学技术的发展,振动计利用多种频谱分析技术,例如 FFT 技术、数字滤波器技术、1/3 倍频程分析技术等,实现了多通道测量、实时分析、数据记录和存储等功能,大大拓展了应用场景。

7.5.5　环境振动标准限值及其测量

1. 环境振动标准

相对于《人体全身振动暴露的舒适性降低界限》(ISO 2631/1—1985)标准,我国制定的《城市区域环境振动标准》(GB 10070—1988),采用铅垂向 z 振级作为环境振动的评价量。

环境振动主要由地面铅垂向振动所引起,另外,环境振动的频率成分一般在 8 Hz 以上,因此铅垂向 z 振级要比水平方向的振级高 9 dB 左右。采用铅垂向 z 振级可以反映振动环境,且测量方法简单易行。

实际测量中采集到的振动信号一般不会是一个连续的稳定振动,而是起伏的或不连续的振动,对于这种振动,可以根据能量原理用等效连续振级 $\mathrm{VL_{weq}}$ 来表示:

$$\mathrm{VL_{weq}} = 10\lg\left[\frac{1}{T}\int_0^T \frac{a_\mathrm{w}(t)^2}{a_0^2}\mathrm{d}t\right] = 10\lg\left(\frac{1}{T}\int_0^T 10^{0.1\mathrm{VL_w}}\mathrm{d}t\right) \tag{7-186}$$

式中:T 为测试采集振动信号的时间;$a_\mathrm{w}(t)$ 表示计权加速度值;$a_0 = 10^{-6}$ m/s^2,为基准加速度;$\mathrm{VL_w}$ 为计权加速度级,也称为计权振级。

环境振动往往呈现出不规则且大幅度变动的情况,通常需要用统计的方法,用不同振级出现的概率或累积概率来表示。通常定义:在规定的测量时间 T 内,有 $N\%$ 时间的 z 振级超过某一 $\mathrm{VL_z}$ 值,这个 $\mathrm{VL_z}$ 值就称为累计百分 z 振级 $\mathrm{VL_{zN}}$,单位为 dB。与统计声级类似,常用的累计百分 z 振级有 $\mathrm{VL_{Z10}}$、$\mathrm{VL_{Z50}}$、$\mathrm{VL_{Z90}}$,它们分别表示有 10% 时间的 z 振级超过 $\mathrm{VL_{Z10}}$,有 50% 时间的 z 振级超过 $\mathrm{VL_{Z50}}$,有 90% 时间的 z 振级超过 $\mathrm{VL_{Z90}}$。

在我国制定的《城市区域环境振动标准》(GB 10070—1988)中,根据居民的反映,并结合我国环境振动现状和标准的可行性,给出了城市区域室内振动标准值。该标准中规定了城市各类区域铅垂向 z 振级标准值,如表 7-22 所示。

表 7-22 城市区域环境振动标准值　　　　单位:dB

使用地带范围	昼间	夜间
特殊住宅区	65	65
居民、文教区	70	67
混合区、商业中心区	75	72
工业集中区	75	72
交通干线道路两侧	75	72
铁路干线两侧	80	80

表 7-22 中的"特殊住宅区"是指特别需要安静的住宅区。"居民、文教区"指纯居民区和文教、机关区,这类区域对环境质量要求较高。"混合区"一般指商业区与居民混合区,以及工业、商业、少量交通与居民混合区。"商业中心区"是指商业集中的繁华地区,商业中心区一般振源较少,主要是服务性行业中的工业设备及交通,振动影响不大。"工业集中区"是指在一个城市或区域内明确规划、确定的工业区,虽然工业区振源较多,但区域面积大且距居民较远,振动干扰一般是有限的。因此,将商业中心区和工业集中区的标准值定为与混合区相同。"交通干线道路两侧"是指车流量在 100 辆/h 以上的道路两侧。根据我国几个城市现场测量的资料,交通振动对居民的影响不是很严重:重型车经过时,道路两侧测得的 z 振级为 70~80 dB;小轿车、小面包车经过时 z 振级为 60~70 dB;其他车辆 z 振级为 65~75 dB。最终确定交通干线道路两侧的 z 振级标准值与混合区相同。"铁路干线两侧"是指每日车流量不少于 20 列的铁道外轨外 80 m 的住宅区。由于铁路运行不分昼夜,所以昼间与夜间的 z 振级标准相同。

表 7-22 中所列的标准值可用于连续发生的稳态振级、冲击振动和无规振动。对于仅发生几次的冲击振动,昼间其峰值不得超过标准值 10 dB,夜间其峰值不得超过标准值 3 dB。

2.环境振动测量方法与评价量

在《城市区域环境振动标准》(GB 10070—1988)中,对环境振动的测量与评价方法规定如下所述。

测量量:铅垂向 z 振级(VL_z)。测量仪器:环境振级计或环境振动分析仪,性能符合 ISO 8041 标准要求,时间常数为 1 s。测点位置:测点置于各类建筑物室外 0.5 m 以内振动敏感处,必要时可置于建筑物室内地面中央。拾振器安装:拾振器平稳地放置在平坦、坚实的地面上;避免置于如地毯、砂地或雪地等松软的地面上;拾振器的灵敏度主轴方向应与测量方向一致。读数方法和评价量:对于稳态振动,每个测点测量一次,取 5s 内的平均示数作为评价量;对于冲击振动,取每次冲击过程中的最大示数为评价量,对于重复出现的冲击振动,以 10 次读数的算术平均值为评价量;对于无规振动,以 VL_{z10} 值评价量;对于铁路振动,读取每次列车通过过程中的最大示数,每个测点连续测量 20 次列车,以 20 次读数值的算术平均值为评价量。

7.5.6 机器振动的测量

各种类型的机器,在多种不平衡力的作用下,总会产生振动,当振动作用在易于辐射噪声的物体上时,例如机壳和金属板,不仅会激发这些结构产生振动,还会向外辐射噪声。测量这种振动时,不能仅测量辐射噪声的机身表面,还应该在振源的位置设置测点进行测量。

对于这种激发噪声的振动,应测量其声频范围内的振动有效值,以及 31.5 Hz~8 kHz 范围内 9 个倍频带的振动值,必要时可进行更详细的振动频率分析。测量振动时可以选择位移、速度、加速度中的任意一个参量,一般而言,机械振动常用位移量,而与辐射噪声相关的振动,尤其是大面积振动往往用振动速度,大部分机器振动都用 10~1 000 Hz 频率范围内的速度有效值(振动烈度)进行评价。表 7-23 给出了机器设备振动烈度的评定标准。

表 7-23　机器振动烈度评定标准

振动烈度/(mm·s⁻¹)	声压级/dB	机器和设备分类				
		Ⅰ	Ⅱ	Ⅲ	Ⅳ	Ⅴ
0.28~0.45	93	A	A	A	A	A
0.45~0.71	97					
0.71~1.12	101					
1.12~1.80	105	B				
1.80~2.80	109		B			
2.80~4.50	113	C		B		
4.50~7.10	117		C		B	
7.10~11.2	121	D		C		B
11.2~18.0	125		D		C	
18.0~28.0	129			D		C
28.0~45.0	133				D	
45.0~71.0	137					D
71.0~112.0	141					

表 7-23 中以公比 1∶1.6 或以 4 dB 为级差,逐次算出每一振动烈度的数量级,声压级的基准值为 10^{-6} mm/s。表中的 A、B、C、D 分别为振动质量级,A 表示良好工作状态,B 表示正常工作状态,C 表示容忍工作状态,D 表示不容许工作状态。机器和设备被分为 4 类:Ⅰ类表示小型机器,Ⅱ类表示中型机器,Ⅲ类表示大型机器,Ⅳ类表示透平机器(例如涡轮机、汽轮机等),Ⅴ类表示特大型机器。

检测机器故障时,都是用振动计测量机器振动的振动烈度与之前正常工作时的测量读数对比,或与既定标准进行对比。通常,当测得的振动级比正常的振动级高 2~3 倍(6~10 dB)时,认为机器存在不平衡、较大的不同心或严重的轴弯曲等情况,应及时进行维修。

如果要对机器的故障进行监测,使用窄带滤波分析更为合适。目前,使用 FFT 的振动分析仪功能大幅拓展,除了可以测量振动之外,还可以进行机器故障诊断,例如对汽轮机、发电机、压缩机、电动机等旋转机械的运行状态进行监测。

习　题　7

1. 简述信号的采样定理。

2. 噪声及其测量标准可分为哪三类？

3. 测量传声器的分类以及用途有哪些？标准传声器的作用是什么？

4. 简述电容传声器的动作原理。

5. 使用声级计时，对于非稳态噪声，需要采用什么评价量？

6. 声强值可通过测量声场中的声压和质点振速获得，其中测量质点振速的方式包括 P - U 技术和 P - P 技术，请分别对这两种技术进行说明。

7. 简述两种用声强法测量声源声功率级的测试方法。

8. 消声室的分类以及主要评价标准有哪些？

9. 对材料的吸声测试方法分为几类？请分别简述。

10. 现有一面积为 S 的吸声板，请问如何在混响室内对其吸声系数进行测量？

11. 材料的消声测试方法主要针对哪些评价量？

第8章 声环境评价

8.1 声环境评价的目的与意义

在社会发展的同时,环境噪声污染越来越严重,给人们的生活带来了极大的困扰。为了给人们提供一个舒适的学习、工作、生活环境,《中华人民共和国环境保护法》《中华人民共和国环境噪声污染防治法》和《建设项目环境保护管理办法》给出了声环境评价准则。声环境评价是规划和建设项目环境影响评价的重要组成部分,以"以防为主,防治结合"为方针。它对声环境的研究具有一定的超前性,提出所有可能出现的噪声环境影响及针对性的防治手段,以达到改善声环境质量的目的。

声环境评价的基本任务是:对工程实施造成的声环境变化及外界噪声对特定环境的影响程度进行评价;提出合适的防治措施,将噪声对周围环境的影响降到最低;能够从声环境角度判断工程的可行性。

8.2 声环境评价的分类和工作程序

8.2.1 声环境评价的分类

声环境评价有两种分类方法:按评价对象划分,可分为声源对外环境的影响评价和外环境声源对需要安静的项目的影响评价两类;按声源种类划分,可分为固定声源影响评价和流动声源影响评价两类。

固定声源是指在发声时间段声源位置不发生变化的声源,例如工矿企业、事业等单位和铁路、公路、航运等部门的风机、水泵、压缩机等声源。

流动声源是指在发声时间段声源位置发生变化的声源,例如在公路、铁路等交通系统上运行的车辆,飞行的飞机,航运的轮船等声源。

对于停车场、调车场、施工期施工设备、运行期物料运输装卸设备等,按照以上划分原则,可分别划分为固定声源和流动声源。实施的项目既有固定声源又有流动声源时,应分别对其进行噪声环境影响评价,如果同一敏感点既受到固定声源影响,又受到流动声源影响,则应进行叠加环境影响评价。

8.2.2 声环境评价工作程序

声环境评价的工作内容包括:对项目周围环境进行调查,并且确定建设项目所在地的声环境功能区类别、保护目标和评价标准;对项目所在地的噪声现状进行调查、监测和评价,并且说明是否超标,若超标应确定影响该区域声环境质量的声源、敏感点及人口数;对项目噪声源进行全面分析,并且确定主要噪声源及其位置和声级;根据不同的噪声源选取对应的噪声预测模式,由此来预测噪声敏感点的声级或绘制等声级线图,并和标准比较,评价拟建工程噪声的影响范围、人口数和影响程度;根据预测的结果是否符合标准来提出相应的噪声处理方案,以满足国家相应标准的要求。

声环境影响评价工作程序如图 8-1 所示。

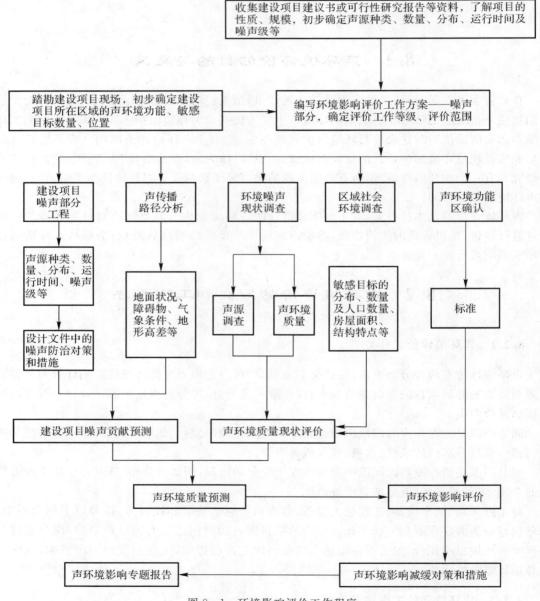

图 8-1　环境影响评价工作程序

现在说明关于声环境的评价时段选择问题。针对项目实施过程中噪声的特点,对应声环境评价时段可以按照施工期和运行期分别确定。其中,施工期可按施工阶段分别评价;运行期的固定声源评价对象应该是固定声源产生的噪声影响,运行期的流动声源评价对象应该是流动声源运行后的噪声影响,工程预测的代表性时段作为评价时段,直到达到设计饱和容量为止。

8.3　声环境影响评价工作等级和基本要求

8.3.1　评价工作等级

(1)评价工作等级划分依据。声环境影响评价工作等级划分依据有:项目所在地方的声环境功能区类别,项目开展前、后区域的声环境质量变化程度,受到项目建设影响的人口数量。

(2)评价等级类别。声环境评价工作等级可分为三级:一级为详细评价,二级为一般性评价,三级为简要评价。

一级评价:评价范围中有适用于《声环境质量标准》(GB 3096—2008)规定的 0 类声功能区及以上的需要特别安静的地区,以及对噪声有特别要求的保护区等敏感目标,或建设项目前、后距该项目声源最近的敏感目标噪声级增加达到 5 dB(A)以上[不含 5 dB(A)],或受噪声影响人口数量显著增多的区域。

二级评价:项目所在的声功能区为 GB 3096—2008 规定的 1 类、2 类地区,或建设项目前、后距该项目声源最近的敏感目标噪声级增加达到 3~5 dB(A)[含 5 dB(A)],或受噪声影响人口数量较多的区域。

三级评价:项目所在的声功能区为 GB 3096—2008 规定的 3 类、4 类地区,或建设项目前、后评价范围内敏感目标噪声级增高量在 3 dB(A)以下[不含 3 dB(A)],且受影响人口数量变化不大的区域。

在确定评价工作等级时,如建设项目符合两个以上级别的划分原则,则按较高级别的工作等级要求进行工作。处于城市规划区的新建高等级公路(包括高速公路)、铁路、城市轨道交通,以及大、中型机场按一级评价进行工作。

8.3.2　评价基本要求

声环境评价范围是根据评价工作等级确定的。对于以固定声源为主的项目以及公路、铁路、城市轨道交通线路和水运线路等建设项目,若满足一级评价的要求,一般以建设项目边界向外 200 m 为评价范围;二级、三级评价范围可以根据建设项目所在区域的声环境功能区类别、相邻区域的声环境功能区类别及噪声敏感目标等实际情况适当缩小。当依据声源计算到 200 m 处,仍不能满足相应功能区标准值时,应将评价范围扩大到满足标准值的距离。

根据 GB 9660—1988《机场周围飞机噪声环境噪声标准》,机场周围飞机噪声评价范围应该根据飞行量计算到飞机噪声限值 L_{WECPN} 为 70 dB(A)的区域。一般航迹离跑道两端 5~12 km,侧向 1~2 km 范围可以满足一级评价范围要求;二级、三级评价范围可以根据项目所在地区的声环境功能区类别及敏感目标等实际情况适当缩小。

1.一级评价的基本要求

评价范围内具有代表性敏感目标的声环境质量现状需要实测。对实测结果进行评价,并分析现状声源的构成及其对敏感目标的影响;给出建设项目对环境有影响的主要声源的数量、位置和声源源强,并在标有比例尺的图中标识固定声源的具体位置和流动声源的路线、跑道等位置。在缺少声源源强的相关资料时,应通过类比测量取得,并给出类比测量的条件;噪声预测要覆盖全部敏感目标,给出各敏感目标的预测值,给出厂界(或场界、边界)噪声值及固定声源评价、机场周围飞机噪声评价,流动声源经过城镇建成区和规划区路段的评价应绘制等声级线图,当敏感目标高于(含)三层建筑时,还应绘制垂直方向的等声级线图。

对工程可行性研究和评价中提出的不同选址(选线)和建设布局方案,应根据不同方案噪声影响人口的数量和噪声影响的程度进行比选,并从声环境保护角度提出最终的推荐方案;针对建设项目的工程特点和所在区域的环境特征提出噪声防治措施,并进行经济、技术可行性论证,明确防治措施的最终降噪效果和达标分析。

2.二级评价的基本要求

评价范围内具有代表性敏感目标的声环境质量现状以实测为主,可适当利用评价范围内已有的声环境质量监测资料,并对声环境质量现状进行评价;在工程分析中给出建设项目对环境有影响的主要声源的数量、位置和声源源强,并在标有比例尺的图中标识固定声源的具体位置和流动声源的路线、跑道等位置。在缺少声源源强的相关资料时,应通过类比测量取得,并给出类比测量的条件;进行噪声预测时,预测点应覆盖全部敏感目标,给出各敏感目标的预测值和厂界(或场界、边界)噪声值,并且根据评价需要绘制等声级线图。给出建设项目建成后不同类别的声环境功能区内受影响的人口分布、噪声超标的范围和程度。从声环境保护角度对工程的可行性研究、评价中提出的不同选址(选线)和建设布局方案的环境合理性进行分析。对建设项目的工程特点和所在区域的环境特征提出噪声防治措施,并进行经济、技术可行性论证,给出防治措施的最终降噪效果和达标分析。

3.三级评价的基本要求

与二级评价的基本要求相比,三级评价的基本要求重点调查评价范围内敏感目标的声环境质量现状,可利用评价范围内已有的声环境质量监测资料,若无现状监测资料,则应进行实测,并对声环境质量现状进行评价。要求针对项目工程特点和环境特征提出噪声防治措施,并进行达标分析。

习 题 8

1.简述声环境评价的工作内容。

2.简述声环境影响评价工作等级和基本要求。

附　录

附录 1　振动噪声控制中常用材料的材料特性

附表 1 给出了振动噪声控制中常用材料的材料特性，它们仅是典型值，可作为参考用于理论计算和仿真预估，实际样品的真实值建议以实验测量振动噪声控制中常用材料的材料特性数据为准。

附表 1　振动噪声控制中常用材料的材料特性

材料	杨氏模量 E 10^9N/m^2	密度 ρ kg/m^3	$\sqrt{(E/\rho)}$ m/s	内部-现场 损失因子 η	泊松比 μ
空气(20℃)	—	1.206	343	—	—
淡水(20℃)	—	998	1 497	—	0.5
海水(13℃)	—	1 025	1 530	—	0.5
金属					
铝片	70	2 700	5 150	0.001~0.01	0.35
黄铜	95	8 500	3 340	0.001~0.01	0.35
黄铜(70%锌30%铜)	101	8 600	3 480	0.001~0.01	0.35
碳砖	8.2	1 630	2 240	0.001~0.01	0.07
碳纳米管	1 000	1 330~1 400	27 000	0.001~0.01	0.06
石墨模子	9.0	1 700	2 300	0.001~0.01	0.07
铬	279	7 200	6 240	0.001~0.01	0.21
铜(退火)	128	8 900	3 790	0.001~0.01	0.34
铜(压延)	126	8 930	3 760	0.001~0.01	0.34
金	79	19 300	2 020	0.001~0.01	0.44
铁	200	7 600	5 130	0.000 5~0.01	0.30
铁(白心)	180	7 700	4 830	0.000 5~0.01	0.30
铁(球墨)	150	7 600	4 440	0.000 5~0.01	0.30
铁(熟铁)	195	7 900	4 970	0.000 5~0.01	0.30

续表

材料	杨氏模量 E $10^9\,\mathrm{N/m^2}$	密度 ρ $\mathrm{kg/m^3}$	$\sqrt{(E/\rho)}$ $\mathrm{m/s}$	内部-现场损失因子 η	泊松比 μ
铁［灰口(1)］	83	7 000	3 440	0.000 5～0.02	0.30
铁［灰口(2)］	117	7 200	4 030	0.000 5～0.03	0.30
铁(可锻铸铁)	180	7 200	5 000	0.000 5～0.04	0.30
铅(退火)	16.0	11 400	1 180	0.015～0.03	0.43
铅(压延)	16.7	11 400	1 210	0.015～0.04	0.44
铅片	13.8	11 340	1 100	0.015～0.05	0.44
镁	44.7	1 740	5 030	0.000 1～0.01	0.29
氧化铝	280	10 100	5 260	0.000 1～0.01	0.32
蒙氏合金	180	8 850	4 510	0.000 1～0.02	0.33
钕	390	7 000	7 460	0.000 1～0.03	0.31
镍	205	8 900	4 800	0.001～0.01	0.31
镍铁合金(殷钢)	143	4 230	4 230	0.001～0.01	0.33
锌板	98.5	7 140	3 680	0.000 3～0.01	0.33
建筑材料					
砖	24	2 000	3 650	0.01～0.05	0.12
混凝土(普通)	18～30	2 300	2 800	0.005～0.05	0.20
混凝土(加气)	1.5～2	300～600	2 000	0.05	0.20
混凝土(高强度)	30	2 400	3 530	0.005～0.05	0.20
砌墙块	4.8	990	2 310	0.005～0.05	0.12
软木	0.1	250	500	0.005～0.05	0.15
纤维板	3.5～7	480～880	2 750	0.005～0.05	0.15
石膏板	2.1	760	1 670	0.006～0.05	0.24
玻璃	68	2 500	5 290	0.000 6～0.05	0.23
玻璃(高硅)	62	2 320	5 170	0.000 6～0.02	0.23
木材					
蜡木(黑)	11.0	450	4 940	0.04～0.05	0.37
蜡木(白)	12.0	600	4 470	0.04～0.05	—
颤杨	8.1	380	4 620	0.04～0.05	0.49
巴沙木	3.4	160	4 610	0.001～0.05	0.23
波罗的海白木	10.0	400	5 000	0.04～0.05	—
波罗的海红木	10.1	480	4 590	0.04～0.05	—

续表

材料	杨氏模量 E $10^9\,\mathrm{N/m^2}$	密度 ρ $\mathrm{kg/m^3}$	$\sqrt{(E/\rho)}$ $\mathrm{m/s}$	内部-现场 损失因子 η	泊松比 μ
山毛榉	11.9	640	4 310	0.04～0.05	—
桦木(黄)	13.9	620	4 740	0.04～0.05	0.43
雪松(白崖柏)	5.5	320	4 150	0.04～0.05	0.34
雪松(西部红雪松)	7.6	320	4 870	0.04～0.05	0.38
压缩木硬质纤维板	4.0	1 000	2 000	0.005～0.05	—
花旗松	9.7～13.2	500	4 800	0.04～0.05	0.29
花旗松(海岸)	10.8	450	4 900	0.04～0.05	0.29
花旗松(内陆)	8.0	430	4 310	0.04～0.05	0.29
桃花心木(非洲)	9.7	420	4 810	0.04～0.05	0.30
桃花心木(洪都拉斯)	10.3	450	4 780	0.04～0.05	0.31
枫木	12.0	600	4 470	0.04～0.05	0.43
中度纤维板	3.7	770	2 190	0.005～0.05	—
梅兰蒂木(浅红)	10.5	340	5 560	0.04～0.05	—
梅兰蒂木(深红)	11.5	460	5 000	0.04～0.05	—
橡木	12.0	630	4 360	0.04～0.05	0.35
松木(辐射松)	10.2	420	4 930	0.04～0.05	—
松木(其他)	8.2～13.7	350～590	4 830	0.04～0.05	—
亚层木板(杉木)	8.3	600	4 500	0.01～0.05	—
白杨木	10.0	150～500	4 900	0.04～0.05	—
红杉木(老的)	9.6	390	4 960	0.04～0.05	0.36
红杉木(次生)	6.6	340	4 410	0.04～0.05	0.36
欧洲赤松	10.1	500	4 490	0.04～0.05	—
云杉(锡特卡)	9.6	400	4 900	0.04～0.05	0.37
云杉(英格曼)	8.9	350	5 040	0.04～0.05	0.42
柚木	14.6	550	5 150	0.02～0.05	—
胡桃木(黑)	11.6	550	4 590	0.04～0.05	0.49
刨花板(地板)	2.8	700	1 980	0.005～0.05	—
刨花板(标准的)	2.1	625	1 830	0.005～0.05	—
塑料及其他					
有机玻璃	4.0	1 200	1 830	0.002～0.02	0.35
树脂玻璃(丙烯酸)	3.5	1 190	1 710	0.002～0.02	0.35

续表

材料	杨氏模量 E $10^9 \mathrm{N/m^2}$	密度 ρ $\mathrm{kg/m^3}$	$\sqrt{(E/\rho)}$ $\mathrm{m/s}$	内部-现场 损失因子 η	泊松比 μ
聚酯(热电的)	2.3	1 200	1 380	0.003~0.1	0.35
聚碳酸酯	2.3	1 310	1 320	0.003~0.1	0.40
聚乙烯(高密度)	0.7~1.4	940~960	1 030	0.003~0.1	0.44
聚乙烯(低密度)	0.2~0.5	910~925	600	0.003~0.1	0.44
聚丙烯	1.4~2.1	905	1 380	0.003~0.1	0.40
聚苯乙烯(模制的)	3.2	1 060	1 750	0.003~0.1	0.34
聚苯乙烯(膨胀发泡)	0.001 2~0.003 5	16~32	300	0.000 1~0.02	0.30
聚氨酯	1.6	900	1 330	0.003~0.1	0.35
聚氯乙烯	2.8	1 400	1 410	0.003~0.1	0.40
聚偏二氟乙烯	1.5	1 760	920	0.003~0.1	0.35
尼龙 6	2.4	1 200	1 410	0.003~0.1	0.35
尼龙 66	2.7~3	1 120~1 150	1 590	0.003~0.1	0.35
尼龙 12	1.2~1.6	1 010	1 170	0.003~0.1	0.35
氯丁橡胶	0.01~0.1	1 100~1 200	190	0.05~0.1	0.49
凯夫拉尔 49 纤维	31	1 330	4 830	0.008	—

铅蜂窝材料

蜂房尺度 mm	薄片厚度 mm				
6.4	0.05	1.31	72	—	0.000 1~0.01
6.4	0.08	2.24	96	—	—
9.5	0.05	0.76	48	—	—
9.5	0.13	1.86	101	—	—

注:表中所列的具有很大范围的损失因数对样品固定条件很敏感,对于房屋建筑中的面板,使用上限。对于一维固体,纵波速度 $c_L = \sqrt{E/\rho}$;对于二维固体(面板),$c_L = \sqrt{E/[\rho(1-\mu^2)]}$;对于三维固体,$c_L = \sqrt{E(1-\mu)/[\rho(1+\mu)(1-2\mu)]}$。对于气体,将 E 换成 γP,其中 γ 为比热容比(对于空气,$\gamma = 1.40$),P 是静压。对于流体,将 E 替换为 $V/(\delta V/\delta p)^{-1}$,其中 V 是单位体积,$\delta V/\delta p$ 是压缩系数。注意,泊松比 μ 可用杨氏模量 E 和材料剪切模量 G 来定义,为 $\mu = E/(2G) - 1$,对于液体和气体,它的有效值为零。

附录 2　中华人民共和国噪声污染防治法 (节选)

《中华人民共和国噪声污染防治法》由中华人民共和国第十三届全国人民代表大会常务委员会第三十二次会议于 2021 年 12 月 24 日通过。

第一章　总　则

第一条　为了防治噪声污染,保障公众健康,保护和改善生活环境,维护社会和谐,推进生态文明建设,促进经济社会可持续发展,制定本法。

第二条　本法所称噪声,是指在工业生产、建筑施工、交通运输和社会生活中产生的干扰周围生活环境的声音。本法所称噪声污染,是指超过噪声排放标准或者未依法采取防控措施产生噪声,并干扰他人正常生活、工作和学习的现象。

第三条　噪声污染的防治,适用本法。因从事本职生产经营工作受到噪声危害的防治,适用劳动保护等其他有关法律的规定。

第四条　噪声污染防治应当坚持统筹规划、源头防控、分类管理、社会共治、损害担责的原则。

第五条　县级以上人民政府应当将噪声污染防治工作纳入国民经济和社会发展规划、生态环境保护规划,将噪声污染防治工作经费纳入本级政府预算。生态环境保护规划应当明确噪声污染防治目标、任务、保障措施等内容。

第六条　地方各级人民政府对本行政区域声环境质量负责,采取有效措施,改善声环境质量。国家实行噪声污染防治目标责任制和考核评价制度,将噪声污染防治目标完成情况纳入考核评价内容。

第七条　县级以上地方人民政府应当依照本法和国务院的规定,明确有关部门的噪声污染防治监督管理职责,根据需要建立噪声污染防治工作协调联动机制,加强部门协同配合、信息共享,推进本行政区域噪声污染防治工作。

第八条　国务院生态环境主管部门对全国噪声污染防治实施统一监督管理。地方人民政府生态环境主管部门对本行政区域噪声污染防治实施统一监督管理。

各级住房和城乡建设、公安、交通运输、铁路监督管理、民用航空、海事等部门,在各自职责范围内,对建筑施工、交通运输和社会生活噪声污染防治实施监督管理。基层群众性自治组织应当协助地方人民政府及其有关部门做好噪声污染防治工作。

第九条　任何单位和个人都有保护声环境的义务,同时依法享有获取声环境信息、参与和监督噪声污染防治的权利。排放噪声的单位和个人应当采取有效措施,防止、减轻噪声污染。

第十条　各级人民政府及其有关部门应当加强噪声污染防治法律法规和知识的宣传教育普及工作,增强公众噪声污染防治意识,引导公众依法参与噪声污染防治工作。新闻媒体应当开展噪声污染防治法律法规和知识的公益宣传,对违反噪声污染防治法律法规的行为进行舆论监督。国家鼓励基层群众性自治组织、社会组织、公共场所管理者、业主委员会、物业服务人、志愿者等开展噪声污染防治法律法规和知识的宣传。

第十一条　国家鼓励、支持噪声污染防治科学技术研究开发、成果转化和推广应用,加强噪声污染防治专业技术人才培养,促进噪声污染防治科学技术进步和产业发展。

第十二条　对在噪声污染防治工作中做出显著成绩的单位和个人,按照国家规定给予表彰、奖励。

第二章　噪声污染防治标准和规划

第十三条　国家推进噪声污染防治标准体系建设。国务院生态环境主管部门和国务院其他有关部门,在各自职责范围内,制定和完善噪声污染防治相关标准,加强标准之间的衔接协调。

第十四条　国务院生态环境主管部门制定国家声环境质量标准。县级以上地方人民政府根据国家声环境质量标准和国土空间规划以及用地现状,划定本行政区域各类声环境质量标准的适用区域;将以用于居住、科学研究、医疗卫生、文化教育、机关团体办公、社会福利等的建筑物为主的区域,划定为噪声敏感建筑物集中区域,加强噪声污染防治。声环境质量标准适用区域范围和噪声敏感建筑物集中区域范围应当向社会公布。

第十五条　国务院生态环境主管部门根据国家声环境质量标准和国家经济、技术条件,制定国家噪声排放标准以及相关的环境振动控制标准。省、自治区、直辖市人民政府对尚未制定国家噪声排放标准的,可以制定地方噪声排放标准;对已经制定国家噪声排放标准的,可以制定严于国家噪声排放标准的地方噪声排放标准。地方噪声排放标准应当报国务院生态环境主管部门备案。

第十六条　国务院标准化主管部门会同国务院发展改革、生态环境、工业和信息化、住房和城乡建设、交通运输、铁路监督管理、民用航空、海事等部门,对可能产生噪声污染的工业设备、施工机械、机动车、铁路机车车辆、城市轨道交通车辆、民用航空器、机动船舶、电气电子产品、建筑附属设备等产品,根据声环境保护的要求和国家经济、技术条件,在其技术规范或者产品质量标准中规定噪声限值。前款规定的产品使用时产生噪声的限值,应当在有关技术文件中注明。禁止生产、进口或者销售不符合噪声限值的产品。县级以上人民政府市场监督管理等部门对生产、销售的有噪声限值的产品进行监督抽查,对电梯等特种设备使用时发出的噪声进行监督抽测,生态环境主管部门予以配合。

第十七条　声环境质量标准、噪声排放标准和其他噪声污染防治相关标准应当定期评估,并根据评估结果适时修订。

第十八条　各级人民政府及其有关部门制定、修改国土空间规划和相关规划,应当依法进行环境影响评价,充分考虑城乡区域开发、改造和建设项目产生的噪声对周围生活环境的影响,统筹规划,合理安排土地用途和建设布局,防止、减轻噪声污染。有关环境影响篇章、说明或者报告书中应当包括噪声污染防治内容。

第十九条　确定建设布局,应当根据国家声环境质量标准和民用建筑隔声设计相关标准,合理划定建筑物与交通干线等的防噪声距离,并提出相应的规划设计要求。

第二十条　未达到国家声环境质量标准的区域所在的设区的市、县级人民政府,应当及时编制声环境质量改善规划及其实施方案,采取有效措施,改善声环境质量。声环境质量改善规划及其实施方案应当向社会公开。

第二十一条　编制声环境质量改善规划及其实施方案,制定、修订噪声污染防治相关标准,应当征求有关行业协会、企业事业单位、专家和公众等的意见。

第三章　噪声污染防治的监督管理

第二十二条　排放噪声、产生振动,应当符合噪声排放标准以及相关的环境振动控制标准和有关法律、法规、规章的要求。排放噪声的单位和公共场所管理者,应当建立噪声污染防治责任制度,明确负责人和相关人员的责任。

第二十三条　国务院生态环境主管部门负责制定噪声监测和评价规范,会同国务院有关部门组织声环境质量监测网络,规划国家声环境质量监测站(点)的设置,组织开展全国声环境质量监测,推进监测自动化,统一发布全国声环境质量状况信息。地方人民政府生态环境主管部门会同有关部门按照规定设置本行政区域声环境质量监测站(点),组织开展本行政区域声环境质量监测,定期向社会公布声环境质量状况信息。地方人民政府生态环境等部门应当加强对噪声敏感建筑物周边等重点区域噪声排放情况的调查、监测。

第二十四条　新建、改建、扩建可能产生噪声污染的建设项目,应当依法进行环境影响评价。

第二十五条　建设项目的噪声污染防治设施应当与主体工程同时设计、同时施工、同时投产使用。建设项目在投入生产或者使用之前,建设单位应当依照有关法律法规的规定,对配套建设的噪声污染防治设施进行验收,编制验收报告,并向社会公开。未经验收或者验收不合格的,该建设项目不得投入生产或者使用。

第二十六条　建设噪声敏感建筑物,应当符合民用建筑隔声设计相关标准要求,不符合标准要求的,不得通过验收、交付使用;在交通干线两侧、工业企业周边等地方建设噪声敏感建筑物,还应当按照规定间隔一定距离,并采取减少振动、降低噪声的措施。

第二十七条　国家鼓励、支持低噪声工艺和设备的研究开发和推广应用,实行噪声污染严重的落后工艺和设备淘汰制度。国务院发展改革部门会同国务院有关部门确定噪声污染严重的工艺和设备淘汰期限,并纳入国家综合性产业政策目录。

生产者、进口者、销售者或者使用者应当在规定期限内停止生产、进口、销售或者使用列入前款规定目录的设备。工艺的采用者应当在规定期限内停止采用列入前款规定目录的工艺。

第二十八条　对未完成声环境质量改善规划设定目标的地区以及噪声污染问题突出、群众反映强烈的地区,省级以上人民政府生态环境主管部门会同其他负有噪声污染防治监督管理职责的部门约谈该地区人民政府及其有关部门的主要负责人,要求其采取有效措施及时整改。约谈和整改情况应当向社会公开。

第二十九条　生态环境主管部门和其他负有噪声污染防治监督管理职责的部门,有权对排放噪声的单位或者场所进行现场检查。被检查者应当如实反映情况,提供必要的资料,不得拒绝或者阻挠。实施检查的部门、人员对现场检查中知悉的商业秘密应当保密。检查人员进行现场检查,不得少于两人,并应当主动出示执法证件。

第三十条　排放噪声造成严重污染,被责令改正拒不改正的,生态环境主管部门或者其他负有噪声污染防治监督管理职责的部门,可以查封、扣押排放噪声的场所、设施、设备、工具和物品。

第三十一条　任何单位和个人都有权向生态环境主管部门或者其他负有噪声污染防治监督管理职责的部门举报造成噪声污染的行为。生态环境主管部门和其他负有噪声污染防治监督管理职责的部门应当公布举报电话、电子邮箱等,方便公众举报。接到举报的部门应当及时处理并对举报人的相关信息保密。举报事项属于其他部门职责的,接到举报的部门应当及时移送相关部门并告知举报人。举报人要求答复并提供有效联系方式的,处理举报事项的部门应当反馈处理结果等情况。

第三十二条　国家鼓励开展宁静小区、静音车厢等宁静区域创建活动,共同维护生活环境和谐安宁。

第三十三条　在举行中等学校招生考试、高等学校招生统一考试等特殊活动期间,地方人民政府或者其指定的部门可以对可能产生噪声影响的活动,作出时间和区域的限制性规定,并提前向社会公告。

第四章　工业噪声污染防治

第三十四条　本法所称工业噪声,是指在工业生产活动中产生的干扰周围生活环境的声音。

第三十五条　工业企业选址应当符合国土空间规划以及相关规划要求,县级以上地方人民政府应当按照规划要求优化工业企业布局,防止工业噪声污染。在噪声敏感建筑物集中区域,禁止新建排放噪声的工业企业,改建、扩建工业企业的,应当采取有效措施防止工业噪声污染。

第三十六条　排放工业噪声的企业事业单位和其他生产经营者,应当采取有效措施,减少振动、降低噪声,依法取得排污许可证或者填报排污登记表。实行排污许可管理的单位,不得无排污许可证排放工业噪声,并应当按照排污许可证的要求进行噪声污染防治。

第三十七条　设区的市级以上地方人民政府生态环境主管部门应当按照国务院生态环境主管部门的规定,根据噪声排放、声环境质量改善要求等情况,制定本行政区域噪声重点排污单位名录,向社会公开并适时更新。

第三十八条　实行排污许可管理的单位应当按照规定,对工业噪声开展自行监测,保存原始监测记录,向社会公开监测结果,对监测数据的真实性和准确性负责。噪声重点排污单位应当按照国家规定,安装、使用、维护噪声自动监测设备,与生态环境主管部门的监控设备联网。

第五章　建筑施工噪声污染防治

第三十九条　本法所称建筑施工噪声,是指在建筑施工过程中产生的干扰周围生活环境的声音。

第四十条　建设单位应当按照规定将噪声污染防治费用列入工程造价,在施工合同中明确施工单位的噪声污染防治责任。施工单位应当按照规定制定噪声污染防治实施方案,采取有效措施,减少振动、降低噪声。建设单位应当监督施工单位落实噪声污染防治实施方案。

第四十一条　在噪声敏感建筑物集中区域施工作业,应当优先使用低噪声施工工艺和设备。国务院工业和信息化主管部门会同国务院生态环境、住房和城乡建设、市场监督管理等部门,公布低噪声施工设备指导名录并适时更新。

第四十二条　在噪声敏感建筑物集中区域施工作业,建设单位应当按照国家规定,设置噪声自动监测系统,与监督管理部门联网,保存原始监测记录,对监测数据的真实性和准确性负责。

第四十三条　在噪声敏感建筑物集中区域,禁止夜间进行产生噪声的建筑施工作业,但抢修、抢险施工作业,因生产工艺要求或者其他特殊需要必须连续施工作业的除外。因特殊需要必须连续施工作业的,应当取得地方人民政府住房和城乡建设、生态环境主管部门或者地方人民政府指定的部门的证明,并在施工现场显著位置公示或者以其他方式公告附近居民。

第六章　交通运输噪声污染防治

第四十四条　本法所称交通运输噪声,是指机动车、铁路机车车辆、城市轨道交通车辆、机动船舶、航空器等交通运输工具在运行时产生的干扰周围生活环境的声音。

第四十五条 各级人民政府及其有关部门制定、修改国土空间规划和交通运输等相关规划,应当综合考虑公路、城市道路、铁路、城市轨道交通线路、水路、港口和民用机场及其起降航线对周围声环境的影响。新建公路、铁路线路选线设计,应当尽量避开噪声敏感建筑物集中区域。新建民用机场选址与噪声敏感建筑物集中区域的距离应当符合标准要求。

第四十六条 制定交通基础设施工程技术规范,应当明确噪声污染防治要求。新建、改建、扩建经过噪声敏感建筑物集中区域的高速公路、城市高架、铁路和城市轨道交通线路等的,建设单位应当在可能造成噪声污染的重点路段设置声屏障或者采取其他减少振动、降低噪声的措施,符合有关交通基础设施工程技术规范以及标准要求。建设单位违反前款规定的,由县级以上人民政府指定的部门责令制定、实施治理方案。

第四十七条 机动车的消声器和喇叭应当符合国家规定。禁止驾驶拆除或者损坏消声器、加装排气管等擅自改装的机动车以轰鸣、疾驶等方式造成噪声污染。使用机动车音响器材,应当控制音量,防止噪声污染。机动车应当加强维修和保养,保持性能良好,防止噪声污染。

第四十八条 机动车、铁路机车车辆、城市轨道交通车辆、机动船舶等交通运输工具运行时,应当按照规定使用喇叭等声响装置。警车、消防救援车、工程救险车、救护车等机动车安装、使用警报器,应当符合国务院公安等部门的规定;非执行紧急任务,不得使用警报器。

第四十九条 地方人民政府生态环境主管部门会同公安机关根据声环境保护的需要,可以划定禁止机动车行驶和使用喇叭等声响装置的路段和时间,向社会公告,并由公安机关交通管理部门依法设置相关标志、标线。

第五十条 在车站、铁路站场、港口等地指挥作业时使用广播喇叭的,应当控制音量,减轻噪声污染。

第五十一条 公路养护管理单位、城市道路养护维修单位应当加强对公路、城市道路的维护和保养,保持减少振动、降低噪声设施正常运行。城市轨道交通运营单位、铁路运输企业应当加强对城市轨道交通线路和城市轨道交通车辆、铁路线路和铁路机车车辆的维护和保养,保持减少振动、降低噪声设施正常运行,并按照国家规定进行监测,保存原始监测记录,对监测数据的真实性和准确性负责。

第五十二条 民用机场所在地人民政府,应当根据环境影响评价以及监测结果确定的民用航空器噪声对机场周围生活环境产生影响的范围和程度,划定噪声敏感建筑物禁止建设区域和限制建设区域,并实施控制。在禁止建设区域禁止新建与航空无关的噪声敏感建筑物。在限制建设区域确需建设噪声敏感建筑物的,建设单位应当对噪声敏感建筑物进行建筑隔声设计,符合民用建筑隔声设计相关标准要求。

第五十三条 民用航空器应当符合国务院民用航空主管部门规定的适航标准中的有关噪声要求。

第五十四条 民用机场管理机构负责机场起降航空器噪声的管理,会同航空运输企业、通用航空企业、空中交通管理部门等单位,采取低噪声飞行程序、起降跑道优化、运行架次和时段控制、高噪声航空器运行限制或者周围噪声敏感建筑物隔声降噪等措施,防止、减轻民用航空器噪声污染。民用机场管理机构应当按照国家规定,对机场周围民用航空器噪声进行监测,保存原始监测记录,对监测数据的真实性和准确性负责,监测结果定期向民用航空、生态环境主管部门报送。

第五十五条　因公路、城市道路和城市轨道交通运行排放噪声造成严重污染的,设区的市、县级人民政府应当组织有关部门和其他有关单位对噪声污染情况进行调查评估和责任认定,制定噪声污染综合治理方案。噪声污染责任单位应当按照噪声污染综合治理方案的要求采取管理或者工程措施,减轻噪声污染。

第五十六条　因铁路运行排放噪声造成严重污染的,铁路运输企业和设区的市、县级人民政府应当对噪声污染情况进行调查,制定噪声污染综合治理方案。铁路运输企业和设区的市、县级人民政府有关部门和其他有关单位应当按照噪声污染综合治理方案的要求采取有效措施,减轻噪声污染。

第五十七条　因民用航空器起降排放噪声造成严重污染的,民用机场所在地人民政府应当组织有关部门和其他有关单位对噪声污染情况进行调查,综合考虑经济、技术和管理措施,制定噪声污染综合治理方案。民用机场管理机构、地方各级人民政府和其他有关单位应当按照噪声污染综合治理方案的要求采取有效措施,减轻噪声污染。

第五十八条　制定噪声污染综合治理方案,应当征求有关专家和公众等的意见。

第七章　社会生活噪声污染防治

第五十九条　本法所称社会生活噪声,是指人为活动产生的除工业噪声、建筑施工噪声和交通运输噪声之外的干扰周围生活环境的声音。

第六十条　全社会应当增强噪声污染防治意识,自觉减少社会生活噪声排放,积极开展噪声污染防治活动,形成人人有责、人人参与、人人受益的良好噪声污染防治氛围,共同维护生活环境和谐安宁。

第六十一条　文化娱乐、体育、餐饮等场所的经营管理者应当采取有效措施,防止、减轻噪声污染。

第六十二条　使用空调器、冷却塔、水泵、油烟净化器、风机、发电机、变压器、锅炉、装卸设备等可能产生社会生活噪声污染的设备、设施的企业事业单位和其他经营管理者等,应当采取优化布局、集中排放等措施,防止、减轻噪声污染。

第六十三条　禁止在商业经营活动中使用高音广播喇叭或者采用其他持续反复发出高噪声的方法进行广告宣传。对商业经营活动中产生的其他噪声,经营者应当采取有效措施,防止噪声污染。

第六十四条　禁止在噪声敏感建筑物集中区域使用高音广播喇叭,但紧急情况以及地方人民政府规定的特殊情形除外。在街道、广场、公园等公共场所组织或者开展娱乐、健身等活动,应当遵守公共场所管理者有关活动区域、时段、音量等规定,采取有效措施,防止噪声污染;不得违反规定使用音响器材产生过大音量。公共场所管理者应当合理规定娱乐、健身等活动的区域、时段、音量,可以采取设置噪声自动监测和显示设施等措施加强管理。

第六十五条　家庭及其成员应当培养形成减少噪声产生的良好习惯,乘坐公共交通工具、饲养宠物和其他日常活动尽量避免产生噪声对周围人员造成干扰,互谅互让解决噪声纠纷,共同维护声环境质量。使用家用电器、乐器或者进行其他家庭场所活动,应当控制音量或者采取其他有效措施,防止噪声污染。

第六十六条　对已竣工交付使用的住宅楼、商铺、办公楼等建筑物进行室内装修活动,应当按照规定限定作业时间,采取有效措施,防止、减轻噪声污染。

第六十七条　新建居民住房的房地产开发经营者应当在销售场所公示住房可能受到噪声

影响的情况以及采取或者拟采取的防治措施,并纳入买卖合同。新建居民住房的房地产开发经营者应当在买卖合同中明确住房的共用设施设备位置和建筑隔声情况。

第六十八条　居民住宅区安装电梯、水泵、变压器等共用设施设备的,建设单位应当合理设置,采取减少振动、降低噪声的措施,符合民用建筑隔声设计相关标准要求。已建成使用的居民住宅区电梯、水泵、变压器等共用设施设备由专业运营单位负责维护管理,符合民用建筑隔声设计相关标准要求。

第六十九条　基层群众性自治组织指导业主委员会、物业服务人、业主通过制定管理规约或者其他形式,约定本物业管理区域噪声污染防治要求,由业主共同遵守。

第七十条　对噪声敏感建筑物集中区域的社会生活噪声扰民行为,基层群众性自治组织、业主委员会、物业服务人应当及时劝阻、调解;劝阻、调解无效的,可以向负有社会生活噪声污染防治监督管理职责的部门或者地方人民政府指定的部门报告或者投诉,接到报告或者投诉的部门应当依法处理。

第八章　法　律　责　任
（略）

第九章　附　　则

第八十八条　本法中下列用语的含义:

（一）噪声排放,是指噪声源向周围生活环境辐射噪声;

（二）夜间,是指晚上十点至次日早晨六点之间的期间,设区的市级以上人民政府可以另行规定本行政区域夜间的起止时间,夜间时段长度为八小时;

（三）噪声敏感建筑物,是指用于居住、科学研究、医疗卫生、文化教育、机关团体办公、社会福利等需要保持安静的建筑物;

（四）交通干线,是指铁路、高速公路、一级公路、二级公路、城市快速路、城市主干路、城市次干路、城市轨道交通线路、内河高等级航道。

第八十九条　省、自治区、直辖市或者设区的市、自治州根据实际情况,制定本地方噪声污染防治具体办法。

第九十条　本法自 2022 年 6 月 5 日起施行。《中华人民共和国环境噪声污染防治法》同时废止。

附录 3　《声环境质量标准》（GB 3096—2008）（节选）

本标准是为贯彻《中华人民共和国环境噪声污染防治法》,防治噪声污染,保障城乡居民正常生活、工作和学习的声环境质量制定的。

本标准是对《城市区域环境噪声标准》（GB 3096—1993）和《城市区域环境噪声测量方法》（GB/T 14623—1993）的修订,与原标准相比主要修改内容如下:扩大了标准适用区域,将乡村地区纳入标准适用范围;将环境质量标准与测量方法标准合并为一项标准;明确了交通干线的定义,对交通干线两侧 4 类区环境噪声限值作了调整;提出了声环境功能区监测和噪声敏感建筑物监测的要求。

本标准于 1982 年首次发布,1993 年第一次修订,本次为第二次修订。自本标准实施之日起,GB 3096—1993 和 GB/T 14623—1993 废止。本标准的附录 A 为资料性附录,附录 B、附录 C 为规范性附录。本标准由环境保护部科技标准司组织制订。本标准起草单位:中国环境科学研究院、北京市环境保护监测中心、广州市环境监测中心站。本标准由环境保护部于2008 年 7 月 30 日批准。本标准自 2008 年 10 月 1 日起实施。本标准由环境保护部解释。

1 适用范围

(略)

2 规范性引用文件

(略)

3 术语和定义

(略)

4 声环境功能区分类

按区域的使用功能特点和环境质量要求,声环境功能区分为以下五种类型:

0 类声环境功能区:指康复疗养区等特别需要安静的区域。

1 类声环境功能区:指以居民住宅、医疗卫生、文化教育、科研设计、行政办公为主要功能,需要保持安静的区域。

2 类声环境功能区:指以商业金融、集市贸易为主要功能,或者居住、商业、工业混杂,需要维护住宅安静的区域。

3 类声环境功能区:指以工业生产、仓储物流为主要功能,需要防止工业噪声对周围环境产生严重影响的区域。

4 类声环境功能区:指交通干线两侧一定距离之内,需要防止交通噪声对周围环境产生严重影响的区域,包括 4a 类和 4b 类两种类型。4a 类为高速公路、一级公路、二级公路、城市快速路、城市主干路、城市次干路、城市轨道交通(地面段)、内河航道两侧区域,4b 类为铁路干线两侧区域。

5 环境噪声限值

5.1 各类声环境功能区适用附表 2 规定的环境噪声等效声级限值。

附表 2 环境噪声限值　　　　单位:dB

声环境功能区别		时段	
		昼间	夜间
0 类		50	40
1 类		55	45
2 类		60	50
3 类		65	55
4 类	4a 类	70	55
	4b 类	70	60

5.2 附表 2 中 4b 类声环境功能区环境噪声限值,适用于 2011 年 1 月 1 日起环境影响评价文件通过审 批的新建铁路(含新开廊道的增建铁路)干线建设项目两侧区域。

5.3 在下列情况下,铁路干线两侧区域不通过列车时的环境背景噪声限值,按昼间 70

dB(A)、夜间 55 dB(A)执行：

a)穿越城区的既有铁路干线；

b)对穿越城区的既有铁路干线进行改建、扩建的铁路建设项目。

既有铁路是指 2010 年 12 月 31 日前已建成运营的铁路或环境影响评价文件已通过审批的铁路建设项目。

5.4　各类声环境功能区夜间突发噪声，其最大声级超过环境噪声限值的幅度不得高于 15 dB(A)。

6　环境噪声监测要求

6.1　测量仪器

测量仪器精度为 2 型及 2 型以上的积分平均声级计或环境噪声自动监测仪器，其性能需符合《电声学　声级计　第 3 部分：周期试验》(GB/T 3785.3—2018)和《积分平均声级计》(GB/T 17181—1997)的规定，并定期校验。测量前、后使用声校准器校准测量仪器的示值偏差不得大于 0.5 dB，否则测量无效。声校准器应满足 GB/T 15173 对 1 级或 2 级声校准器的要求。测量时传声器应加防风罩。

6.2　测点选择

根据监测对象和目的，可选择以下三种测点条件(指传声器所置位置)进行环境噪声的测量：

a)一般户外。

在距离任何反射物(地面除外)至少 3.5 m 外测量，距地面高度 1.2 m 以上。必要时可置于高层建筑上，以扩大监测受声范围。使用监测车辆测量，传声器应固定在车顶部 1.2 m 高度处。

b)噪声敏感建筑物户外。

在噪声敏感建筑物外，距墙壁或窗户 1 m 处，距地面高度 1.2 m 以上。

c)噪声敏感建筑物室内。

距离墙面和其他反射面至少 1 m，距窗约 1.5 m 处，距地面 1.2～1.5 m 高。

6.3　气象条件

测量应在无雨雪、无雷电天气，风速 5 m/s 以下时进行。

6.4　监测类型与方法

根据监测对象和目的，环境噪声监测分为声环境功能区监测和噪声敏感建筑物监测两种类型，分别采用附录 B 和附录 C 规定的监测方法。

6.5　测量记录

测量记录应包括以下事项：

a)日期、时间、地点及测定人员；

b)使用仪器型号、编号及其校准记录；

c)测定时间内的气象条件(风向、风速、雨雪等天气状况)；

d)测量项目及测定结果；

e)测量依据的标准；

f)测点示意图；

g)声源及运行工况说明(如交通噪声测量的交通流量等)；

h)其他应记录的事项。

7　声环境功能区的划分要求

7.1　城市声环境功能区的划分

城市区域应按照《声环境功能区划分技术规范》(GB/T 15190—2014)的规定划分声环境功能区,分别执行本标准规定的 0 类、1 类、2 类、3 类、4 类声环境功能区环境噪声限值。

7.2　乡村声环境功能的确定

乡村区域一般不划分声环境功能区,根据环境管理的需要,县级以上人民政府环境保护行政主管部门可按以下要求确定乡村区域适用的声环境质量要求:

a)位于乡村的康复疗养区执行 0 类声环境功能区要求;

b)村庄原则上执行 1 类声环境功能区要求,工业活动较多的村庄以及有交通干线经过的村庄(指执行 4 类声环境功能区要求以外的地区)可局部或全部执行 2 类声环境功能区要求;

c)集镇执行 2 类声环境功能区要求;

d)独立于村庄、集镇之外的工业、仓储集中区执行 3 类声环境功能区要求;

e)位于交通干线两侧一定距离(参考 GB/T 15190—2014 第 8.3 条规定)内的噪声敏感建筑物执行 4 类声环境功能区要求。

8 标准的实施要求

本标准由县级以上人民政府环境保护行政主管部门负责组织实施。

为实施本标准,各地应建立环境噪声监测网络与制度、评价声环境质量状况、进行信息通报与公示、确定达标区和不达标区、制订达标区维持计划与不达标区噪声削减计划,因地制宜改善声环境质量。

附录 A

(资料性附录)

不同类型交通干线的定义

A.1 铁路

以动力集中方式或动力分散方式牵引,行驶于固定钢轨线路上的客货运输系统。

A.2 高速公路

根据《公路工程技术标准》(JTG B01—2014),定义如下:

专供汽车分向、分车道行驶,并应全部控制出入的多车道公路,其中:

四车道高速公路应能适应将各种汽车折合成小客车的年平均日交通 125 000～55 000 辆;

六车道高速公路应能适应将各种汽车折合成小客车的年平均日交通 45 000～80 000 辆;

八车道高速公路应能适应将各种汽车折合成小客车的年平均日交通 60 000～100 000 辆。

A.3 一级公路

根据 JTG B01—2014,定义如下:

供汽车分向、分车道行驶,并可根据需要控制出入的多车道公路,其中:

四车道一级公路应能适应将各种汽车折合成小客车的年平均日交通量 15 000～30 000 辆;

六车道一级公路应能适应将各种汽车折合成小客车的年平均日交通量 25 000～55 000 辆。

A.4 二级公路

根据 JTG B01—2014,定义如下:

供汽车行驶的双车道公路。

双车道二级公路应能适应将各种汽车折合成小客车的年平均日交通量 5 000~15 000 辆。

A.5　城市快速路

根据《城市规划基本术语标准》(GB/T 50280—1998),定义如下:

城市道路中设有中央分隔带,具有四条以上机动车道,全部或部分采用立体交叉与控制出入,供汽车以较高速度行驶的道路,又称汽车专用道。

城市快速路一般在特大城市或大城市中设置,主要起联系城市内各主要地区、沟通对外联系的作用。

A.6　城市主干路

联系城市各主要地区(住宅区、工业区以及港口、机场和车站等客货运中心等),承担城市主要交通任务的交通干道,是城市道路网的骨架。主干路沿线两侧不宜修建过多的车辆和行人出入口。

A.7　城市次干路

城市各区域内部的主要道路,与城市主干路结合成道路网,起集散交通的作用兼有服务功能。

A.8　城市轨道交通

以电能为主要动力,采用钢轮-钢轨为导向的城市公共客运系统。按照运量及运行方式的不同,城市轨道交通分为地铁、轻轨以及有轨电车。

A.9　内河航道

船舶、排筏可以通航的内河水域及其港口。

附录 B

(规范性附录)

声环境功能区监测方法

B.1　监测目的

评价不同声环境功能区昼间、夜间的声环境质量,了解功能区环境噪声时空分布特征。

B.2　定点监测法

B.2.1　监测要求

选择能反映各类功能区声环境质量特征的监测点 1 至若干个,进行长期定点监测,每次测量的位置、高度应保持不变。

对于 0 类、1 类、2 类、3 类声环境功能区,该监测点应为户外长期稳定、距地面高度为声场空间垂直分布的可能最大值处,其位置应能避开反射面和附近的固定噪声源;4 类声环境功能区监测点设于 4 类区内第一排噪声敏感建筑物户外交通噪声空间垂直分布的可能最大值处。

声环境功能区监测每次至少进行一昼夜 24 h 的连续监测,得出每小时及昼间、夜间的等效声级,如 L_{eq}、L_d、L_n 和最大声级 L_{max},用于噪声分析目的,可适当增加监测项目,如累积百分声级 L_{10}、L_{50}、L_{90} 等。监测应避开节假日和非正常工作日。

B.2.2　监测结果评价

各监测点位测量结果独立评价,以昼间等效声级 L_d 和夜间等效声级 L_n 作为评价各监测点位声环境质量是否达标的基本依据。

一个功能区设有多个测点的,应按点次分别统计昼间、夜间的达标率。

B.2.3 环境噪声自动监测系统

全国重点环保城市以及其他有条件的城市和地区宜设置环境噪声自动监测系统,进行不同声环境功能区监测点的连续自动监测。

环境噪声自动监测系统主要由自动监测子站和中心站及通信系统组成,其中自动监测子站由全天候户外传声器、智能噪声自动监测仪器、数据传输设备等构成。

B.3 普查监测法

B.3.1 0～3 类声环境功能区普查监测

B.3.1.1 监测要求

将要普查监测的某一声环境功能区划分成多个等大的正方格,网格要完全覆盖住被普查的区域,且有效网格总数应多于 100 个。测点应设在每一个网格的中心,测点条件为一般户外条件。

监测分别在昼间工作时间和夜间 22:00—24:00(时间不足可顺延)进行。在前述测量时间内,每次每个测点测量 10 min 的等效声级 L_{eq},同时记录噪声主要来源。监测应避开节假日和非正常工作日。

B.3.1.2 监测结果评价

对全部网格中心测点测得的 10 min 的等效声级 L_{eq} 做算术平均运算,所得到的平均值代表某一声环境功能区的总体环境噪声水平,并计算标准偏差。

根据每个网格中心的噪声值及对应的网格面积,统计不同噪声影响水平下的面积百分比,以及昼间、夜间的达标面积比例。有条件可估算受影响人口。

B.3.2 4 类声环境功能区普查监测

B.3.2.1 监测要求

以自然路段、站场、河段等为基础,考虑交通运行特征和两侧噪声敏感建筑物分布情况。划分典型路段(包括河段)。在每个典型路段对应的 4 类区边界上(指 4 类区内无噪声敏感建筑物存在时)或第一排噪声敏感建筑物户外(指 4 类区内无噪声敏感建筑物存在时)选择 1 个测点进行监测。这些测点应与站、场、码头、岔路口、河流汇入口等相隔一定的距离。避开这些地点的噪声干扰。

监测分昼、夜两个时段进行。分别测量如下规定时间内的等效声级 L_{eq} 和交通流量:对铁路、城市轨道交通线路(地面段),应同时测量最大声级 L_{max},对道路交通噪声应同时测量累计百分声级 L_{10}、L_{50}、L_{90}。

根据交通类型的差异,规定的测量时间为:

铁路、城市轨道交通(地面段)、内河航道两侧:昼、夜各测量不低于平均运行密度的 1 h 值。若城市轨道交通(地面段)的运行车次密集,测量时间可缩短至 20 min。

高速公路、一级公路、二级公路、城市快速路、城市主干路、城市次干路两侧:昼、夜各测量不低于平均运行密度的 20 min 值。

监测应避开节假日和非正常工作日。

B.3.2.2 监测结果评价

将某条交通干线各典型路段测得的噪声值,按路段长度进行加权算术平均,以此得出某条交通干线两侧 4 类声环境功能区的环境噪声平均值。

也可对某一区域内的所有铁路、确定为交通干线的道路、城市轨道交通(地面段)、内河航道按前述方法进行长度加权统计,得出针对某一区域某一交通类型的环境噪声平均值。

根据每个典型路段的噪声值及对应的路段长度,统计不同噪声影响水平下的路段百分比,以及昼间、夜间的达标路段比例。有条件可估算受影响人口。

对某条交通干线或某一区域某一交通类型采取抽样测量的,应统计抽样路段比例。

附录 C

(规范性附录)

噪声敏感建筑物监测方法

C.1 监测目的

了解噪声敏感建筑物户外(或室内)的环境噪声水平,评价是否符合所处声环境功能区的环境质量要求。

C.2 监测要求

监测点一般设于噪声敏感建筑物户外。不得不在噪声敏感建筑物室内监测时,应在门窗全打开状况下进行室内噪声测量,并采用较该噪声敏感建筑物所在声环境功能区对应环境噪声限值低 10 dB(A)的值作为评价依据。

对敏感建筑物的环境噪声监测应在周围环境噪声源正常工作条件下测量,视噪声源的运行工况,分昼、夜两个时段连续进行。根据环境噪声源的特征,可优化测量时间:

a)受固定噪声源的噪声影响。

稳态噪声测量 1 min 的等效声级 L_{eq}。

非稳态噪声测量整个正常工作时间(或代表性时段)的等效声级 L_{eq}。

b)受交通噪声源的噪声影响。

对于铁路、城市轨道交通(地面段)、内河航道,昼、夜各测量不低于平均运行密度的 1 h 等效声级 L_{eq},若城市轨道交通(地面段)的运行车次密集,测量时间可缩短至 20 min。

对于道路交通,昼、夜各测量不低于平均运行密度的 20 min 等效声级 L_{max}。

c)受突发噪声的影响。

以上监测对象夜间存在突发噪声的,应同时监测测量时段内的最大声级 L_{max}。

C.3 监测结果评价

以昼间、夜间环境噪声源正常工作时段的 L_{eq} 和夜间突发噪声 L_{max} 为评价噪声敏感建筑物户外(或室内)环境噪声水平,是否符合所处声环境功能区的环境质量要求的依据。

附录 4　声学测量基础标准、噪声测量标准和噪声限值标准

附录 4 给出声学测量基础标准、噪声测量标准和噪声限值标准的集合,其中包含国家标准(GB)、国际标准组织(ISO)和国际电工委员会(IEC)标准。

4.1　声学测量基础标准

1.中华人民共和国国家标准

(1) GB 3100—1993　　　　国际单位制及其应用

(2) GB 3101—1993　　　　有关量、单位和符号的一般原则

(3) GB 3102.7—1993　　　声学的量和单位

（4）GB/T 3238—1982　　声学量的级及其基准值

（5）GB/T 3239—1982　　空气中声和噪声强弱的主观和客观表示法

（6）GB/T 3240—1982　　声学测量中的常用频率

（7）GB/T 3241—1998　　倍频程和分数倍频程滤波器

（8）GB/T 3451—1982　　标准调音频率

（9）GB/T 3769—1983　　绘制频率特性图和极坐标图的标准和尺寸

（10）GB/T 3770—1983　　木工机床噪声声功率级的测量

（11）GB/T 3785—1983　　声级计的电、声性能及测试方法

（12）GB/T 3947—1996　　声学名词术语

（13）GB/T 15173—1994　　声校准器

（14）GB/T 17181—1997　　积分平均声级计

（15）GB/T 3222.1—2006　　声学　环境噪声的描述、测量与评价　第1部分：基本参量与评价方法

2. 国际电工委员会（IEC）

（1）IEC - 60034 - 9—2003　　旋转电动机　第九部分：噪声限制

（2）IEC - 60263—1982　　绘制频率特性和极坐标图用的标度和尺寸

（3）IEC - 61183—1994　　电声学　声级计的无规定射声场及其扩散胜场的校正

（4）IEC - 61260 AMD 1—2001　　电声学　分倍频程和频程频带滤波器　修改 1

（5）IEC - 61672.1—2002　　电声学　声级计　第1部分：规范

（6）IEC - 61672.2—2003　　电声学　声级计　第2部分：型式评定试验

（7）IEC - 61672.3—2006　　电声学　声级计　第3部分：周期性试验

3. 国际标准组织（ISO）

（1）ISO/TR 389.5—1998　　声学　校正听力设备的基准零级 8～16 kHz 频率范围内的纯音的等效阈声压级

（2）ISO 532—1975　　声学　响度级的计算法

（3）ISO 717.1—1996　　声学　建筑和建筑构件的隔声标定　第1部分：空气声隔声

（4）ISO 1000—1998　　SI 单位及其倍数单位和其他单位应用的建议　修改 1

（5）ISO 1683—1983　　声学　基准声学量

（6）ISO 3740—2000　　声学　噪声源声功率级的测定　基本标准使用导则

（7）ISO 3741—1999　　声学　声压法测定噪声源声功率级　混响室精密法

（8）ISO 3741.1—2001　　声学　声压法测定噪声源声功率级　混响室精密法 技术勘误 1

（9）ISO 3745—2003　　声学　用声压法测定噪声源声功率级　消声室和半消声室精密法

（10）ISO 3747—2000　　声学　声压法测定噪声源声功率级　现场比较法

（11）ISO 14163—1998　　声学　消声器噪声控制指南

（12）ISO 15667—2000　　声学　采用隔声罩和隔声小室的噪声控制指南

（13）ISO 16832—2006　　声学　利用类别法定义噪声等级

4.2 噪声限值标准

1. 环境噪声限值标准

(1) GB 3096—2008　　　声环境质量标准

(2) GB 12348—2008　　工业企业场界环境噪声排放标准

(3) GB 12523—1990　　建筑施工场界噪声限值

(4) GB 22337—2008　　社会生活环境噪声排放标准

2. 交通运输噪声限值标准

(1) GB 1495—2002　　　汽车加速行驶车外噪声限值及测量方法

(2) GB/T 3450—2006　　铁道机车和动车组司机室噪声限值及测量方法

(3) GB 4569—2005　　　摩托车和轻便摩托车　定置噪声限值及测量方法

(4) GB 5979—1986　　　海洋船舶噪声级规定

(5) GB 5980—2009　　　内河船舶噪声级规定

(6) GB 6376—2008　　　拖拉机噪声限值

(7) GB 9660—1988　　　机场周围飞机噪声环境标准

(8) GB/T 9911—1988　　船用柴油机辐射的空气噪声测量方法

(9) GB 11871—2009　　船用柴油机辐射的空气噪声限值

(10) CB 12525—1990　　铁路边界噪声限值及其测量方法

(11) GB/T 12816—2006　铁道客车内部噪声限值及测量方法

(12) GB 13669—1992　　铁道机车辐射噪声限值

(13) GB 14227—2006　　城市轨道交通车站站台声学要求和测量方法

(14) GB 14892—2006　　城市轨道交通列车噪声限值和测量方法

(15) GB 16169—2005　　摩托车和轻便摩托车加速行驶噪声限值及测量方法

(16) GB 16170—1996　　汽车定置噪声限值

(17) GB 19757—2005　　三轮汽车和低速货车加速行驶车外噪声限值及测量方法(中国Ⅰ、Ⅱ阶段)

3. 通用机械设备噪声限值标准

(1) GB/T 10069.1—2006　旋转电动机噪声测定方法及限值　第1部分:旋转电动机噪声测定方法

(2) GB 10069.3—2008　旋转电动机噪声测定方法及限值　第3部分:噪声限值

(3) GB 13326—1991　　组合式空气处理机组噪声限值

(4) GB 14097—1999　　中小功率柴油机噪声限值

(5) GB 15739—1995　　小型汽油机噪声限值

(6) GB 16710.1—1996　工程机械噪声限值

(7) GB/T 16710.2—1996　工程机械　定置试验条件下机外辐射噪声的测定

(8) GB/T 16710.3—1996　工程机械　定置试验条件下司机位置处噪声的测定

(9) GB/T 16710.4—1996　工程机械　动态试验条件下机外辐射噪声的测定

(10) GB/T 16710.5—1996　工程机械　动态试验条件下司机位置处噪声的测定

4. 家用电器噪声限值标准

GB 19606—2004　　　家用和类似用途电器噪声限值

5.噪声控制限值标准

(1) GBJ 87—1985　　　　　工业企业噪声控制设计规范

(2) GBJ 118—1988　　　　　民用建筑隔声设计规范

(3) HJ/T 379—2007　　　　　环境保护产品技术要求　隔声门

(4) JG/T 803—2007　　　　　吸声用穿孔石膏板

(5) GB/T 17249.1—1998　　声学　低噪声工作场所设计指南　噪声控制规划

(6) GB/T 18698—2002　　　声学　信息技术设备和通信设备噪声发射值的标示

(7) GB/T 19886—2005　　　声学　隔声罩和隔声间噪声控制指南

(8) GB/T 50121—2005　　　建筑隔声评价标准

4.3 噪声测量标准

1.区域环境噪声测量

(1) GJB 692—1989　　　　　海洋环境噪声测量规程

(2) GB/T 3222.1—2006　　声学　环境噪声的描述、测量与评价　基本参量与评价方法

(3) GB/T 9661—1988　　　机场周围飞机噪声测量方法

(4) GB/T 10071—1988　　城市区域环境振动测量方法

(5) GB/T 12349—2008　　工业企业厂界噪声排放标准

(6) GB/T 12524—1990　　建筑施工场界噪声测量方法

(7) GB/T 15190—1994　　城市区域环境噪声适用区划分技术规范

2.交通运输工具噪声测量

(1) GB 4569—1996　　　　摩托车和轻便摩托车定置噪声限值及测量方法

(2) GB/T 4583—2007　　　电动工具噪声测量方法　工程法

(3) GB/T 4595—2000　　　船上噪声测量

(4) GB/T 4964—1985　　　内河航道及港口内船舶辐射噪声的测量

(5) GB/T 5111—1995　　　声学　铁路机车车辆辐射噪声测量

(6) GB/T 14365—1993　　声学　机动车辆定置噪声测量方法

(7) GB/T 17250—1998　　声学　市区行驶条件下轿车噪声的测量

(8) GB/T 18697—2002　　声学　汽车车内噪声测量方法

(9) GB/T 19118—2003　　农用运输车　噪声测量方法

3.通用机械设备噪声测量

(1) GB/T 4214.1—2000　　声学　家用电器及类似用途器具噪声测试方法　第1部分：
　　　　　　　　　　　　　通用要求

(2) GB/T 4215—1984　　　金属切削机床噪声声功率级的测定

(3) JG/T 4759—1995　　　内燃机排气消声器测量方法

(4) GB/T 13802—1992　　工程机械辐射噪声测量的通用方法

(5) GB/T 14573.1—1993　确定和检验机器设备规定的噪声辐射值的统计学方法　第1
　　　　　　　　　　　　　部分：概述与定义

(6) GB/T 14573.2—1993　确定和检验机器设备规定的噪声辐射值的统计学方法　第2
　　　　　　　　　　　　　部分：单台机器标牌值的确定和检验方法

(7) GB/T 14573.3—1993　确定和检验机器设备规定的噪声辐射值的统计学方法　第3

部分:成批机器标牌值的确定和检验简易(过渡)法

(8) GB/T 14573. 4—1993　确定和检验机器设备规定的噪声辐射值的统计学方法　第4部分:成批机器标牌值的确定和检验方法

(9) GB/T 14574—2000　声学　机器和设备噪声发射值的标示和验证

(10) CB/T 16955—1997　农林拖拉机和机械操作者位置处噪声的测量　简易法

(11) GB/T 17248. 1—2000　声学　机器和设备发射的噪声测定工作位置和其他指定位置发射声压级的基础标准使用导则

(12) GB/T 17248. 2—1999　声学　机器和设备发射的噪声　工作位置和其他指定位置发射声压级的测量　一个反射面上方近似自由场的工程法

(13) GB/T 17248. 3—1999　声学　机器和设备发射的噪声　工作位置和其他指定位置发射声压级的测量　现场简易法

(14) GB/T 17248. 4—1998　声学　机器和设备发射的噪声　由声功率级确定工作位置和其他指定位置的发射声压级

(15) GB/T 17248. 5—1999　声学　机器和设备发射的噪声　工作位置和其他指定位置发射声压级的测量　环境修正法

(16) GB/T 17697—1999　声学风机辐射入管道的声功率测定管道法

(17) GB/T 18313—2001　信息技术与通信设备辐射空气噪声的测量

(18) GB/T 18698—2002　信息技术设备和通信设备噪声发射值的标示

4.噪声源功率级的测定

(1) GB/T 3767—1996　声学　声压法测定噪声源声功率级　反射面上方近似自由场的工程法

(2) GB/T 3768—1996　声学　声压法测定噪声源声功率级　反射面上方采用包络测量表面的简易法

(3) GB/T 3770—1983　木工机床噪声声功率级的测定

(4) GB/T 4129—2003　声学　噪声源声功率级的测定　标准声源的性能要求与校准

(5) GB/T 4215—1984　金属切削机床噪声声功率级的测定

(6) GB/T 6881. 1—2002　声学　声压法测定噪声源声功率级　混响室精密法

(7) GB/T 6881. 2—2002　声学　声压法测定噪声源声功率级　混响场中小型可移动声源工程法　第1部分:硬壁测试室比较法

(8) GB/T 6881. 3—2002　声学　声压法测定噪声源声功率级　混响场中小型可移动声源工程法　第2部分:专用混响测试室法

(9) GB/T 6882—2008　声学　噪声源声功率级的测定　消声室和半消声室精密法

(10) JB/T 7665—2007　通用机械噪声声功率级现场测定　声强法

(11) GB/T 9068—1988　采暖通风与空气调节设备噪声声功率级的测定　工程法

(12) GB/T 9069—2008　往复泵噪声声功率级的测定　工程法

(13) JB/T 10504—2005　空调风机噪声声功率级测定——混响室法

(14) GB/T 14367—2006　声学　噪声源声功率级的测定基础标准使用指南

(15) GB/T 16404—1996　声学　声强法测定噪声源的声功率级　第1部分:离散点

上的测量

（16）GB/T 16404．2—1999　声学　声强法测定噪声源的声功率级　第 2 部分：扫描
测量

（17）GB/T 16404．3—2006　声学　声强法测定噪声源的声功率级　第 3 部分：扫描测
量精密法

（18）GB/T 16538—2008　声学　声压法测定噪声源声功率级　现场比较法

（19）GB/T 16539—1996　声学　振速法测定噪声源声功率级　用于封闭机器的测量

（20）GB/T 20246—2006　声学　用于评价环境声压级的多声源工厂的声功率级测定
工程法

（21）GB/T 21229—2007　声学　风道末端装置、末端单元、风道闸门和阀噪声声功率
级的混响室测定

5.声学材料与结构的测量

（1）GBJ 75—1984　　　　建筑隔声测量规范

（2）GBJ 76—1984　　　　厅堂混响时间测量规范

（3）GBJ 88—1985　　　　驻波管法吸声系数与声阻抗率测量规范

（4）HJ/T 90—2004　　　　声屏障声学设计和测量规范

（5）JT/T 646—2005　　　公路声屏障材料技术要求和检测方法

（6）TB/T 3122—2005　　　铁路声屏障声学构件技术要求和测试方法

（7）GB/T 4760—1995　　　消声器测量方法

（8）GB/T 5266—1985　　　声学　水声材料纵波声速和衰减的测量　脉冲管法

（9）GB/T 16405—1996　　声学　管道消声器无气流状态下插入损失测量　实验室简
易法

（10）GB/T 16406—1996　声学　声学材料阻尼性能的弯曲共振测试方法

（11）GB/T 18022—2000　声学 1～10 MHz 频率范围内橡胶和塑料纵波声速与衰减
系数的测量方法

（12）GB/T 18696．1—2004　声学　阻抗管中吸声系数和声阻抗的测量　第 1 部分：驻
波比法

（13）GB/T 18696．2—2002　声学　阻抗管中吸声系数和声阻抗的测量　第 2 部分：传
递函数法

（14）GB/T 18699．1—2002　声学　隔声罩的隔声性能测定　第 1 部分：实验室条件下
测量（标示用）

（15）GB/T 18699．2—2002　声学　隔声罩的隔声性能测定　第 2 部分：现场测量（验收
和验证用）

（16）GB/T 19513—2004　声学　规定实验室条件下办公室屏障声衰减的测量

（17）GB/T 19884—2005　声学　各种户外声屏障插入损失的现场测定

（18）GB/T 19885—2005　声学　隔声间的隔声性能测定　实验室和现场测量

（19）GB/T 19886—2005　声学　隔声罩和隔声间噪声控制指南

（20）GB/T 19887—2005　声学　可移动屏障声衰减的现场测量

（21）GB/T 20247—2006　声学　混响室吸声测量

（22）GB/T 21228. 1—2007　声学　表面声散射特性　第 1 部分:混响室中无规入射声散射系数测量

（23）GB/T 21232—2007　声学　办公室和车间内声屏障控制噪声的指南

6. 其他

（1）GB/T 5265—1985　水下噪声测量

（2）GB/T 7584. 1—2004　声学　护听器　第 1 部分:声衰减测量的主观方法

（3）GB/T 7584. 2—1999　声学　护听器　第 2 部分:戴护听器时有效的 A 计权声压级估算

（4）GB/T 7965—2002　声学　水声换能器测量

（5）GB/T 7967—2002　声学　水声发射器的大功率特性和测量

（6）GB/T 14259—1993　声学　关于空气噪声的测量及其对人影响的评价的标准的指南

（7）GB/T 14366—1993　声学　职业噪声测量与噪声引起的听力损伤评价

（8）GB/T 17247. 1—2000　声学　户外声传播的衰减　第 1 部分:大气声吸收的计算

（9）GB/T 17247. 2—1998　声学　户外声传播的衰减　第 2 部分:一般计算方法

参 考 文 献

[1] 马大猷. 现代声学理论基础. 北京:科学出版社,2004.

[2] 中国大百科全书环境科学编辑组. 中国大百科全书:环境科学. 北京:中国大百科全书出版社,1983.

[3] 马大猷. 噪声控制学. 北京:科学出版社,1987.

[4] 潘仲麟,翟国庆. 噪声控制技术. 北京:化学工业出版社,2006.

[5] 洪宗辉,潘仲麟. 环境噪声控制工程. 北京:高等教育出版社,2002.

[6] 李耀中,李东升. 噪声控制技术. 2版. 北京:化学工业出版社,2008.

[7] 刘慧玲. 环境噪声控制. 哈尔滨:哈尔滨工业大学出版社,2002.

[8] 盛美萍,王敏庆,孙进才. 噪声与振动控制技术基础. 北京:科学出版社,2011.

[9] 任文堂. 工业噪声与振动控制技术. 北京:冶金工业出版社,1989.

[10] 王文奇. 噪声控制技术及其应用. 沈阳:辽宁科学技术出版社,1985.

[11] 陈秀娟. 实用噪声与振动控制. 2版. 北京:化学工业出版社,1996.

[12] 赵良省. 噪声振动控制技术. 北京:化学工业出版社,2004.

[13] 马大猷,沈嚎. 声学手册. 修订版. 北京:科学出版社,2004.

[14] 方丹群,王文奇,孙家麟. 噪声控制. 北京:北京出版社,1986.

[15] 杜功焕,朱哲民,龚秀芬. 声学基础. 南京:南京大学出版社,2012.

[16] 陈克安,曾向阳,杨有粮. 声学测量. 北京:机械工业出版社,2010.

[17] 贺启环. 环境噪声控制工程. 北京:清华大学出版社,2011.

[18] 卢庆普,罗钦平. 室内声环境质量测量评价方法探讨与实践. 北京:中国科学技术出版社,2007.

[19] 杨贵恒,杨雪,何俊强,等. 噪声与振动控制技术及其应用. 北京:化学工业出版社,2018.

[20] 姜继圣,罗玉萍,兰翔. 新型建筑绝热、吸声材料. 北京:化学工业出版社,2002.

[21] 刘棣华. 粘弹阻尼减振降噪应用技术. 北京:宇航出版社,1990.

[22] 戴德沛. 阻尼减振降噪技术. 西安:西安交通大学出版社,1986.

[23] 杨宏晖,曾向阳,陈克安. 声环境监测. 北京:电子工业出版社,2015.

[24] 曾向阳,杨宏晖. 声信号处理基础. 西安:西北工业大学出版社,2015.

[25] 哈里斯. 噪声控制大全:第一分册. 吕如榆,方至,夏佩玉,等译. 北京:科学出版社,1965.

[26] 比斯,汉森. 工程噪声控制:理论与实践:第4版. 邱小军,于淼,刘嘉俊,译校. 北京:科学出版社,2013.

[27] 长松昭男,萩原一郎,吉村卓也,等. 声振模态分析与控制. 于学华,译. 北京:科学出版社,2014.

[28] 赵玫,周海亭,陈光冶,等. 机械振动与噪声学. 北京:科学出版社,2004.

［29］ 季振林. 消声器声学理论与设计. 北京:科学出版社,2015.

［30］ 吕玉恒. 噪声控制与建筑声学设备和材料选用手册.北京:化学工业出版社,2011.

［31］ 王可,樊鹏. 机械振动与噪声控制的理论、技术及方法. 北京:机械工业出版社,2014.

［32］ 程建春. 声学原理.南京:南京大学出版社,2012.

［33］ 毛东兴,洪宗辉. 环境噪声控制工程. 2 版. 北京:高等教育出版社,2010.

［34］ 孙广荣,吴启学. 环境声学基础. 南京:南京大学出版社,1995.

［35］ 赵松龄. 噪声的降低与隔离:上册. 上海:同济大学出版社,1985.

［36］ 赵松龄. 噪声的降低与隔离:下册. 上海:同济大学出版社,1989.

［37］ 吴胜举,张明铎. 声学测量原理与方法. 北京:科学出版社,2014.

［38］ 刘伯胜,雷佳煜. 水声学原理. 2 版. 哈尔滨:哈尔滨工程大学出版社,2010.

［39］ 刘显臣. 汽车 NVH 综合技术. 北京:机械工业出版社,2014.

［40］ 方同,薛璞. 振动理论及应用. 西安:西北工业大学出版社,1998.

［41］ 张义民. 机械振动. 2 版. 北京:清华大学出版社,2019.

［42］ 吴天行,华宏星. 机械振动. 北京:清华大学出版社,2014.

［43］ RAO S S. 机械振动:第 5 版. 李欣业,杨理诚,译. 北京:清华大学出版社,2016.